FUTURO PRESENTE

O MUNDO MOVIDO A TECNOLOGIA

FUTURO PRESENTE

O MUNDO MOVIDO A TECNOLOGIA

GUY PERELMUTER

DIRETOR-PRESIDENTE:
Jorge Yunes

DIRETORA EDITORIAL:
Soraia Reis

ANÁLISE E PESQUISA
Isabelle Perelmuter

EDITOR:
Estúdio Editorial Logos

ASSISTÊNCIA EDITORIAL:
Júlia Braga Tourinho

PREPARAÇÃO:
Cristiane Maruyama

REVISÃO:
D'Marco Salmeron

COORDENADORA DE ARTE:
Juliana Ida

ASSISTÊNCIA DE ARTE:
Vitor Castrillo

PROJETO DE CAPA:
Pedro Cappeletti

1ª edição – São Paulo

DADOS INTERNACIONAIS DE CATALOGAÇÃO NA PUBLICAÇÃO (CIP) DE ACORDO COM O ISBN

P437f Perelmuter, Guy

Futuro Presente / Guy Perelmuter. - Jaguaré, SP : Companhia Editora Nacional, 2019.
328 p. ; 16cm x 23cm.

Inclui bibliografia.
ISBN: 978-85-04-02131-8

1. Tecnologia. 2. Futuro. 3. Reflexões. 4. Economia. I. Título.

2019-1943

CDD 600
CDU 6

Elaborado por Vagner Rodolfo da Silva - CRB-8/9410

Índice para catálogo sistemático:
1. Tecnologia 600
2. Tecnologia 6

NACIONAL

Rua Gomes de Carvalho, 1306 – 11º andar – Vila Olímpia
São Paulo – SP – 04547-005 – Brasil – Tel.: (11) 2799-7799
editoranacional.com.br – atendimento@grupoibep.com.br

Para meus pais,
Armand e Renée,
sempre presentes

SUMÁRIO

35

3: O FUTURO DO EMPREGO

ECONOMIA COLABORATIVA 35
TECNOLOGIA E (DES)EMPREGO 38
DINHEIRO DE GRAÇA 43

15

1: O MUNDO MOVIDO À TECNOLOGIA

REVOLUÇÕES 15
FILME QUEIMADO 20

11

PREFÁCIO

13

INTRODUÇÃO

23

2: VEÍCULOS AUTÔNOMOS

UMA PERSPECTIVA ELETRIZANTE 23
O PILOTO SUMIU 26
DE QUEM É A CULPA 29

47

4: INTELIGÊNCIA ARTIFICIAL

APRENDENDO O ABC 47
FAÇAM SUAS APOSTAS 52
MITOS, LENDAS E GÊNIOS 56
MÁQUINAS QUE APRENDEM 59

95

7: IMPRESSÃO 3D

MANUFATURA PERSONALIZADA 95
FAÇA VOCÊ MESMO 101

63

5: INTERNET DAS COISAS E CIDADES INTELIGENTES

A INTERNET E AS COISAS 63
O BOM SENSO DOS SENSORES 67
UMA QUESTÃO DE SOBREVIVÊNCIA 73

123

9: EDUCAÇÃO

A TERCEIRIZAÇÃO DA MEMÓRIA 123
LIÇÃO DE CASA 125

81

6: BIOTECNOLOGIA

SUA SAÚDE 81
EDITANDO O DESTINO 83
QUEM QUER VIVER PARA SEMPRE 89

133

10: REDES SOCIAIS

REFORÇO POSITIVO 133
TUDO À VENDA 136
QUANTO VALE UM CLIQUE? 138
DOZE MILHÕES DE ENCONTROS 145

105

8: REALIDADE VIRTUAL E JOGOS ELETRÔNICOS

UMA BREVE HISTÓRIA VIRTUAL 105
ENJOO PASSAGEIRO 110
PING E PONG 113
O JOGO DA VIDA 117

149

11: *FINTECH* E CRIPTOMOEDAS

A EVOLUÇÃO DO DINHEIRO 149
DINHEIRO ONLINE 151
CAÇADORES DE MOEDAS PERDIDAS 155

199

15: AVIÕES, FOGUETES E SATÉLITES

A NOVA CORRIDA ESPACIAL 199
UM NEGÓCIO DE OUTRO PLANETA 202
CÚMPLICES CELESTIAIS 210
IMPACTO PROFUNDO 214

173

13: ROBÓTICA

TRABALHOS FORÇADOS 173
ROBÔS: AQUI, ALI E EM TODO LUGAR 179
UM MORDOMO NO ARMAZÉM 181
MARILYN, KENNEDY E OS DRONES 184

191

14: NANOTECNOLOGIA

AS NOVAS BOLAS DE GUDE 191
O VERDADEIRO BRILHO DO OURO 193
ENDEREÇO CERTO 196

161

12: CRIPTOGRAFIA E BLOCKCHAIN

PODE (DES)CONFIAR 161
VALE O ESCRITO 164
CONTRATOS INTELIGENTES 169

217

16: ENERGIA

CARGA PESADA 217
OS CAMINHOS DA ENERGIA 223
FUMAÇA E MOVIMENTO 226

261

19: CIBERSEGURANÇA E COMPUTAÇÃO QUÂNTICA

O PRIMEIRO HACKER 261
O BIT DE SCHRÖDINGER 265
AMEAÇAS DIGITAIS, PREJUÍZOS REAIS 268

235

17: NOVOS MATERIAIS

DESCOBRINDO A PÓLVORA 235
NOS OMBROS DE GIGANTES 241

293

AGRADECIMENTOS

SUMÁRIO

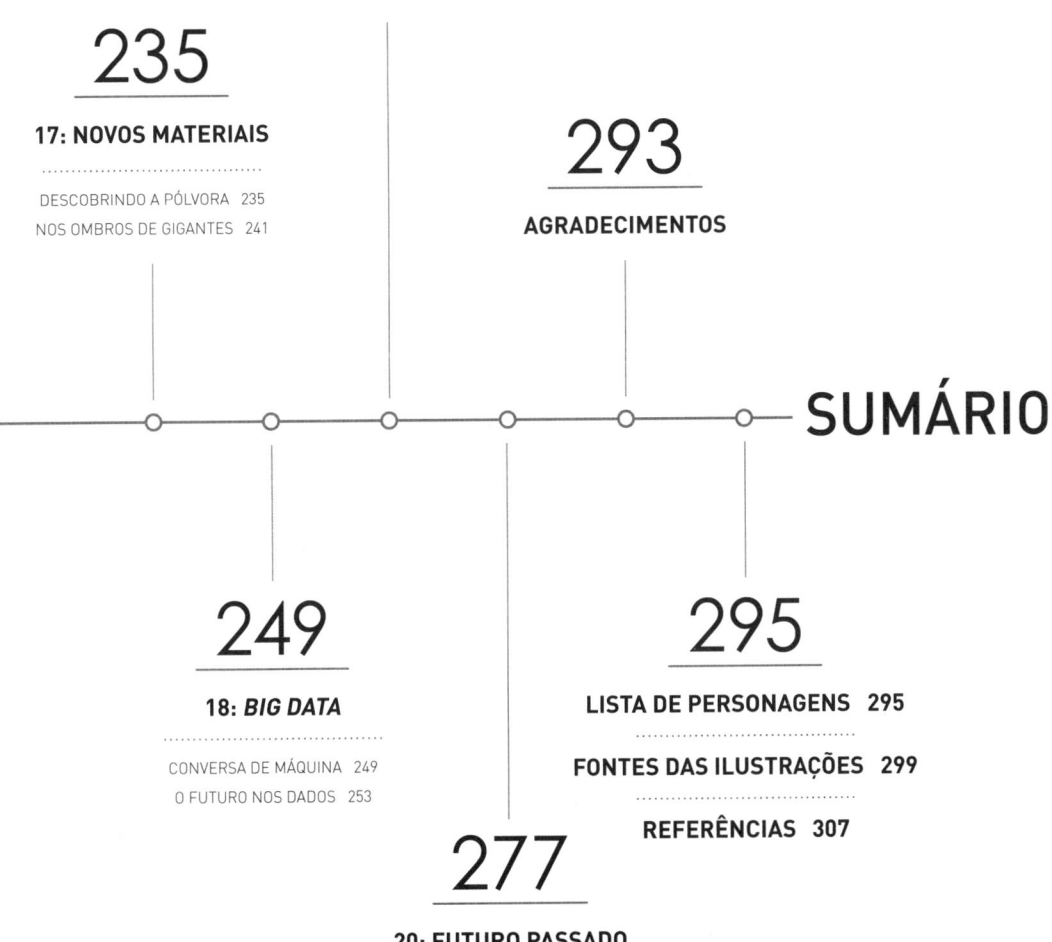

249

18: *BIG DATA*

CONVERSA DE MÁQUINA 249
O FUTURO NOS DADOS 253

295

LISTA DE PERSONAGENS 295

FONTES DAS ILUSTRAÇÕES 299

REFERÊNCIAS 307

277

20: FUTURO PASSADO

SEIS LIÇÕES 277
MÚSICA DE ELEVADOR 281
O RELÓGIO PISCANTE 285
NOSSAS BUSCAS 287
FUTURO PASSADO 291

PREFÁCIO

O PADRÃO DE VIDA DA HUMANIDADE EVOLUIU MUITO LENTAMENTE através de milênios até que, na segunda metade do XVIII, a revolução industrial, a primeira, pôs em movimento uma espiral de inovação extraordinária, que nunca mais parou. Desde então, a produtividade vem evoluindo em um número crescente de frentes, que se reforçam e se multiplicam. Estamos falando de ideias, inovações, tecnologias, processos, de origens abstratas e práticas, cada vez mais especializadas, que hoje afetam praticamente todos os aspectos da vida.

Do ponto de vista econômico, a tecnologia atinge a sua plenitude quando transforma ideias e conceitos abstratos em produtos e serviços que nascem, competem e morrem no mercado. Quem melhor descreveu esse processo foi o economista austríaco Joseph Schumpeter que o batizou de "destruição criativa", uma das molas mestras do crescimento.

Acompanhar essa incrível tempestade é tarefa impossível para a esmagadora maioria dos mortais, mas não para Guy Perelmuter, que nos brinda com este tesouro de livro. Uma mera olhada no índice dá uma ideia do escopo do projeto: veículos autônomos, inteligência artificial, redes sociais, robótica, nanotecnologia, *big data*, e muito mais.

Em cada capítulo um novo tema é brindado com um fascinante e muito bem ilustrado histórico, a partir do qual o autor explica de forma clara e acessível o tema, sua importância e seus usos.

A aplicação de tecnologia à produção cria oportunidades e gera riqueza. Mas traz também medos e riscos. No topo da lista está o futuro do emprego, objeto de um capítulo. Um dos pesadelos do mundo contemporâneo é a substituição de pessoas por máquinas e sistemas. Estamos falando aqui de inteligência artificial, robôs, e outros temas tratados no livro. Parece cada vez mais claro que tecnologia e educação são parceiros naturais. O Brasil precisa urgentemente acelerar um processo de acesso, melhoria e modernização da educação, sob pena de, em não assim fazendo, ficarmos cada vez mais distantes dos melhores padrões de vida do mundo.

Não muito distante no campo dos riscos tecnológicos estão as mudanças climáticas advindas do aquecimento global. Aqui não resta dúvida quanto ao papel da humanidade no que hoje representa um enorme desafio ao futuro de nosso planeta. O livro toca no tema também, um imperativo absoluto que vai exigir respostas ousadas, inclusive tecnológicas, antes que seja tarde.

Pode-se imaginar verdadeiras revoluções em áreas como saúde, educação, finanças, entretenimento, transportes, sociabilidade, e muito mais. Este livro vem em boa hora, meus agradecimentos como cidadão e como leitor.

ARMINIO FRAGA

INTRODUÇÃO

"A MELHOR FORMA DE PREVER O FUTURO É INVENTÁ-LO". A FRASE, DO cientista de computação norte-americano Alan Kay, é uma receita a ser seguida por todos aqueles que possuem curiosidade, interesse ou preocupação com aquilo que ainda está por vir. Kay trabalhou no célebre Xerox PARC, fundado em 1970, de onde saíram algumas inovações que fazem parte do dia a dia de bilhões de pessoas, como as impressoras a laser, a Ethernet (um padrão de comunicação utilizado pela vasta maioria dos computadores atualmente) e a interface gráfica (os elementos visuais através dos quais interagimos com computadores, tablets, smartphones, caixas eletrônicos e tantos outros dispositivos eletrônicos).

Ao longo da História – e especialmente em temas ligados a avanços técnico-científicos – não faltam exemplos de previsões que, mais cedo ou mais tarde, tornam-se motivo de constrangimento. Fundada em 1851, a Western Union é uma empresa de serviços financeiros que em 2017 obteve receitas de mais de 5,5 bilhões de dólares. Em um memorando interno de 1876, a companhia declarou que "esse 'telefone' tem muitas deficiências para ser seriamente considerado um meio de comunicação". Menos de dez anos depois, em 1895, Lorde Kelvin (William Thomson, 1824-1907) – autor de relevantes contribuições nos campos da termodinâmica e eletricidade – afirmou que "máquinas voadoras mais pesadas que o ar são impossíveis".

Em 1903, o então presidente do Michigan Savings Bank teria aconselhado Horace Rackham, advogado de Henry Ford (1863-1947), a não investir na Ford Motor Company: "O cavalo veio para ficar, enquanto o automóvel é apenas uma moda passageira". Thomas Watson (1874-1956), CEO da IBM entre 1914 e 1956, declarou em 1943 que "existe um mercado mundial para talvez cinco computadores". O produtor de filmes Darryl

Zanuck (1902-1979) disse, em 1946, sobre a televisão: "As pessoas logo vão se cansar de olhar para uma caixa todas as noites". Em 1961, o responsável pela FCC (Federal Communications Commission, ou Comissão Federal de Comunicações, órgão que regula o mercado de telecomunicações nos Estados Unidos) disse: "Não há praticamente nenhuma chance de que os satélites espaciais de comunicação sejam usados para fornecer melhor serviço de telefone, telégrafo, televisão ou rádio dentro dos Estados Unidos".

Em 1995, em uma coluna para publicação na InfoWorld, Robert Metcalfe, cofundador da empresa de equipamentos de rede 3Com e um dos inventores do padrão Ethernet escreveu que "em 1996 a Internet entrará em colapso". Dois anos depois, em 1997, durante a Sexta Conferência Internacional da World Wide Web, Metcalfe literalmente engoliu suas palavras: colocou uma cópia impressa do que disse em um liquidificador com um líquido claro, misturou tudo e bebeu o conteúdo em frente ao público.

Foi em 1965 que o psicólogo e cientista da computação J. C. R. Licklider (1915-1990) – considerado por muitos um dos maiores visionários da História da Computação – escreveu em seu livro *Libraries of the Future* (Bibliotecas do Futuro) que "as pessoas tendem a superestimar o que pode ser feito em um ano e subestimar o que pode ser feito em cinco ou dez anos". E a História tem mostrado que Lick (como ele era conhecido) estava correto.

Neste livro, no qual falamos de um futuro que já está aqui, à nossa volta – um futuro presente – embarcamos em uma jornada que visita a Pré-História, as civilizações antigas do Oriente e do Ocidente, atravessando a Idade Média, o Renascimento, a Revolução Científica e as (até agora) quatro Revoluções Industriais. Nosso objetivo é apresentar a explosão de novas tecnologias que estamos vivenciando agora como nada mais que a consequência natural do trabalho desenvolvido ao longo da História por centenas de inventores, cientistas, empreendedores, pioneiros e exploradores. Essa é a natureza da nossa Civilização, que atingiu um estágio onde a velocidade da inovação e os riscos apresentados à nossa própria sobrevivência são reais e precisam ser contemplados.

Nosso tema são tecnologias: passadas, presentes e futuras. Vamos explorar as diversas maneiras pelas quais, conforme as palavras do escritor de ficção científica William Gibson, o futuro já está aqui – apenas não distribuído de forma homogênea. Por enquanto.

Boa leitura.

O MUNDO MOVIDO À TECNOLOGIA

REVOLUÇÕES

POUCO DEPOIS DA METADE DO SÉCULO XVIII, O MUNDO PASSOU PELA
Primeira Revolução Industrial, na qual a produção de bens deixou de ser artesanal para ser realizada por máquinas em fábricas com extenso uso de energia a vapor. Cerca de cem anos depois, em 1870, foi a vez da Segunda Revolução Industrial, com a popularização da eletricidade e a criação das linhas de montagem e divisão de tarefas. Novamente, cerca de um século se passou e a Terceira Revolução Industrial, também chamada de Revolução Digital, varreu o planeta.

Todos esses movimentos trouxeram implicações fundamentais para as formas de interação entre os diversos elementos das cadeias produtivas, impactando não apenas a economia, mas também a sociedade, a política, a filosofia, a cultura e a ciência. Essas revoluções moldaram a maneira como o mundo está estruturado e criaram questões e desafios únicos para as gerações futuras.

 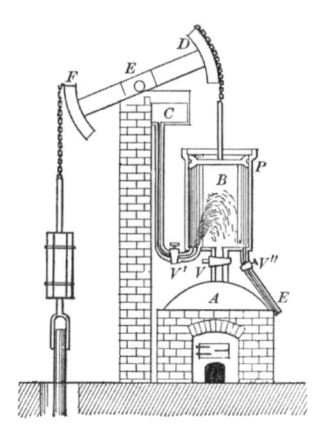

Figuras 1 e 2 – Thomas Newcomen (1664-1729) e seu Motor Atmosférico.

Figuras 3 e 4 – O escocês James Watt (1736-1819) baseou-se no 'motor atmosférico' do inglês Thomas Newcomen, criado com o objetivo de retirar água das minas de carvão, para desenvolver seu próprio motor a vapor.

Em seu livro de 2010, *Why the West Rules - For Now* (Por que o Ocidente domina o mundo), o historiador inglês Ian Morris apresenta uma metodologia para tentar quantificar o desenvolvimento social causado por diversas invenções ao longo da História. Três anos depois, ele publicou *The Measure of Civilization: How Social Development Decides the Fate of Nations* (A Medida da Civilização: como o desenvolvimento social define o destino das nações), no qual a metodologia em questão é apresentada em detalhes.

Morris concluiu que o motor a vapor foi o equipamento que modificou de forma mais dramática e acelerada o progresso da civilização. De fato, poucos eventos impactaram de forma tão significativa a humanidade como a mudança do sistema manual de produção para o estabelecimento de indústrias. Isso não apenas marcou o início de uma nova era de desenvolvimento social e econômico como também afetou de forma definitiva questões como produção, acesso, distribuição e desenvolvimento – e, claro, poluição.

ÍNDICE DE DESENVOLVIMENTO DA POPULAÇÃO MUNDIAL

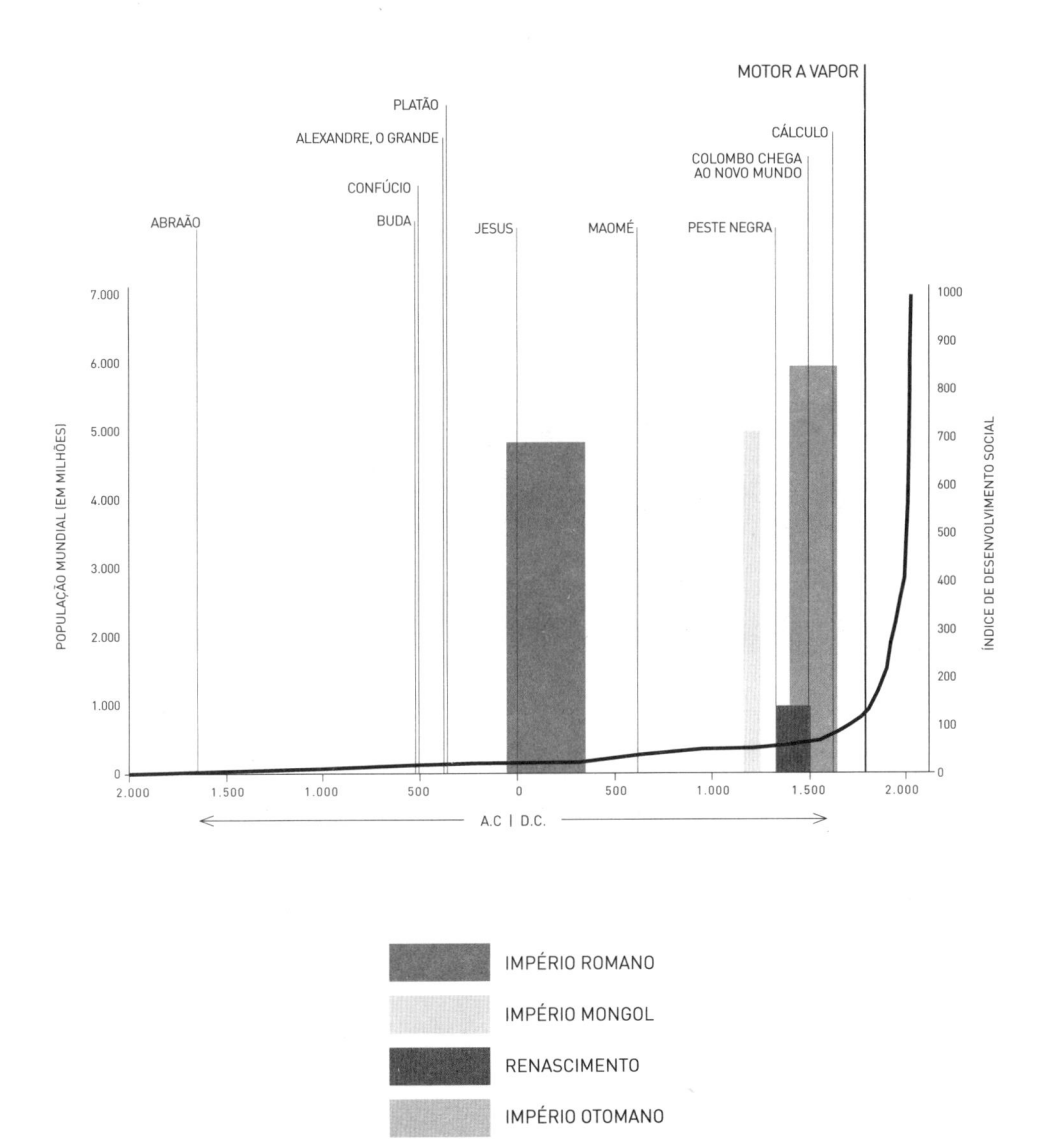

Figura 5 – O impacto, para humanidade, da introdução da máquina a vapor.

Agora, menos de meio século depois da Terceira Revolução Industrial, estamos entrando no que certamente será mais um processo que modificará definitivamente a forma de fazer negócios, produzir bens e interagir com esses bens e com as pessoas: a Quarta Revolução Industrial. O termo já vem sendo utilizado há algum tempo e contempla as novas tecnologias que estão permitindo que elementos antes confinados às histórias de ficção científica façam parte de um futuro gradativamente mais presente: integração entre sistemas artificiais e biológicos, desenvolvimento de técnicas de aprendizado para máquinas, integração e comunicação entre equipamentos, extensão da realidade física com a realidade virtual. Isso tudo foi possível devido a uma conjunção auspiciosa de fatores, como o aumento do poder de processamento de sistemas computacionais, o barateamento das unidades de armazenamento de dados, a redução do tamanho de equipamentos e sensores e o desenvolvimento de algoritmos eficientes.

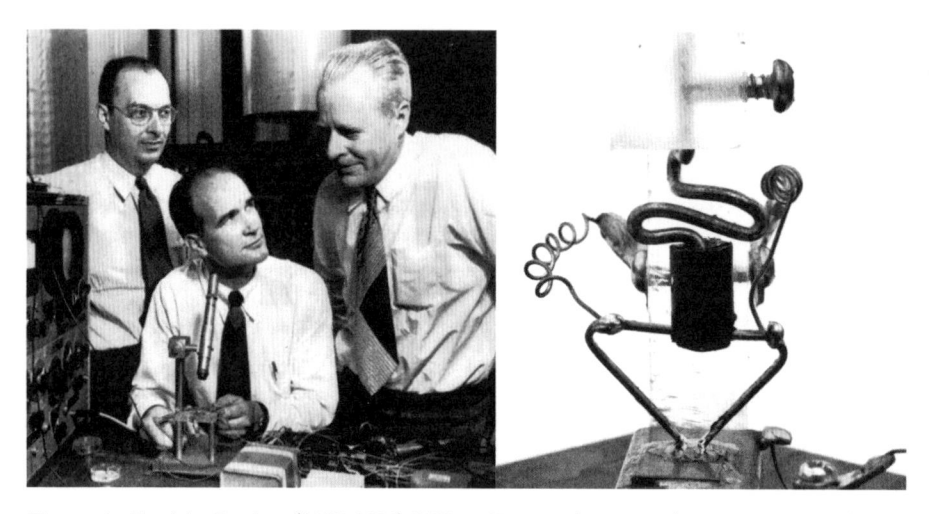

Figuras 6 e 7 – John Bardeen (1908-1991), William Shockley (1910-1989) e Walter Brattain (1902-1987) ganharam o Prêmio Nobel de Física de 1956 pelo desenvolvimento do transistor, que viabilizou a era dos eletrônicos portáteis e dos microprocessadores.

A estruturação de algoritmos – conjuntos de instruções que, quando executadas, resolvem determinado problema ou tarefa – foi um dos primeiros passos em direção ao desenvolvimento de processos automatizados, nos quais uma abordagem sistemática leva à uma solução. A palavra é baseada no nome de um matemático persa, Muhammad Al-Khwarizmi (780-850), conhecido em países de língua latina como Algorithmi. Ele criou o ramo da Matemática conhecido como Álgebra – em árabe, *al-jabr*, que significa "a reunião de partes quebradas" – e foi o primeiro a apresentar uma metodologia para resolver sistemas de equações. Sua importância é tão grande que a palavra algarismo também foi originada a partir de seu nome.

ADOÇÃO DAS TECNOLOGIAS POR DOMICÍLIO NOS ESTADOS UNIDOS

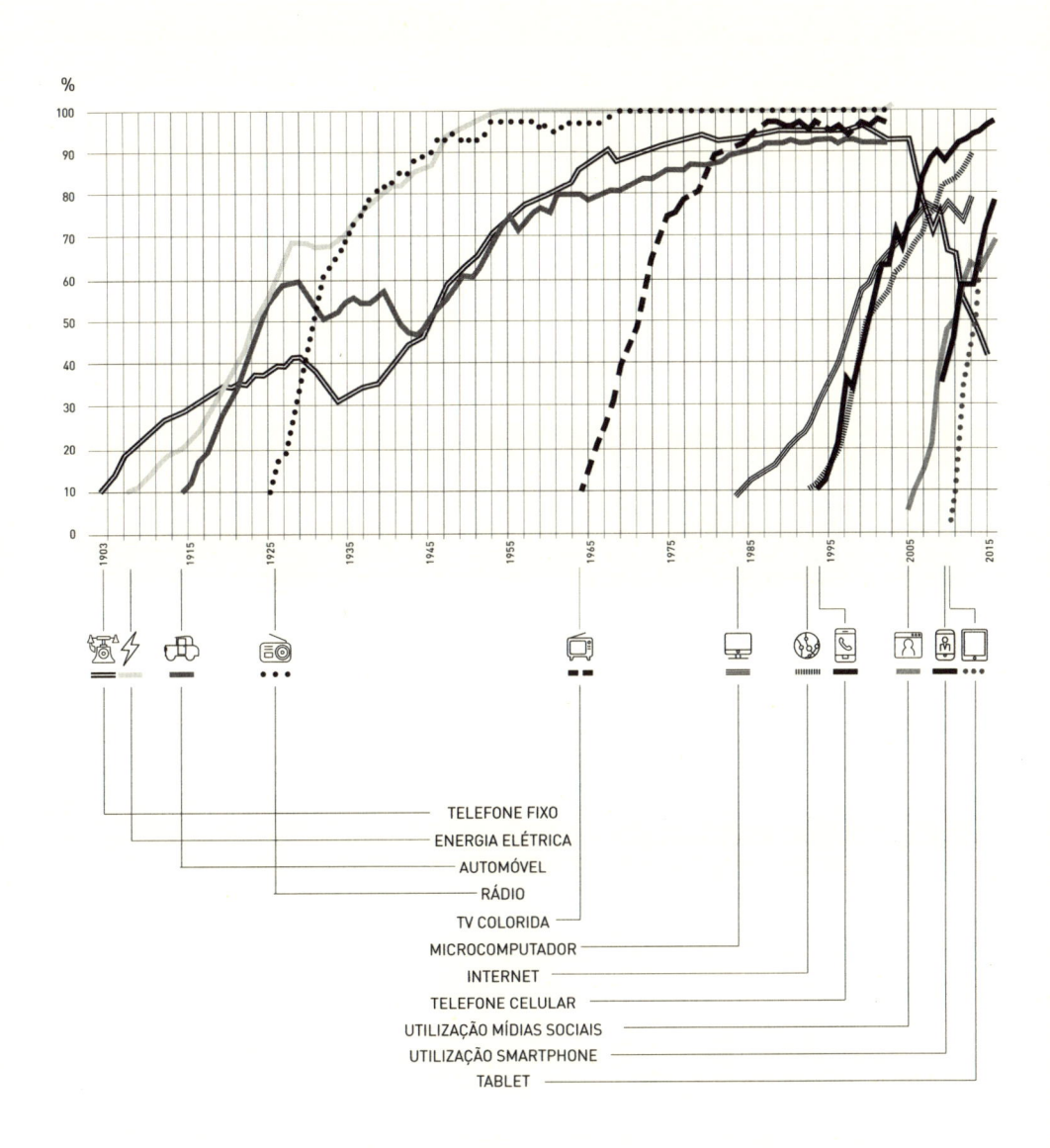

Figura 8 – Adoção de novas tecnologias nos lares norte-americanos.

A nova etapa do progresso científico que vivemos atualmente beneficia-se da popularização, ao longo das últimas décadas, de elementos que rapidamente tornaram-se comuns no dia a dia de milhões de pessoas: computadores pessoais, internet, aparelhos celulares, tablets, armazenamento praticamente ilimitado de dados em diversos formatos (textos, sons, imagens, vídeos). E as principais questões que se colocam são: como podemos nos preparar para esse novo mundo? Como avanços em nanotecnologia, biotecnologia, geração e transmissão de energia, inteligência artificial, computação quântica, novos materiais, telecomunicações, robótica, internet das coisas, impressão tridimensional e veículos autônomos – apenas para citar algumas das verticais em pleno desenvolvimento – podem nos impactar?

"A História não se repete, mas ela rima" é a forma que supostamente Samuel Clemens (mais conhecido como Mark Twain, 1835-1910) achou para definir como usar o passado para tentar antecipar o futuro. Se acreditarmos nela, observaremos ao longo das próximas décadas mudanças extraordinárias. Do Direito à Engenharia, da Medicina ao Jornalismo, do Design à Arquitetura, do Entretenimento à Manufatura, da Economia à Educação, nenhum campo do conhecimento ficará imune às transformações nos processos, modelos, implementações, métodos e resultados.

Os elementos fundamentais para construir o futuro já estão à nossa volta – como disse o escritor de ficção científica William Gibson: "O futuro está aqui – só não está distribuído de forma homogênea". O futuro está, sim, presente em nossas vidas. Novos empregos, carreiras, empresas e impérios serão criados. Outros tantos simplesmente desaparecerão ou evoluirão para algo totalmente diferente. O fato é que a velocidade das transformações pelas quais o mundo já vem passando continuará a aumentar, tornando fundamental que estejamos prontos e posicionados para enfrentá-las em todos os aspectos.

FILME QUEIMADO

O que são essas novas tecnologias? Como elas impactam nossas vidas, nossos empregos, nossas moradias e nossas relações? Como governos, marcas, indústrias e serviços irão reagir? Como aproveitar as oportunidades que se apresentarão e evitar a obsolescência? Os desafios para sobreviver em um mundo em rápida mutação são enormes, e nenhuma indústria passará por esse processo sem mudanças importantes em seus processos, produtos e na sua própria marca. Se uma imagem vale mais que mil palavras, então uma marca precisa valer pelo menos dez vezes isso. A marca funciona como uma declaração de missão, objetivos e valores. Apesar de um ativo supostamente intangível, é responsável por uma parte importante do valor associado a uma empresa.

Há pelo menos três grupos que anualmente procuram determinar de forma sistemática o valor financeiro das principais marcas globais: a Interbrand (desde 1993 parte da gigante de marketing Omnicom), a Brand Finance (fundada em 1996 por um ex-diretor da Interbrand) e a Kantar Millward Brown (adquirida em 1990 pela multinacional de publicidade WPP) com o *ranking* BrandZ.

As metodologias utilizadas são distintas, mas têm como foco as grandes marcas – seja com base nos acordos de licenciamento, receitas, capilaridade, percepção do consumidor ou outros aspectos inerentes aos negócios de cada empresa. Os resultados possuem uma certa dose de subjetividade e consequentemente alguma dispersão entre si, mas apresentam similaridades importantes e fornecem uma janela para as dramáticas mudanças ocorridas ao longo dos últimos (poucos) anos.

A mensagem mais clara e consistente transmitida pelos três *rankings* ao longo dos últimos anos é o destaque de marcas ligadas à tecnologia, que existem há relativamente pouco tempo em termos empresariais: Apple, fundada em 1976, Google, em 1998, Microsoft, em 1975 e Amazon, em 1994. Comparando-se essas datas com a fundação de outras empresas como Coca-Cola (1892), McDonald's (1940) e Disney (1923), um padrão parece claro: a velocidade tanto de penetração quanto de criação de valor do setor de tecnologia é incomparável. E essa velocidade cobra seu preço em todos os segmentos.

Um dos casos mais emblemáticos é o da outrora valiosa e global marca Kodak, fundada em 1888 e que, em 2012, entrou com um pedido de *Chapter* 11 – algo semelhante à declaração de falência no Brasil. O advento da fotografia digital e a falta de resposta para essa mudança tiveram consequências devastadoras para a empresa. Em uma das maiores ironias da história do mundo corporativo, a primeira câmera fotográfica digital foi inventada na própria Kodak, em 1975, por Steven Sasson, um engenheiro com apenas 24 anos à época. A patente, obtida em 1978, rendeu bilhões de dólares para empresa até expirar em 2007, mas os executivos não estavam dispostos a "sacrificar" um modelo de negócios baseado na venda do filme fotográfico que vinha funcionando há décadas.

Pense nisso: a solução pioneira e inédita, que permitiria à Kodak manter a hegemonia no segmento da fotografia profissional e amadora por anos a fio, foi desenvolvida e apresentada dentro da própria empresa, apenas para ser descartada por alterar completamente o modelo de negócios vigente até então. Essa é uma lição difícil que precisa ser aprendida a todo custo: adaptar-se às mudanças impostas pela tecnologia é imperativo no cenário corporativo global. E uma das indústrias cujo modelo de negócios será alterado de forma relevante nos próximos poucos anos é a automobilística – indústria essa com mais de 100 anos e com algumas das marcas mais valiosas do mundo, como Toyota, Mercedes-Benz e BMW. Os transportes são o tema do próximo capítulo.

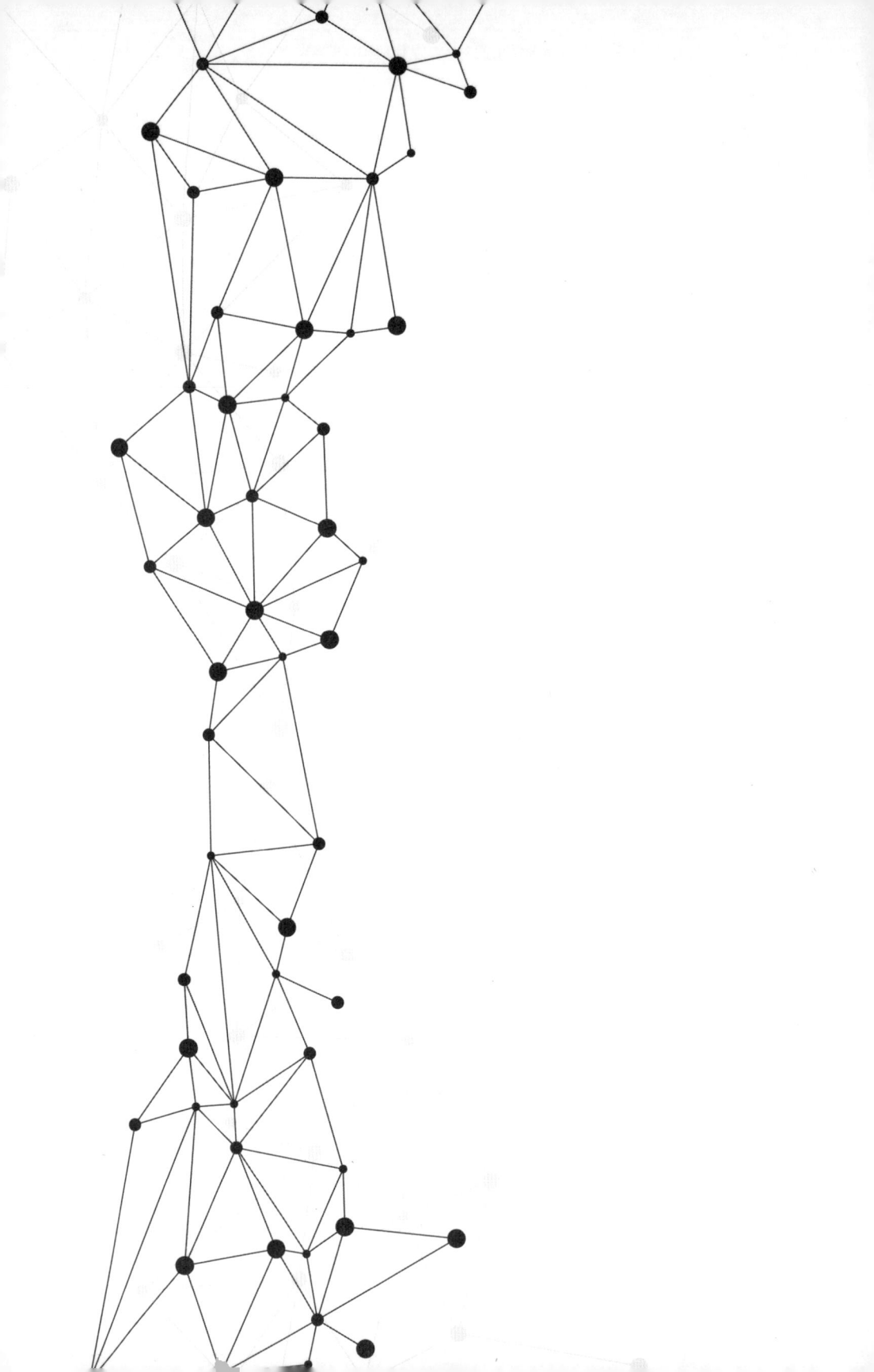

VEÍCULOS AUTÔNOMOS

UMA PERSPECTIVA ELETRIZANTE

O PROGRESSO NOS MAIS DIVERSOS SEGMENTOS TECNOLÓGICOS TRARÁ mudanças importantes e irreversíveis para praticamente todos os serviços e indústrias. São avanços em telecomunicações, robótica, automação, inteligência artificial e outras áreas que criam os elementos necessários para alterações estruturais nos negócios e no cotidiano. O setor automobilístico, por exemplo, existente há mais de um século, atravessa um movimento de transformação que atinge quase todos os seus aspectos: do carro propriamente dito às ruas e estradas, passando pelos custos de seguro, demandas regulatórias, fornecedores, processos de manufatura e comportamento do consumidor.

O motor de combustão interna teve sua gênese no final do século XVIII, com a patente obtida por John Barber (1734-1793) para uma turbina a gás em 1791 e que foi aprimorada ao longo das décadas seguintes por diversos inventores. Nikolaus Otto (1832-1891), um empreendedor alemão que começou sua vida profissional vendendo açúcar e café – um ótimo exemplo de como a inspiração para inovar e empreender pode surgir a qualquer momento para quem estiver atento às oportunidades de mercado – construiu, em 1864, o primeiro motor atmosférico (ou seja, sem compressor) funcional com o apoio de Eugen Langen (1833-1895). Juntos, fundaram a primeira fábrica de motores do mundo, a NA Otto & Cie, e em 1876 Otto patenteou o motor de quatro tempos, ainda em uso, caracterizado pelas fases de admissão, compressão, combustão e escape.

Aspectos regulatórios aliados ao perfil do consumidor cada vez mais consciente em relação às questões ambientais seguem movendo os fabricantes para tecnologias alternativas, como os veículos híbridos, elétricos e movidos a hidrogênio (sejam eles terrestres, aéreos ou marítimos). Há pesquisas em andamento para melhorar de forma substancial a relação quilômetro por litro dos motores tradicionais de combustão interna, reduzindo também as emissões de gases poluentes – um fator que merece atenção quando se considera investimentos em novas formas de energia (mais sobre isso no Capítulo 16).

Por enquanto, a frota de carros elétricos responde por uma fração mínima do mercado global (aproximadamente 0,4% em 2018), mas montadoras estão investindo pesadamente em modelos que atendam a demanda do consumidor por um carro não poluente, com autonomia adequada e custo comparável aos modelos já encontrados no mercado. Na Noruega, por exemplo, metade dos carros novos vendidos em 2018 eram elétricos, compondo mais de 10% da frota daquele país – sendo que a energia utilizada para reabastecê-los é essencialmente renovável, uma vez que a matriz energética daquele país é praticamente toda baseada em fontes hídricas. E a China respondia, em 2017, por cerca de 40% do total de carros elétricos em circulação no mundo, estimado em 3,1 milhões pela IEA (*International Energy Agency*). Além disso, países como Alemanha, Reino Unido, França, Holanda, Israel e Índia já estabeleceram cronogramas para encerrar de forma definitiva a venda de carros movidos a combustíveis fósseis nas próximas duas décadas.

Mas, apesar da discussão sobre carros elétricos parecer um tema atual, na verdade trata-se de um retorno às origens da indústria automobilística. As descobertas que levaram às baterias e aos motores elétricos ao longo do século XIX criaram as condições para que diversos empreendedores tentassem conciliar duas indústrias nascentes. Foi assim que, perto do ano de 1890, o químico escocês William Morrison (1859-1927), então morador da cidade de Des Moines, em Iowa, Estados Unidos, criou um veículo de seis lugares movido a bateria e capaz de atingir velocidade pouco superior a 20 km/h.

Na virada do século XIX para o século XX, a cidade de Nova York já tinha uma frota de táxis elétricos, e carros elétricos representavam aproximadamente um terço da frota norte-americana: afinal de contas, não tinham os inconvenientes de carros que utilizavam o motor a vapor (pouco práticos, por precisarem de água e longos períodos de aquecimento) ou a gasolina (que exigiam a troca de marcha, faziam barulho e emitiam um cheiro forte). Com a popularização da eletricidade, mais consumidores se interessavam pelo carro elétrico – tanto que, segundo alguns historiadores, Henry Ford (1863-1947) teria feito uma parceria com Thomas Edison (1847-1931) para o desenvolvimento de um carro elétrico de baixo custo em 1914.

Diversos fabricantes de carros elétricos surgiram, e um dos que alcançou maior notoriedade foi o químico e empreendedor Oliver Fritchle (1874-1951). Para comprovar a superioridade das suas baterias, que segundo ele eram capazes de rodar mais de 150 quilômetros com uma única carga, em 1908 Fritchle saiu da cidade de Lincoln, no estado do Nebraska, dirigindo seu veículo Fritchle Victoria de dois lugares rumo a Nova York, onde chegou vinte dias e cerca de 3.000 km depois. Depois disso, batizou seus carros de *Frickle de 100 milhas*, chegando a abrir um escritório de vendas na Quinta Avenida, em Nova York.

Mas foi em 1908, com a introdução do famoso Modelo T de Ford que os carros a gasolina tornaram-se produtos de massa, vendidos por menos da metade do preço dos carros elétricos. Nesse mesmo ano, o inventor norte-americano Charles Kettering (1876-1958) criou o mecanismo da partida elétrica, eliminando a necessidade da manivela para iniciar o movimento do motor de combustão interna (Kettering iria tornar-se o responsável pela área de pesquisas da General Motors por quase trinta anos, a partir da década de 1920). E, como golpe final, o pouco acesso da população fora das cidades à eletricidade aliado ao petróleo barato encontrado no Texas fez com que os carros a gasolina dominassem o mercado pelas décadas subsequentes.

Com a crise do Petróleo de 1973 os carros elétricos voltaram a ganhar atenção, contando com a publicidade do primeiro carro a ser dirigido fora do planeta: em agosto de 1971, durante a missão da Apolo XV na Lua, astronautas dirigiram na superfície da Lua com um veículo elétrico. Mas os resultados práticos não eram animadores, com autonomia típica de cerca de 65 quilômetros e velocidade máxima inferior a 80 km/h. Foram necessários mais vinte anos para que, pressionadas por novas legislações ambientais, as montadoras acelerassem as pesquisas para melhorar a eficiência dos seus veículos elétricos.

Em 1997 o mundo assistiu a introdução do Toyota Prius, o primeiro veículo elétrico híbrido produzido em massa, no Japão. Cerca de dez anos depois, a então *startup* Tesla Motors produziria um carro elétrico de luxo capaz de percorrer mais de 300 quilômetros com uma única carga. A concorrência levou o mercado a se posicionar, levando diversas montadoras a lançarem seus veículos híbridos ou elétricos.

Mas como a adoção em larga escala de carros elétricos impactará o preço do barril de petróleo? Essa pergunta é importante para diversos setores, e para ela não há resposta fácil. Assumindo que continuaremos caminhando para uma adoção crescente de modelos elétricos e que o custo das baterias – item crítico na nova arquitetura veicular – seguirá em queda, o passo seguinte é tentar identificar não apenas a economia gerada pela maior eficiência dos motores a combustão, mas também quando a frota movida a eletricidade atingirá massa crítica.

De acordo com dados da *Bloomberg New Energy Finance*, considerando-se um crescimento de vendas de carros elétricos entre 30% ao ano (estimativa conservadora) e 60% ao ano (valor observado entre 2016 e 2017), o mercado automobilístico deixará de consumir cerca de 2 milhões de barris por dia a partir de algum momento entre 2023 e 2028. Esse número é relevante, pois uma redução dessa magnitude no consumo global em 2014 causou uma queda momentânea de mais de 50% na cotação do petróleo. Mais que isso: ainda de acordo com a Bloomberg NEF, até 2025 carros movidos a bateria irão custar o equivalente a carros a gasolina graças principalmente à redução nos custos das baterias. Vale ressaltar que o crescimento de alguns países, sobretudo emergentes, pode compensar essa potencial perda de demanda e mesmo as estimativas mais agressivas colocam a frota elétrica como no máximo 25% do total de carros em circulação em 2050. Mas, ainda assim, são dados que merecem atenção pelos seus potenciais desdobramentos econômicos ao longo das próximas décadas.

O PILOTO SUMIU

Outra consequência a ser analisada no contexto da sociedade e da economia é a gradual difusão dos veículos autônomos, que não precisam de um ser humano ao volante – ou melhor, que nem precisam de volante. Os primeiros carros autônomos foram desenvolvidos na década de 1980, fruto do trabalho da equipe de robótica da universidade Carnegie Mellon, em Pittsburgh, EUA e do projeto Prometheus, de origem pan-europeia: *Programme for European Traffic of Highest Efficiency and Unprecedented Safety* (Programa para Tráfego Europeu de Alta Eficiência e Segurança Inédita).

Os avanços em disciplinas como inteligência artificial e robótica aceleraram as pesquisas para incorporação de um piloto automático nos carros – já velho conhecido dos aviões, como veremos mais adiante. Espera-se que os veículos autônomos sejam a regra, e não a exceção, ao longo das próximas duas décadas, e da mesma maneira que você recebe atualizações dos programas instalados em seu telefone celular pelo ar, o *software* responsável pela direção do seu futuro carro também será atualizado remotamente.

Isso gera um novo conjunto de questões ligadas à segurança e à invasão do sistema por hackers. Profissionais de segurança da informação – uma das carreiras mais promissoras dos próximos anos – enfrentarão desafios importantes quando a direção dos carros estiver sob a responsabilidade de sistemas computacionais. E as agências reguladoras também: será necessário adaptar a legislação para contemplar esse novo tipo de modalidade de condução, estabelecendo-se parâmetros de segurança como a obrigatoriedade para que todos os veículos autônomos sejam capazes de trocar informações entre si em tempo real, por exemplo.

Os carros, além de autônomos e capazes de perceber o ambiente à sua volta por meio de sensores dos mais diversos tipos, também estarão aptos a transmitir e receber informações para outros dispositivos, em particular para outros carros. Os engarrafamentos tendem a ser reduzidos – no limite, sinais de trânsito poderão ser eliminados em diversos pontos das cidades, deixando a organização do fluxo por conta da rede formada pelos veículos circulando em determinada região.

Há literalmente dezenas de empresas e universidades trabalhando no desenvolvimento de veículos autônomos: Apple, Audi, BMW, Google, Intel, Microsoft, MIT, Nissan, Scania, Stanford, Tesla, Toyota, Uber, Volvo – apenas para citar nomes mais conhecidos. A lista é extensa e não deve parar de crescer tão cedo, incluindo tanto montadoras quanto empresas de tecnologia. A General Motors, por exemplo, adquiriu, em março de 2016, a *startup* Cruise – fundada apenas 26 meses antes com aportes que totalizaram cerca de 4 milhões de dólares – por um valor não revelado mas que, segundo observadores da indústria, deve ter ficado entre 600 milhões e 1 bilhão de dólares.

Figura 9 – Navlab 1, Universidade Carnegie Mellon, Pittsburgh (Pensilvânia, Estados Unidos) – 1986.

Normalmente, veículos autônomos utilizam os dados obtidos através de diversos sensores para definir qual a próxima ação a ser tomada – aumentar a velocidade, parar, fazer uma curva. Os algoritmos que tomam essas decisões são baseados em modelos treinados com amostras obtidas no mundo real, em um processo que procura explorar a maior quantidade possível de exemplos. Para agilizar esse treinamento, simuladores altamente sofisticados estão em desenvolvimento, permitindo que um algoritmo especificamente programado para condução de um carro seja treinado dentro de um ambiente virtual, no melhor estilo do filme *Matrix*, de 1999, no qual a maior parte da população vive em uma simulação sem nem ao mesmo saber disso. Casos extremos como semáforos com defeito, pedestres desobedientes, ciclistas descuidados ou quaisquer eventos inesperados, improváveis de serem encontrados no mundo real, podem ser utilizados para o treinamento e aprimoramento do algoritmo responsável pela direção do veículo.

Apesar do advento de carros autônomos ser o evento mais visível na revolução do setor de transportes, o desafio de dirigir em ambientes urbanos é bem mais complexo que o desafio de trafegar em estradas ou deslizar sobre trilhos, navegar pelos rios e oceanos ou voar ao redor do mundo.

Aviões, por exemplo, fazem uso do piloto automático há mais de cem anos. Seu inventor, o norte-americano Lawrence Sperry (1892-1923), era filho de Elmer Sperry (1860-1930), fundador da Sperry Gyroscope Company e criador (junto com o alemão Herman Anschütz-Kaempfe (1872-1931)) da bússola giroscópica, fundamental para os sistemas de navegação de navios e aviões. Lawrence demonstrou seu sistema pela primeira vez em 30 de agosto de 1913 em um Curtiss C-2 da Marinha dos EUA, pilotado pelo Tenente Patrick Bellinger. O equipamento efetivamente corrigiu a rota de voo e sua altitude através da conexão entre os controles do avião e as informações oriundas do girocompasso. Ironicamente, o inventor do piloto automático morreu com apenas 30 anos de idade em um acidente aéreo quando voava entre a Inglaterra e a França em meio a um nevoeiro.

Uma história que ficou famosa na época foi que, em novembro de 1916, durante uma aula de aviação para uma mulher da alta sociedade de Nova York, ambos foram resgatados nus na baía que banha a cidade de Babylon. Durante a aula, eles derrubaram o girocompasso, que passou a enviar informações equivocadas para o piloto automático. Segundo Lawrence, o impacto com a água foi o responsável por ambos estarem nus, uma explicação que os jornais da época tiveram grande dificuldade em aceitar.

Ao redor do mundo, os pilotos automáticos das aeronaves são chamados por suas contrapartes humanas de "George". Não se sabe ao certo a origem desse apelido, mas há algumas teorias. A primeira é simplesmente que esse foi o nome escolhido pelos pilotos para referenciar o novo equipamento. Outra, é que trata-se de um acrônimo para Gyro Operated Guidance Equipment (GeOrGE). Finalmente, há quem diga que o principal mecânico da Sperry Company, responsável pela instalação e manutenção dos equipamentos, chamava-se George – e que quando o piloto automático era acionado, "George" estava pilotando.

Em navios, onde a manutenção da altitude não é um problema, os sistemas de navegação automáticos utilizam dados como a velocidade, correntes, direção e velocidade do vento para ajustar o curso da embarcação – isso sem mencionar um elemento que rapidamente tornou-se parte do dia a dia de praticamente todos os usuários de smartphones: o GPS. O Global Positioning System (ou Sistema de Posicionamento Global) foi desenvolvido e lançado pelo Departamento de Defesa dos EUA em 1973, e utiliza uma rede de cerca de trinta satélites na órbita terrestre para determinar com precisão a localização de um receptor do sinal. O uso civil foi autorizado a partir dos anos 1980, e popularizado dramaticamente com os smartphones e os aplicativos de navegação. Conforme veremos, o GPS foi apenas uma de diversas iniciativas com fins militares que acabou tornando-se uma peça fundamental para o avanço tecnológico da sociedade.

Figura 10 – Lawrence Sperry (1892-1923), inventor do piloto automático para aviões.

DE QUEM É A CULPA

Em um relatório de julho de 2008, a NHTSA (National Highway Traffic Safety Administration) indicou que em mais de 90% dos casos a responsabilidade por acidentes é do condutor do veículo – ou seja, o ser humano. Estudos independentes realizados no Reino Unido chegaram à mesma conclusão, e é razoável assumir que essa estatística seja válida globalmente. Eliminando o ser humano da equação, e com sistemas suficientemente robustos, a redução do número de acidentes é algo amplamente esperado – e isso irá impactar diretamente a indústria de seguros.

Por natureza, somos menos tolerantes a erros cometidos por máquinas do que a erros cometidos por pessoas. Afinal de contas, as máquinas existem apenas com o propósito de nos atender, realizando suas tarefas de forma eficiente e silenciosa. Acidentes envolvendo carros autônomos, especialmente durante o período de transição que experimentaremos ao longo das próximas décadas, serão analisados e discutidos com enorme atenção. Dirigir é uma tarefa de extrema complexidade para uma máquina, e a revolução dos carros autônomos só é possível em função dos avanços em técnicas de inteligência artificial, robótica, sensores, comunicação e capacidade de processamento.

Imagine um carro autônomo que perceba um pedestre atravessando a rua em um local proibido. Esse carro seguirá as instruções programadas em sua memória e agirá de forma a proteger a vida. Mas e quando não for possível proteger todas as vidas envolvidas? E quando o sistema tiver que optar entre a vida do pedestre ou a dos passageiros, pois um desvio de rota causaria um acidente muito mais sério? A complexidade dos algoritmos que controlam os veículos autônomos é imensa, refletindo as situações do mundo real.

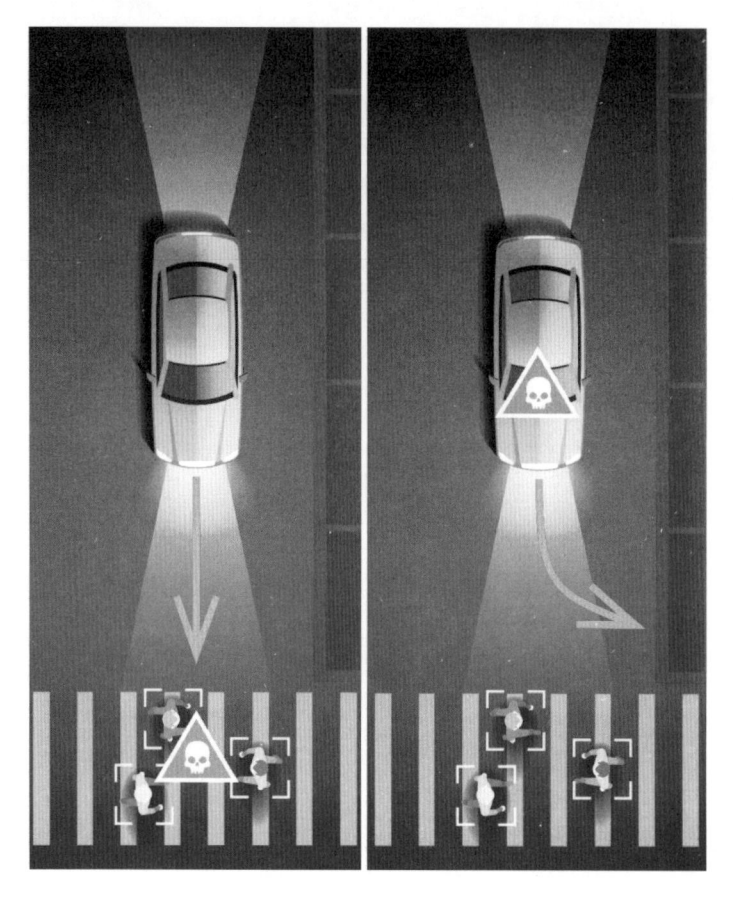

Figura 11 – Decisões de vida e morte terão que ser tomadas por algoritmos responsáveis por veículos autônomos.

E como serão feitas as apólices desses carros? Em caso de acidente, a responsabilidade é da empresa que fabrica o carro, do *software* embarcado, dos sensores, ou do proprietário do veículo? Em outubro de 2015, a Volvo declarou que, para fins de seguro, qualquer sinistro que ocorra com um de seus veículos quando o modo automático de direção estiver acionado será de sua responsabilidade. Mas, e se o problema for devido à queda na conexão que permite a comunicação entre os veículos? E se um hacker invadir o sistema?

Os carros autônomos ainda estão em seus estágios iniciais, e o caminho para sua popularização ainda vai envolver um considerável número de obstáculos e algum tempo – mas sua participação em nosso dia a dia é inevitável, assim como seu impacto na indústria de seguros, uma das mais antigas do mundo.

No início do século XX, arqueólogos acharam registros do Código de Hammurabi, o sexto rei da Babilônia, que contém um conjunto de leis cobrindo itens como calúnia, escravidão, roubo e divórcio. O Código é de cerca de 1750 a.C., e possui uma provisão que faz com que um comerciante que tenha obtido um financiamento para levar uma carga pelo Mediterrâneo não seja cobrado pelo empréstimo em caso de roubo ou acidente. Em outras palavras: um seguro.

Nos mais de 3.500 anos que se passaram, a indústria de seguros ganhou sofisticação e complexidade. Especialistas calculam os prêmios cobrados utilizando técnicas avançadas, e o mundo moderno apresenta oportunidades para elaboração de seguros para praticamente tudo: joias, cavalos, obras de arte e clima são alguns exemplos. Para que seja justificado, o seguro tipicamente deve mitigar os riscos de um evento ocasional, que possa trazer consequências financeiras relevantes para o proprietário – que sente, portanto, a necessidade de buscar proteção.

E quando a probabilidade de que o risco se materialize começa a se tornar suficientemente pequena para que o proprietário não sinta a necessidade de buscar o seguro de forma integral, mas apenas parte dele? Ou quando o fabricante do equipamento em questão assume os riscos que usualmente são transferidos – mediante um custo financeiro – para a seguradora?

A popularização dos carros autônomos, amplamente esperada, tornará esses cenários realidade. Em um estudo realizado em 2015, a KPMG estimou que, nos próximos 25 anos, a frequência dos acidentes de trânsito deve cair cerca de 80% e que as perdas financeiras causadas por esses acidentes serão reduzidas em pelo menos 40%. Os executivos do setor que foram entrevistados também acreditam na redução dos prêmios pagos, mas 68% acreditam que a margem do negócio não mudará – provavelmente porque os acidentes, embora menos frequentes, serão mais custosos em função da sofisticação dos elementos envolvidos (carros autônomos serão necessariamente mais sofisticados e equipados que os veículos atuais).

Assumindo que a maior parte das montadoras se responsabilizará pelos acidentes ocorridos com seus respectivos carros autônomos – algo que parece ser o caminho que a indústria trilhará – então as seguradoras provavelmente passarão a ter exatamente essas montadoras como clientes. Dezenas de milhões de indivíduos que atualmente possuem uma apólice para proteger seus carros poderão se preocupar apenas em cobrir eventos como roubo ou desastres naturais.

O próprio modelo de interação da indústria de seguros de carros pode ser alterado. Atualmente, trata-se de uma relação do tipo B2C – *business to consumer*, ou seja, da seguradora para o consumidor final. Mas, com a tendência que começa a se desenhar de um número cada vez maior de consumidores que prefere não possuir um carro, e sim utilizá-lo conforme sua demanda por meio de aplicativos, o modelo B2B – *business to business* – da seguradora para a montadora (ou para a provedora do serviço de uso de carros) parece mais provável.

De acordo com a firma independente Autonomous Research, a modalidade "Veículos" responde por mais de 40% dos prêmios pagos às seguradoras. Ainda de acordo com a pesquisa da KPMG junto a executivos do setor de seguros nos Estados Unidos, 42% dos entrevistados indicaram acreditar que, já em meados da década de 2020, o impacto dos carros autônomos na sua indústria será relevante. Essa é a situação que vamos vivenciar à medida em que esses veículos comecem a substituir os carros com motoristas. O processo não será instantâneo, visto que haverá um período de transição longo no qual carros com e sem motorista irão circular simultaneamente nas ruas e estradas, gerando mais uma camada de complexidade a ser endereçada. Há quem sugira, por exemplo, que sejam criadas faixas de circulação exclusivas para veículos autônomos nas estradas.

Mas onde há inovação, também há oportunidade. Os veículos conectados – ou seja, equipados com tecnologia de transmissão e recepção de dados via internet – são capazes de fornecer dados em tempo real que, se utilizados adequadamente (e levando-se em consideração as questões ligadas à privacidade), podem modificar para melhor a forma de precificação e cobrança do seguro. Com esses dados, é possível realizar a análise dos padrões de utilização, regiões nas quais o veículo circula, locais de estacionamento e desgaste dos componentes.

Durante essa transição para um mundo dominado por carros autônomos, o modelo de *User based insurance* (Seguro Baseado no Usuário) já é oferecido por alguns provedores. Nesse modelo, o valor pago pelo motorista está diretamente relacionado aos elementos mencionados anteriormente: quilometragem, tempo de uso, velocidade e frequência de acidentes nos locais percorridos, entre outros. Por essa razão, esses seguros são conhecidos como PAYD (*pay as you drive*, pague pelo que dirigir) e PHYD (*pay how you drive*, pague pela forma como dirigir). Quanto mais cauteloso o motorista, menor será sua despesa.

Com a consolidação dessas tendências – veículos elétricos, direção sob a responsabilidade de computadores e compartilhamento ao invés de posse de um veículo – qual será o impacto sobre a infraestrutura das cidades? Não parece claro se essas mudanças de fato reduzirão o número de carros vendidos, uma vez que os veículos compartilhados rodarão uma quantidade muito maior de quilômetros por dia do que suas contrapartes de uso individual, sofrendo consideravelmente mais desgaste. E é bem possível que muitos ainda tenham um carro para viagens fora de áreas urbanas densamente povoadas.

Ainda assim, uma das prováveis consequências para o espaço urbano será a redução da necessidade de termos grandes áreas ocupadas por estacionamentos. Os carros compartilhados (autônomos ou não), ao finalizarem o dia de trabalho, não precisam permanecer na cidade, podendo ser estacionados em espaços predefinidos mais afastados. Para o mercado imobiliário, trata-se de uma potencial mudança importante, com a liberação de áreas valorizadas que hoje servem apenas para abrigar automóveis e que podem ter uma utilização mais eficiente.

Não importa o modelo que será adotado – carros autônomos ou não, compartilhados ou não – a forma como os carros elétricos serão recarregados também trará oportunidades nas áreas imobiliária e de infraestrutura.

A fonte de energia para esses carros será a eletricidade, necessária para recarregar as baterias. Imaginar simplesmente que os postos de combustível atuais serão adaptados para recarregar os carros não parece razoável – afinal de contas, o acesso à eletricidade é praticamente universal. Um acordo assinado entre Ford, Mercedes-Benz, BMW e Volkswagen em 2016 estabeleceu uma parceria para o desenvolvimento e a implantação de uma rede de recarga rápida pela Europa, buscando aumentar a autonomia dos carros elétricos. Essa rede começou com um projeto de cerca de 400 pontos, em 2017, e planos de expansão contínua durante o futuro próximo.

Atualmente, carros elétricos são literalmente ligados à tomada para serem recarregados, exatamente como um telefone celular. Uma vez que não seja mais necessário que uma pessoa dirija o carro, qual a lógica de exigir-se que uma pessoa realize seu abastecimento, mesmo que simplesmente ligando-o à tomada? O futuro da recarga – não apenas para carros, mas para quaisquer dispositivos que utilizam baterias – prosseguirá na busca por alternativas sem fio. As estradas poderão possuir uma faixa que transmitirá energia para o veículo, e regiões próximas aos sinais de trânsito nas cidades poderão ser equipadas com pontos de recarga sob o asfalto. A tecnologia para isso, baseada em indução eletromagnética e, mais recentemente, em ressonância magnética, já está sendo testada e abre possibilidades para diversos mercados.

Além da revolução técnica que carros autônomos trazem, um fenômeno comum entre os chamados *millenials* – a geração nascida entre 1980 e 2000 – é a adoção crescente da cultura da economia colaborativa. Ao invés de adquirir seu próprio carro, que fica estacionado durante a maior parte do tempo, as pessoas passam a encarar de forma natural o uso compartilhado de um mesmo veículo. Empresas como a Zipcar, fundada em 2000 e adquirida em 2013 pelo grupo Avis Budget por 500 milhões de dólares, ou a Uber, fundada em 2009 e com receita de mais de 11 bilhões de dólares em 2018, disponibilizam – utilizando modelos de negócios distintos – carros onde e quando for mais conveniente para o usuário. A economia colaborativa e o futuro do emprego são os temas do próximo capítulo.

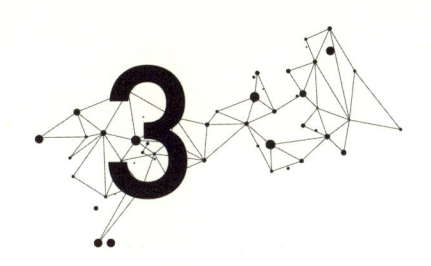

O FUTURO
DO EMPREGO

ECONOMIA COLABORATIVA

O CONCEITO DE POSSE É FUNDAMENTAL PARA O FUNCIONAMENTO DA economia: você paga por um bem ou por um ativo, e esse bem ou ativo passa a ser de sua propriedade. É uma ideia antiga, que no século I a.C. já era criticada por filósofos como Cícero (106-43 a.C.), que dizia que "não existe propriedade privada na Lei da Natureza, apenas na Lei dos Homens". Cerca de dois mil anos depois, o inglês Ronald Coase (1910-2013) – ganhador do Nobel de Economia em 1991 – afirmou que "a Lei da Propriedade determina quem possui algo, mas é o mercado que determina como esse item será utilizado".

Pois o mercado tem se movido na direção de um novo conceito que relativiza a noção de propriedade. A economia compartilhada ou colaborativa pode ser definida, para nossos propósitos, como um ambiente no qual as pessoas ou companhias podem se conectar por meio de ferramentas online para oferecer recursos de qualquer natureza para aqueles que tenham interesse em utilizá-los.

Para muitos dos *millenials* – a geração nascida entre 1980 e 2000 – ser dono de algo é pouco relevante. Por diversos motivos – eficiência, minimalismo, conveniência – essa parte da população vem buscando os serviços à medida em que encontra a necessidade para tanto. Precisa de um lugar para morar por alguns dias? Um local de trabalho, de preferência colaborativo como a nova economia? Um carro para levar você até um amigo? Um vestido de um estilista famoso ou uma bolsa mais elegante para utilizar em uma ocasião especial? Tarefas como pintura, carpintaria, serviços gerais, aulas particulares? Para essas e tantas outras demandas basta usar seu smartphone.

Provavelmente o termo que deveria ser utilizado não é "economia compartilhada" e sim "economia do acesso" – a maioria dos negócios acima não possui os bens, apenas intermedia o acesso dos usuários a eles. A Airbnb, por exemplo, não é dona dos imóveis que disponibiliza, mas ao realizar uma captação de recursos em março de 2017 tornou-se uma companhia – ao menos no papel – avaliada em cerca de 30 bilhões de dólares. Para se ter uma ideia, a rede Hilton de hotéis, que em 2019 completa um século de existência e possui centenas de hotéis espalhados pelo mundo todo, encerrou o ano de 2018 com um valor de mercado de aproximadamente 21 bilhões de dólares. Enquanto negócios tradicionais operam e arcam com todas as despesas e toda logística, a Airbnb oferece o acesso e a *interface* com o cliente. Não é surpresa, portanto, que a rede Accor tenha adquirido em abril de 2016 a Onefinestay – uma espécie de Airbnb de luxo.

É isso que empresas como Facebook e Google possuem de tão valioso: a conexão do consumidor com serviços ou produtos. Os custos e a infraestrutura para criação desses itens são relevantes, mas não impactam as *interfaces*. Os grandes vencedores na economia compartilhada (ou economia do acesso) são exatamente os donos dessas *interfaces*. Quanto mais elegantes, simples e eficientes, melhor.

Mas a economia compartilhada, colaborativa ou de acesso – não importa o nome que você escolha – está longe de ser uma unanimidade. Os defensores apontam benefícios como a redução do desperdício e o aumento da independência do consumidor. Contudo, segundo eles, o usuário só gastará aquilo que usar. E se não ficar satisfeito com o serviço, pode mudar de fornecedor simplesmente apertando um botão. Mas essa é apenas parte da história.

As empresas donas das *interfaces* deixam o próprio usuário classificar, ordenar e premiar aquele que fornece o serviço. Atualmente, o consumidor está mais interessado na opinião de seus pares – não necessariamente de críticos ou de especialistas. E diversos provedores perceberam que a melhor fonte de informações para criar recomendações eficientes é o padrão de consumo associado a cada indivíduo. A Netflix lançou um desafio para sua comunidade em outubro de 2006, oferecendo 1 milhão de dólares para quem fosse capaz de produzir um algoritmo que, comparado com o modelo que a própria Netflix utilizava, fosse capaz de recomendar os filmes que mais poderiam agradar determinado usuário com base nas notas que esse mesmo usuário havia dado a outros filmes. O concurso terminou em setembro de 2009, e o vencedor conseguiu resultados cerca de 10% melhores que o algoritmo original da Netflix. Mas o avanço tecnológico é implacável: durante o período da competição, o modelo de negócios da empresa mudou: o aluguel de DVD começou a ser substituído pela transmissão via internet de vídeos (*streaming*). Em razão disso e da complexidade da mudança necessária, o algoritmo vencedor não chegou a ser integralmente incorporado ao site.

O fato é que agora em praticamente todas as linhas de negócios é necessário contemplar a concorrência de um *marketplace* – um ambiente online em que os consumidores vão buscar o produto ou o serviço desejado e opiniões e críticas são imediatamente compartilhadas, determinando o sucesso ou o fracasso daquela experiência. Aluguel de carros, hotelaria, moda, prestação de serviços, gastronomia, turismo – quanto mais social a experiência, maior o uso de uma comunidade.

A DINÂMICA DA ECONOMIA COLABORATIVA

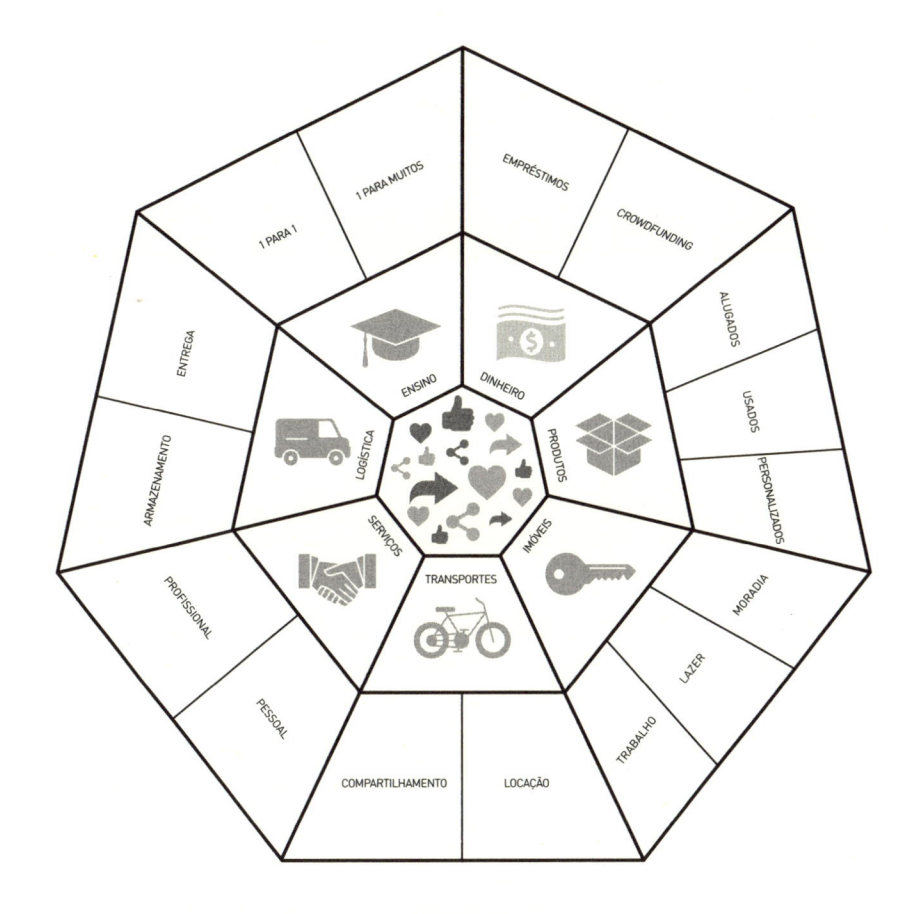

Figura 12

Por que uma pessoa abre sua casa para estranhos? Ou usa parte do seu tempo dirigindo seu próprio carro à espera de clientes? Por que alguém preferiria abrir mão de um trabalho com plano de saúde e férias em troca de algo temporário e frequentemente sem vínculo empregatício tradicional? Muitos acreditam que a resposta para essas perguntas esteja em um mercado de trabalho mais difícil, complexo e competitivo – algo que deve ficar ainda mais evidente no futuro. Em setembro de 2019, o estado da Califórnia votou uma lei que exige que motoristas do Uber e da Lyft sejam tratados como funcionários, e não como autônomos, com repercussões importantes sobre toda economia compartilhada. É exatamente esse tema – o impacto da tecnologia no mercado de trabalho – que iremos explorar a seguir. Quais os efeitos nos indivíduos e na sociedade? Quais os efeitos de curto e de longo prazo? Quais carreiras prosperarão e quais estão destinadas à automação? As respostas não são simples, mas sua importância é inquestionável.

TECNOLOGIA E (DES)EMPREGO

Uma das grandes questões em uma época de inovações e mudanças cada vez mais aceleradas é o efeito da tecnologia sobre o emprego. Como isso vai afetar a vida das pessoas? Qual o impacto sobre carreiras e negócios? A tecnologia melhora ou piora as perspectivas de emprego da população?

A discussão é complexa, e começou há muito tempo. Por si só, isso já é um elemento relevante a ser analisado cuidadosamente: esse debate não é novo. Durante praticamente toda a história da civilização, novas tecnologias precipitaram mudanças e, consequentemente, discussões a respeito do seu efeito sobre a força de trabalho.

Aristóteles (384-322 a.C.), filósofo da Grécia Antiga, escreveu que "os serventes são um instrumento que deve ser priorizado perante todos os outros instrumentos" e destacou que se existisse uma forma de realizar determinado trabalho sem a interferência humana, essa forma seria escolhida, liberando as pessoas para outras atividades. Os governos de diversas civilizações milenares buscaram formas de ocupar a população desempregada em função de alguma inovação técnica, chegando a extremos de rejeitar ou mesmo proibir qualquer inovação que impactasse o mercado de trabalho. De acordo com o economista e historiador Robert Heilbroner (1919-2005), durante a Idade Média pessoas que tentassem negociar ou promover mercadorias que pudessem ser classificadas como inovadoras eram executadas como os piores criminosos.

O movimento Ludita, ocorrido na Inglaterra durante a Primeira Revolução Industrial, uniu trabalhadores que viam sua mão de obra ser substituída por máquinas e inspirou o atual Neoludismo, uma filosofia que basicamente se opõe ao desenvolvimento tecnológico. A origem da palavra *sabotagem*, alguns dizem, é o termo *sabot* – sapatos de madeira que os operários do final do século XVIII e início do século XIX jogavam nas máquinas industriais para danificá-las.

Figura 13 – O Líder dos Luditas, gravura de 1812.

Nesse ambiente nasceu a ciência econômica moderna, e começou um debate que até hoje permanece sem resposta: existe desemprego tecnológico? De um lado, nomes como Robert Malthus (1766-1834) e Karl Marx (1818-1883) argumentavam que sim, e de outro Charles Babbage (1791-1871), uma das figuras mais importantes da história da computação, e Jean-Baptiste Say (1767-1832, "a oferta cria sua própria demanda") diziam que não. Ao longo do século seguinte a discussão continuou, mas as evidências apontavam para uma visão positiva do futuro apesar de duas guerras mundiais: em geral, o progresso tecnológico estava melhorando a qualidade de vida tanto de operários quanto de patrões.

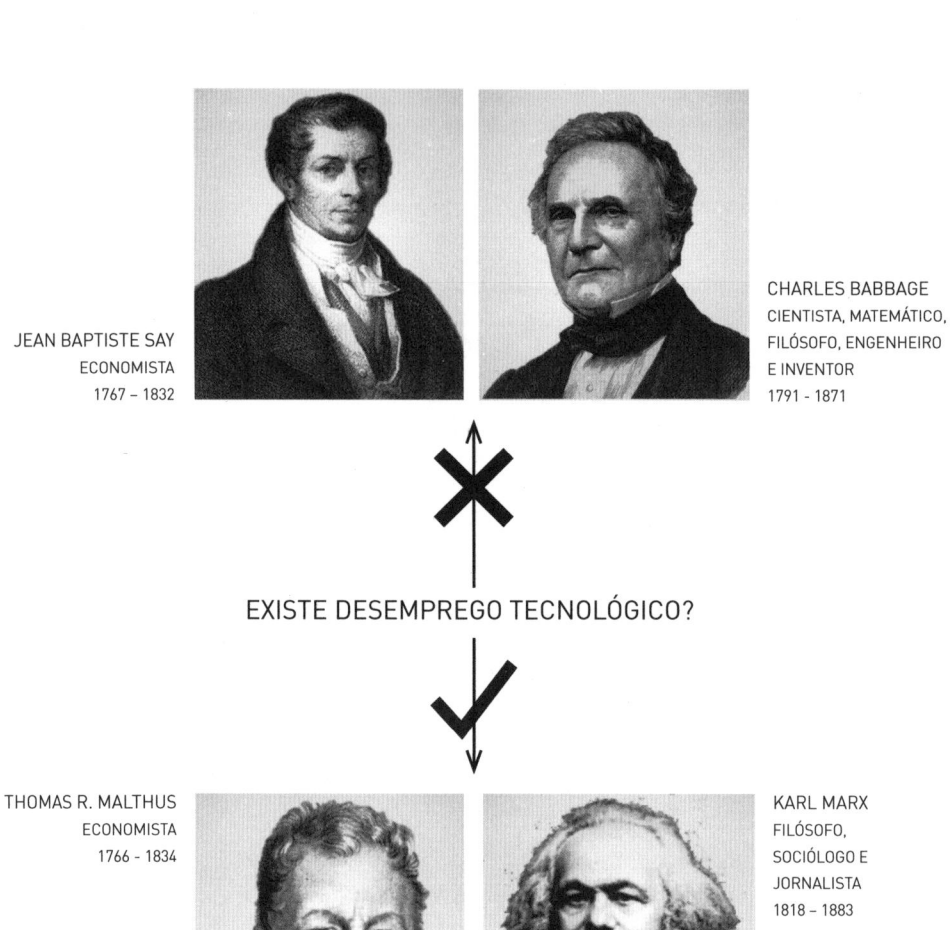

Figuras 14 a 17 – Alguns célebres participantes da discussão sobre desemprego tecnológico.

Nos últimos anos do século passado, a expansão do processo de globalização levou diversos pensadores, economistas e jornalistas a ponderar seus efeitos de médio e longo prazo – e novamente a inovação e a automação passam ao centro do debate em função de seus impactos potenciais no mercado de trabalho. Em 1996, dois jornalistas europeus, Hans-Peter Martin e Harald Schumann, publicaram *A armadilha da globalização*, argumentando que apenas 20% da população economicamente ativa seria suficiente para manter a economia mundial em funcionamento – forçando os governos a sustentarem os outros 80%. O livro *O fim dos empregos*, de 1995, do economista norte-americano Jeremy Rifkin também antecipa a eliminação de milhões de empregos em função das inovações tecnológicas, e o crescimento do setor de serviços voluntários apoiados pelo governo.

Até hoje, a inovação tem sido catalisadora da chamada *destruição criativa*, ou seja, os empregos não são eliminados, mas sim transferidos para outros setores (por exemplo, do setor agrícola – que foi extremamente automatizado – para o setor de serviços). Contudo, há quem ache que esse cenário está para mudar – para pior. Historicamente, o progresso e a inovação conseguiram elevar a qualidade de vida de várias camadas da população, e tipicamente apenas empregos que exigiam qualificação mais limitada eram afetados. A chegada da Quarta Revolução Industrial intensificou a discussão a respeito do desemprego tecnológico: um conjunto amplo de novas tecnologias (robótica, inteligência artificial e impressão 3D, entre outras) que atinge de forma simultânea um grande número de indústrias e negócios.

De acordo com o *Sustainability Journal*, nos últimos 200 anos a população mundial passou de menos de um bilhão para sete bilhões de habitantes, enquanto a percentagem da população em áreas urbanas subiu de 3% para 49%. A mecanização e modernização da atividade agrícola deslocaram uma parcela relevante da mão de obra do campo para as cidades – menos de um terço da mão de obra global está no campo, sendo que em países desenvolvidos esse percentual não chega a 5%. A inovação tem transferido empregos para outros setores via destruição criativa.

Muitos consideram que reviravoltas políticas e a rejeição à globalização podem ser em grande medida atribuídos à forma como a classe média sente-se ameaçada em um mundo mais conectado e dependente da tecnologia, especialmente diante da redução de empregos nas linhas de montagem e do aumento de produtividade acompanhado por um aumento de desemprego.

Em março de 2015, Georg Graetz e Guy Michaels publicaram, por meio do CEPR (*Centre for Economic Policy Research*, ou Centro de Pesquisas em Políticas Econômicas, em Londres), um trabalho no qual foi analisado o impacto econômico dos robôs industriais em 17 países ao longo de 15 anos. Enquanto a produtividade e o crescimento dos países em questão aumentaram, as horas trabalhadas por seres humanos foram reduzidas.

Em 2013, Carl Frey e Michael Osborne, da Universidade de Oxford, publicaram um trabalho sobre o futuro do emprego, no qual analisaram a probabilidade de automação sobre 702 tipos de ocupação, aplicando os resultados sobre o mercado de trabalho norte-americano. Segundo eles, nada menos que 47% dos empregos encontram-se sob risco de automação – e quanto menor o salário pago e a educação necessária para desempenhar aquela tarefa, maior a probabilidade dela ser substituída por mão de obra artificial. Pense nisso: quase metade das atividades analisadas mostraram-se passíveis de serem automatizadas.

Utilizando um critério distinto, baseado não nas profissões, mas nas subtarefas desempenhadas pelos trabalhadores, os pesquisadores Melanie Arntz, Terry Gregory e Ulrich Zierahn, do Centro para Pesquisas Econômicas da Europa (Zentrum für Europäische Wirtschaftsforschung) baseado em Mannheim, Alemanha, chegaram a uma conclusão bem diferente: ao invés de 47%, sua estimativa é que apenas 9% das profissões estudadas correm elevado risco de automação. Já estudos adicionais, publicados por consultorias globais, estimaram esse valor entre 30% e 50%.

Apesar do debate a respeito dos efeitos do progresso técnico sobre o emprego, até recentemente as visões acadêmica e econômica prevalentes eram de um processo benigno como consequência da evolução tecnológica. A tecnologia era percebida como um elemento que, em última instância, geraria mais empregos. Isso parece estar mudando – agora, um número relevante de economistas e acadêmicos começa a acreditar que entramos em um período em que não somente a quantidade de empregos será reduzida, mas também o tipo de redução mudará: não serão afetadas apenas as atividades repetitivas e que exigem menos formação acadêmica.

Larry Summers, ex-secretário do Tesouro norte-americano e professor de Harvard, resumiu essa visão afirmando que o problema no futuro da Humanidade não será mais produzir bens em quantidade suficiente, mas sim sermos capazes de criar um número suficientemente grande de empregos para todos.

Em um primeiro momento, a automação atingiu de forma mais expressiva o setor agrícola e manufatureiro. Mas agora, o setor de serviços começa a ser impactado, em um processo que deve se aprofundar nos próximos anos. Motoristas – sejam eles de táxi, ônibus ou caminhão – possivelmente não serão necessários em algum momento das próximas décadas em função da popularização dos veículos autônomos.

Estabelecimentos comerciais não precisarão da figura do caixa, pois o simples ato de sair da loja com um certo conjunto de mercadorias gerará um débito em conta. Sistemas integrados de visão computacional e sensores permitem que os itens que o usuário retira ou coloca em seu carrinho de compras sejam monitorados, e cada consumidor pode ser devidamente identificado ao entrar na loja por meio de reconhecimento automatizado de imagens.

Ligando-se para uma central de atendimento ou interagindo via *chat* com um agente de suporte, provavelmente do outro lado da linha estará uma máquina. Utilizando técnicas de inteligência artificial, esses *bots* (abreviatura de *robots*, ou seja, robôs) entram em operação após aprenderem como lidar com as requisições mais usuais, e ao longo do tempo, acumulam experiência e flexibilidade. Em diversos casos essas entidades já são capazes de interagir com seres humanos sem que percebamos que estamos de fato lidando com uma máquina.

A área de RPA (*Robotic Process Automation*, ou Automação robótica de processos) deve experimentar crescimento expressivo nos próximos anos (segundo a consultoria Gartner, em 2018 as receitas do setor foram de cerca de US$ 850 milhões). Tarefas repetitivas (como copiar valores de um PDF para o sistema de contabilidade da empresa) são executadas por *bots*, que só são notados quando encontram alguma exceção que precisa ser avaliada por um ser humano.

Contudo, as modificações não param por aí. O desenvolvimento da tecnologia, e em particular de técnicas ligadas às áreas de inteligência artificial e análise de dados, vem gerando inovações que prometem alterar de forma relevante o perfil do mercado de trabalho nas próximas décadas. O uso da subjetividade, da inteligência emocional e da adaptabilidade a situações imprevisíveis despontam como características importantes para os profissionais das próximas décadas. Empregos antes considerados intocáveis já são espécie em extinção como resultado dessas mudanças. Outras tarefas que possuem um grau razoável de sofisticação já começaram a ser executadas por máquinas com resultados extremamente promissores: tradução de textos, elaboração de contratos, análise de imagens, contabilidade e aconselhamento financeiro são apenas alguns exemplos. E não há dúvida que há muito mais por vir – inclusive, é claro, a criação de novas carreiras que simplesmente não existem ou ainda não se tornaram relevantes. Em sua caminhada rumo ao futuro, a tecnologia cria a necessidade de novas tarefas e especializações inesperadas e promissoras.

No livro *Rise of the Robots* (A Ascensão dos Robôs), de 2015, o autor norte-americano Martin Ford argumenta que o impacto dessa tendência de automação de tarefas simples e até de outras significativamente complexas tem o potencial de criar uma espiral deflacionária: com a redução do tamanho do mercado de trabalho, os consumidores irão sentir-se pouco seguros em gastar. A solução para isso, segundo diversos economistas e alguns participantes da própria indústria de tecnologia, é a elaboração de programas governamentais que garantam uma renda mínima para grande parte da população. Essa proposta deve ser analisada de forma muito cuidadosa em função dos impactos sobre os indivíduos, os negócios e a sociedade.

DINHEIRO DE GRAÇA

Em 2014, dois pesquisadores do MIT (Massachussets Institute of Technology) publicaram o livro *The Second Machine Age: Work, Progress, and Prosperity in a Time of Brilliant Technologies* (*A Segunda Era das Máquinas: trabalho, progresso e prosperidade em uma época de tecnologias extraordinárias*). Erik Brynjolfsson e Andrew McAfee postularam que, com os avanços tecnológicos recentes, tarefas cada vez mais sofisticadas poderiam ser desempenhadas por máquinas.

Quantos poderiam prever que a habilidade de dirigir no trânsito de um grande centro urbano não seria mais prerrogativa apenas de seres humanos? Ou imaginar que contratos legalmente válidos seriam elaborados por máquinas? Ou que poderíamos simplesmente entrar em uma loja, escolher as mercadorias que nos interessam e sair sem interagir com ninguém, sendo o processo de cobrança totalmente automatizado? O fato é que se não houver trabalho remunerado para todos, por mais qualificados que sejam, as perspectivas para a sociedade são preocupantes sob diversos aspectos.

Mas a discussão parece prematura – ainda não é possível avaliar se a automação de fato eliminará empregos ou simplesmente gerará uma mudança no perfil do mercado de trabalho (como foi o caso ao longo da História). Isso não impediu, no entanto, que a proposta de uma renda universal básica ganhasse força entre alguns economistas e diversos participantes da indústria de tecnologia, talvez por saberem que suas invenções estão predestinadas a eliminar uma quantidade razoável de empregos.

O filósofo inglês Thomas More (1478-1535), autor do livro *Utopia* (1516), e o humanista espanhol Juan Luis Vives (1493-1540), amigo de More e considerado um dos pais da psicologia moderna, foram possivelmente os primeiros a documentar e estruturar a tese de uma renda básica mínima. Essa tese evoluiu ao longo do tempo para chegar ao seu formato atual: em resumo, pagar a todos os cidadãos de um determinado local uma renda anual, independentemente de qualquer outro fator. Seus defensores argumentam que isso permitiria um acesso mais generalizado à educação e à inovação, disponibilizaria recursos para os pais investirem em seus filhos, iria possibilitar que pessoas buscassem realização inclusive em trabalhos não remunerados e ofereceria uma percepção de justiça social mais ampla e disseminada. Em outras palavras, uma melhora na qualidade de vida e no sentimento geral da população.

Já há exemplos ao redor do mundo de programas que buscaram ou buscam, ao menos em parte, implementar a ideia de pagar uma renda mínima para uma parcela da população: Estados Unidos, Canadá, Uganda, Índia, México e Brasil são países que já podem produzir estatísticas relacionadas aos seus programas de assistência. Mas a avaliação da efetividade desses programas não é simples, e tipicamente gera argumentos pró e contra a sua existência.

Em 2010, a Comissão de Petições do Parlamento Alemão recebeu em audiência Susanne Wiest, defensora do conceito da renda básica universal, rejeitando a proposta como irrealizável por diversos motivos: falta de motivação para as pessoas trabalharem, custos de implementação, potencial crescimento na imigração e impacto nos preços dos bens de consumo.

A Suíça realizou, em junho de 2016, o primeiro referendo mundial sobre o pagamento de uma renda mensal de dois mil e quinhentos dólares aos seus habitantes – e a proposta foi rejeitada por 76,9% dos eleitores, possivelmente porque não eliminava outros programas governamentais de assistência. Em janeiro de 2017, o governo da Finlândia começou a pagar 560 euros mensais para dois mil desempregados, e o plano era expandir o programa para incluir pessoas que estivessem empregadas também. Mas cerca de dois anos depois o experimento foi descontinuado, após perder apoio popular quando os contribuintes foram informados que seus impostos iriam aumentar para manter o programa em andamento. Apesar disso, o modelo de pagamento de uma renda básica mínima segue em discussão em países como Escócia, Espanha, Holanda, França e Canadá (que na década de 1970 implementou um programa de renda mínima em Manitoba).

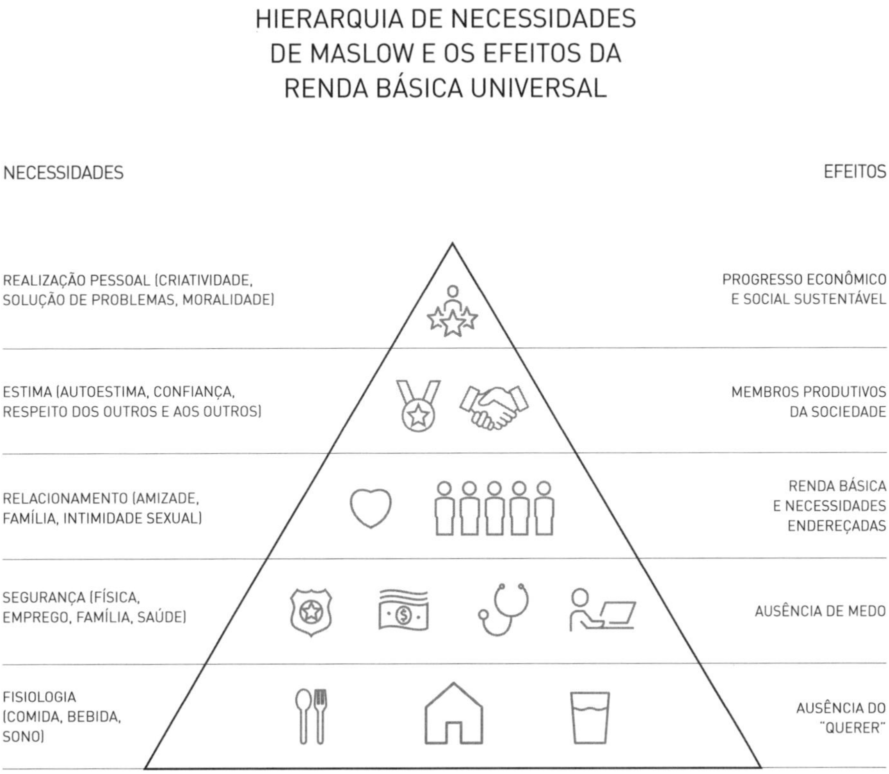

HIERARQUIA DE NECESSIDADES DE MASLOW E OS EFEITOS DA RENDA BÁSICA UNIVERSAL

NECESSIDADES

EFEITOS

REALIZAÇÃO PESSOAL (CRIATIVIDADE, SOLUÇÃO DE PROBLEMAS, MORALIDADE)

PROGRESSO ECONÔMICO E SOCIAL SUSTENTÁVEL

ESTIMA (AUTOESTIMA, CONFIANÇA, RESPEITO DOS OUTROS E AOS OUTROS)

MEMBROS PRODUTIVOS DA SOCIEDADE

RELACIONAMENTO (AMIZADE, FAMÍLIA, INTIMIDADE SEXUAL)

RENDA BÁSICA E NECESSIDADES ENDEREÇADAS

SEGURANÇA (FÍSICA, EMPREGO, FAMÍLIA, SAÚDE)

AUSÊNCIA DE MEDO

FISIOLOGIA (COMIDA, BEBIDA, SONO)

AUSÊNCIA DO "QUERER"

Figura 18 – Os defensores da Renda Universal Básica argumentam que as camadas básicas da Hierarquia de Necessidades, estabelecida em 1943 pelo psicólogo norte-americano Abraham Maslow (1908-1970), são endereçadas por essa política.

É preciso contemplar com extrema cautela os efeitos de longo prazo que programas de renda mínima podem ter sobre o indivíduo e a sociedade como um todo. Além do potencial custo que programas dessa natureza impõem ao orçamento de qualquer país, qual o risco de uma parcela relevante dos beneficiados optar por simplesmente não buscar nenhuma atividade produtiva, uma vez que sua subsistência estaria garantida? Não seria um programa desse tipo um risco para o nível de educação e produtividade? De fato, em diversos locais é aparente que as pessoas com escolaridade mais baixa que entram no programa efetivamente param de procurar emprego e não aproveitam os recursos para obter maior qualificação acadêmica ou profissional.

Olhando para o passado e para a forma como a inovação afetou o mercado de trabalho e a qualidade de vida das pessoas, as perspectivas podem ser consideradas positivas. Por um lado empregos foram eliminados ou substituídos, mas por outro diversas novas carreiras foram criadas, e os benefícios gerados pelas novas tecnologias foram aproveitados por uma larga parcela da população. Apesar da preocupação de um número crescente de economistas com o efeito do desemprego tecnológico em carreiras que exigem um grau maior de qualificação, ainda parece prematuro imaginar que o mundo simplesmente deixará de oferecer trabalho. As novas tarefas, os novos processos e as novas possibilidades serão, por si só, um motor de crescimento para os futuros entrantes no mercado.

INTELIGÊNCIA ARTIFICIAL

APRENDENDO O ABC

O QUE DIFERENCIA UMA CARREIRA DESTINADA A SER DOMINADA POR entidades artificiais – robôs, computadores, ou qualquer outro tipo de dispositivo – de uma carreira relativamente protegida do risco de automação e, portanto, que deve permanecer majoritariamente sob a responsabilidade de seres humanos? Quais carreiras estão imunes e quais estão condenadas?

Atualmente, as respostas para essas perguntas já não são tão simples quanto foram no passado. Há alguns anos, parecia relativamente seguro afirmar que os empregos mais ameaçados estavam associados a tarefas repetitivas e braçais – e, de fato, essas posições já vêm sendo automatizadas há algum tempo. Quanto mais previsível e estável a tarefa, maior a chance de um robô ser capaz de desempenhá-la. Mas há algo novo acontecendo: tarefas que exigem algum tipo de raciocínio lógico já são passíveis de automação. E essa tendência deve aumentar nos próximos anos.

Os avanços nas técnicas de inteligência artificial permitem que computadores aprendam a inferir e a extrapolar com base em situações que são apresentadas e ensinadas ao longo do tempo. E o desenvolvimento de técnicas para análise de grandes quantidades de dados (em um campo conhecido popularmente como *Big Data*) alavanca de forma exponencial a capacidade das máquinas para processar informações e gerar recomendações. Os algoritmos – nome dado ao conjunto de instruções seguido por um computador para desempenhar determinada tarefa – tornam-se, assim, mais eficientes e inteligentes, realizando trabalhos antes exclusivamente ao alcance de seres humanos.

Agora, pode-se adicionar a isso os efeitos da Lei de Moore, criada pelo cofundador da Intel, Gordon Moore, em 1965. Ele previu que a capacidade de processamento dos computadores dobraria a cada dois anos – e isso vem realmente ocorrendo (ao menos de forma aproximada) ao longo das últimas cinco décadas. Se esse ritmo se manterá ou não no futuro é motivo de debate, mas com a criação de novas técnicas no desenvolvimento de circuitos integrados (como a computação quântica), parece razoável assumir que o mundo seguirá caminhando na direção de processadores mais poderosos e arquiteturas computacionais mais eficientes.

Aliando armazenamento de dados cada vez mais barato, algoritmos capazes de digerir quantidades inimagináveis de informações em intervalos de tempo cada vez menores, processadores mais velozes e técnicas de inteligência artificial que garantem flexibilidade e adaptabilidade, os ingredientes necessários para resolver problemas e tarefas tipicamente humanas estão disponíveis.

Historicamente, o impacto da automação na produtividade tende a ser positivo. De acordo com um relatório do Instituto Global McKinsey, isso se verificou com a introdução dos motores a vapor durante a Primeira Revolução Industrial (gerando ganhos de 0,3% ao ano entre 1865 e 1910) e com a adoção dos primeiros robôs industriais e do uso em larga escala da informática (ganhos anualizados de respectivamente 0,4% e 0,6% entre meados dos anos 1990 e 2000). De acordo com o estudo realizado pelo Instituto, o crescimento global esperado graças ao impacto da produtividade deve se situar entre 0,8% e 1,4% ao ano nos próximos cinquenta anos.

Contudo, aumento de produtividade não é sinônimo de aumento de empregos. Diversas carreiras já começaram ser modificadas com a chegada desse novo paradigma, e as consequências para a economia e o mercado de trabalho já são perceptíveis. Considere-se, por exemplo, os processos de identificar, separar e encaminhar cartas, envelopes e pacotes no mundo inteiro. A correta leitura do endereço do destinatário é a etapa mais crítica para que a correspondência chegue corretamente ao local desejado.

Hoje em dia, essa leitura é feita por máquinas. Na maior parte dos casos, sistemas de visão artificial foram instalados e treinados com base em um universo de centenas ou milhares de exemplos com diversos tipos de caligrafia e fontes (tipos de letras utilizados pelo usuário ao digitar em seu computador ou dispositivo móvel). Depois de aprender como a letra "t" pode ser escrita – mais inclinada ou mais reta, com o traço no alto, no meio, vazada ou cheia – os sistemas são capazes de ler corretamente o que o usuário escreveu em praticamente 100% dos casos. E quando ocorre um erro, o contexto no qual a letra aparece (ou seja, quais as letras anteriores e posteriores) serve para corrigir esse problema. Se ainda assim o erro persistir, é quase certo que um operador humano cometeria o mesmo engano.

A leitura é apenas um exemplo de uma tarefa que não era tipicamente associada a máquinas e cuja tecnologia está dominada. Atualmente, os desafios são ainda mais interessantes: os cientistas e pesquisadores estão trabalhando em sistemas artificiais inteligentes capazes de compreender o significado de uma palavra, frase ou parágrafo. Especialistas em computação e linguistas enfrentam juntos os desafios de contextualizar as nuances que nossos cérebros não têm dificuldade em compreender – como ironia, sarcasmo, metáforas ou analogias – mas que são complexas para sistemas artificiais de forma geral.

Unindo-se isso a um sistema de reconhecimento de voz – disponível em smartphones e em dispositivos como o Google Home ou o Amazon Echo – fica fácil perceber o motivo pelo qual dificilmente alguém será atendido por um ser humano quando ligar para uma Central de Atendimento ao Consumidor ou quando iniciar um *chat* com um analista de suporte. Do outro lado da linha você estará interagindo com os *bots*, abreviação de *robots* – entidades artificiais construídas para atender pessoas da forma mais natural possível. Sem espera, com paciência ilimitada e disponíveis 24 horas por dia, 365 dias por ano.

A relevância desse fato pode ser percebida no relatório de 2016 da Forrester Research sobre tendências de mercado para os serviços de atendimento: nada menos que 73% das pessoas consultadas disseram que a coisa mais importante que uma empresa pode fazer para oferecer um bom serviço é valorizar o tempo do cliente.

É interessante notar, portanto, que há quase trinta anos o inventor norte-americano Hugh Loebner instituiu o prêmio Loebner, destinado a incentivar a pesquisa na área de inteligência artificial. Os juízes interagem, via *chats*, com uma contraparte que não se sabe se é humana ou artificial. O *chatbot* que for confundido com um ser humano pelo maior número de juízes é considerado o vencedor. Embora longe de ser uma unanimidade – há professores que consideram o concurso como "pouco científico" – o interesse e a curiosidade despertados servem para ilustrar o avanço na capacidade de interação das máquinas com as pessoas, um elemento cuja importância continuará aumentando em diversos tipos de negócios.

Falamos sobre a capacidade de uma máquina não apenas ler ou ouvir uma pessoa, mas como ela já pode entender o que essa pessoa quer. A chegada em larga escala de dispositivos comandados por voz às moradias é apenas uma questão de tempo – afinal, o uso da voz é uma das formas mais intuitivas de interação. As grandes empresas de tecnologia já estabeleceram as identidades de suas assistentes digitais: a Amazon, por exemplo, lançou o Echo (dispositivo conectado à assistente pessoal Alexa) enquanto a Google lançou o Google Home. A Apple embarcou em seus celulares a Siri, enquanto a Microsoft criou a Cortana para o ambiente Windows, e a Google desenvolveu o Google Assistant para o sistema Android. Além da facilidade, as possibilidades de uso por meio da voz acabam por se expandir, permitindo que crianças ainda não alfabetizadas, idosos e pessoas portadoras de deficiências consigam interagir com os equipamentos.

NÚMERO DE TRANSISTORES
EM CIRCUITOS INTEGRADOS

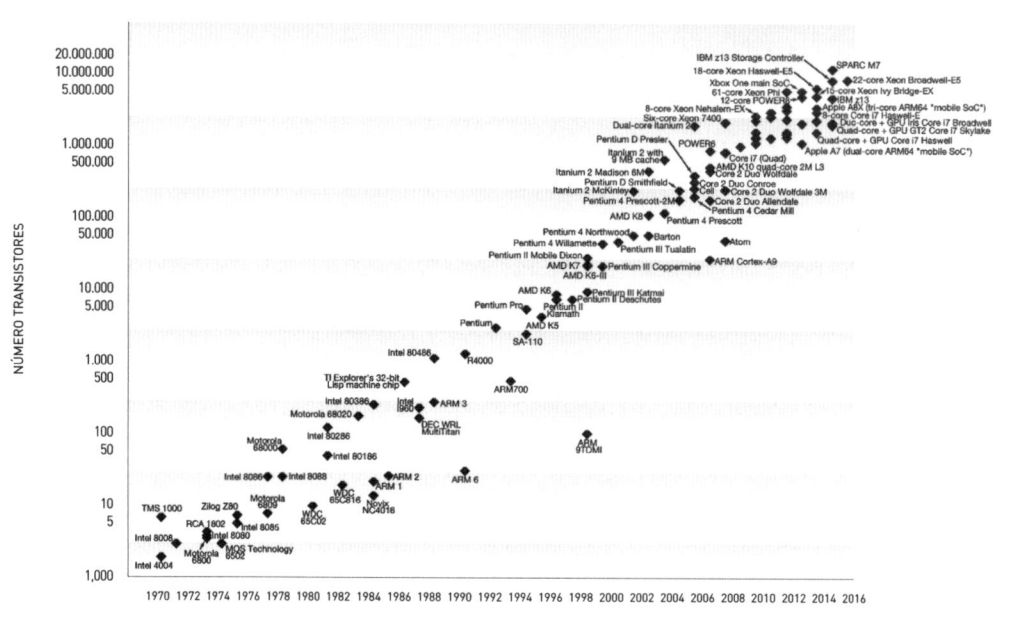

Figura 19 – Observação prática da Lei de Moore.

Outra tecnologia de interação entre o ser humano e a máquina envolve a interpretação dos sinais gerados pelo cérebro. Em setembro de 2019, o Facebook adquiriu a *startup* CTRL-Labs (por um valor não divulgado), que está desenvolvendo uma pulseira que captura e transmite os impulsos cerebrais responsáveis pelo comando das mãos. Isso permite que apenas o pensamento seja suficiente para controlar um smartphone, tablet ou qualquer outro aparelho eletrônico.

Entender comandos de voz simples é uma coisa – "acenda as luzes" ou "toque uma música", por exemplo. Em geral, quanto mais restrito o vocabulário, mais simples é a tarefa para o computador. A mesma lógica se aplica à tradução, uma das tarefas que, para surpresa de muitos, será progressivamente endereçada com o auxílio de sistemas inteligentes. Já existem aplicativos para traduzir instantaneamente textos curtos pelo celular: aponta-se a câmera para o texto a traduzir, e recebe-se a resposta na língua escolhida pelo Google Translate, por exemplo. Os resultados nem sempre são precisos, mas, na maior parte dos casos, é possível ao menos obter o contexto daquela mensagem.

O ramo da chamada *machine translation* (algo como tradução automática) une a Informática e as Letras no desafio de traduzir conteúdo oral ou escrito de um idioma para outro. Muito mais que simplesmente substituir cada palavra do texto no idioma "A" pela mesma palavra do idioma "B", o objetivo é fazer com que os sistemas empregados sejam capazes de interpretar corretamente o *significado* do texto original – algo muito mais complexo e sofisticado. Uma das formas de estudar essa complexidade é através do que ficou conhecido como o Winograd Schema Challenge (WSC, o Desafio da Estrutura Winograd), inspirado no trabalho do professor de Ciência da Computação da Universidade de Stanford, Terry Winograd. O desafio consiste em fazer com que uma máquina seja capaz de interpretar corretamente ambiguidades presente em algumas frases – uma tarefa que seres humanos normalmente conseguem desempenhar com alguma facilidade, mas que é extremamente difícil para algoritmos. Winograd também foi orientador de Larry Page – que em 1998 interrompeu seus estudos para fundar a Google com Sergey Brin, outro doutorando.

Foi por meio do uso de técnicas de *machine translation* que a Microsoft, que adquiriu o *software* de chamadas de voz e vídeo Skype em 2011 por 8,5 bilhões de dólares, desenvolveu um módulo de tradução – tanto para texto quanto para vídeo e voz. Isso quer dizer que pode-se ligar para alguém que não fale um determinado idioma, e mesmo assim estabelecer uma comunicação sem a necessidade de um tradutor: o *software* realiza o trabalho em tempo real. O serviço funciona para alguns idiomas em modo de voz/vídeo e para uma extensa lista em modo de *chat*. A Google, através da integração com o serviço Google Translate, também caminha na mesma direção. Ainda há um longo caminho para melhorias, mas o aperfeiçoamento ocorre consistentemente e em algum momento das próximas poucas décadas a barreira dos idiomas não será mais impeditivo para comunicação direta entre as pessoas.

Assim como os equipamentos domésticos que atendem comandos de voz, quanto mais limitado for o universo linguístico, melhores os resultados. Textos técnicos, por exemplo, já são traduzidos de forma bastante satisfatória. O mesmo não pode ser dito a respeito de textos literários de forma geral – e há quem ache que não será possível automatizar completamente a tradução não técnica: ainda deve levar algum tempo para que máquinas sejam capazes de avançar no terreno da interpretação da imensa variedade de emoções humanas.

FAÇAM SUAS APOSTAS

Um dos braços da Organização das Nações Unidas é a Organização Internacional do Trabalho (International Labor Organisation – ILO), que, entre outras funções, realiza a compilação de dados do mercado de trabalho mundial. Esses dados mostram o predomínio do setor de serviços sobre os setores agrícola e de manufatura no que diz respeito à quantidade de pessoas empregadas. Mundialmente, estima-se que, em 2017, cerca de 51% do mercado de trabalho estava engajado em atividades do setor de serviços - mas se apenas economias dos países da Organização para Cooperação e Desenvolvimento Econômico (OECD) forem considerados, esse número sobe para impressionantes 74% – praticamente três em cada quatro trabalhadores. Já nos países com os piores índices de desenvolvimento socioeconômico de acordo com a ONU, cerca de 60% da população trabalha no setor agrícola (na OECD, esse número não chega a 5%) e 27% no setor de serviços.

No Brasil, estima-se que quase 70% – ou mais que dois em cada três trabalhadores – atuem no setor de serviços. O setor agrícola, importante fonte de receitas para o país, emprega uma parcela cada vez menor da população em função dos avanços tecnológicos – se no início da década de 1990 cerca de 30% da mão de obra estava no campo, esse número agora está próximo de 10%. Esses trabalhadores não migraram para o setor industrial, que manteve-se estável em aproximadamente 20% do total ao longo do mesmo período, mas foram diretamente para o setor de serviços.

Em economias desenvolvidas, onde o custo da mão de obra é mais elevado e faz sentido econômico inquestionável automatizar processos e métodos, a inovação reduziu de forma substancial a necessidade de mão de obra no setor industrial. A parcela de seres humanos que ocupa fábricas e manufaturas nesses países vem caindo de forma relevante, e em 2017 a Organização Internacional do Trabalho estimou que nada menos que 80% dos norte-americanos empregados estão no setor de serviços.

DISTRIBUIÇÃO DE EMPREGOS POR SETOR

2017 - TOTAL MUNDO

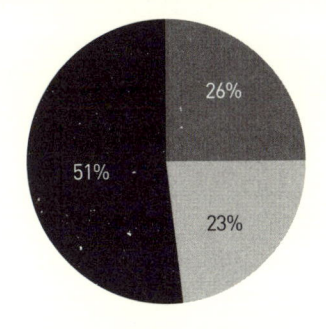

2017 – PAÍSES SUBDESENVOLVIDOS (NAÇÕES UNIDAS)

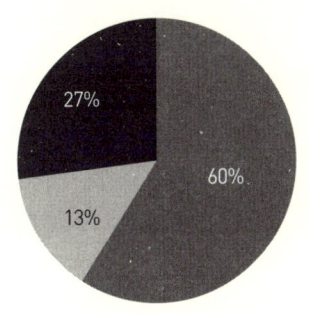

2017 – PAÍSES DESENVOLVIDOS (OCDE)

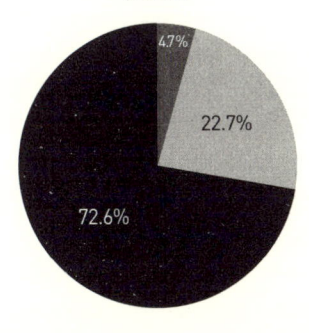

 AGRICULTURA · INDÚSTRIA · SERVIÇO

Figura 20

É razoável, portanto, imaginar que o fenômeno ocorrido nos setores agrícola e industrial – uma redução nos postos de trabalho em função do aumento de eficiência, precisão e segurança trazido pelos avanços técnico-científicos – também ocorra no setor de serviços. Esse tema vem sendo discutido intensamente por acadêmicos, economistas, autores e professores no mundo todo.

Já falamos da capacidade das máquinas para ler, e discutimos os avanços na área da compreensão usando como exemplo a tradução de documentos. O próximo passo é a extrapolação – ou seja, a habilidade de chegar a conclusões a partir de um conjunto de dados após os mesmos serem devidamente analisados.

O mercado financeiro, por exemplo, produz vastas quantidades de informação diariamente. A reação do mercado a notícias pode ser vista de forma instantânea nos movimentos de preços dos ativos. Um desastre natural, um resultado eleitoral, a divulgação de índices de inflação – tudo isso impacta de maneiras diferentes os preços dos ativos, dependendo de seus respectivos setores de atuação. Sistemas artificiais já estão em uso para inferir como determinada empresa responderá a eventos específicos, utilizando como base a análise de padrões históricos, correlações entre os ativos e diversos outros parâmetros – além de serem capazes de responder perguntas elaboradas em linguagem natural e de elaborar relatórios sem supervisão humana.

Os relatórios em questão são tipicamente produzidos por sistemas chamados NLG – *Natural Language Generation* (Geração de Linguagem Natural). A arquitetura desses sistemas é relativamente simples: os dados de entrada são informações estruturadas, como gráficos e tabelas. O produto final é um relatório descritivo: um texto produzido de forma completamente autônoma que possui as informações mais relevantes obtidas a partir desses dados. Alguns setores que já utilizam essa tecnologia incluem bancos, empresas de cartões de crédito, agências de notícias e firmas de tecnologia.

Esse tipo de trabalho é mais um exemplo de uma tarefa não repetitiva que exige o entendimento do contexto e o processamento adequado de um grande número de variáveis. E computadores estão ficando tão bons nisso que já conseguem superar suas contrapartes humanas na conquista de objetivos que dependem justamente de conhecimento e capacidade cognitiva – ou seja, jogos.

No mundo dos jogos eletrônicos – uma indústria que já ultrapassou os cem bilhões de dólares anuais – a presença de um adversário controlado pelo computador não é novidade. Desde os primeiros jogos, como *Speed Race* (1974) e *Space Invaders* (1978), os jogadores humanos acostumaram-se a enfrentar elementos controlados por máquinas.

Com a evolução da indústria, das técnicas de programação e do poder de processamento, jogos tipicamente reservados para seres humanos – como damas, xadrez e gamão – passaram a figurar na lista de jogos para uma pessoa. Há uma diferença importante entre esses e aqueles que vieram anteriormente: nesses casos, o comportamento do computador depende das ações do ser humano.

Em um artigo publicado em 1950, o matemático norte-americano Claude Shannon (1916-2001) – um dos nomes mais importantes da História da Computação – estimou que em um jogo de xadrez típico há pelo menos algo como 10^{120} possibilidades de configurações distintas (esse número ficou sendo conhecido como Número de Shannon). Para ilustrar o quão grande é esse valor, atualmente estima-se que o número de átomos em todo o universo observável seja cerca de 10^{80}. Sendo assim, uma solução que procure testar todas as possibilidades de uma partida inteira torna-se inviável e, conforme o ser humano faz sua jogada, o algoritmo simula as próximas rodadas. A quantidade de simulações depende da complexidade do programa e do poder de processamento e armazenamento do computador.

No entanto, jogos embutem possibilidades, estratégias, blefes e intuições dificilmente passíveis de serem reproduzidos utilizando-se técnicas tradicionais de programação. Com os avanços na capacidade de processamento, armazenamento e codificação, aliados aos novos modelos de programação e à qualidade das placas gráficas, o nível de sofisticação dos títulos publicados e da experiência do jogador aumentou de forma significativa.

A capacidade de extrapolação adquirida pelas máquinas que aprendem usando técnicas de inteligência computacional, estatística e reconhecimento de padrões permitiu que empresas como IBM, Google e Microsoft construíssem seus próprios sistemas cognitivos, capazes de emular uma característica humana fundamental que é a chave do processo de tomada de decisão: o raciocínio. E uma das maneiras mais efetivas de demonstrar a capacidade desses sistemas foi justamente colocando-os para desempenhar atividades que seres humanos entendam bem e que não sejam repetitivas.

Entre 1996 e 1997, o computador Deep Blue da IBM derrotou o então campeão mundial de xadrez, Garry Kasparov. Em 2011, o Watson, também da IBM, derrotou dois campeões de *Jeopardy!*, popular programa de perguntas e respostas dos Estados Unidos. Mas um dos feitos mais extraordinários obtidos na área de Inteligência Artificial foi a vitória do Google DeepMind contra Lee Sedol, um profissional sul-coreano de *Go*, jogo de estratégia chinês com mais de 2.500 anos. A história tornou-se um documentário dirigido por Greg Kohs e lançado em 2017.

Figuras 21 e 22 – Homem versus Máquina: em 1996, um computador derrota o maior enxadrista do mundo e, vinte anos depois, domina o complexo jogo de Go.

Essas vitórias são emblemáticas porque trouxeram para o conhecimento do grande público a capacidade de entidades artificiais operarem em domínios que exigem faculdades associadas a seres humanos. São as "máquinas que pensam", que despertam curiosidade e medo, inspirando livros e filmes que falam do apocalipse causado pelos robôs e computadores.

MITOS, LENDAS E GÊNIOS

O conflito entre o Homem e a Máquina é recorrente, e está intimamente ligado às questões mais filosóficas e profundas trazidas pelo conceito de inteligência artificial: *cogito, ergo sum* – penso, logo existo. Em sua obra de 1637, *Discurso do método*, o filósofo e matemático René Descartes (1596-1650) estabeleceu de forma simples e elegante a relação entre a capacidade de pensar e a convicção de uma existência absoluta, verdadeira e inquestionável. O ato de pensar diferencia os seres humanos de todas as outras criaturas vivas do planeta – somos capazes de abstrair, deduzir, raciocinar, extrapolar, duvidar, questionar, planejar, projetar.

Desde os tempos da Grécia Antiga há evidências da presença de máquinas pensantes – humanoides ou não – nos mitos e lendas. A *Ilíada*, atribuída a Homero, fala de robôs feitos pelo deus grego dos artesãos, Hefesto (ou Vulcano, de acordo com a mitologia romana), enquanto lendas chinesas do mesmo período mencionam máquinas dotadas de inteligência. Ao longo de sua história, a Humanidade sempre ponderou a possibilidade de transferir para criaturas inanimadas a capacidade de pensar e, portanto, de existir. Um dos exemplos mais famosos é a obra de 1818 da escritora inglesa Mary Shelley (1797-1851), sobre um cientista chamado Victor Frankenstein que dá vida (e rejeita) uma criatura monstruosa feita a partir de partes inertes. Shelley era casada com Percy Bysshe Shelley (1792-1822), poeta inglês e amigo do notório Lord Byron (1788-1824), cuja única filha legítima foi a pioneira da computação Ada Lovelace (1815-1852).

Foi durante o período entre 1930 e 1940 que Alan Turing (1912-1954), figura central da História da Computação, estabeleceu matematicamente os conceitos fundamentais para o desenvolvimento dos computadores modernos e da área de Inteligência Artificial. Turing provou que um sistema binário – composto por apenas dois símbolos, como 0 e 1 – seria capaz de resolver qualquer problema, desde que fosse possível representar o mesmo por um algoritmo. A chamada *máquina de Turing* é uma poderosa abstração, cuja formalização em seu artigo de 1936, *On Computable Numbers, with an Application to the Entscheidungsproblem* (Sobre números computáveis, com uma aplicação ao problema da decisão) permanece como um dos trabalhos científicos mais importantes da Teoria da Computação.

Figuras 23 e 24 – Ada Lovelace (1815-1852), matemática inglesa e a primeira pessoa a publicar um programa a ser processado pela máquina analítica de Charles Babbage (Capítulo 1). Ao seu lado, Alan Turing (1912-1954), considerado por muitos como o Pai da Ciência da Computação e da Inteligência Artificial.

Como se isso não bastasse, Turing ainda desempenhou um papel crítico durante a Segunda Guerra Mundial (1939-1945), trabalhando na entidade que viria a se tornar o Quartel General de Comunicações do Governo do Reino Unido (GCHQ, *Government Communications Headquarters*). Seu trabalho foi tema do filme *The Imitation Game* de 2014, dirigido pelo norueguês Morten Tyldum e baseado no livro do inglês Andrew Hodges *Alan Turing: The Enigma*, publicado em 1983. O título refere-se não apenas ao próprio Turing, mas também à máquina de criptografia desenvolvida pelo engenheiro alemão Arthur Scherbius (1878-1929) e utilizada pela Alemanha nazista durante a guerra. Foi graças ao trabalho de criptoanálise desenvolvido em Bletchley Park por analistas liderados por Turing que foi possível quebrar os códigos utilizados nas mensagens alemãs e, segundo diversos estudiosos do conflito, efetivamente reverter a direção que a guerra vinha tomando.

Em 31 de agosto de 1955, a Proposta para o projeto de pesquisa sobre Inteligência Artificial em Dartmouth é assinada por John McCarthy (1927-2011), Marvin Minsky (1927-2016), Nathaniel Rochester (1919-2001) e Claude Shannon (1916-2001). Na época, os quatro cientistas estavam trabalhando respectivamente no Dartmouth College, Harvard, IBM e Bell Labs – mais um exemplo de como pode ser produtiva a colaboração entre universidades e empresas.

A proposta dizia:

> *Propomos que um estudo de inteligência artificial de dois meses e dez pessoas seja realizado durante o verão de 1956 no Dartmouth College em Hanover, New Hampshire. O estudo deve prosseguir com base na conjectura de que todos os aspectos da apren-*

dizagem ou qualquer outra característica da inteligência podem, em princípio, ser descritos tão precisamente que uma máquina pode ser feita para simulá-la. Será feita uma tentativa de descobrir como fazer com que as máquinas usem linguagem, abstrações de formas e conceitos, resolvam tipos de problemas agora reservados para os humanos e melhorem a si mesmas. Pensamos que um avanço significativo pode ser feito em um ou mais desses problemas, se um grupo cuidadosamente selecionado de cientistas trabalhar em conjunto durante um verão.

Obviamente, os próprios pioneiros subestimaram a complexidade dos problemas a serem resolvidos, gerando expectativas que acabaram não se materializando no curto prazo. Mas as linhas gerais da pesquisa estavam estabelecidas.

Durante a década de 1970, em um mundo profundamente impactado por problemas econômicos sérios, e no final dos anos 1980, com equipamentos de uso genérico substituindo máquinas especificamente desenvolvidas para executar tarefas ligadas à IA, muito pouca gente prestava atenção ao que ocorria na área. Estima-se que apenas em 1987 praticamente toda indústria de máquinas criadas para suportar o desenvolvimento de aplicativos em LISP (*List programming*, algo como programação de listas) foi dizimada. A linguagem se popularizou com o sucesso dos chamados *sistemas especialistas*, uma técnica de IA baseada em conjuntos de regras do tipo "Se A, então B" e que teve como pioneiro o sistema XCON (eXpert CONfigurer, ou Especialista em Configurações) desenvolvido em 1978 na Universidade de Carnegie Mellon, em Pittsburgh, Pensilvânia, Estados Unidos.

Foi esse o chamado *inverno da IA*: um campo promissor que demorou a realizar suas promessas, fazendo os investidores (inclusive o governo) perderem a paciência e retirarem os recursos necessários para financiar o trabalho de pesquisa e desenvolvimento. A situação mudou gradualmente a partir da última década do século XX e no início do século seguinte, com a percepção do potencial efetivo das chamadas técnicas computacionais inteligentes aliadas aos avanços na velocidade de processamento, capacidade de armazenamento e análise de grandes conjuntos de dados.

Existe uma discussão importante em andamento e que fala justamente sobre a possibilidade do surgimento de uma inteligência artificial genérica (ou AGI, *Artificial General Intelligence*). Ao contrário dos exemplos de sistemas inteligentes em uso atualmente, que são projetados para atender propósitos específicos – jogar xadrez, reconhecer um rosto, traduzir um texto – a AGI poderia aprender virtualmente qualquer coisa, inclusive a aprender. Isso iria criar uma espiral de acúmulo de conhecimento que não conheceria limites, e cujo surgimento causaria mudanças inéditas e imprevisíveis na estrutura da sociedade. Cientistas não chegaram a um entendimento único sobre quando essa entidade poderá ser desenvolvida: alguns acham que dentro de poucas décadas, outros acham que apenas no século que vem e há ainda aqueles que acham que isso nunca irá acontecer.

MÁQUINAS QUE APRENDEM

A área de pesquisa em Inteligência Artificial (IA) pode ser subdividida de diversas formas, seja em função das técnicas utilizadas (como por exemplo sistemas especialistas, redes neurais artificiais, computação evolutiva) ou dos problemas endereçados (visão computacional, processamento de linguagem, sistemas preditivos). Atualmente, uma das técnicas de IA mais empregadas para o desenvolvimento de novas aplicações é conhecida como *machine learning* ou ML. De forma simplificada, em ML procura-se apresentar aos algoritmos a maior quantidade possível de dados, permitindo que os sistemas desenvolvam a capacidade de tirar conclusões autonomamente. Uma forma simplificada de descrever o processo é a seguinte: se quisermos ensinar um sistema de reconhecimento de imagens a identificar uma chave, apresentamos a maior quantidade possível de chaves para seu treinamento. Depois disso, a própria estrutura aprende a identificar se as imagens seguintes são ou não chaves – mesmo que o sistema nunca tenha visto uma determinada amostra durante seu treinamento.

Reconhecer uma imagem era uma tarefa na qual seres humanos possuíam clara vantagem sobre máquinas até relativamente pouco tempo atrás. Mas iniciativas como o projeto ImageNet, idealizado em 2006, serviram para reduzir essa diferença significativamente. Liderado pela pesquisadora chinesa naturalizada norte-americana Fei-Fei Li, professora de Ciência da Computação da Universidade de Stanford nos EUA e que também atuou como diretora do *Stanford Artificial Intelligence Lab* (SAIL, Laboratório de Inteligência Artificial de Stanford), o projeto ImageNet consiste em um banco de dados com cerca de quinze milhões de imagens que foram classificadas por seres humanos.

Esse repositório de informações serve para o treinamento de algoritmos de visão computacional, e está disponível online gratuitamente. Para estimular o desenvolvimento da área de reconhecimento de imagens por computador, em 2010 foi criado o Desafio de Reconhecimento Visual de Grande Escala do ImageNet (ILSVRC, *ImageNet Large Scale Visual Recognition Challenge*), no qual sistemas desenvolvidos por equipes do mundo inteiro buscam classificar corretamente a imagem apresentada na tela. A evolução dos resultados obtidos ao longo de menos de uma década é uma prova dos avanços extraordinários obtidos no campo de *deep learning* (aprendizado profundo, uma das técnicas mais utilizadas na área de Inteligência Artificial atualmente): se em 2011 uma taxa de erro considerada boa era de cerca de 25%, em 2017 das 38 equipes participantes nada menos que 29 obtiveram uma taxa de erro inferior a 5%.

O desenvolvimento de programas de computador foi, durante décadas, baseado na equação "regras + dados = respostas". Ou seja, as regras eram informadas previamente, os dados de entrada eram processados e uma resposta era produzida. O paradigma utilizado por sistemas baseados em *deep learning* é substancialmente distinto, e procura imitar a forma como seres humanos aprendem: "dados + respostas = regras". Tipicamente implementado através de redes neurais artificiais, estruturas capazes de extrair dos dados e das respostas as características necessárias para criação de regras, esses sistemas estão na linha de frente de, entre outras, plataformas de reconhecimento facial, reconhecimento de voz, visão computacional e medicina diagnóstica. Uma vez que um conjunto suficientemente grande de exemplos (dados) seja apresentado com suas respectivas classificações (respostas), o sistema obtém uma representação interna das regras – e passa a ser capaz de extrapolar as respostas para dados que nunca viu antes.

Embora o uso de sistemas baseados em *deep learning* sejam capazes de melhorar a precisão de virtualmente qualquer tarefa de classificação, é fundamental lembrar que sua precisão é altamente dependente da qualidade e do tipo de dados que utilizam durante a fase de aprendizado. E esse é um dos maiores fatores de risco para o uso dessa tecnologia: se o treinamento não for feito cuidadosamente, os resultados podem ser perigosos. Em um artigo de 2016 assinado por três pesquisadores da Universidade de Princeton – Aylin Caliskan, Joanna Bryson e Arvind Narayanan – quase um trilhão de palavras em inglês foram utilizadas como dados de entrada. Os resultados indicaram que "a própria linguagem embute preconceitos históricos, sejam eles inofensivos (como na classificação de insetos ou flores), problemáticos em relação à raça ou gênero, ou factuais refletindo a distribuição de gênero em relação a nomes ou profissões".

Também em 2016, a revista mensal da ACM (*Association for Computing Machinery*, a maior sociedade internacional de aprendizado para computação do mundo, fundada em 1947) publicou o artigo de Nicholas Diakopoulos (PhD em Ciência da Computação pelo Georgia Tech Institute), intitulado *Accountability in Algorithmic Decision Making* (*A Responsabilidade dos Processos de Tomada de Decisão baseados em Algoritmos*). Se de fato os chamados sistemas inteligentes continuarem sua expansão para diversas áreas de negócios, serviços e governos, será imprescindível que não sejam contaminados pelos preconceitos que seres humanos acabam desenvolvendo, consciente ou inconscientemente. É provável que o modelo ideal envolva a colaboração entre máquinas e seres humanos, que deverão ser responsáveis por decisões sobre temas com nuances e complexidades ainda não compreendidas inteiramente por modelos e algoritmos.

A percepção da relevância das mudanças que serão possíveis em praticamente todas as indústrias reflete-se no aumento dos investimentos em *startups* do setor: de acordo com a firma CB Insights, globalmente esse valor saiu de menos de 2 bilhões de dólares em 2013 para mais de 20 bilhões de dólares em 2018.

Empresas de tecnologia como Google, Microsoft, Apple, Facebook e Amazon já incorporam técnicas inteligentes em seus produtos e caminham rumo a um futuro onde praticamente todas as suas linhas de negócios terão uma componente de ML embutida. Não importa a natureza da aplicação – tradução simultânea automática durante uma ligação, recomendações do que queremos (ou iremos querer) comprar online, ou o correto reconhecimento da voz na interação com o celular.

Um dos grandes desafios para as empresas é definir a melhor forma de utilização desse conjunto de novas técnicas, que conterão aspectos probabilísticos em suas respostas – em outras palavras, os algoritmos estimam uma solução para determinado problema, não havendo garantia de que essa seja, de fato, a melhor solução. Ou o processo é robusto e confiável, em função da qualidade da implementação e das técnicas utilizadas, ou os resultados serão prejudiciais à saúde financeira da empresa em questão.

O número de aquisições de *startups* de *machine learning* vem crescendo, liderado pela atuação das grandes empresas de tecnologia e, mais recentemente, com a participação de outros setores, como o automobilístico, de eletroeletrônicos e industrial. Uma dessas transações ocorreu em novembro de 2016: a aquisição da canadense Bit Stew pela General Electric, por cerca de 150 milhões de dólares. A Bit Stew desenvolveu uma plataforma para integrar e analisar dados obtidos por meio de dispositivos industriais conectados. É justamente sobre essa integração entre objetos do mundo real com o mundo digital – também chamada de Internet das Coisas – que iremos falar no próximo capítulo.

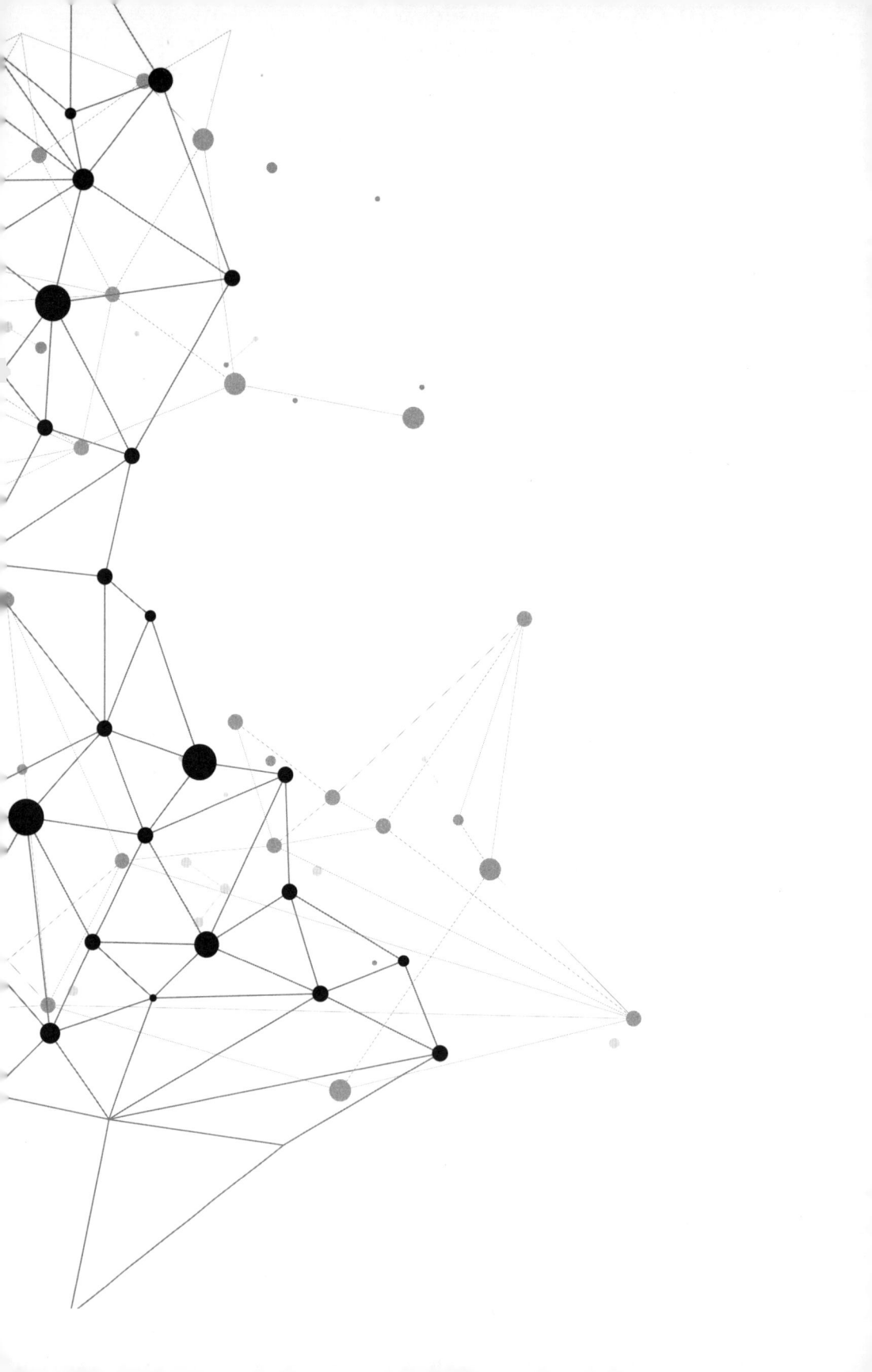

INTERNET DAS COISAS E CIDADES INTELIGENTES

A INTERNET E AS COISAS

O PREFIXO *INTER*, DE ORIGEM LATINA, PODE SER TRADUZIDO COMO algo que une elementos, algo que está entre esses elementos. A palavra *net*, em inglês, quer literalmente dizer rede. Ou seja, a internet é a tecnologia que permite a conexão de diversas redes diferentes, colocando-se em uma posição intermediária – ou de integração – entre elas.

A origem do que conhecemos como Internet (com "i" maiúsculo) está na década de 1960, nos Estados Unidos. O governo e, em particular o Departamento de Defesa, precisava de uma rede descentralizada, evitando que um ataque a um ponto central derrubasse toda a estrutura de comunicação entre os computadores da época. As pesquisas iniciais culminaram com a ARPANET – *Advanced Research Projects Agency Network* (Rede da Agência de Projetos de Pesquisa Avançados), precursora da Internet atual, que no final de 1969 conectava quatro computadores – um na Universidade da Califórnia em Los Angeles, um no Instituto de Pesquisas de Stanford, um na Universidade da Califórnia em Santa Bárbara e outro na Universidade de Utah.

A evolução dos protocolos de comunicação e interoperabilidade expandiu a rede, que se manteve restrita aos ambientes acadêmico e militar até o início dos anos 1990. De lá para cá, a Internet – que conecta diversas redes de computadores espalhadas pelo planeta – tornou-se parte integrante e fundamental da vida de bilhões de pessoas, formando a infraestrutura básica do mundo moderno.

Durante muito tempo, os únicos elementos que compunham a Internet eram os computadores – algo esperado, uma vez que de fato esse era o projeto original e que a capacidade de integração necessária estava restrita a esses equipamentos. Mas teoricamente (e simplificando um pouco o problema), qualquer dispositivo capaz de "falar" o protocolo da Internet (*Internet Protocol*, ou IP) poderia ser conectado a essa rede de comunicações global: bastava estruturar e organizar a transmissão das informações em pacotes digitais e endereçar corretamente cada um deles. Foi exatamente o que os pioneiros da tecnologia de voz sobre IP – ou VoIP – fizeram no início dos anos 1990, desenvolvendo telefones que, ao invés de se conectarem à rede de telefonia tradicional já existente (com elevado custo para ligações internacionais), eram ligados à mesma rede de dados que os computadores.

Ao longo das duas décadas seguintes, a expansão das redes de banda larga e o acesso cada vez mais universalizado à Internet, aliados ao desenvolvimento de sensores e circuitos de conexão sem fio de baixo custo, permitiram que um novo e gigantesco mercado fosse criado, com nome e sobrenome: a Internet das Coisas (*Internet of Things* – IoT).

Qualquer equipamento ou componente de equipamento passou a ser considerado como um elemento com potencial para ser adicionado à Internet. Desde aparelhos de uso doméstico e pessoal – carros, motos, geladeiras, câmeras, máquinas de lavar, condicionadores de ar, luminárias, cafeteiras – até máquinas pesadas, como motores de aviões, locomotivas, sondas de perfuração, passando por dispositivos integrados a seres vivos (pessoas, animais selvagens, gado, plantações e florestas). Todos esses elementos podem agora enviar informações em tempo real para qualquer parte do mundo, sendo então analisadas por algoritmos desenvolvidos especialmente para esse fim e capazes de lidar com quantidades inimagináveis de dados. A consultoria Gartner estima que, em 2016, cerca de 6,4 bilhões de unidades estavam conectadas à Internet, e que esse número ultrapassará 20 bilhões em 2020 – havendo quem fale em mais de 100 bilhões. Trata-se de uma complexa rede que conectará pessoas e máquinas de forma eficaz em todos os ambientes.

É razoável imaginar que, ao longo das próximas décadas, o impacto da Internet das Coisas será comparável ao da própria Internet ou da telefonia móvel. Estamos falando da transformação, por meio da instalação de sensores, de praticamente qualquer elemento do mundo físico em uma entidade digital – capaz de transmitir dados a respeito de sua localização e do seu funcionamento, de ser atualizada e monitorada remotamente, de ser integrada e de atuar de forma colaborativa.

Conforme falamos no capítulo anterior, a Lei de Moore – estabelecida em 1965 pelo cofundador da Intel, Gordon Moore, e que permanece relativamente válida graças aos avanços no projeto e manufatura de microprocessadores – prevê que o poder de processamento dos circuitos integrados dobrará a cada dois anos. A miniaturização dos componentes e a redução nos custos de produção também permitiram que o preço de sensores caíssem de forma significativa: se em 2004 o custo médio de um sensor genérico de IoT era de 1,30 dólares, esse valor caiu para 60 centavos em 2016, e estima-se que em 2020 fique abaixo de 40 centavos.

Adicione a isso mais dois elementos: primeiro, uma camada de análise em tempo real da gigantesca massa de informações produzida por esses sensores e, segundo, o desenvolvimento de técnicas de inteligência artificial para aprendizado, extrapolação e comportamento autônomo. Esses elementos já estão modificando a forma de interação entre as pessoas, entre as pessoas e as máquinas e entre as próprias máquinas.

Segundo a International Data Corporation (IDC), em uma pesquisa realizada em 2016 com 4.500 executivos espalhados em mais de 25 países e representando diversos tipos de negócios, mais da metade declarou que a IoT é estratégica para o sucesso de suas marcas. A motivação para aumentar o investimento nessa tecnologia, segundo eles, está ligada à produtividade, velocidade para acessar o mercado e a automação.

Governos, consumidores e indústrias vão se deparar com um vasto conjunto de novas alternativas que permitirão mudanças substanciais em uma série de processos, serviços e produtos. A General Electric, em um relatório publicado no final de 2012, estimou que, nas próximas duas décadas, o PIB global pode aumentar em até 15 trilhões de dólares com o incremento de eficiência, produtividade e economia que será viabilizado com a conexão das máquinas industriais à Internet. Para se ter uma ideia do que isso significa, o PIB dos Estados Unidos em 2017 foi de quase 19,4 trilhões de dólares.

A chegada com força total do mundo conectado por meio da Internet das Coisas (ou, segundo a Cisco, da Internet de Tudo) afetará até mesmo negócios mais tradicionais, ligados aos setores industriais, de energia e de manufatura por exemplo. A exemplo do que acontece com as seguradoras e os carros conectados, empresas agora podem obter informações sobre como seus produtos são utilizados, antecipando potenciais problemas com os equipamentos e cobrando seus clientes de acordo com o padrão de utilização, da forma semelhante às empresas de *software* que cobram pela licença de uso de seus programas (em um paradigma conhecido como SaaS – *Software as a Service* ou *Software* como um Serviço).

Os desafios para a Internet das Coisas são muitos e incluem desde a interoperabilidade de equipamentos e protocolos de comunicação até questões ligadas à segurança e privacidade. Quando pensamos nas redes de dados, por onde trafegam todas as nossas comunicações devidamente digitalizadas – e-mails, páginas da *web*, fotos, vídeos, voz, *chats* – pensamos em uma infraestrutura que atende seres humanos que estão trocando informações. Essa rede, cuja pedra fundamental foi estabelecida na década de 1960, já não atende apenas seus inventores. Um dos maiores vetores de crescimento esperado pelas companhias de telecomunicações será gerado pela comunicação entre máquinas, sem interferência humana. É a comunicação *Machine to Machine*, ou M2M.

Uma das versões mais comuns do protocolo que todos os elementos conectados à Internet precisam conhecer – o chamado IP, ou *Internet Protocol* – é a quarta, e entrou no ar em 1983. São endereços que permitem que os dados que estão circulando pela rede sejam devidamente transferidos do remetente ao destinatário. Talvez você já tenha visto algum endereço IPv4 (IP, versão 4) na sua forma decimal: são quatro números de 1 a 3 dígitos separados por pontos – por exemplo, 52.0.14.116. Pois bem, cada um desses quatro números é representado por oito bits – conjuntos de zeros e uns – de forma que cada endereço completo possui 32 bits. Como existem apenas duas possibilidades para cada um desses 32 bits – ou zero ou um – então existem 2^{32} combinações distintas de endereços, o que equivale a aproximadamente 4,3 bilhões.

Mesmo com as diversas soluções para otimizar o uso dos endereços disponíveis, o limite suportado pelo IPv4 não seria suficiente para atender um mundo cada vez mais conectado. O número de usuários ligados à Internet cresce rapidamente e, mais importante, o número de dispositivos – computadores, modems, laptops, tablets, celulares – também. No seu relatório sobre mobilidade publicado em novembro de 2016, a Ericsson estimou que já há quase quatro bilhões de usuários de smartphones no mundo, e prevê que esse número atingirá 6,8 bilhões em 2022.

O problema da falta de endereços está sendo resolvido desde a metade da década de 2000, com a versão 6 do *Internet Protocol*, que já convive com a versão 4. Há diversas diferenças entre ambos, e a mais importante está ligada à quantidade de endereços permitidos por esse novo modelo: são 2^{128}, ou 340 trilhões seguidos por 24 zeros (340. 282.366.920.938.000.000.000.000.000.000.000).

Resolvido o desafio do endereçamento, fundamental para o desenvolvimento da Internet das Coisas, ainda há um aspecto crítico, também em plena discussão por meio de diversos grupos e consórcios: a padronização das mensagens trocadas pelas máquinas, com segurança e confiabilidade. Carros autônomos, máquinas industriais, equipamentos domésticos, sensores corporais e outros elementos devem ser capazes de se comunicar não apenas entre si, mas também com os algoritmos que atuarão sobre as informações produzidas.

A viabilização de um mundo realmente conectado – em que não apenas computadores estejam em rede mas qualquer dispositivo físico seja capaz de receber e transmitir dados – configura uma das maiores mudanças no ambiente de negócios das últimas décadas. A infraestrutura da Internet está sendo adaptada para permitir que um número extraordinariamente grande de equipamentos possa ser conectado e integrado. Ao mesmo tempo, iniciativas ao redor do mundo procuram padronizar os modelos de comunicação entre as máquinas, viabilizando um ambiente menos complexo e mais eficiente.

A redução no custo de manufatura dos sensores – os elementos responsáveis por capturar informações e transmiti-las – permite que atualmente um único equipamento tenha diversos tipos de sensores instalados: proximidade, luz, ruído, temperatura, pressão, giroscópio (que determina sua orientação espacial), acelerômetro (que determina a força sendo aplicada) e umidade são apenas alguns exemplos. E o mercado de fabricação de sensores possui perspectivas positivas, com previsões de crescimento consistente de pelo menos 10% ao ano pelos próximos anos.

O BOM SENSO DOS SENSORES

A gestão dos ativos próprios, obtendo informações por meio de sensores, desponta como um dos primeiros projetos de amplo escopo adotado por diversas empresas. Frotas de veículos, mercadorias e equipamentos – além da cadeia de fornecedores e clientes – torna-se passível de monitoramento e mensuração em tempo real. Durante o transporte a temperatura de um produto perecível está chegando perto de níveis críticos? Basta emitir um alerta para o motorista, informando qual embalagem precisa ser substituída ou qual providência deve ser tomada. Se o veículo for autônomo, basta desviá-lo para o centro de manutenção mais próximo – e caso isso não seja viável, descarta-se aquele produto em particular no local da entrega.

O consumo de energia também será otimizado, seja para controlar elevadores, equipamentos de refrigeração e calefação ou iluminação. Com sensores de movimento ou pressão é possível determinar quantas pessoas encontram-se em cada ambiente, ajustando-se a temperatura de acordo e viabilizando uma gestão mais eficiente do uso da energia.

Pode-se também determinar, com antecedência e segurança, qual o momento adequado para a manutenção de um equipamento – seja um componente específico de uma máquina, uma turbina, um motor ou uma sonda de exploração de petróleo. Com a capacidade de monitorar parâmetros como desgaste, volume de uso e fadiga do material, os operadores são notificados assim que algum tipo de ação se fizer necessário.

A IoT também torna realidade um elemento de ficção apresentado no filme de 2002 *Minority Report* (lançado no Brasil com o título *Minority report – a nova lei*), dirigido por Steven Spielberg e baseado em um conto de 1956 do escritor Philip K. Dick (1928-1982): a personalização da indústria de propaganda. Com sensores inteligentes acoplados a produtos, é possível identificar o consumidor por meio de seu celular (no filme essa identificação ocorre pela retina) e assim direcionar as propagandas e promoções mais relevantes para aquele indivíduo.

Os aumentos na eficiência e redução do desperdício que se tornam possíveis com o uso dos sensores, dados e algoritmos espalhados pelo planeta prometem ganhos de produtividade relevantes, potencialmente fortalecendo a economia e todos os elementos que participam da cadeia produtiva. Mas a revolução da Internet das Coisas não irá se limitar aos negócios: o impacto nas residências e nas cidades será igualmente significativo – com possibilidades de melhorias expressivas na qualidade de vida da população.

De acordo com uma pesquisa realizada pela firma de consultoria International Data Corporation em 2016, os maiores desafios para a utilização efetiva da Internet das Coisas envolvem segurança, privacidade, custos de implementação e manutenção, infraestrutura de TI e habilidades específicas nesse novo mercado, no qual a capacidade de processar volumes expressivos de dados torna-se crítica. Esses desafios já seriam significativos caso considerássemos apenas as aplicações da IoT no mundo corporativo. Levando-se em conta também a aplicação inevitável da tecnologia nas residências e nas cidades, lidar adequadamente com essas questões é fundamental.

As cidades inteligentes (*smart cities*) são uma prioridade para os governos e empresas ao redor do mundo, com um potencial de mercado para segmentos como energia, infraestrutura, segurança, transporte, construção civil e saúde que chega a 1,5 trilhões de dólares de acordo com a empresa de consultoria Frost & Sullivan.

O constante aumento populacional nos centros urbanos – seja devido ao fluxo migratório ou ao aumento na expectativa de vida da população – bem como mudanças comportamentais na sociedade, que incluem desde uma consciência ecológica mais acentuada até uma nova forma de consumir e utilizar os bens, aumentam sistematicamente as demandas por transformações. A entidade sem fins lucrativos Population Reference Bureau estima que, em 2050, a percentagem da população mundial vivendo em cidades irá sair dos atuais 55% para quase 70% – sendo que, em países desenvolvidos, esse número já alcança 75%. Considerando a população global média dos próximos trinta anos, estamos falando de uma migração que irá envolver quase 1,5 bilhões de pessoas, o que equivale dizer que nas próximas décadas iremos gerar pressões urbanas equivalentes à criação de uma Coreia do Sul por ano (cerca de cinquenta milhões de habitantes), composta única e exclusivamente por cidades.

Essa urbanização sem precedentes exigirá maior eficiência e robustez em praticamente todos os processos e serviços que atendem uma cidade, gerando oportunidades de negócios em diversos setores. Devido à natureza desses projetos em larga escala, nos quais é necessário coletar, transmitir, analisar e atuar sobre informações em tempo real, tipicamente quatro tipos de participantes desempenham funções críticas: fornecedores de equipamentos, provedores de acesso às telecomunicações, integradores e gestores do serviço.

EVOLUÇÃO DA POPULAÇÃO URBANA

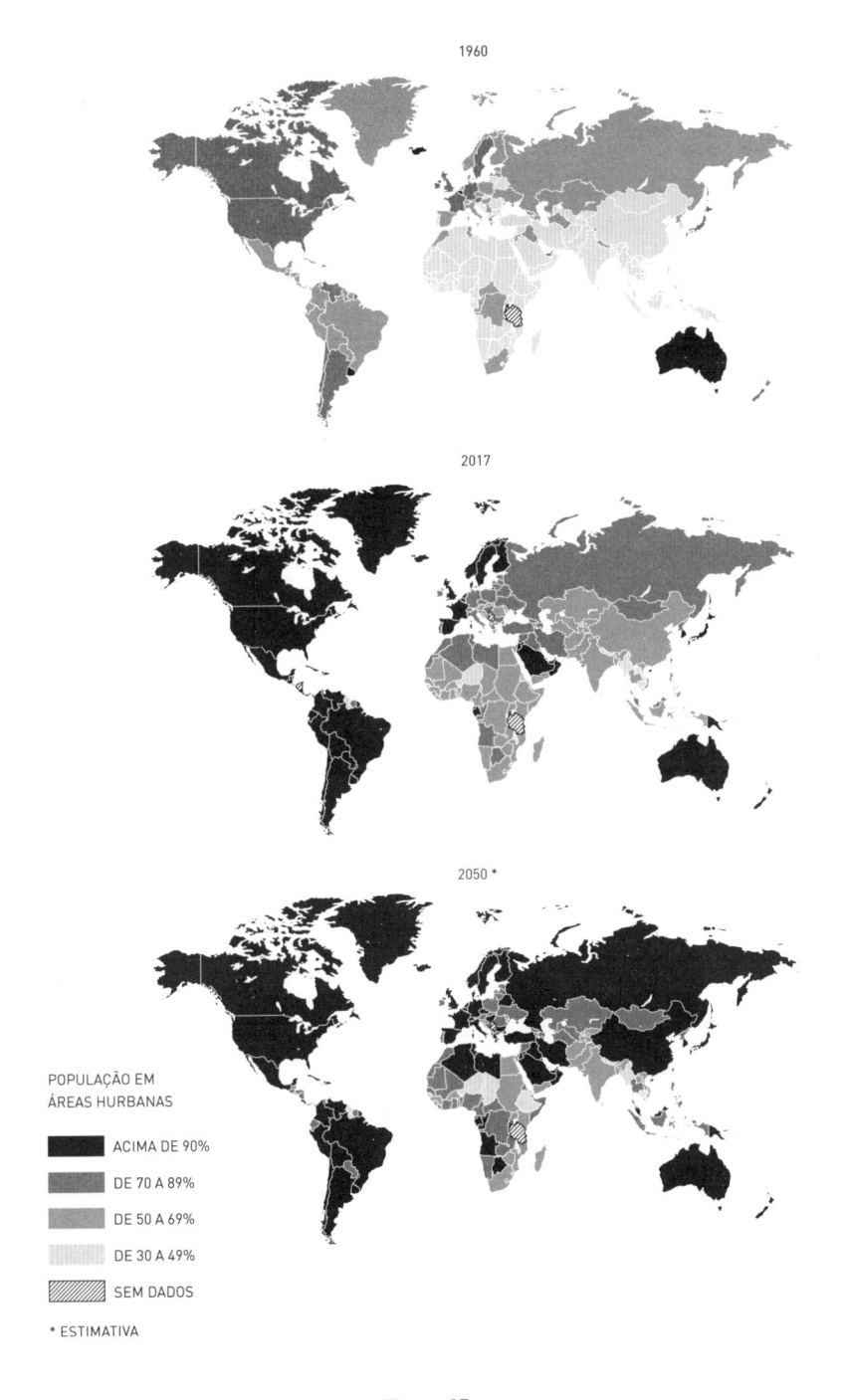

Figura 25

De forma resumida, os fornecedores de equipamentos são responsáveis por equipar a cidade com sensores capazes de desempenhar a função específica exigida por determinado projeto: vazamentos de água, consumo de energia, volume de tráfego, toxicidade do lixo, nível de ruído. As informações coletadas são transmitidas pela estrutura de telecomunicações, com foco na comunicação entre os equipamentos e os responsáveis pelos serviços. Integradores unem os diversos serviços em uma plataforma homogênea e consistente, e finalmente os gestores do serviço monitoram e garantem o resultado desejado.

Energia e trânsito são temas recorrentes para o planejamento das cidades. O desenvolvimento do chamado *smart grid* – uma rede elétrica inteligente – envolve o uso de novos medidores e sistemas domésticos de armazenamento de energia, permitindo que, em horários de pico (nos quais a tarifa ao consumidor é mais cara), seja utilizada a energia armazenada, bem como o uso de fontes alternativas e limpas. O controle dinâmico dos sinais de trânsito de acordo com o volume de tráfego, sensores nas ruas e otimização de rotas para serviços médicos também fazem parte do desenvolvimento da infraestrutura necessária de uma cidade inteligente.

Desde 2014, a IESE *Business School* – Escola de Negócios da Universidade de Navarra, em Barcelona, Espanha – divulga um *ranking* com as cidades mais inteligentes do mundo. O índice criado, chamado de IESE CIMI (*Cities in Motion*, ou Cidades em Movimento), leva em consideração aspectos como capital humano, governança, mobilidade e transporte, planejamento urbano, meio ambiente, economia, coesão social, alcance internacional e tecnologia. Em 2018, 165 cidades em 80 países foram analisadas, e as cinco primeiras colocadas foram Nova York, Londres, Paris, Tóquio e Reykjavik. Outras cidades se destacaram no processo, como Bern (coesão social e governança), Singapura e Amsterdam (tecnologia), Toronto (planejamento urbano) e Copenhagen (meio ambiente).

Dois anos antes, em 2016, a empresa Juniper Research escolheu as cinco cidades mais inteligentes do mundo, após analisar aspectos como controle e melhoria do tráfego, acesso à rede sem fio, uso de smartphones, disponibilização de informações via *apps* e a utilização de redes inteligentes para iluminação e consumo de eletricidade. As vencedoras foram Singapura, Barcelona, Londres, São Francisco e Oslo.

As iniciativas adotadas por essas e outras cidades atuam diretamente sobre temas críticos para a melhoria da qualidade de vida da população – que segue migrando do campo para as cidades ao redor do mundo. Em pouco mais de duzentos anos – entre 1800 e 2016 – a população mundial saiu de 1 bilhão para 7,5 bilhões de habitantes. De acordo com o United Nations Fund for Population Activities, uma entidade que faz parte da Organização das Nações Unidas, em 2050 seremos quase 10 bilhões.

Há cerca de dez anos atingimos, pela primeira vez na História da Humanidade, uma proporção maior de pessoas vivendo nas cidades do que em zonas rurais – uma tendência que não deve mais ser revertida. De acordo com relatório de 2014 publicado pelo Departamento de Assuntos Econômicos e Sociais da ONU, em 2050 dois terços da população mundial estará em cidades. E a concentração populacional em determinadas cidades também aumentou de forma significativa: em 1950, cerca de 80 cidades ao redor do mundo tinham população superior a 1 milhão de habitantes e, em apenas sessenta anos, esse número mais que quintuplicou, atingindo 441 cidades. Em 2016, 46 mega-cidades (incluindo a cidade e seus arredores) já apresentavam população superior a 10 milhões de habitantes, sendo três na África e na América do Norte, quatro na Europa, cinco na América do Sul e o restante na Ásia.

Mas foi na Estônia – um país com apenas 1,3 milhões de habitantes, prensado entre o mar Báltico, a Látvia e a Rússia – que a ideia de uma nação verdadeiramente digital vem sendo implementada. Depois do colapso da União Soviética durante a última década do século XX, a Estônia optou por um caminho que ainda é almejado por governos ao redor do mundo: a gestão digital de serviço para seus cidadãos. A Internet foi considerada um direito humano básico em 2000 no país, o primeiro a tomar tal atitude (quase dez anos depois, países como Costa Rica, Finlândia, Grécia, Espanha e França fizeram algo semelhante).

Na Estônia – que alguns chamam de E-stonia em função de seus programas digitais amplos – uma criança recebe sua identidade digital ao nascer, que funciona como uma espécie de *login* para pagar impostos, abrir uma conta bancária e votar, por exemplo. Em apenas vinte minutos, um empreendedor pode abrir sua empresa sem precisar sair de casa – e o ecossistema de inovação do país ainda colhe os frutos da venda do Skype (cujo código foi desenvolvido por três estonianos e foi adquirido pela Microsoft em 2011 por 8,5 bilhões de dólares). Para incentivar o crescimento da economia, em 2014 foi criado o serviço de *e-residence* (ou e-residência), no qual qualquer pessoa pode abrir uma empresa na Estônia e operá-la como se morasse no país.

Desde um ciberataque com motivações políticas originado da Rússia em 2007 que teve um profundo impacto para o país, o governo vem tomando medidas para aumentar a robustez de seus processos, incluindo a abertura de uma "embaixada de dados" em Luxemburgo (onde uma cópia de segurança dos dados do governo será armazenada) e o uso da tecnologia de blockchain, uma base de dados distribuída e mais segura.

Para fazer frente ao crescimento e à maior densidade populacional – algumas das maiores cidades do mundo possuem mais de dez mil pessoas por quilômetro quadrado – torna-se necessário aumentar a eficiência e o alcance dos serviços oferecidos ao público: transportes, energia, saúde, segurança, moradia, infraestrutura e educação, por exemplo. A Internet das Coisas desempenha papel fundamental nesse processo, coletando e transmitindo dados para sistemas integrados de análise e decisão.

Algumas cidades já se destacam no cenário mundial por meio da implementação de soluções tecnológicas para levar inteligência à gestão urbana. Singapura (na verdade, uma cidade-Estado) lançou no final de 2014 um programa chamado *Smart Nation* (algo como Nação Inteligente). As medidas incluem a instalação de sensores e câmeras pela cidade, que alimentarão a plataforma batizada de Singapura Virtual.

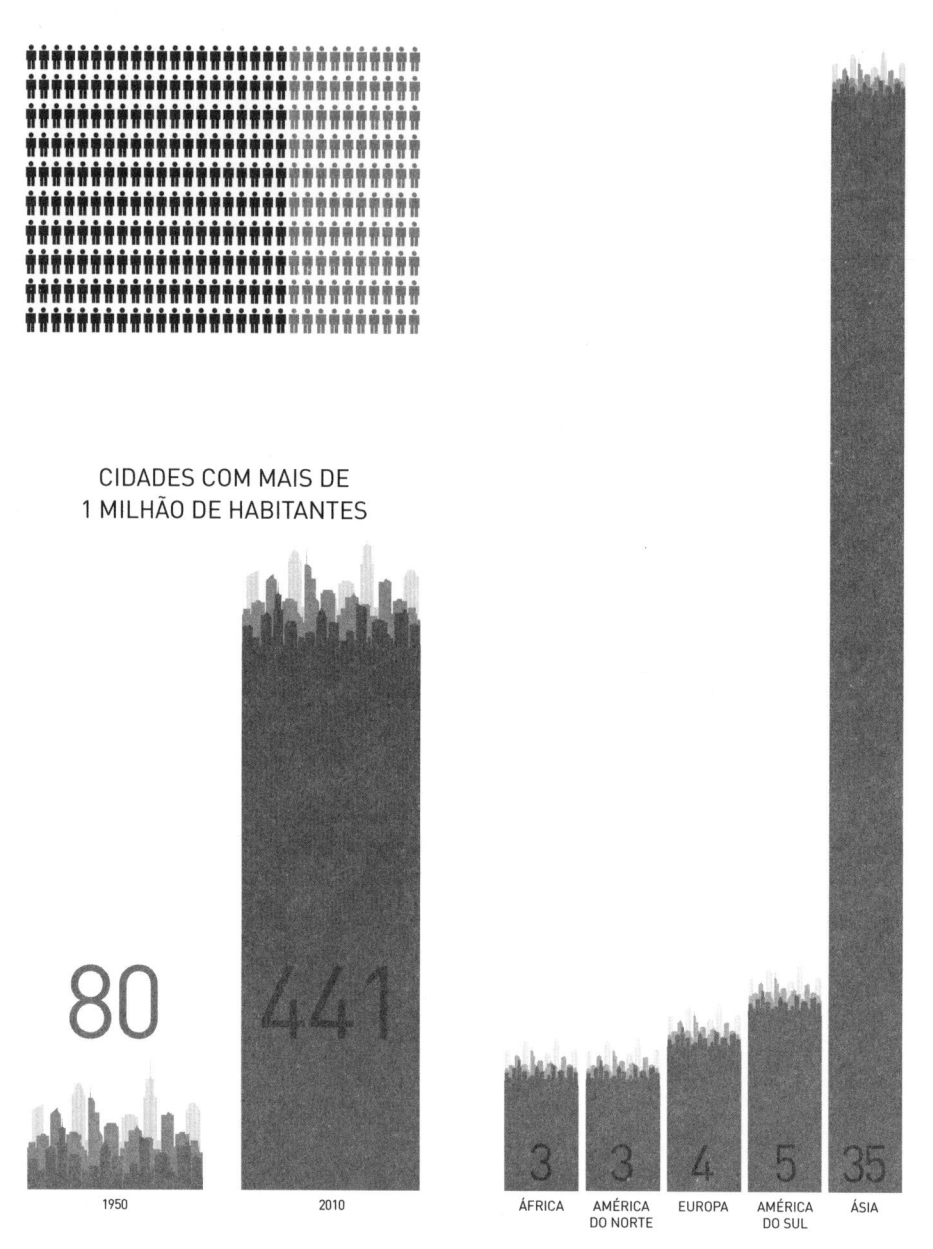

Figura 26 – O fenômeno das megacidades.

Apesar dos benefícios da plataforma, há uma preocupação relevante com a privacidade e segurança das informações. É possível fazer comparações com o Big Brother, figura criada por Eric Blair (mais conhecido como George Orwell, 1903-1950) em seu clássico *1984* no qual o governo monitora seus habitantes de forma ostensiva. Na China, por exemplo, estima-se que no final de 2017 já havia mais de 170 milhões câmeras instaladas nas ruas e em ambientes fechados, que se beneficiam de pesados investimentos em sistemas de reconhecimento facial, permitindo localizar e monitorar a população. Além disso, como em qualquer ambiente conectado, há o risco de ataques digitais ao sistema de trânsito ou de abastecimento de água, gás ou eletricidade.

Sensores e câmeras também permitem a visualização da forma como uma multidão seria evacuada de determinada região em caso de emergência. Isso é possível, uma vez que *softwares* de simulação de multidões já possuem elevado grau de confiabilidade, aliando aspectos físicos (como cada elemento da multidão deve se comportar) com aspectos cognitivos (como cada elemento reagirá aos estímulos recebidos). Esses sistemas são utilizados tanto para simulações urbanas quanto em filmes, seriados ou jogos, nos quais é necessário apresentar cenas com centenas ou milhares de pessoas de forma realista.

A diferença fundamental entre o programa que está em processo de implementação em Singapura e outros programas – como aqueles encontrados em Amsterdam, Londres, Nova York ou Barcelona – é o elevado grau de centralização. É a primeira vez que um governo pode reunir um conjunto tão completo de informações a respeito de seus cidadãos – desde o movimento dos veículos até o uso de cigarros em zonas proibidas.

Outro aspecto interessante é que diversas cidades disponibilizam os dados coletados – respeitando o anonimato de seus moradores – para auxiliar no processo de tomada de decisão e engajar a comunidade. Quanto mais pessoas puderem acompanhar métricas de consumo, segurança e poluição, por exemplo, mais rapidamente decisões poderão ser tomadas. Os dados obtidos pela plataforma de sensores utilizada em Barcelona, por exemplo, estão disponíveis para governos interessados em estudá-los e aplicá-los em suas cidades inteligentes. Os sensores coletam informações sobre trânsito, energia, chuvas, qualidade do ar e níveis de ruído, entre outros elementos.

UMA QUESTÃO DE SOBREVIVÊNCIA

Mais do que nunca, com o crescimento populacional global e a redução do número de habitantes nas áreas rurais, será necessário elevar de forma significativa a produtividade e reduzir o desperdício em atividades agropecuárias. Em outubro de 2009, a Organização para Alimentação e Agricultura da ONU (FAO – *Food and Agriculture Organization*) publicou um relatório indicando que, considerando-se as projeções de crescimento da população mundial, será necessário que a produção global de alimentos aumente em cerca de 70% nas próximas décadas. Até 2050, ainda segundo a FAO, o espaço arável em países em desenvolvimento deve aumentar em 12%, mas será reduzido em cerca de 8% nos países desenvolvidos. Isso quer dizer que o aumento na produtividade não será o resultado da expansão da fronteira rural, mas sim de melhorias nos processos ligados às atividades agrícolas e pecuárias.

Segundo o cientista e professor da Universidade de Manitoba (Canadá), o tcheco-canadense Vaclav Smil, se ainda estivéssemos trabalhando com a produtividade típica do início do século XX, atualmente precisaríamos utilizar metade da superfície terrestre livre de gelo para agricultura – e em grande parte isso não ocorreu devido aos avanços obtidos por dois químicos alemães, que viabilizaram a produção de fertilizantes baseados em nitrogênio, elemento fundamental para o crescimento de plantações de virtualmente qualquer tipo.

Apesar de compor quase 80% do ar que respiramos, a conversão do nitrogênio atmosférico em amônia provou ser um desafio complexo. Em 1909, o químico alemão Fritz Haber (1868-1934) conseguiu desenvolver a reação em laboratório (pelo qual ganhou o Prêmio Nobel de Química em 1918), e juntamente com engenheiro químico da BASF Carl Bosch (1874-1940) desenvolveu o processo em escala industrial (Bosh também ganharia um Nobel de Química em 1931, pela criação da química utilizando altas pressões). Entretanto, antes da aplicação na agricultura, Haber atuou no desenvolvimento de armas químicas para o exército alemão durante a Primeira Grande Guerra (1914-1919), o que supostamente levou sua esposa Clara Immerwahr (a primeira PhD em Química da Universidade de Breslau, atualmente Universidade de Wroclaw) a cometer suicídio em 1915, poucas semanas antes de completar 45 anos de idade.

De acordo com a empresa de pesquisa Euromonitor International, as vendas de alimentos industrializados atingiram 2,4 trilhões de dólares em 2014, e segundo a consultoria Research and Markets, esse mercado superará os 3 trilhões de dólares em 2020. Considerando-se que o PIB global nominal (que não leva em consideração a inflação) atualmente está entre 75 e 80 trilhões de dólares, e que a agricultura responde por cerca de 6% desse valor, é razoável estimar que o setor de alimentos – considerando produção e vendas – representa algo como 7 trilhões de dólares na economia.

A atividade agrícola possui uma longa história de avanços e inovação, com a implantação consistente de novos processos e tecnologias. A mecanização do campo, o desenvolvimento de fertilizantes, técnicas de irrigação e, mais recentemente, a engenharia genética, são alguns exemplos daquilo que permitiu, apenas nos últimos 50 anos, que a produtividade de diversos tipos de plantações tenha mais que triplicado. De acordo com dados do Banco Mundial, a quantidade de quilogramas de cereal por hectare produzida no Brasil saiu de 1.346 em 1961 para 4.180 em 2016. Nos Estados Unidos, o salto foi de 2.522 para 8.143 durante o mesmo período – ou seja, o aumento de produtividade em ambos os países foi praticamente igual.

Mais recentemente, a busca por eficiência no campo passou a incluir, além das plantações, novas maneiras para obtenção do principal produto da pecuária: a carne. De forma geral, essa atividade precisa de uma quantidade significativa de terra (que não pode ser usada para agricultura), consome muita água (um bem cada vez mais precioso) e provoca emissões de gases com efeitos tão nocivos para a atmosfera quanto a queima de combustíveis fósseis. Por enquanto, há duas formas distintas em pleno desenvolvimento: a carne de base vegetal e a carne de laboratório.

Como o próprio nome diz, a carne de base vegetal é produzida utilizando-se proteína vegetal, preferencialmente aquelas que podem gerar uma experiência similar para o usuário achar que está comendo carne de origem animal (que é a preferência da grande maioria das pessoas). Embora seja uma alternativa mais benéfica para o meio ambiente, esse tipo de carne – que vem ganhando popularidade através de empresas como a Beyond Meat (fundada em 2009) e a Impossible Foods (fundada em 2011) – não é necessariamente mais saudável: afinal, ser feito a partir de uma base vegetal é diferente de ser um vegetal. O produto final também é processado e possui muito mais sódio que sua contraparte animal (algo que pode causar problemas de pressão arterial), embora não possua colesterol algum.

A segunda forma alternativa para produção de carne ainda não está pronta para o grande público, mas potencialmente pode causar significativo impacto no futuro próximo. Trata-se da carne sintética, preparada em laboratório a partir do crescimento de células obtidas do músculo de um animal vivo e tratadas em um soro altamente nutritivo para incentivar sua proliferação. Esse processo pode ser desenvolvido e aperfeiçoado para virtualmente qualquer tipo de animal, e já há empresas trabalhando tanto com carne bovina quanto com filés de peixe. Mais do que isso, os biorreatores onde as células são cultivadas eventualmente poderiam estar nos próprios restaurantes ou até mesmo nas residências, modificando de forma dramática o processo de distribuição de alimentos existente hoje em dia. Ainda há importantes desafios técnicos a serem vencidos, mas *startups* como a Just, Finless Foods, SuperMeat, Mosa Meat e Memphis Meats – fundada em 2015 pelo Professor de Fisiologia Vascular e Engenharia de Tecidos Markus Post, da Universidade de Utrecht, na Holanda, e pioneiro na produção de carne sintética – estão trabalhando para isso.

Esses avanços precisam continuar ocorrendo para que o mundo não passe por um problema estrutural de falta de alimentos, e a IoT já desempenha um papel importante nesse cenário. A chamada *agricultura de precisão* faz uso de sensores que permitem um mapeamento preciso da topologia do terreno, bem como informações relativas ao solo, temperatura e umidade. Rebanhos podem ser monitorados detalhadamente, com informações que vão desde a alimentação até o estado de saúde de cada animal. Imagens capturadas por *drones* ou por satélites (que deixaram de ser um negócio restrito a governos) fornecem informações relevantes para o fazendeiro, que pode integrar esses dados ao seu processo de tomada de decisão. Os próprios tratores, que já podem ser autônomos, são capazes de coletar dados sobre a produtividade de cada hectare – aumentando a eficiência e reduzindo o desperdício.

O grupo Gartner estima que até 2020 mais da metade dos novos processos e sistemas encontrados no mundo corporativo irão possuir algum elemento de IoT. De acordo com o serviço de pesquisas do *website Business Insider*, nesse mesmo período a quantidade de dispositivos IoT no segmento rural atingirá 75 milhões de unidades (contra 30 milhões existentes em 2015). E as evidências indicam que quanto mais conectada uma fazenda, não apenas maior sua produtividade, mas também maior será sua eficiência, com quedas nos gastos com energia e irrigação, por exemplo.

Mas não são apenas indústrias, cidades e fazendas que estão buscando implementar um ambiente conectado e mais eficiente. A tendência de monitorar e integrar vários aspectos do dia a dia por meio de equipamentos digitais também começa a se popularizar entre as pessoas. A estruturação da Internet das Coisas passa pela instalação de sensores nos itens que se pretende conectar – e sensores permitem que objetos do mundo físico sejam integrados ao mundo digital, gerando uma quantidade extraordinária de dados que, por sua vez, abrem caminho para novas possibilidades de negócios.

A disseminação das casas inteligentes, aparelhadas com eletrodomésticos integrados aos fabricantes, bem como câmeras, termostatos e controladores acessíveis de qualquer lugar, continuam se popularizando. Como já vimos, cidades também estão evoluindo para permitir melhor gestão do tráfego, poluição e segurança, bem como melhorias na sua infraestrutura de energia, luz, água e esgoto através do monitoramento e processamento dos dados. Em alguns lugares a coleta de lixo já é um processo integrado entre o serviço público e as próprias latas de lixo, dotadas de sensores que informam se elas precisam ou não ser esvaziadas.

A forma como nossos corpos podem ser integrados à estrutura da IoT começa a ficar mais clara com a indústria dos dispositivos *wearables*. Com eles, podemos monitorar e armazenar dados de temperatura corporal, frequência cardíaca, consumo de calorias e padrões de sono. Esses dados podem ser correlacionados com nossos ambientes pessoal e profissional, potencialmente indicando caminhos e conexões que não eram óbvias inicialmente. De acordo com a firma CCS Insight, o mercado de *wearables* (vestíveis) irá atingir 34 bilhões de dólares em 2020 – incluindo as pulseiras *fitness*, *smartwatches*, dispositivos de realidade virtual e dispositivos de realidade aumentada. É provável que sensores sejam incorporados em nossas roupas ou até mesmo em nossos corpos ao longo dos próximos anos.

Uma das empresas que fabrica *wearables* e que procura extrair *insights* dos dados coletados é a norte-americana Jawbone, fundada em 1999. Cruzando os padrões de sono de seus usuários com a universidade que cada um estava cursando, foi possível concluir que estudantes das universidades melhor classificadas no *ranking* da US News and World Report vão dormir mais tarde que seus colegas de outras universidades.

Ou que, conforme era razoável imaginar, moradores de zonas urbanas dormem menos que aqueles das zonas rurais.

De fato, mais que informar quantas horas o usuário dormiu ou se o sono foi reparador ou não – nós mesmos temos como avaliar isso – o que se espera dos sensores pessoais é uma contribuição concreta para a saúde. Pessoas com diabetes, por exemplo, podem monitorar seus níveis de glicose através de um dispositivo que analisa os fluidos imediatamente abaixo da pele utilizando agulhas com espessura inferior a meio milímetro. Atletas podem ser monitorados através de adesivos que analisam a transpiração para monitorar riscos de desidratação ou câimbras. Identificar padrões como noites melhores após dias de atividade física intensa, ou noites piores após determinado tipo de alimentação são informações que podem gerar mudanças de hábito saudáveis.

O monitoramento constante de diversos aspectos do nosso corpo – como frequência cardíaca e respiratória, nível de oxigenação no sangue e temperatura – apresenta benefícios para pacientes e médicos. Os sensores utilizados – que já começam a se tornar biodegradáveis, simplesmente se dissolvendo após determinado intervalo de tempo – permitem que pacientes estejam sob cuidados médicos não apenas em hospitais ou clínicas, mas em virtualmente qualquer lugar. Mais do que isso: caso alguma medida precise ser tomada em função das leituras dos sensores, a tendência é que a própria administração do medicamento seja feita remotamente, com a liberação de substâncias diretamente na corrente sanguínea. Chegamos ao ponto no qual podemos usar a tecnologia não apenas para diagnosticar e tratar doenças, mas sim para antecipar e monitorar os eventos que ocorrem em nosso organismo.

No contexto da Quarta Revolução Industrial, a integração entre sistemas artificiais e biológicos, o desenvolvimento de técnicas de aprendizado para máquinas e a comunicação entre equipamentos são alguns dos aspectos que se adaptam perfeitamente ao novo paradigma. De acordo com dados da Organização Mundial de Saúde (*World Health Organization*), os países membros da OCDE (Organização de Cooperação e de Desenvolvimento Econômico) gastaram, em 2018, 8,9% do seu PIB com saúde. Entre os chamados BRICS – grupo de países emergentes reconhecidos por seu potencial econômico – o Brasil apresentou os mesmos 8,9% de gastos, seguido da África do Sul (8,2%), Rússia e China (5,3% cada) e Índia (3,9%). Apenas nos Estados Unidos, os gastos com saúde alcançaram 17,2% do PIB – mais de 3 trilhões de dólares.

Ainda de acordo com a OMS, em 2015 cerca de 54% das mais de 56 milhões de mortes ocorridas no mundo foram causadas por apenas dez tipos de doenças. Na liderança, problemas de coração e derrames, como vem sendo o caso desde 2000. As doenças que foram erradicadas nas últimas décadas tendem a ser substituídas por aumentos em casos de câncer, derrames e problemas degenerativos (como Parkinson e Alzheimer) – doenças cujo monitoramento permanente pode alterar de forma fundamental a evolução do quadro clínico.

Um trabalho publicado em janeiro de 2017 pela Escola de Medicina da Universidade de Stanford, por exemplo, obteve indicações concretas sobre as possibilidades do futuro dos diagnósticos. Um grupo de 43 voluntários foi monitorado, e seus dados individualizados foram analisados e correlacionados. Os cientistas conseguiram detectar com precisão os sinais incipientes da doença de Lyme (que causa inchaço e dor nas articulações) e de processos inflamatórios, além de conseguirem distinguir claramente diferenças fisiológicas entre pessoas sensíveis ou resistentes à insulina. Considerando que os *wearables* utilizados neste estudo foram dispositivos comerciais de propósito geral – medindo itens como frequência cardíaca, oxigenação sanguínea, temperatura da pele, sono e consumo de calorias – é possível imaginar os avanços que serão obtidos por dispositivos desenvolvidos especificamente para aplicações médicas.

Profissionais da área de atendimento em saúde estão entre as carreiras menos vulneráveis à automação. No relatório de 2006, Trabalhando juntos para Saúde, a OMS já destacava uma carência global de mais de quatro milhões de profissionais na área, com ênfase nas regiões mais pobres. Esse prognóstico, associado ao aumento da expectativa de vida da população reforça a importância da evolução das tecnologias ligadas à saúde, como a obtenção dos diagnósticos.

Se na década de 1950 a expectativa de vida da população mundial não chegava a 50 anos de idade, atualmente esse número já chega a 70 – sendo que diversos países possuem expectativa de vida acima de 80 anos (como Canadá, Japão, Austrália e Finlândia). No Brasil, com expectativa de vida de 75 anos, somos o sexagésimo sétimo colocado em uma lista de 183 nações. Avanços científicos, políticas públicas, campanhas educativas e de vacinação e hábitos mais saudáveis foram fatores que contribuíram para essas mudanças.

Apesar disso, o número de hospitais, especialmente em países desenvolvidos, está diminuindo. Nos EUA, por exemplo, existiam cerca de 1,5 milhões de leitos hospitalares em 1975, contra aproximadamente 900 mil em 2014. De acordo com a OECD, na primeira década do século XXI o número de vagas em hospitais na Europa foi reduzido em 1,9% ao ano. A tendência atual e para o futuro deve ser prevenir e evitar a todo custo internações – a própria duração média de cada internação também tem diminuído em função de novos remédios e procedimentos menos invasivos. Não é à toa que áreas de inovação em saúde como a assistência domiciliar estão experimentando crescimento relevante. Nesse segmento, a família, o idoso e os profissionais de saúde envolvidos compartilham informações através de dispositivos como smartphones, tablets, câmeras e sensores. Com isso, o uso de equipamentos para automatizar e assegurar que todos os remédios de um determinado paciente estejam sendo tomados também está crescendo: a medicação completa do mês pode ser carregada previamente no equipamento, que se encarrega de enviar alertas e mensagens para o paciente, o médico, acompanhante ou membros da família de acordo com a configuração realizada.

Neste contexto, a integração entre computação, inteligência artificial, telecomunicações, biologia e serviços modifica de forma definitiva os modelos praticados até agora em temas como prevenção, diagnóstico e tratamento de doenças. A definição da chamada *MedTech* (ou Tecnologia na Medicina) consiste no desenvolvimento de dispositivos, terapias, diagnósticos, medicamentos, processos e sistemas para cuidar da saúde e melhorar a qualidade de vida da população – e essa é uma área com forte fluxo de investimentos para *startups*. De acordo com dados da Pricewaterhouse Coopers e CB Insights, em 2018 mais de 20 bilhões de dólares foram investidos em *startups* ligadas ao setor apenas nos Estados Unidos. A Biotecnologia é o tema do próximo capítulo.

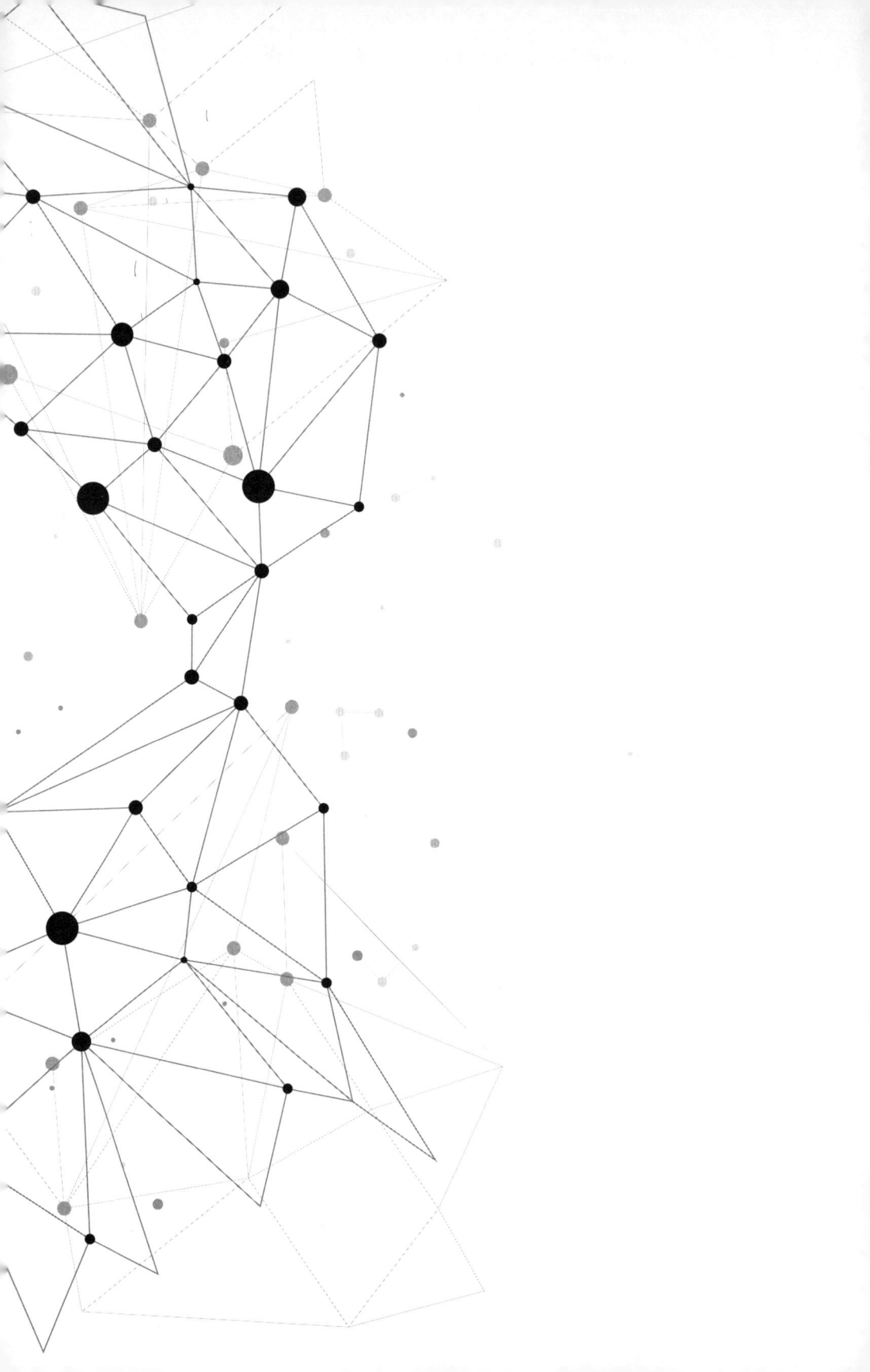

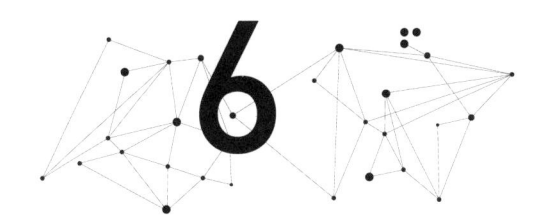

BIOTECNOLOGIA

SUA SAÚDE

CONFORME VIMOS NO CAPÍTULO ANTERIOR, COM O AUMENTO DA expectativa de vida da população e a redução significativa no número de mortes por doenças contagiosas, o maior foco de atenção da Medicina tende a ser em doenças crônicas e causadas pelo processo de envelhecimento. A fusão entre Tecnologia e Saúde é inevitável, não apenas em função dos custos associados a internações e tratamentos, mas em função da própria natureza da atividade médica do século XXI, na qual a prevenção torna-se estratégia central.

Em função do tamanho do mercado – os gastos globais com saúde devem atingir 10 trilhões de dólares nos próximos anos, valor equivalente ao Produto Interno Bruto de 2017 do Japão, Alemanha e Canadá somados – e da aplicabilidade, importância e viabilização econômica de determinados tipos de equipamentos laboratoriais, empreendedores com foco em inovação estão engajados em criar empresas, produtos e serviços para o setor de saúde. Já falamos dos dispositivos vestíveis, os *wearables*, que permitem o monitoramento de diversos indicadores. Mas trata-se apenas de um dos segmentos de atuação de uma nova safra de profissionais que promete revolucionar essa indústria trilionária.

Com exposição a um número ilimitado de informações, imagens e vídeos, os pacientes de hoje são bem diferentes daqueles de apenas alguns anos atrás: dados que antes eram acessíveis apenas em publicações especializadas são tópicos de discussão com o médico. Diversas empresas estão desenvolvendo soluções para organizar, disponibilizar e otimizar o fluxo de dados entre pacientes, profissionais, laboratórios e clínicas. Além da necessidade de padronização dos dados, uma das questões mais importantes é a segurança das informações: registros médicos estão entre os dados mais pessoais e sensíveis de cada indivíduo.

Individualização, por certo, é uma das palavras-chave para o futuro da Medicina. Testes genéticos – como aqueles fornecidos pela empresa *23 and Me* – já podem ser realizados para detectar se o paciente possui predisposição para desenvolver determinados tipos de doenças ao longo da vida, permitindo um mapeamento mais robusto de seu perfil e exames preventivos direcionados, embora seja muito importante ressaltar que os resultados destes exames são apenas uma referência, e não um diagnóstico clínico definitivo. O número 23, que dá nome à empresa, refere-se aos 23 pares de cromossomos presentes nas células humanas. Avanços em bioquímica também aumentam a precisão e a quantidade de informações que podem ser obtidas a partir de amostras sanguíneas, enquanto o uso de técnicas de inteligência artificial em imagens aumenta a velocidade e a precisão do diagnóstico de eventuais anomalias detectadas.

Em um artigo escrito por pesquisadores da Google e de diversas universidades, publicado em dezembro de 2016 no *Journal of the American Medical Association*, foram apresentados resultados animadores sobre uma nova técnica para detectar sinais de retinopatia diabética. Essa doença pode causar cegueira se não for tratada, e o número de médicos suficientemente especializados em analisar as imagens das retinas dos pacientes é limitado. A equipe de pesquisadores desenvolveu um sistema baseado em *machine learning*, que foi ensinado a reconhecer os sinais prematuros da doença e sinalizar a necessidade de tratamento – e sua taxa de acerto, testada em milhares de casos, ficou em linha com os profissionais especializados que foram consultados. E mesmo quando a medicina não consegue impedir uma condição que gere uma deficiência – seja por causas genéticas ou por acidentes, seja física ou mental – a tecnologia também está presente para auxiliar e melhorar a qualidade de vida da pessoa afetada.

Dentre todas as possibilidades embutidas nos avanços tecnológicos que o mundo seguirá presenciando poucas superam, em termos de benefícios para humanidade, os avanços ligados às áreas de Ciências da Vida, como a biotecnologia, a epidemiologia e a medicina. As indústrias ligadas a estes campos, como a farmacêutica e a de equipamentos médicos, irão continuar experimentando mudanças significativas ao longo das próximas décadas, graças a inovações que permitem a simulação do efeito de novas drogas no organismo, a aceleração dos testes de validação de compostos químicos e a edição do código genético de um ser vivo.

EDITANDO O DESTINO

A História da Genética moderna – a ciência que estuda os genes, seu comportamento e os mecanismos de hereditariedade, e cujo nome tem como raiz a palavra grega *genesis*, que quer dizer *origem* – tem seu momento fundamental quando o frei agostiniano Gregor Johann Mendel (1822-1884) começou a trabalhar nos vinte mil metros quadrados do jardim da abadia de São Tomás (na atual República Tcheca), estudando o cruzamento de ervilhas. Estima-se que entre os anos de 1856 e 1863 Mendel tenha realizado experimentos em quase trinta mil plantas – embora o início de seu trabalho tenha sido com ratos. De acordo com a jornalista e escritora Robin Henig (autora de *The Monk in the Garden*, ou *O Monge no Jardim*), Mendel teve que modificar seu plano de experiências pois o bispo não queria ninguém estudando reprodução animal na abadia.

As chamadas Leis de Hereditariedade de Mendel foram decisivas para o entendimento de como as características de uma geração são passadas para a próxima. Apesar do caráter revolucionário de sua descoberta, os artigos que publicou demoraram cerca de 35 anos para encontrar o reconhecimento adequado na comunidade científica. Estruturas presentes nas células, chamadas de cromossomos (do grego *chromosoma*, literalmente *corpo colorido*, em função da cor que essas estruturas adquirem quando em contato com corantes), eram visíveis sob o microscópio durante o processo de divisão celular. Alguns pesquisadores conectaram essas estruturas ao trabalho de Mendel e concluíram corretamente, no início do século XX, que os cromossomos são responsáveis pela carga hereditárias dos organismos: o biólogo alemão Theodor Boveri (1862-1915) e o geneticista norte-americano Walter Sutton (1877-1916) chegaram independentemente à mesma conclusão que originou a teoria Boveri-Sutton de herança cromossômica.

Em 1944, os cientistas Oswald Avery Jr. (1877-1955), Colin MacLeod (1909-1972) e Maclyn MacCarty (1911-2005) realizaram um experimento capaz de determinar que o DNA – a estrutura da qual os cromossomos são feitos – é responsável pela carga genética de um organismo. O DNA – abreviatura em inglês para *deoxyribonucleic acid* ou ácido desoxirribonucleico – foi primeiramente observado em 1869 pelo médico suíço Johannes Friedrich Miescher (1844-1895), e sua forma hoje universalmente reconhecida como a dupla hélice foi descoberta quase 85 anos depois em uma sequência de eventos que ainda gera polêmica.

Em maio de 1952, Raymond Gosling (1926-2015) era aluno de doutorado de Rosalind Franklin (1920-1958) no King's College em Londres. Sob sua orientação, Gosling obteve uma imagem do DNA através de uma técnica de difração de raios X. Pouco tempo depois, com a saída de Rosalind Franklin da Universidade, o biólogo molecular Maurice Wilkins (1916-2004) voltou a orientar Gosling, e sob instruções do diretor do grupo de pesquisa, o físico John Randall (1905-1984), compartilhou essa foto (sem a permissão de Rosalind) com seu colaborador e também biólogo molecular James Watson. Na época, Watson estava trabalhando com Francis Crick (1916-2004) na Universidade de Cambridge, na Inglaterra. Juntos, e utilizando os dados obtidos pela foto, publicaram em 1953 na revista Nature o modelo correto da molécula de DNA, abrindo caminho para a quebra do código genético.

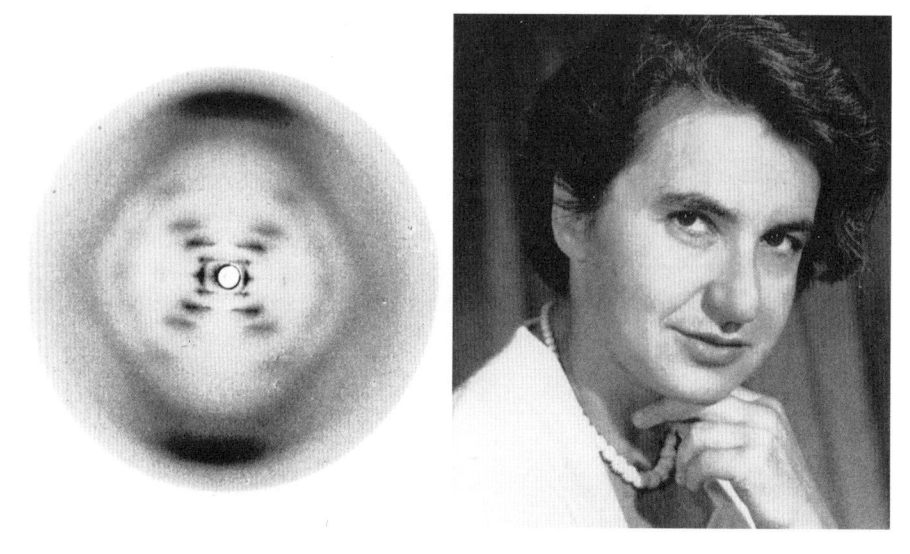

Figuras 27 e 28 – Foto de como ficou conhecida a imagem obtida por Raymond Gosling durante seu período como estudante de doutorado de Rosalind Franklin (1920-1958).

Charles Darwin (1809-1882) expandiu uma hipótese oriunda da Grécia Antiga para tentar explicar os mecanismos responsáveis pela transmissão de características de uma geração para outra. De acordo com a pangênese, durante toda vida os animais geram pequenas partículas que são incorporadas aos descendentes no processo reprodutivo. Até hoje historiadores e cientistas debatem qual teria sido o impacto sobre a História da Ciência se o naturalista britânico – que ganhou fama com a publicação de uma teoria sobre a origem das espécies e sobre a evolução natural – conhecesse os mecanismos descobertos por Mendel. De fato, a combinação de ambas as descobertas acabou criando o campo da Biologia Evolucionária, e um dos primeiros cientistas a combinar hereditariedade e seleção natural foi o estatístico inglês Ronald Fischer

(1890-1962), que teve como um de seus principais mentores Leonard Darwin (1850-1943), um dos dez filhos de Charles Darwin.

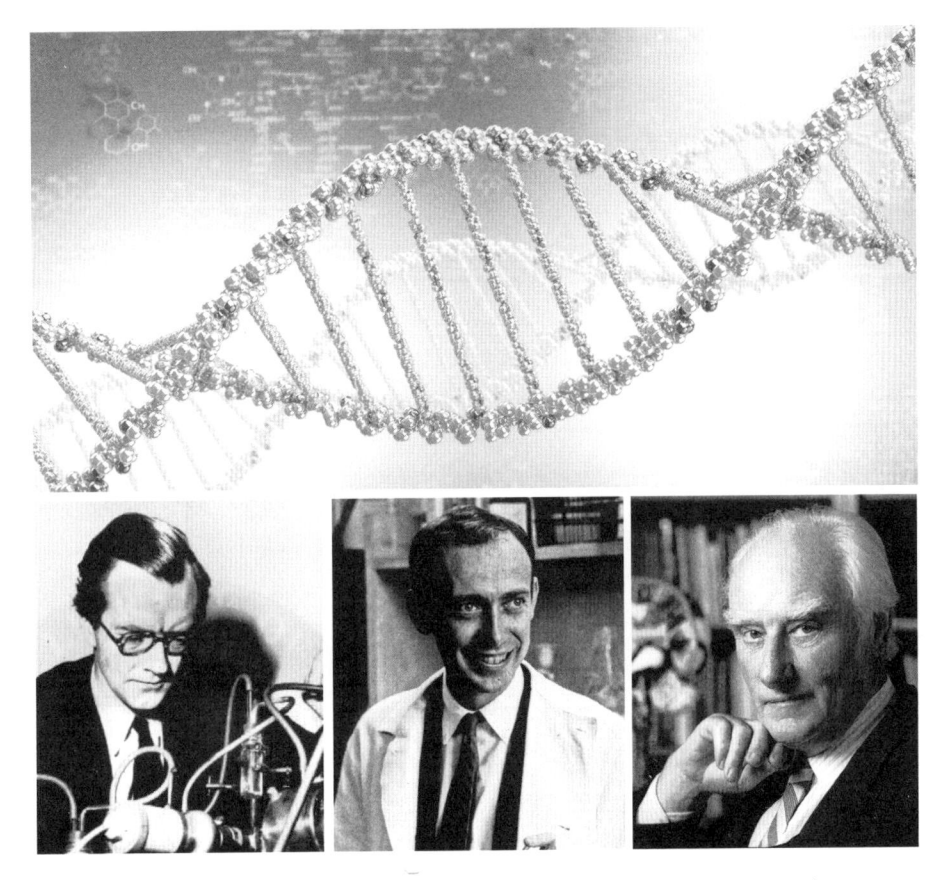

Figuras 29 a 32 – O modelo de dupla hélice do DNA. Maurice Wilkins (1916-2004), James Watson e Francis Crick (1916-2004), ganhadores do Prêmio Nobel de Fisiologia ou Medicina em 1962. Por questões do regulamento do Prêmio, que não é concedido de forma póstuma, Rosalind Franklin não foi contemplada.

Foi em 1909 que o botânico dinamarquês Wilhelm Johannsen (1857-1927) publicou o termo *gene* pela primeira vez, em oposição ao conceito do *pangene*. Onze anos depois a primeira publicação da palavra *genoma* foi feita pelo botânico alemão Hans Winkler (1877-1945), fundindo as palavras gene e cromossoma. Uma vez que os mecanismos gerais da hereditariedade estavam razoavelmente compreendidos, começou a busca pelo entendimento detalhado do processo – em outras palavras, como cada gene pode influenciar o desenvolvimento de um organismo através de sua função específica.

Para obter esse entendimento, foi necessário obter a sequência completa de todos os genes do organismo estudado, em particular das moléculas que compõem o DNA, os nucleotídeos. Sua parte mais importante em termos genéticos são os trifosfatos: adenina (A), timina (T), citosina (C) e guanina (G). Em 1972, o biólogo molecular belga Walter Fiers (1931-2019) sequenciou um gene e, em 1976, um vírus. Menos de trinta anos depois, em 2003, o Projeto do Genoma Humano (*Human Genome Project*, financiado pelo governo dos Estados Unidos entre 1990 e 2003 a um custo total corrigido pela inflação de cerca de 5,5 bilhões de dólares) terminou de sequenciar os 23 pares de cromossomos de um ser humano, analisando cerca de vinte mil genes e ordenando mais de três bilhões de pares de bases A, T, C ou G. O desenvolvimento de novas tecnologias permitiu que o preço do sequenciamento de um genoma humano caísse drasticamente, e já existem bancos de dados com os genomas completos de diversos tipos de plantas e animais, abrindo um extenso campo de pesquisa a ser explorado por décadas.

Recentemente foram estabelecidas as bases para uma das maiores revoluções da História no campo da genética, graças a estudos de micróbios e bactérias cujo código genético possuía uma sequência de DNA que se repetia diversas vezes. Essas repetições eram interrompidas por trechos que apresentavam material genético de vírus que, em algum momento da vida daquele organismo, tentaram atacar a célula original. Esses trechos acabavam servindo como uma memória para o sistema de defesa celular, pois armazenavam a identidade do agressor da célula, e essa configuração de repetições interrompidas ganhou um nome: agrupados de curtas repetições palindrômicas regularmente inter-espaçadas ou *clustered regularly interspaced short palindromic repeats* – CRISPR, na sigla em inglês (pronuncia-se *crisper*). Combinado com um conjunto de enzimas conhecidas como *Cas*, é possível utilizar o material genético presente nos espaços entre as repetições – ou seja, o material genético dos vírus invasores – para guiar as enzimas de forma a cortar o vírus e neutralizá-lo.

A gigantesca revolução está na capacidade que os cientistas adquiriram em, utilizando esse método, serem capazes de cortar qualquer sequência de DNA exatamente no local desejado – e substituir a sequência cortada por outra, predefinida. Ou seja, doenças complexas, causadas por diversas alterações no genoma poderão ser estudadas de forma muito mais eficiente, e eventualmente uma série de problemas genéticos poderão ser corrigidos antes de causarem prejuízo ao organismo. Graças à essa nova técnica, procedimentos até então inviáveis passam a estar à disposição da Ciência. De acordo com relatório publicado em março de 2017 pela Grand View Research, estima-se que o mercado para edição de genomas atinja mais de 8 bilhões em 2025.

O professor das Escolas de Medicina de Harvard e do MIT, Eric S. Lander, em um artigo publicado no New England Journal of Medicine em julho de 2015, alertou a comunidade científica para os riscos éticos de escrevermos novos códigos genéticos (especialmente em embriões humanos), mas reforça os benefícios que podem ser obtidos a partir dessa técnica, uma vez que a tecnologia esteja plenamente dominada. A hemofilia, por exemplo, seria uma doença a ser endereçada editando-se as células-tronco sanguíneas, assim como a desativação de determinado gene em células da retina iria evitar alguns tipos de cegueira.

CUSTO POR GENOMA

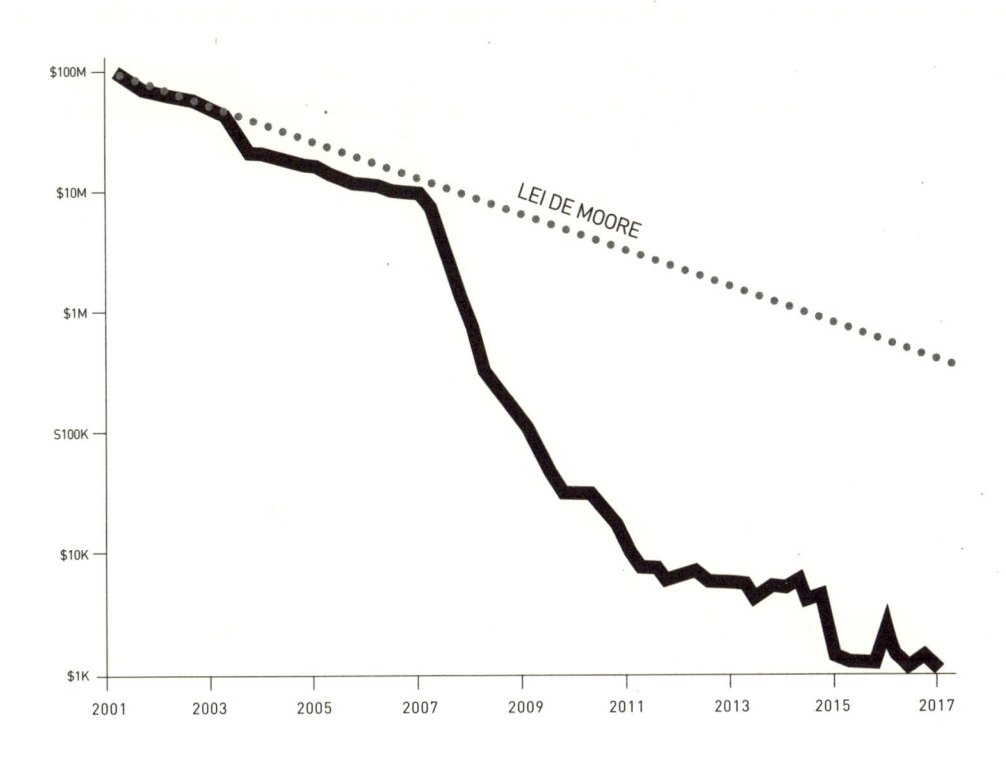

Figuras 33 e 34 – Walter Fiers (1931-2019), biólogo molecular belga e pioneiro na área de sequenciamento genético - que caiu de preço de forma ainda mais rápida do que a expectativa derivada da Lei de Moore.

TAMANHO DO GENOMA DE ALGUNS ORGANISMOS

ESPÉCIE	TAMANHO DO GENOMA
GENLISEA TUBEROSA (PLANTA CARNÍVORA)	60 MILHÕES DE PARES DE BASES
DROSOPHILA MELANOGASTER (MOSCA)	175 MILHÕES DE PARES DE BASES
TETRAODON NIGROVIRIDIS (BAIACU-VERDE-PINTADO)	342 MILHÕES DE PARES DE BASES
OPEROPHTERA BRUMATA (TRAÇA)	638 MILHÕES DE PARES DE BASES
LEPIDOTHRIX CORONATA (UIRAPURU-DE-CHAPÉU-AZUL)	1 BILHÃO DE PARES DE BASES
BOS TAURUS (VACA)	2,7 BILHÕES DE PARES DE BASES
HOMO SAPIENS (SER HUMANO)	3,3 BILHÕES DE PARES DE BASES
PERIPLANETA AMERICANA (BARATA)	3,4 BILHÕES DE PARES DE BASES
RANA CATESBEIANA (SAPO)	6,2 BILHÕES DE PARES DE BASES
AMBYSTOMA MEXICANUM (SALAMANDRA)	32,4 BILHÕES DE PARES DE BASES
PROTOPTERUS AETHIOPICUS (PROTOPITERUS MÁRMORE)	133 BILHÕES DE PARES DE BASES

Figura 35

Outro exemplo está relacionado ao vírus HIV, causador da AIDS (Síndrome da Imunodeficiência Adquirida), que não afeta pessoas que não possuem o gene CCR5 – teoricamente, apagar esse gene poderia conferir imunidade a determinado organismo. No final de 2018 foi divulgado que uma equipe da Universidade de Ciência e Tecnologia do Sul, em Shenzhen, na China, estaria recrutando casais para criar bebês sem o CCR5, buscando torná-los resistentes não apenas ao HIV, mas à varíola e cólera também. Mais que isso, tudo indica que os primeiros bebês chineses que passaram por esse procedimento já nasceram – despertando reações intensas junto à comunidade médica e ao público em geral.

O conjunto de tecnologias que nos habilita a editar e sintetizar DNA também deu origem à área de Biologia Sintética, na qual efetivamente somos capazes de criar, modificar e programar organismos para atuar de acordo com nossas necessidades. Os ganhadores do Prêmio Nobel de Fisiologia ou Medicina em 1978 (o geneticista suíço Werner Arber, o microbiólogo norte-americano Daniel Nathans (1928-1999) e o microbiólogo norte-americano Hamilton Smith) trabalharam com as enzimas de restrição, capazes de "cortar" o DNA-alvo em locais específicos (qualquer semelhança com CRISPR não é mera coincidência) – e esse foi um dos marcos para a evolução desta área que, de acordo com a rede SynBioBeta, recebeu investimentos de quase US$ 4 bilhões em 2018.

Avanços na síntese artificial de genes – demonstrada em 1972 por uma equipe liderada pelo bioquímico Har Gobind Khorana (1922–2011) – e no desenvolvimento de circuitos biológicos sintéticos (que, assim como suas contrapartes eletrônicas, podem ser projetados para executar funções lógicas pré-definidas) criaram as bases de uma nova fronteira que já começa a afetar indústrias como a de alimentos (com o desenvolvimento de carne sintética), fertilizantes (com o uso de micróbios especificamente criados para fornecer o nitrogênio disponível no solo para as plantas) e novos materiais (como plásticos produzidos sem a necessidade de derivados de petróleo).

QUEM QUER VIVER PARA SEMPRE

Levando-se em consideração que no início do século XX a expectativa de vida era de 31 anos de idade (não chegando a 50 mesmo em países desenvolvidos), estamos presenciando uma mudança dramática nas pirâmides populacionais no mundo todo, em um fenômeno batizado de *Silver Tsunami* (tsunami prateado, em referência aos cabelos grisalhos da população com mais de 65 anos). De acordo com o National Institute of Health (Instituto Nacional de Saúde dos EUA), em 2050 cerca de 16% da população mundial (algo como 1,5 bilhão de pessoas) terá 65 anos ou mais, contra 8% (525 milhões de pessoas) em 2010.

O aumento irá ocorrer de forma bastante diferente dependendo da região geográfica: em países desenvolvidos será de cerca de 70%, enquanto que em países em desenvolvimento, como o Brasil, vai atingir mais de 250%. Isso possui implicações econômicas relevantes para governos e para a sociedade, não apenas pelo número de pessoas impactadas mas também pelos custos crescentes dos sistemas de saúde. Independente do país, classe social ou do sexo, estamos vivendo mais. Em 2015, por exemplo, a nação com a maior expectativa de vida no mundo (de acordo com dados da Organização Mundial de Saúde) era o Japão, com quase 84 anos. Lá, crianças com menos de 14 anos eram apenas 13% da população, contra 26% de adultos com mais de 65 anos – e em 2011, segundo a principal produtora de fraldas japonesa, as vendas para adultos já eram maiores que as vendas para bebês.

Em um artigo publicado na revista Science em 2002, os autores Jim Oeppen (da Universidade de Cambridge, na Inglaterra) e James Vaupel (do Instituto Max Planck de Pesquisa Demográfica, na Alemanha) relatam que estamos aumentando nossa expectativa de vida consistentemente há mais de 150 anos, em um ritmo de aproximadamente três meses por ano. Isso quer dizer que os bebês nascidos em determinado ano possuem uma expectativa de vida dois anos e meio mais longa que os bebês nascidos apenas dez anos antes. Ainda mais impressionante é o aumento de um número pouco discutido, conhecido como *duração da vida* (*life span*). Até 1960, a estimativa dos biólogos era que a duração da vida de um ser humano – ou seja, a idade máxima que poderia ser alcançada – era de 89 anos. Em cerca de cinquenta anos, esse valor foi alterado para 97 anos, e com o aumento do número de centenários na população mundial, deve ser alterado novamente em breve.

Os limites da expectativa de vida dos seres humanos seguem aumentando em função de diversos fatores, e de acordo com o economista Johannes Koettl do Instituto Brookings (uma organização sem fins lucrativos de políticas públicas sediada na capital dos Estados Unidos), os mais importantes são a medicina regenerativa e o transplante de órgãos. Se por um lado antibióticos, vacinas e todo progresso obtido com medidas de higiene melhoram a qualidade de vida da população, por outro a substituição ou regeneração de órgãos vitais impactam dramaticamente a duração da vida dos indivíduos beneficiados.

O PhD em Filosofia pela Universidade de Cambridge, Stephen Cave, publicou em 2012 o livro *Immortality: The Quest to Live Forever and How It Drives Civilization* (Imortalidade: a busca pela vida eterna e como ela conduz a civilização). Nele, o autor argumenta que cada civilização pode ser caracterizada por diversas tecnologias cujo objetivo visa aumentar a duração da vida humana: a agricultura para garantir alimentos durante o ano todo, as roupas para proteger as pessoas do frio, a engenharia para fornecer abrigo, armas para caça e defesa, e remédios para combater ferimentos e doenças. De fato, esse raciocínio leva à conclusão que não são apenas as indústrias farmacêuticas, hospitalar e de equipamentos médicos que possuem como principal finalidade a manutenção de nossa saúde.

PIRÂMIDES POPULACIONAIS:
ONTEM, HOJE E AMANHÃ

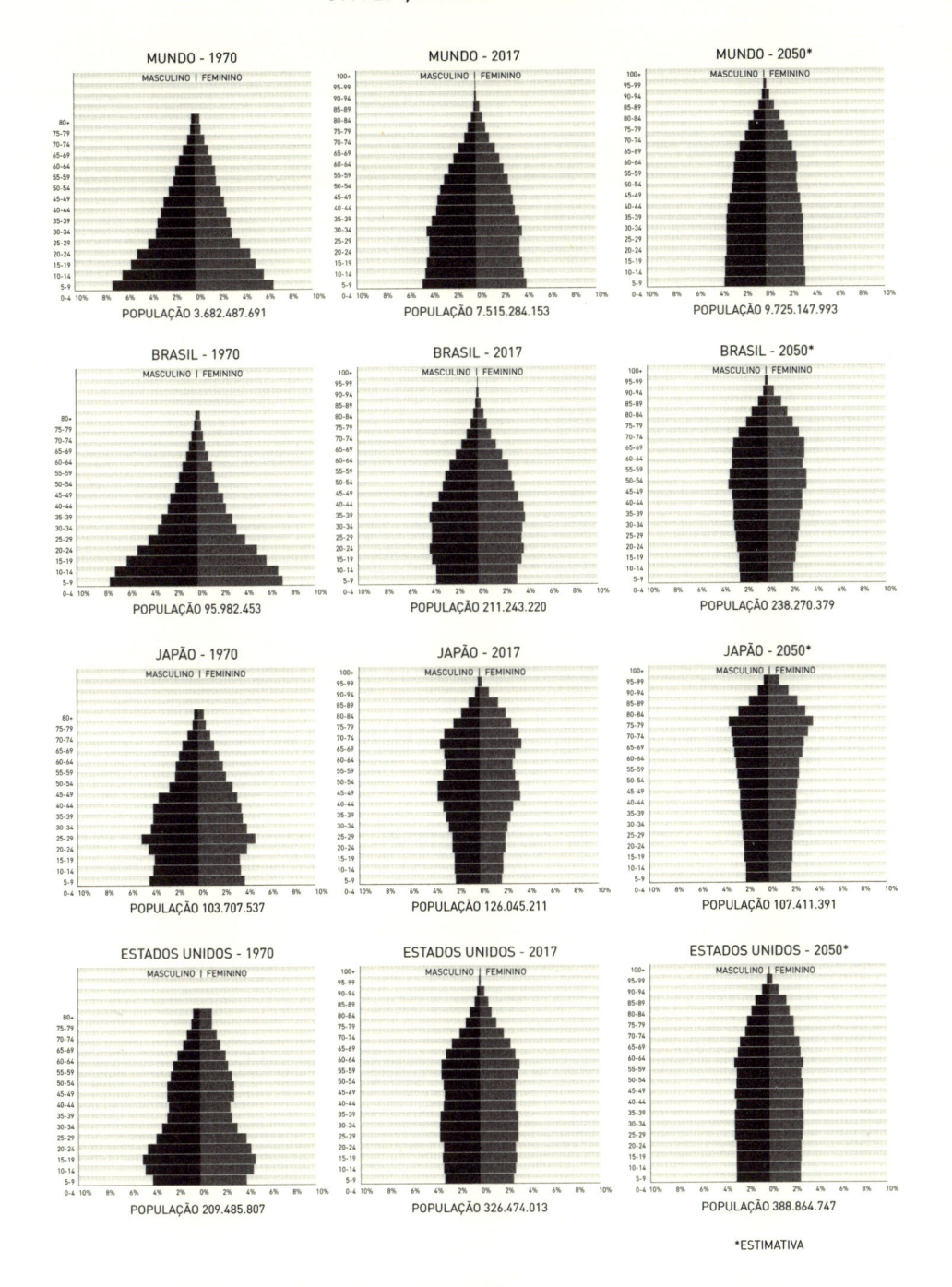

Figura 36

Em sua caminhada ao longo dos milênios, cada uma das civilizações estabeleceu – entre outras coisas – seus padrões de vestuário, moradia e utensílios, além de buscar prolongar a vida de seus cidadãos. O progresso científico permitiu que a Medicina – existente desde a Pré-História, e evoluindo no Egito Antigo, Babilônia, Índia, China, Grécia e Roma – alcançasse feitos extraordinários, reduzindo o sofrimento e melhorando a vida das pessoas. O estado atual da ciência médica é fruto de séculos de avanços tecnológicos, com a criação dos primeiros hospitais no século IV, o entendimento da anatomia humana, o desenvolvimento de vacinas e da anestesia, a construção de equipamentos para visualizar o interior do corpo humano, a compreensão dos mecanismos de doenças degenerativas, os transplantes de órgãos e o mapeamento do código genético.

Nossa caminhada rumo a uma expectativa de vida crescente movimenta trilhões de dólares em pesquisas, diagnósticos, procedimentos médicos, equipamentos e remédios – e agora a longevidade assume um papel de protagonismo em centros de pesquisa, universidades e empresas privadas ao redor do mundo. Do Instituto Buck, fundado em 1999 como a primeira instituição de pesquisa privada com foco exclusivo no envelhecimento, passando pela Clínica Mayo, fundada em 1889, e pela Calico (*California Life Company*, ou Companhia de Vida da Califórnia), empresa fundada pela Google em 2013, nunca se pesquisou tanto sobre como envelhecemos e como podemos tentar retardar esse processo. O processo de decaimento do organismo passou a ser visto como uma doença em si.

Uma das principais linhas de pesquisa atualmente está ligada à senescência celular, que foi comprovada em experimentos nos primeiros anos da década de 1960 por Leonard Hayflick, da Escola de Medicina da Universidade da Califórnia em San Francisco e da Escola de Medicina da Universidade de Stanford, e Paul Moorhead (da Escola de Medicina da Universidade da Pensilvânia). Eles descobriram o que ficou conhecido como o limite de Hayflick: a quantidade de vezes que uma célula humana normal pode se dividir e, portanto, se renovar, é limitada, e está entre 40 e 60 vezes.

Simplificando bastante a questão, quando nosso corpo apresenta uma célula disfuncional, as células vizinhas transmitem um sinal que permite que o problema seja corrigido ou, no caso de células malignas para o organismo, eliminado. Células senescentes enviam esse sinal de que há algo errado frequentemente, gerando inflamações constantes, que por sua vez respondem por diversas doenças associadas à degeneração e à passagem do tempo: Alzheimer, artrite e problemas cardíacos, por exemplo. Os cientistas acreditam que, se conseguirem evitar que esses sinais errados sejam enviados pelas células senescentes, uma série de problemas crônicos associados com o envelhecimento irão desaparecer. Com os investimentos em pesquisas com células-tronco, que podem se especializar como virtualmente qualquer tipo de tecido, é possível imaginar a constante elaboração de tecidos e órgãos saudáveis que podem ser impressos em 3D e transplantados para o paciente, aliada a tratamentos não invasivos baseados em nanotecnologia.

NOVOS INIMIGOS

RANKING GLOBAL
CAUSAS DE MORTES EM 2016
(MILHÕES DE PESSOAS)

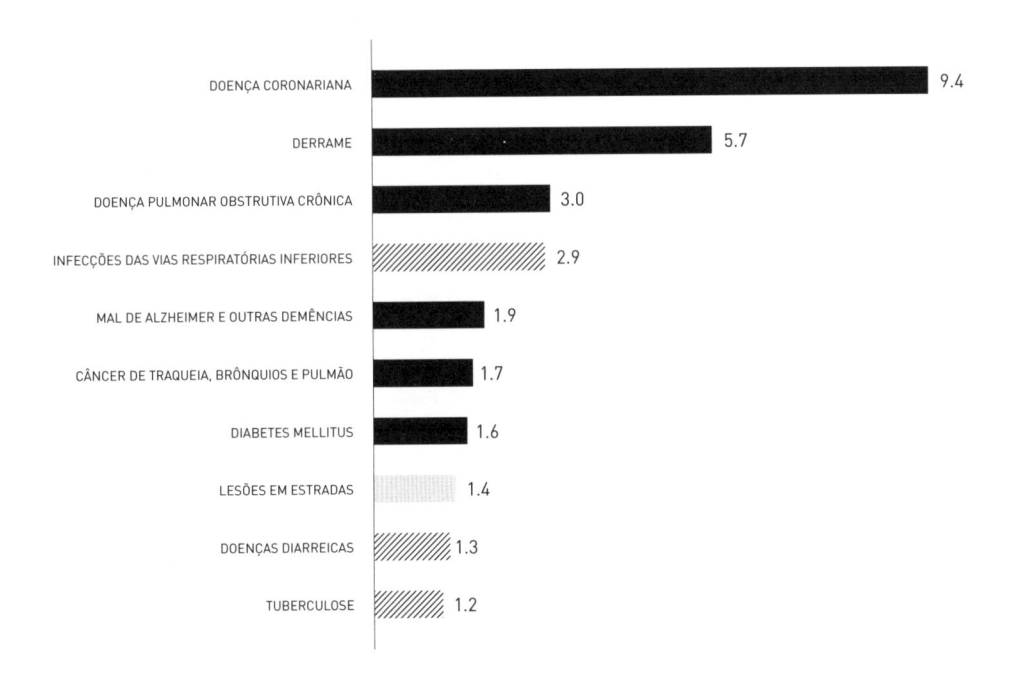

DOENÇA CORONARIANA	9.4
DERRAME	5.7
DOENÇA PULMONAR OBSTRUTIVA CRÔNICA	3.0
INFECÇÕES DAS VIAS RESPIRATÓRIAS INFERIORES	2.9
MAL DE ALZHEIMER E OUTRAS DEMÊNCIAS	1.9
CÂNCER DE TRAQUEIA, BRÔNQUIOS E PULMÃO	1.7
DIABETES MELLITUS	1.6
LESÕES EM ESTRADAS	1.4
DOENÇAS DIARREICAS	1.3
TUBERCULOSE	1.2

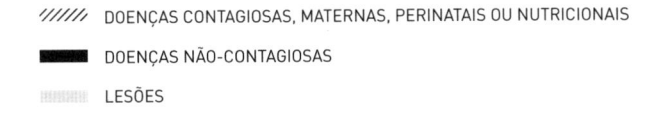

///// DOENÇAS CONTAGIOSAS, MATERNAS, PERINATAIS OU NUTRICIONAIS

▰▰▰ DOENÇAS NÃO-CONTAGIOSAS

▦▦▦ LESÕES

Figura 37

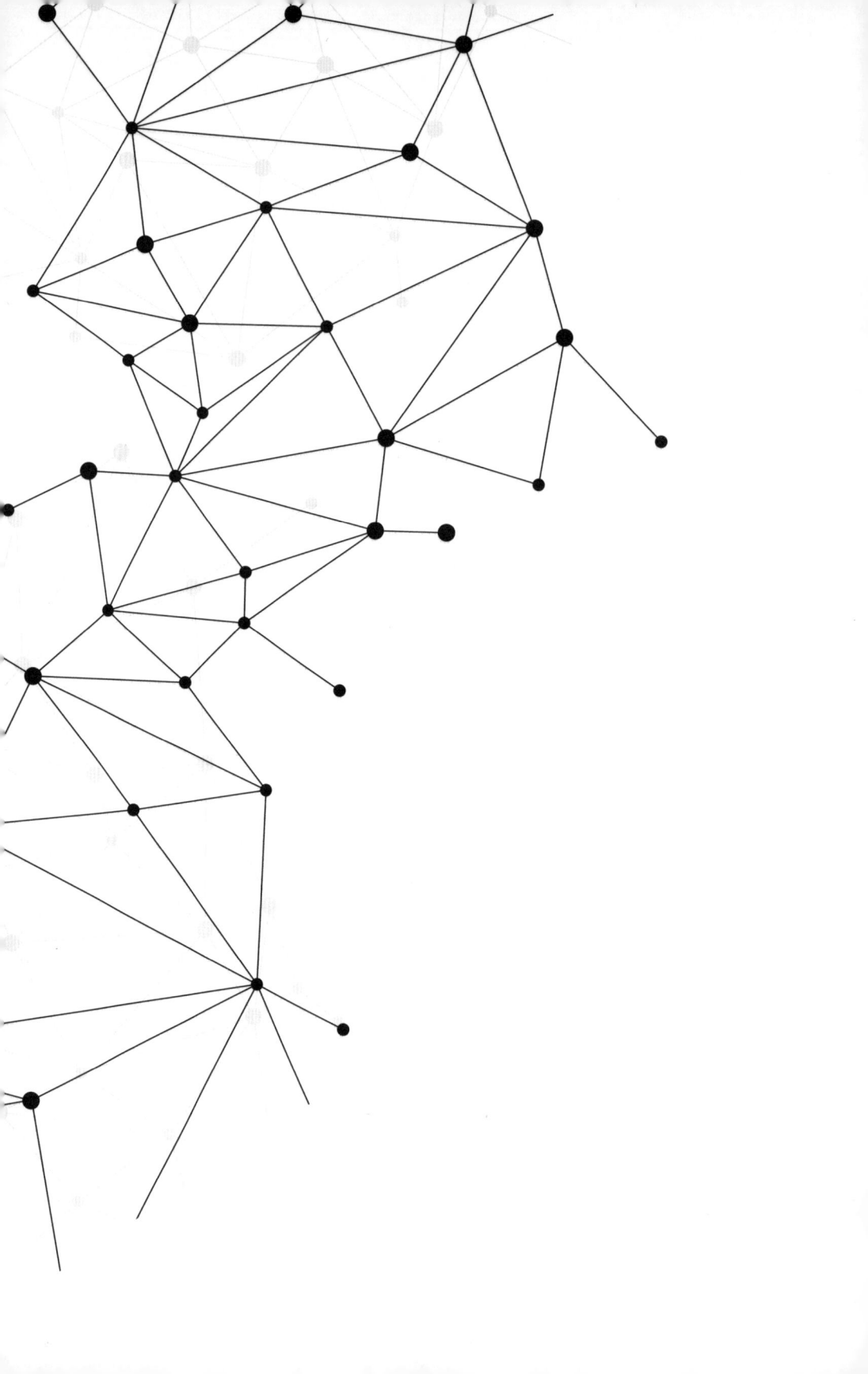

IMPRESSÃO 3D

MANUFATURA PERSONALIZADA

A EXEMPLO DE DIVERSAS TECNOLOGIAS QUE JÁ SE TORNAM PARTE DO nosso dia a dia, a impressão 3D também existe há algum tempo. Os elementos necessários para que sua utilização atingisse um número maior de usuários, no entanto, são bem mais recentes – tanto os avanços técnicos quanto a redução de preços vêm transformando o conceito em um importante pilar do desenvolvimento de protótipos e produtos. Foi justamente com o objetivo de construir modelos de peças e equipamentos industriais que, na década de 1980, foram registrados os primeiros pedidos de patente referentes às tecnologias de prototipação rápida (RP, *Rapid Prototyping*) – e em apenas dez anos as três mais importantes técnicas em uso foram criadas e patenteadas.

Foi em 1981 que Hideo Kodama, do Instituto Municipal de Nagoya para Pesquisa Industrial, desenvolveu os primeiros métodos de impressão tridimensional utilizando fotopolímeros (isto é, cadeias de moléculas que se repetem e que são sensíveis à luz). A especificação completa da patente de Kodama não foi feita dentro do prazo regulamentar de 12 meses após o pedido inicial, e em 1984 foi a vez dos franceses Alain Le Méhauté (trabalhando no grupo Alcatel-Alsthom), Olivier de Witte (de uma subsidiária chamada CILAS, da Airbus e do grupo Safran) e Jean Claude André (do *Centre National de la Recherche Scientifique*, ou Centro Nacional de Pesquisa Científica) depositarem seu pedido de patente do método de estereolitografia (SLA, *stereolithography*). A estereolitografia (ou fotossolidificação) usa um feixe de luz que induz a conexão de cadeias de moléculas, formando os polímeros que irão representar o objeto tridimensional completo. Os empregadores dos pesquisadores não enxergaram aplicações comerciais para a tecnologia, e assim como no caso de Kodama, não houve desenvolvimento comercial adicional.

Mas a história do engenheiro norte-americano Chuck Hull foi diferente. Apenas três semanas depois dos franceses, foi a vez dele depositar seu pedido de patente, concedida em 1986. Neste mesmo ano, Chuck fundou a 3D Systems Corporation, responsável pela comercialização das primeiras impressoras 3D e que, quinze anos depois, adquiriu a concorrente DTM para contemplar outra técnica de impressão 3D chamada de sinterização seletiva a laser, cuja patente foi concedida em 1989 para Carl Deckard e seu orientador acadêmico Joseph Beaman, ambos da Universidade do Texas em Austin, nos Estados Unidos. A técnica conhecida como SLS (Selective Laser Sintering) utiliza um laser para agrupar material poroso de forma ordenada, criando um objeto tridimensional.

Em 1989 o engenheiro mecânico Scott Crump depositou sua patente para uma nova tecnologia de impressão tridimensional, conhecida como FDM (*Fused Deposition Modeling*, Modelagem por Deposição Fundida): a impressora esquenta e derrete o material (tipicamente metal ou plástico), que é depositado de forma precisa em camadas até formar o objeto desejado. Nesse mesmo ano, Scott fundou a empresa Stratasys, com sede no estado de Minnesota, também nos Estados Unidos.

Para as indústrias, onde a obtenção de um produto finalizado a partir de um molde frequentemente exige a remoção de partes em excesso, as mudanças trazidas pela tecnologia de impressão 3D são significativas: não apenas os moldes físicos tornam-se desnecessários, mas o desperdício de matéria-prima pode ser reduzido (assim como o gasto com energia). Além disso, a tecnologia permite a produção de lotes pequenos, algo efetivamente inviável quando pensamos nas linhas de montagem tradicionais que foram criadas para produzir milhões de cópias exatas do mesmo produto. Uma das técnicas mais utilizadas para impressão 3D é o processo de manufatura aditiva: a produção de um objeto é obtida através do depósito de camadas muito finas de material, uma sobre a outra, seguindo um modelo digital em uma operação controlada por computador.

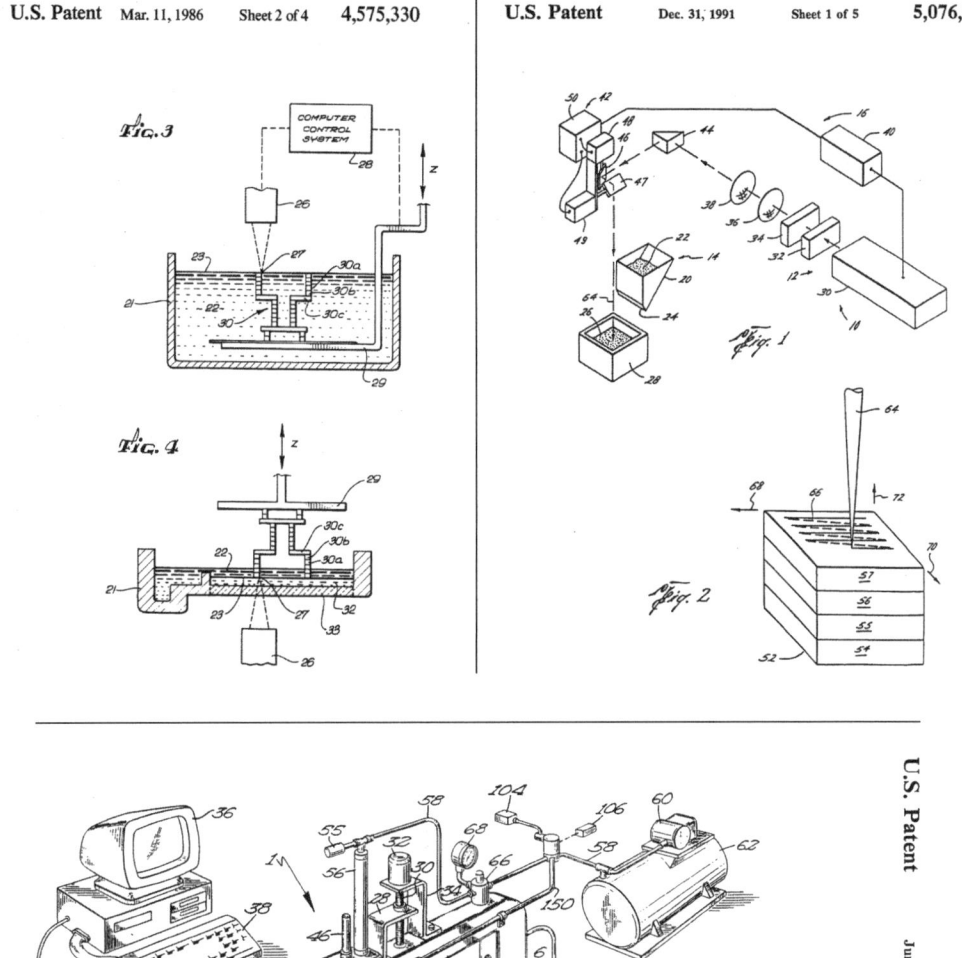

Figuras 38 a 40 – As patentes de Hull (1986), Deckard (depositada em 1990) e Crump (1992), pioneiros nas técnicas de impressão 3D.

Em um relatório sobre o mercado global de impressão 3D publicado em abril de 2016, a firma Ernst & Young pesquisou 900 empresas instaladas em 12 países. As companhias dos setores de manufatura, logística, energia e varejo já percebiam a tecnologia como um fator decisivo para o sucesso de seus negócios e uma em cada quatro empresas do universo pesquisado já possuía experiência no assunto. Executivos de todas as regiões pesquisadas indicaram planos para aumentar significativamente a manufatura de produtos para o consumidor usando técnicas de impressão 3D, indo a patamares de 25% (Alemanha), 35% (Europa e Estados Unidos) e 55% (China e Coreia do Sul) nos próximos anos. Em outra pesquisa, publicada pela PricewaterhouseCooper no mesmo período, mais de 70% das 121 indústrias norte-americanas entrevistadas indicaram estar utilizando impressão 3D de alguma forma: seja para prototipagem, produção ou simplesmente experimentação. Não por acaso, diversas empresas de pesquisa estimam que o gasto global com equipamentos, *software* e serviços de impressão 3D deve sair de cerca de 10 bilhões de dólares em 2017 para mais de 30 bilhões de dólares em 2025.

Outra vantagem importante dessa tecnologia é a personalização dos produtos, pois definir um artigo torna-se simples e barato: apenas a versão digitalizada precisa ser modificada. Uma vez que o modelo virtual esteja aprovado, o arquivo é enviado para impressão com o material escolhido e o produto final é entregue em dias ou até mesmo horas. Com a gradual melhoria da tecnologia, um número crescente de materiais e aplicações permite o aumento na eficiência dos processos e estoques de diversos setores da economia.

O trabalho com a impressão 3D também vem evoluindo para atender as demandas necessárias para o transplante de órgãos. O procedimento, realizado a partir de células do próprio paciente, elimina o risco de rejeição e a espera por um doador compatível. As impressoras podem utilizar um molde biodegradável para o tecido e um gel preenchido com células, permeado por uma estrutura de vasos capilares que recebem nutrientes e oxigênio após a implantação. Os resultados iniciais são promissores e indicam um caminho alternativo para os transplantes de órgãos – já foram testados métodos que envolveram pele, cartilagem, bexigas, músculos e uretras. Mãos e braços a preços acessíveis e impressos em 3D são uma realidade graças ao trabalho da rede de voluntários e-Nable, assim como o desenvolvimento e impressão de pernas e pés a partir do modelo digital de um membro saudável.

O norte-americano Hugh Herr teve suas pernas amputadas abaixo do joelho em 1982, após ficar três noites exposto a temperaturas inferiores a -25°C em função de uma tempestade de neve que interrompeu mais uma de suas escaladas. Depois desse evento, ele decidiu estudar para achar uma solução: mestrado em Engenharia Mecânica no Massachusetts Institute of Technology (MIT), doutorado em biofísica em Harvard (também no estado de Massachusetts) e pós-doutorado novamente no MIT, na área de dispositivos biomédicos. Entres suas realizações destacam-se uma prótese tornozelo-pé que permite um caminhar natural para pessoas amputadas. Graças aos avanços em impressão tridimensional, a integração entre as próteses e o corpo humano torna-se progressivamente mais natural e menos incômoda.

Outra questão relevante, reforçando a importância da expansão da tecnologia de impressão 3D, é o crescimento populacional a ser experimentado nas próximas décadas: como alimentar de forma sustentável um planeta que, em 2050, deve atingir a marca de 10 bilhões de habitantes? A chamada *agricultura de precisão* combina sensores, imagens de satélites, *software* e automação para aumentar a produtividade e eficiência no campo. Mas isso será suficiente?

De acordo com dados da Organização das Nações Unidas para Agricultura e Alimentação, entre 1961 e 2013 o Índice de Produção de Alimentos mais que triplicou, enquanto no mesmo período o percentual de terras para agricultura permaneceu praticamente o mesmo ao redor do mundo. A tecnologia permitiu produzir mais no mesmo espaço mantendo o preço dos alimentos acessível para a maior parte da população – embora vergonhosamente mesmo nos dias de hoje cerca de uma pessoa em cada nove esteja passando fome.

A produção de alimentos, por si só, já possui impactos ambientais relevantes. Em um artigo publicado em 2014 pela Academia de Ciências dos Estados Unidos, pesquisadores liderados pelo Professor Gidon Eshel do Bard College, em Nova York, tentaram quantificar esses impactos. Segundo o estudo, a criação de gado é responsável por cerca de 20% das emissões totais de gases causadores do efeito estufa – nome dado ao efeito nocivo de aquecimento da temperatura global devido à maior concentração de poluentes na atmosfera.

Ainda segundo o estudo, a produção de gado bovino de corte, quando comparada com outros tipos de atividades (como gado para laticínios, carne de frango, carne suína e ovos), exige 28 vezes mais terra, 11 vezes mais irrigação e emite 5 vezes mais gases nocivos ao ambiente. É por isso que alguns ambientalistas argumentam que preferem um vegetariano dirigindo um veículo altamente poluente do que um não vegetariano que utiliza apenas a bicicleta como meio de transporte.

Da mesma maneira que impressoras comuns utilizam cartuchos com tinta, impressoras 3D utilizam plástico, metal, material orgânico, cerâmica ou comida como matéria-prima para construir os resultados. E construir realmente é a palavra correta: sua origem é do latim, onde o prefixo *com* possui o significado de "junto" e o verbo *struere* quer dizer "empilhar". Imprimir é, de fato, o ato de empilhar as camadas que são depositadas durante toda duração do processo.

Diversos tipos de insumos podem ser utilizados para impressão de comida – uma expressão que, há poucos anos, não fazia sentido. Extratos de alimentos orgânicos, gelatina, concentrados de proteínas (frequentemente a partir de algas), chocolate, sal, açúcar e farinha são alguns exemplos – sendo que no futuro as limitações certamente serão muito menores. As vantagens são muitas: os cartuchos podem ser transportados de forma eficiente e armazenados por mais tempo. Países com escassez de alimentos – seja por guerras, poluição ou catástrofes naturais – podem receber os insumos e imprimir as refeições. Teremos potencialmente menos consumo de combustível e redução de emissões nocivas no meio ambiente graças aos novos processos de produção.

PRODUÇÃO DE ALIMENTOS
VS
ÁREAS DE TERRAS AGRÍCOLAS

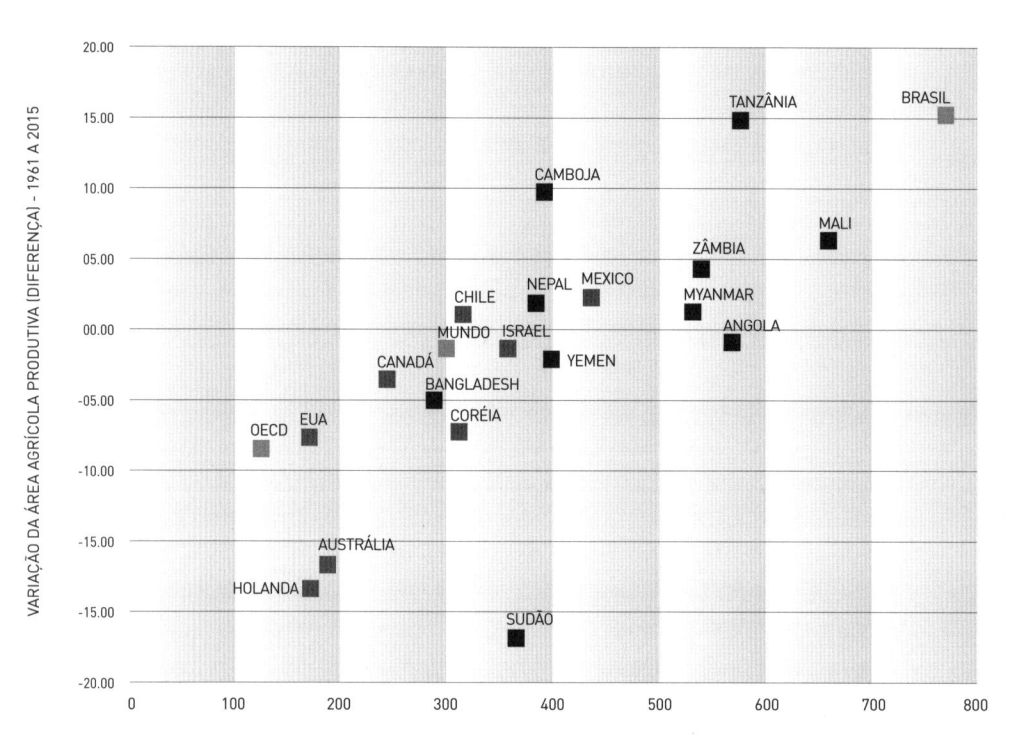

Figura 41

O valor nutricional dos alimentos impressos também poderá ser melhorado. No livro *Fabricated: The New World of 3D Printing* (Fabricado: o Novo Mundo da Impressão 3D), de Hod Lipson e Melba Kurman, publicado em 2013, os autores mencionam a possibilidade da conexão entre sua impressora de comida e os sensores que monitoram seu corpo, imprimindo uma refeição que inclui exatamente os nutrientes que você precisa ingerir naquele momento. Isso sem mencionar a possibilidade de endereçar questões como alergias ou restrições específicas. Ainda há questões técnicas importantes a serem resolvidas nos próximos anos para que o consumidor final possa ter em sua moradia uma fábrica particular de refeições, mas o caminho para essa realidade está aberto.

FAÇA VOCÊ MESMO

Devido à sua versatilidade e aplicabilidade em inúmeras áreas, existem diversas categorias de impressoras 3D. Se inicialmente seu custo era proibitivo para o consumidor final, atualmente já há modelos simples à venda por menos de cem dólares. Essa expansão vem impulsionando um fenômeno que possui um número crescente de adeptos: a cultura *maker*. Trata-se da evolução do tradicional "faça você mesmo".

A extraordinária onda de inovação e avanços técnicos que o mundo vem presenciando é, em grande medida, resultado da convergência de fatores como o barateamento do armazenamento de dados, do aumento da capacidade de processamento remoto de quantidades gigantescas de informações e da universalização de dispositivos de comunicação móveis. Os resultados dessa combinação permitem que avanços técnico-científicos que antes estavam restritos aos laboratórios e centros de pesquisa passem a fazer parte de produtos e serviços acessíveis a empresas e consumidores.

Uma das consequências mais interessantes da viabilização econômica de equipamentos relativamente sofisticados – como, por exemplo, impressoras 3D – é que uma geração inteira passou a ter nas mãos os elementos necessários para projetar, desenvolver, testar, manufaturar e utilizar suas próprias soluções. É a geração dos *makers* – traduzindo literalmente, os fazedores. Além do acesso a ferramentas de produção como impressoras e *scanners* 3D, por exemplo, os *makers* se beneficiam da cultura de arquitetura aberta tanto para *software* quanto para *hardware*, prevalente em boa parte da Internet. No mundo do desenvolvimento de sistemas, programas de computador cujo código-fonte esteja disponível para que a comunidade possa fazer melhorias, extensões e corrigir eventuais problemas são chamados de programas de código aberto. Este código é o conjunto de instruções que define como aquele *software* deve se comportar. Os sistemas operacionais Linux (em evolução desde 1991) e Android (em evolução há mais de dez anos) são exemplos famosos de plataformas que possuem seus respectivos códigos parcialmente abertos.

A biologia sintética possui o SBOL (*Synthetic Biology Open Language*, ou Linguagem Aberta de Biologia Sintética); no campo do *hardware*, temos o movimento de *open source hardware* – análogo ao que também existe para o *software*, mas aplicado ao mundo dos dispositivos físicos. Esse movimento já produziu plataformas para desenvolvimento e prototipação como o kit Arduino, um microcontrolador que pode ser manufaturado e distribuído livremente, e que serve para o desenvolvimento de projetos *makers* com forte aderência ao mercado da Internet das Coisas. Com algum conhecimento técnico, é possível construir um protótipo – seja para uso pessoal ou para testar o potencial mercado de determinada invenção. Junte a isso o acesso à educação online – cursos técnicos, vídeos educativos, aulas de algumas das melhores universidades do mundo – com a facilidade de trabalhar de forma colaborativa graças à Internet, e os elementos básicos para criação de um movimento estruturado e em expansão estão colocados.

O movimento *maker* prioriza a criatividade – uma característica primordialmente humana e que pesquisadores da área de Inteligência Artificial procuram compreender e reproduzir em máquinas. Conforme já vimos, a dinâmica do mercado de trabalho das próximas décadas irá privilegiar empregos nos quais a capacidade de improvisar, criar e inovar sejam características determinantes. Se até recentemente o termo *faça você mesmo* estava associado a pessoas capazes de consertar um vazamento, pintar uma parede ou pendurar um quadro na parede, agora o conceito ficou bem mais amplo: *makers* são pessoas que customizam o mundo à sua volta, que o modificam e que criam sua própria realidade.

As comunidades *makers* compartilham suas ideias livremente, e se organizam em espaços tanto virtuais quanto físicos, onde se encontram para trocar experiências, colaborar em projetos e apresentar suas ideias. De acordo com a revista Popular Science, em janeiro de 2016 havia cerca de 1.400 *makerspaces* no mundo – um aumento de 14 vezes em dez anos. A Fab Foundation, criada em 2009 como um desdobramento de um programa do MIT busca conectar uma rede de *fablabs* (laboratórios de fabricação) – atualmente presente em dezenas de países, inclusive no Brasil. Tanto o ambiente acadêmico quanto o mundo corporativo já perceberam essa tendência global e começaram a se posicionar.

De acordo com dados compilados pela Organização das Nações Unidas, entre 1970 e 2010 a participação do setor manufatureiro no produto interno bruto global caiu de aproximadamente 26% para 16%. Isso ocorreu em função da automação e do aumento de produtividade, a exemplo do que aconteceu anteriormente no setor agrícola (que também experimentou uma redução significativa em termos de quantidade de empregados e participação no PIB). A quantidade de empregos no setor de serviços avançou significativamente, ocupando no Brasil da década de 2010 cerca de dois em cada três empregados. Entretanto, com os avanços obtidos em técnicas de inteligência artificial aliadas ao maior poder de processamento e armazenamento dos computadores, uma série de atividades antes exclusivamente ao alcance de seres humanos já estão sendo executadas por máquinas. Isso pode ser parte do motivo pelo qual o movimento *maker* vem ganhando força no mundo todo, e é considerado uma importante tendência no mundo dos negócios.

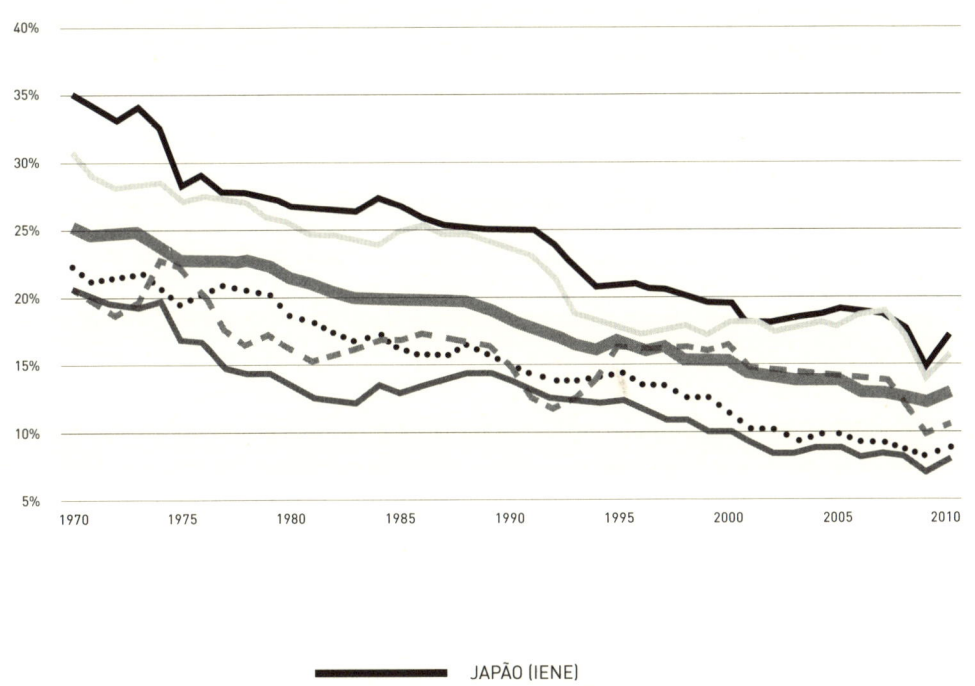

MANUFATURA
PARCELA DO PRODUTO INTERNO BRUTO
EM MOEDAS LOCAIS – 1970 A 2010

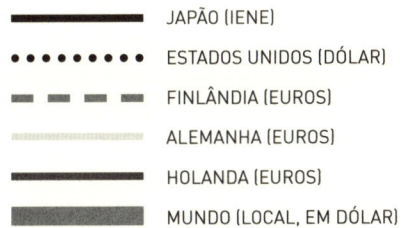

— JAPÃO (IENE)

•••••••• ESTADOS UNIDOS (DÓLAR)

– – – FINLÂNDIA (EUROS)

ALEMANHA (EUROS)

— HOLANDA (EUROS)

— MUNDO (LOCAL, EM DÓLAR)

Figura 42 – A queda gradual da manufatura como percentagem do PIB, entre 1970 e 2010.

Em janeiro de 2010, o escritor e empreendedor Chris Anderson publicou um artigo na revista Wired: *In the Next Industrial Revolution, Atoms Are the New Bits* (Na próxima Revolução Industrial, os átomos são os novos bits). O argumento de Anderson é que, se durante a popularização da Internet tornou-se muito fácil compartilhar um programa de computador (bits) e desenvolvê-lo em conjunto com centenas ou milhares de colaboradores, agora o mesmo se aplica ao desenvolvimento de produtos reais (átomos). O impacto desse fenômeno promete ser relevante pois, até recentemente, manufaturar algo era particularmente caro: linhas de montagem, equipamentos pesados, fornecedores, estoques, distribuição, logística, escalabilidade. Tudo tinha que ser planejado cuidadosamente, e a viabilidade econômica dependia da aceitação do produto por um grande número de consumidores.

O acesso a espaços *maker*, equipados com *scanners* 3D, impressoras 3D, sensores, microcontroladores e ferramentas de construção e modelagem permite que um amplo número de pessoas volte a trabalhar com um novo tipo de manufatura. O tempo para prototipar, desenvolver, implementar e testar uma nova ideia é medido em horas ou dias – é possível experimentar, aperfeiçoar e colaborar praticamente em tempo real, de vários lugares do mundo. A exemplo de tantas outras indústrias, agora a tecnologia retira o intermediário do processo produtivo de bens físicos – é a desintermediação da manufatura.

Universidades, centros de pesquisa e corporações já estão empenhados em integrar a cultura *maker* às suas respectivas culturas. A NASA, agência espacial norte-americana, possui um programa chamado NASA Solve no qual problemas reais que precisam ser resolvidos são compartilhados com o público – premiando os autores das soluções vencedoras. Em 2009, por exemplo, um dos vencedores desenvolveu em seu *maker space* caseiro protótipos para novas luvas a serem utilizadas por astronautas, recebendo 200 mil dólares pelo trabalho.

Empresas como GE, Intel, Microsoft e Google também estão disponibilizando espaços para criação utilizando técnicas associadas não a modelos tradicionais, mas sim ao estilo *maker* de abordagem de problemas. Conhecer a cultura *maker* é tipicamente o primeiro passo para ser capaz de incorporá-la ao processo produtivo, seguido do desenvolvimento ou o uso de espaços para permitir que atividades criativas e voltadas à resolução de problemas práticos possam ser experimentadas.

REALIDADE VIRTUAL E JOGOS ELETRÔNICOS

UMA BREVE HISTÓRIA VIRTUAL

UMA DAS CONSEQUÊNCIAS DA PRIMEIRA REVOLUÇÃO INDUSTRIAL, OCORRIDA entre a segunda metade do século XVIII e a primeira metade do século XIX, foi o estabelecimento de uma sociedade onde a Ciência e o raciocínio lógico ganhavam relevância cada vez maior, especialmente para aqueles com acesso à educação. Não por acaso, esse período coincidiu com o declínio do uso de figuras sobrenaturais por parte dos escritores da época – e justamente por isso, em seu livro de 1817, *Biographia Literaria*, o poeta inglês Samuel Taylor Coleridge (1772-1834) criou o termo *suspension of disbelief* (suspensão da descrença).

O termo foi criado para explicar como o leitor esclarecido deveria abordar obras com elementos fantásticos e sobrenaturais: suspendendo temporariamente sua capacidade de criticar e questionar os fatos, aceitando-os conforme apresentados durante a narrativa. É o que fazemos quando consumimos qualquer tipo de ficção, seja através de livros, filmes ou qualquer outro meio audiovisual – cada qual com suas limitações em relação ao grau de imersão proporcionado.

Todos nós criamos realidades alternativas diariamente, através de sonhos. Alguns não fazem muito sentido, ocorrendo em lugares que nunca visitamos e que talvez nem existam – outros, são tão reais que temos dificuldade em nos convencer ao acordar que não ocorreram de fato. O cérebro humano possui uma predisposição a criar sua própria realidade, com consequências importantes e que são estudadas em departamentos de Psicologia e Neurociência ao redor do mundo.

Qualquer forma de iludir a mente para que possamos acreditar que algo que esteja ocorrendo diante de nossos olhos seja verdade – por mais inverossímil que possa parecer – é objeto de estudo para neurocientistas, interessados em conhecer como nossos cérebros processam e interpretam informações. Cientistas liderados por Stephen Macknik e Susana Martinez-Conde, do Instituto Neurológico Barrow no Arizona, EUA, publicaram em novembro de 2008 um trabalho científico intitulado *Attention and awareness in stage magic: turning tricks into research* (Atenção e consciência na mágica ao vivo: transformando truques em pesquisa). De acordo com um dos autores do trabalho, o excesso de estímulos que precisam ser processados pelo cérebro nos força a tomar atalhos, montando a realidade de acordo com modelos mentais simples e que podem ser enganados. Um bom mágico se aproveita desse processo para criar suas ilusões.

Sendo assim, não é surpreendente que a busca pela criação de dispositivos para suspender a descrença seja uma empreitada que ocupa escritores, cientistas, filósofos, engenheiros, cineastas e poetas há pelo menos cem anos – mas provavelmente bem mais que isso. De acordo com o *Online Etymology Dictionary* (Dicionário Online de Etimologia), compilado por Douglas Harper com o objetivo de explicar a origem das palavras da língua inglesa, o uso da palavra *virtual* como algo "verdadeiro na essência ou no efeito, mas não na realidade ou no fato" vem desde a metade do século XV. A palavra vem do latim *virtus*, que transmite a ideia de excelência e eficácia.

De fato, há poucas formas mais eficientes de enganar o cérebro do que utilizando a superposição de elementos virtuais com elementos reais (através da realidade aumentada) ou através da imersão do usuário em um ambiente tridimensional completo, com imagens, sons e interatividade (através da realidade virtual). São essas as duas técnicas que aliam tecnologia e o estudo dos mecanismos cognitivos utilizados para percebermos a realidade ao nosso redor, criando aplicações em múltiplas indústrias. Os elementos necessários para a popularização de aplicações ligadas à realidade virtual estão presentes na infraestrutura tecnológica instalada atualmente: uma combinação de avanços no desenvolvimento de *hardware* e *software*, a penetração de smartphones entre os usuários e o acesso a redes de dados de alta velocidade.

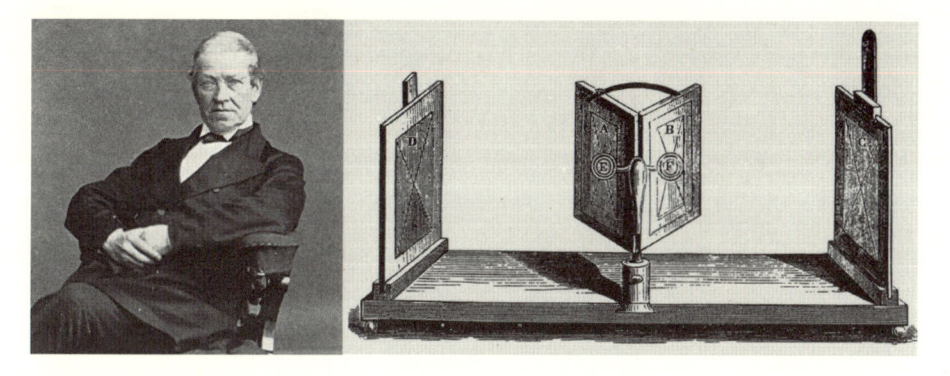

Figuras 43 e 44 – Charles Wheatstone (1802-1875), cientista inglês e inventor do estereoscópio. Suas contribuições incluem importantes avanços nos estudos do comportamento da eletricidade e da telegrafia.

Figuras 45 e 46 – David Brewster (1781-1868), cientista cujo trabalho foi centrado em óptica e que inventou dispositivos como o estereoscópio portátil.

Foi na década de 1830 que o cientista inglês Charles Wheatstone (1802-1875) criou os primeiros estereoscópios. Em suas pesquisas, ele percebeu que quando duas imagens de um mesmo objeto eram apresentadas reproduzindo a visão obtida pelo olho esquerdo e pelo olho direito individualmente, o cérebro criava uma representação tridimensional completa da imagem. Cerca de uma década depois o inventor escocês especializado em óptica David Brewster (1781-1868) produziu estereoscópios portáteis, que segundo relatos muito impressionaram a Rainha Vitória durante a Grande Exibição de 1851, realizada em Londres. Alguns dos visitantes dessa feira de inovações incluíram o naturalista Charles Darwin, os escritores Charles Dickens e Charles Dodgson (mais conhecido como Lewis Carroll, autor do livro *Alice no País das Maravilhas*) e o poeta Alfred Tennyson. Já no século XX, em 1939, o *View-Master* foi patenteado e popularizou-se através de discos de papelão que continham pares de imagens (uma para cada olho) que eram interpretadas pelo cérebro como uma única imagem 3D.

Dez anos antes, em 1929, o primeiro simulador de voo – uma das aplicações com objetivos de treinamento ou entretenimento que apresenta histórico mais rico dentro do universo da computação – foi criado pelo empreendedor norte-americano Edwin Link (1904-1981). Chamado de *Treinador Link* (*Link Trainer*), o equipamento eletromecânico consistia em uma cabine de comando ligada a motores que respondiam aos controles e que simulavam turbulência. Desde a Segunda Guerra Mundial estima-se que mais de quinhentos mil pilotos já tenham sido treinados utilizando-se alguma versão desse simulador.

Figuras 47 e 48 – Edwin Link (1904-1981), norte-americano inventor do simulador de voo.

De fato, uma das áreas mais promissoras e revolucionárias impactadas pelas tecnologias de realidade virtual e realidade aumentada é o treinamento de profissionais. Enfrentar situações complexas durante um voo (em um avião, helicóptero ou nave espacial), lidar com imprevistos durante um procedimento cirúrgico, expor uma equipe de primeiros socorros aos efeitos de um desastre natural, aperfeiçoar as técnicas utilizadas por equipes de extração de recursos naturais – treinar cada um desses profissionais de forma realista não é apenas caro e ineficiente, mas também praticamente inviável.

Ao invés de ler sobre quais os procedimentos de segurança a serem adotados em uma plataforma petrolífera ou no caso de um vazamento em uma usina nuclear, os trabalhadores agora podem ser treinados em ambientes realistas criados por computador, nos quais todos os passos necessários são realizados e absorvidos de forma mais eficiente e intuitiva do que simplesmente através da leitura de manuais. Todos os movimentos necessários para manutenção são utilizados em um ambiente simulado com objetos detalhados e nas dimensões corretas. Quando essa situação ocorrer no mundo real, a memória muscular já estará estabelecida e o funcionário terá desenvolvido familiaridade com o equipamento, facilitando seu trabalho e aumentando o grau de segurança de suas ações.

O primeiro registro de um sistema no qual era possível para uma pessoa vivenciar e experimentar sensações virtualmente foi estabelecido pelo escritor norte-americano Stanley Weinbaum (1902-1935), em sua história *Pygmalion's Spectacles* (*Os Óculos de Pigmaleão*), de 1935. O equipamento descrito no livro antecipa com precisão a estrutura atual dos sistemas de realidade virtual, com o uso de óculos para realização da imersão em um ambiente tridimensional fictício.

A indústria de VR (realidade virtual) deve muito ao pioneirismo de um profissional do cinema chamado Morton Heilig (1926-1997). Ele desenvolveu, durante a segunda metade da década de 1950, o *Sensorama*, apelidado de cinema do futuro e finalmente patenteado em 1962. Tratava-se de uma espécie de cabine individual na qual o usuário era imerso em um dos filmes preparados especialmente para o equipamento. Com imagens em três dimensões, som estéreo, uma cadeira que reagia aos eventos apresentados na tela, um dispositivo para reproduzir cheiros específicos e ainda um ventilador, o Sensorama é considerado um dos marcos mais importantes da história da realidade virtual.

Figuras 49 e 50 – Morton Heilig (1926-1997), pioneiro em Realidade Virtual e inventor do 'Sensorama'.

Foi durante a década de 1960 que o trabalho em HMDs – *Head Mounted Displays* (Monitores Montados na Cabeça), começou a tomar forma. Fundamental para que a ilusão da realidade virtual seja compreendida pelo cérebro, essa peça tem como função reagir aos movimentos da cabeça do usuário da forma adequada, fazendo com que as imagens apresentadas mudem conforme o local para onde o usuário esteja olhando. O primeiro HMD – tão pesado que tinha que ficar preso ao teto – foi desenvolvido pela equipe de Ivan Sutherland, um dos mais importantes pioneiros na área de computação gráfica e aluno de doutorado de Claude Shannon (1916-2001).

ENJOO PASSAGEIRO

A ilusão criada pela realidade virtual é decorrente da forma como percebemos o mundo ao nosso redor. Um sistema que seja capaz de enganar o cérebro através dos sentidos da visão e da audição – nossas duas fontes primárias de coleta de informações – no qual tenhamos a impressão de estar olhando para um ambiente sem as limitações de uma tela (como é o caso do cinema ou da televisão) pode ser capaz de provocar a percepção de imersão em um novo mundo, que irá ou não guardar semelhança com a realidade que conhecemos. Os óculos de VR nos transportam para este universo alternativo, geralmente acompanhados de fones através dos quais ouvimos os sons do novo ambiente.

Como era de se esperar, as grandes empresas de tecnologia estão apostando suas fichas na expansão da utilização de aplicações tanto de realidade virtual quanto de realidade aumentada, estratégia reforçada após o sucesso da Nintendo através do jogo Pokémon Go. De acordo com a firma de pesquisa de mercado App Annie, Pokémon Go atingiu receitas de 600 milhões de dólares entre julho e setembro de 2016 (outro jogo popular nos smartphones, Candy Crush Saga, levou mais que o dobro de tempo para chegar a esse resultado). O jogo é uma combinação de geolocalização – ou seja, a informação de onde o aparelho está – com uso de realidade aumentada para capturar criaturas digitais que surgem no mundo real através da tela do celular.

Entre as empresas globais de tecnologia, Google (Cardboard e Daydream), Samsung (Gear VR), Facebook (através da aquisição, em julho de 2014, da Oculus VR por 2 bilhões de dólares), Microsoft (HoloLens), Sony (via Playstation VR) e HTC (Vive) possuem dispositivos para acessar esse mercado. A Intel também está no segmento através do desenvolvimento de tecnologias para permitir a transmissão e recepção das informações nos HMDs sem fio – algo crítico para adoção em larga escala da tecnologia – e para permitir que eventos esportivos e shows ao vivo possam ser assistidos através de um ponto de vista privilegiado, via VR. Usando a história como guia, é bem provável que ou o mercado irá convergir para algum padrão ou a pulverização da indústria irá impedir o acesso para o grande público.

Segundo dados da SuperData, empresa de pesquisa especializada nos mercados de jogos e entretenimento interativo, em 2016 cerca de cem milhões de dispositivos de VR foram vendidos – porém a esmagadora maioria foi do tipo mais simples e barato, o Google Cardboard. Trata-se essencialmente de uma caixa de papelão onde o smartphone é encaixado horizontalmente, fechando o campo de visão do usuário e permitindo a imersão no ambiente apresentado pelo aplicativo de realidade virtual que estiver sendo executado. Com a expansão do conteúdo disponível em VR, equipamentos mais sofisticados podem aumentar de forma significativa sua penetração (novamente, considerando-se que a indústria irá caminhar para algum tipo de padronização).

A adoção em larga escala de VR depende tanto do *hardware* (o dispositivo que o usuário precisa utilizar para acessar o conteúdo) quanto do *software* (o conteúdo em si, desenvolvido para ser experimentado em um ambiente de realidade virtual ou de realidade aumentada) – mas isso não é tudo. Um dos maiores desafios dessa indústria atualmente já é conhecido como *VR sickness* ou doença de VR. Trata-se de uma sensação de enjoo que muitas pessoas sofrem após o uso por mais de uma hora do equipamento (embora algumas pessoas sintam esse desconforto quase instantaneamente). As causas desse fenômeno parecem estar ligadas aos mesmos mecanismos que causam a cinetose, ou doença do movimento: um conflito entre a percepção visual (capturada pelos olhos) e a percepção sensorial do movimento (capturada pelo sistema vestibular, responsável pela orientação espacial e equilíbrio do corpo).

Os desafios técnicos que restam para que a realidade virtual torne-se uma tecnologia com significativa penetração parecem indicar que o setor está passando por um fenômeno que, segundo a empresa de pesquisa e consultoria Gartner, chama-se de "vale da desilusão" – depois de elevadas expectativas, os desafios do mundo real se impõem e a tecnologia é ajustada. Dois anos depois de adquirir a empresa de óculos para realidade virtual Oculus por 2 bilhões de dólares, Mark Zuckerberg (fundador e CEO do Facebook) declarou em uma entrevista de fevereiro de 2016 que acreditava que a adoção em larga escala de VR deve ocorrer em pelo menos dez anos.

Mas os benefícios da utilização de VR em setores como medicina, engenharia, varejo e mercado imobiliário – tanto como ferramenta de treinamento como de entretenimento – já começaram a ser explorados por diversas empresas. O expressivo crescimento esperado nas receitas do mercado de realidade virtual e aumentada deve ocorrer graças aos jogos (tanto para consoles quanto para computadores pessoais) e aos *headsets* de smartphones. Jogos nos quais o ponto de vista adotado é aquele do jogador – os *first-person shooters* (FPS) – e jogos de *role playing* em mundos infinitos, nos quais os jogadores assumem a identidade de um personagem que não existe, são oportunidades perfeitas para o uso de VR. Ao invés de olhar para tela, você é transportado para dentro dela – uma sensação que entende apenas quem efetivamente já teve a oportunidade de experimentar um desses sistemas. Em relatório publicado em janeiro de 2016, o banco Goldman Sachs estimou que em 2025 o mercado de *software* para videogames em VR/AR irá ultrapassar os 11 bilhões de dólares.

Adversários controlados pelo computador com técnicas de inteligência artificial e a capacidade de se encontrar com outros jogadores nas arenas virtuais já começam a se tornar mais comuns nos jogos em VR, levando a experiência do jogo a outros patamares. Títulos populares entre *gamers* são disponibilizados nesse tipo de ambiente, e novos jogos desenvolvidos especialmente para aproveitar essa tecnologia continuam a ser lançados com regularidade. Em uma indústria que gerou mais de 90 bilhões de dólares em receitas ao longo de 2016, de acordo com a empresa de pesquisa SuperData

Research, qualquer inovação dessa magnitude merece atenção. Produtores de conteúdo (seja para TV, cinema ou parques) já se posicionam para o momento em que esse conteúdo em realidades alternativas possa ser consumido por todos.

O videocassete (VCR) foi uma inovação importante no mercado de eletroeletrônicos da década de 1980. Após uma disputa de formatos entre a Sony (com o Betamax) e a JVC (com o Video Home System, ou VHS), vencida pela última, milhões de consumidores adquiriram seus equipamentos para ver em casa filmes armazenados em fitas magnéticas e para gravar diretamente da TV seus programas prediletos. Criou-se uma indústria de fabricação de fitas com diversas durações, que eram capazes de armazenar algumas horas de vídeo de qualidade apenas razoável para os padrões atuais. Lojas para aluguel de filmes se espalharam rapidamente, dando lugar a gigantes como a Blockbuster que, após empregar mais de oitenta mil pessoas ao redor do mundo, teve que declarar falência em 2010 devido à competição de serviços como o Netflix. Um caso que lembra o que ocorreu com a Kodak, que também não foi ágil o bastante para se proteger do ritmo acelerado que a inovação impõe aos negócios. A última fabricante de VCRs do mundo, a Funai Corporation do Japão, produziu o último lote de aparelhos em julho de 2016.

Quando o videocassete conquistou popularidade e tornou-se um bem de consumo acessível para grande parte da população, muitos declararam que isso seria o fim dos cinemas. Afinal de contas, argumentaram esses observadores, por que alguém iria se deslocar até uma sala de cinema para assistir a um filme que alguns trimestres depois (o lançamento no cinema e em vídeo era separado por muitos meses) estaria disponível para ser adquirido ou alugado e assistido quantas vezes o consumidor quisesse?

A previsão não se concretizou – muito pelo contrário. A indústria cinematográfica continuou em crescimento, incorporando às salas de projeção tecnologias de ponta e fazendo com que a experiência de ir ao cinema ficasse cada vez melhor. Telas maiores, imagem melhor, aumento na qualidade do som – era difícil concorrer com aquilo por mais sofisticado que fosse o sistema de *home theater* do consumidor. Isso tudo sem mencionar o aspecto social do programa, frequentemente a maior motivação para sairmos de casa.

Com a popularização dos dispositivos de VR e AR para uso doméstico e corporativo, é bem provável que um fenômeno parecido ocorra com os centros de entretenimento e parques em geral: uma atualização significativa de suas atrações para incorporar mais essa ferramenta, que pode amplificar o impacto da experiência dos usuários. Em Seul, capital da Coreia do Sul, o parque de diversões Lotte World já está oferecendo óculos de VR para os passageiros de algumas atrações. Se cair de uma torre de 70 metros não é empolgante o suficiente, o passageiro pode utilizar o sistema de VR no qual é criada a ilusão de uma queda muito maior em uma cidade do futuro, que termina com um robô virtual salvando você. Em Beijing, já está em funcionamento no piso inferior de um dos centros comerciais da cidade o complexo de entretenimento SoReal, dedicado exclusivamente a atrações em VR e que tem como um dos seus fundadores Zhang Yimou, diretor de cinema e responsável pela abertura e encerramento das Olimpíadas de 2008 em Beijing. Parques especializados em montanhas russas, como o Six Flags, estão adaptando algumas de suas atrações para sincronizar todo percurso com uma história em um ambiente tridimensional que transporte o passageiro para outra realidade – aliando o deslocamento em alta velocidade com imagens e sons de batalhas ou de heróis resgatando os próprios passageiros. A Disney também já investe nessa tecnologia através de *startups* dedicadas à realidade virtual, e anunciou o lançamento de atrações em seus parques que irão se aproveitar dessa tecnologia.

PING E PONG

A cerca de cem quilômetros da cidade de Nova York fica o *Brookhaven National Laboratory* (Laboratório Nacional de Brookhaven), fundado em 1947, onde atualmente são desenvolvidos trabalhos de pesquisa em temas como física nuclear, nanomateriais e energia. Entre 1951 e 1968, o chefe do grupo de instrumentação do laboratório foi o físico norte-americano William Higinbotham (1910-1994), que havia trabalhado em Los Alamos durante a Segunda Guerra Mundial (1939-1945) no temporizador da bomba atômica. Depois da guerra, ele foi um dos fundadores da Federação de Cientistas Americanos, criada justamente com o objetivo de tornar o mundo mais seguro de armamentos nucleares e bioquímicos.

Anualmente, mais precisamente no mês de outubro, o laboratório abria suas portas para visitantes conhecerem um pouco do trabalho que era desenvolvido por seus diversos times. Em 1958 – mesmo ano de fundação da ARPA (Agência de Projetos de Pesquisa Avançada), atualmente DARPA (Agência de Projetos de Pesquisa Avançada de Defesa), criada pelo governo norte-americano como resposta direta ao lançamento bem-sucedido do satélite soviético Sputnik 1 no ano anterior (e responsável pela eventual criação da Internet) – Higinbotham achou que seria interessante criar uma demonstração interativa para os visitantes, tentando demonstrar que os esforços científicos têm relevância para a sociedade.

A demonstração interativa de Higinbotham acabou tornando-se o que muitos consideram o primeiro videogame da História: o *Tennis for Two* (Tênis para Dois). O jogo utilizava um osciloscópio (equipamento para mensuração de voltagens) que exibia o percurso de uma bola em uma quadra de tênis vista de lado: o percurso era calculado por um computador com dois controles conectados, projetados por Dave Potter e montados por Robert Dvorak.

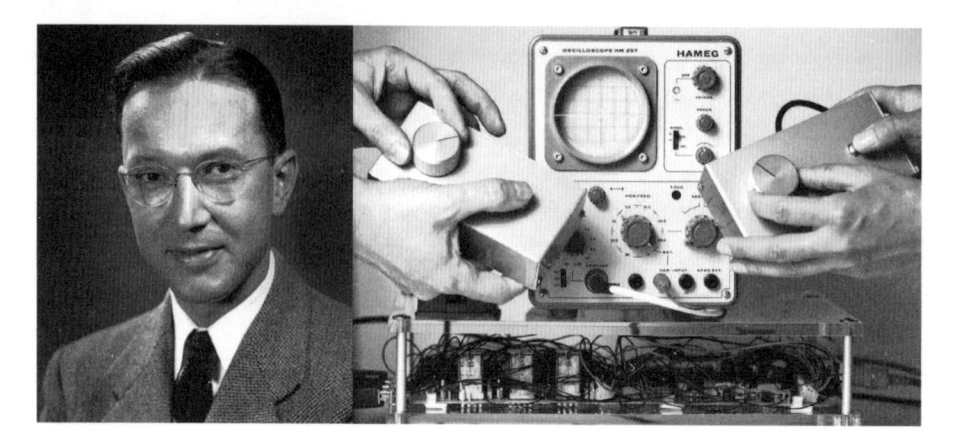

Figuras 51 e 52 – William Higinbotham (1910-1994), físico norte-americano e um dos pioneiros do mundo dos jogos eletrônicos e seu *Tennis for Two*.

Há outros postulantes ao cargo de primeiro videogame, embora pela definição atual o título pareça de fato pertencer ao jogo de tênis de Higinbotham. O primeiro é o "dispositivo de diversão de tubo de raios catódicos", patenteado em 1947 por Thomas Goldsmith (1910-2009) e Estle Mann, o mais antigo jogo eletrônico interativo conhecido (embora não fosse executado por um computador). O segundo candidato é *Bertie, o Cérebro*, de 1950, que embora rodasse em um computador, representava o que estava acontecendo através de lâmpadas ao invés de imagens atualizadas em tempo real. Finalmente, o terceiro e quarto postulantes são respectivamente um jogo da velha e um jogo de damas, ambos implementados em 1952 pelo cientista de computação britânico Christopher Strachey (1916-1975) com objetivos acadêmicos ou de demonstração apenas.

Enquanto isso, no MIT, funcionários e estudantes vinculados ao Clube Tecnológico dos Modelos de Ferrovias (o *Tech Model Railroad Club*) exploravam as possibilidades do minicomputador PDP-1 e de seus mais de setecentos quilos. Liderados pelo cientista de computação Steve Russell, foi criado o videogame *Spacewar!*, apresentado pela primeira vez no Science Open House de 1962, no próprio MIT. Seis anos depois, Russell deu aulas de programação em uma escola de Seattle, e entre seus alunos estavam os adolescentes Bill Gates e Paul Allen (1953-2018), que juntos fundaram a Microsoft em 1975.

Spacewar! foi adaptado e melhorado por diversos grupos, expandindo-se por universidades e demonstrando o impacto cultural e potencialmente econômico que jogos eletrônicos teriam dali para frente. Duas duplas foram pioneiras na forma de pensar comercialmente sobre a expansão dos videogames: de um lado, Bill Pitts e Hugh Tuck com *Galaxy Game*, e do outro Nolan Bushnell e Ted Dabney (1937-2018) com *Computer Space*. Ambos os times desenvolveram o conceito (ainda atual) de uma máquina que permite que os jogadores tenham acesso aos videogames na medida em que são depositadas moedas.

Na segunda metade da década de 1960, os então estudantes de engenharia elétrica Bill Pitts (Universidade de Stanford) e de engenharia mecânica Hugh Tuck (Universidade Politécnica da Califórnia) costumavam jogar *Spacewar!* no PDP-6 instalado no que viria a ser o SAIL (*Stanford Artificial Intelligence Lab*, ou Laboratório de Inteligência Artificial de Stanford), e tiveram a ideia de criar o jogo que viria a se tornar o *Galaxy Game*. Com apoio financeiro da família de Tuck, a primeira versão da máquina foi colocada no diretório dos estudantes em agosto de 1971 para testes.

Nesse momento, os caminhos das duplas se cruzam, pois Bushnell – que possivelmente só teve contato próximo com *Spacewar!* depois de 1969 – queria comparar os projetos de *Computer Space* e *Galaxy Game*, que possuíam objetivos semelhantes. Os engenheiros elétricos Bushnell e Dabney se conheceram enquanto trabalhavam na companhia de equipamentos eletrônicos Ampex, e, em 1971, decidiram fundar a Syzygy (termo que define o alinhamento de pelo menos três corpos celestes) com o objetivo de construir videogames que, para serem jogados, teriam que receber moedas.

A busca de Bushnell por um fabricante acabou de forma inusitada: durante uma consulta, ao comentar sobre seu jogo com seu dentista, ele foi informado que provavelmente um outro cliente poderia ter interesse pelo projeto. O dentista, então, apresentou-o ao gerente de vendas da Nutting Associates, fundada em 1967 e cujo principal produto até então era um jogo de perguntas e respostas chamado *Computer Quiz*. William Nutting não só concordou em fabricar o jogo como contratou Bushnell como engenheiro-chefe, pagando para Syzygy cinco por cento sobre cada máquina vendida.

Ao contrário do *Galaxy Game*, que ficou restrito ao ambiente universitário, foram vendidas cerca de 1.500 unidades de *Computer Space* – não se tratou de um sucesso inequívoco, mas bom o bastante para convencer Bushnell e Dabney a perseguirem seu caminho de forma independente. Eles deixaram a Nutting Associates e, ao tentar incorporar sua empresa descobriram que o nome *Syzygy* já estava registrado. Como grande fã do jogo Go, Bushnell escolheu como o nome de sua empresa um dos termos usados no jogo de forma semelhante ao "xeque" no xadrez. Nascia, em 1972, a Atari.

Nesse mesmo ano, o mundo conheceu o primeiro console de videogames da História: o Magnavox Odyssey, criado por Ralph Baer (1922-2014). Aos 16 anos, em função do aumento expressivo da perseguição aos judeus, ele emigrou com a família da Alemanha (onde nasceu) para os EUA, tornando-se técnico em conserto de rádios. Após servir em uma unidade de inteligência do exército norte-americano durante a Segunda Grande Guerra graças ao seu alemão fluente, tornou-se um dos primeiros graduados no recém-criado curso de engenharia de televisão pelo Instituto Americano de Tecnologia de Televisão, em 1949. Isso rendeu um emprego na Loral Corporation, originalmente uma fornecedora de equipamentos de defesa que, em 1951, decidiu desenvolver um novo modelo de televisor.

Para testar os televisores Baer utilizava um equipamento que preenchia a tela com linhas coloridas horizontais e verticais, que podiam ser manipuladas. Baer sugeriu que os usuários pudessem ter acesso a esse passatempo, caso não quisessem mais assistir a programação disponível. A ideia de interagir com o televisor foi descartada pela gestão da Loral, mas não esquecida por Baer. Em 1966, ao tornar-se responsável pelo projeto de instrumentos na Sanders Associates (uma fornecedora de equipamentos militares para o governo dos Estados Unidos, que foi adquirida pela Lockheed em 1986 e vendida para multinacional de defesa britânica BAE Systems no ano 2000), ele criou um projeto secreto no seu tempo livre. Com a ajuda de dois técnicos (William Harrison e William Rusch), o Canal LP (para *let's play*, vamos jogar) iria resultar no primeiro console de videogame doméstico do mundo. Em 1971, a companhia de produtos eletrônicos norte-americana Magnavox (que três anos depois seria adquirida pela holandesa Philips) adquiriu os direitos sobre o Magnavox Odyssey, que começou a ser vendido no ano seguinte.

Figuras 53 – Ralph Baer (1922-2014), inventor do primeiro console de videogames para uso doméstico.

Um dos doze jogos que vinham pré-programados no Odyssey chamava-se *Ping-Pong*, um sucessor do *Tennis for Two* de William Higinbotham, e o pivô de um de diversos processos movidos por Baer e pela Sanders Associates contra as imitações criadas. A mais famosa dessas imitações fez ainda mais sucesso que o original: *Pong*, desenvolvido por Allan Alcorn, o primeiro engenheiro contratado pela Atari com a missão explícita de criar um jogo de fliperama baseado no *Ping-Pong* do Odyssey. O sucesso comercial de *Pong* (a partir do final de 1972) gerou o *Home Pong*, um console da Atari vendido em 1975 única e exclusivamente para que famílias pudessem jogar esse título em casa. Para conseguir os recursos necessários para o desenvolvimento de um console genérico, que ao contrário do Odyssey, pudesse executar qualquer jogo e não apenas aqueles que vinham no próprio console, Bushnell vendeu a Atari para Warner Communications (atualmente Warner Media, pertencente a AT&T) em 1976. Um ano depois, a Atari lançou o console 2600, conhecido como Video Computer System (VCS), que até ser descontinuado, vendeu cerca de 30 milhões de unidades (para efeito de comparação, o Magnavox Odyssey e seu sucessor, o Odyssey 2, venderam cerca de 2,5 milhões de unidades).

Mas a história dos desdobramentos do *Pong* não termina aí. Dois jovens trabalharam na ideia (possivelmente de Bushnell) para desenvolver uma versão de Pong para apenas um jogador, resultando no jogo *Breakout*, lançado nos fliperamas em 1976. Um deles era pouco técnico mas extremamente convincente, enquanto o outro era incrivelmente talentoso com circuitos eletrônicos e lógica, e trabalhava na Hewlett Packard no desenvolvimento de uma nova calculadora científica. Ambos chamavamse Steve – um, Jobs (1955-2011), e o outro, Wozniak. Juntos, naquele mesmo ano de 1976, fundaram a Apple Computer Company (atualmente Apple Inc.).

O crescimento da indústria de videogames, efetivamente criada no final dos anos 1970, segue em ritmo acelerado. O desenvolvimento de novos títulos custa dezenas e às vezes centenas de milhões de dólares, cercados de campanhas de marketing comparáveis (e frequentemente maiores) que o lançamento de *blockbusters* cinematográficos. Atores e atrizes profissionais são contratados para terem seus movimentos e vozes capturados em sequências realistas. Ao mesmo tempo, torneios de e-sports ao redor do mundo distribuem prêmios para jogadores de todas as idades e diversas nacionalidades, enquanto contratos de direitos de transmissão são firmados para uma audiência global cujo interesse nessa modalidade de entretenimento continua a aumentar.

O JOGO DA VIDA

O motivo pelo qual as técnicas de realidade virtual e aumentada funcionam está intimamente ligado à forma como processamos estímulos visuais e sonoros para estabelecer um senso de realidade. Para seu trabalho de graduação na Academia de Artes e *Design* de Bezalel, em Israel, Eran May-raz e Daniel Lazo produziram um curta chamado *Sight* (Visão) no ano 2012. A história mostra, em um futuro não muito distante, o mundo como um ambiente de execução de aplicativos de realidade aumentada através de lentes especiais. Tarefas simples, como preparar uma refeição, tornam-se jogos com resultados compartilhados nas redes sociais, assim como encontros entre o personagem principal e uma jovem, no qual as próprias interações entre ambos são pontuadas por aplicativos especificamente preparados para esse tipo de ocasião.

MERCADO GLOBAL DE *GAMES* – 2019
(ESTIMATIVA, EM DÓLARES)

POR DISPOSITIVO E SEGMENTO,
COM DADOS DE CRESCIMENTO ANO CONTRA ANO
(YEAR OVER YEAR, YOY)

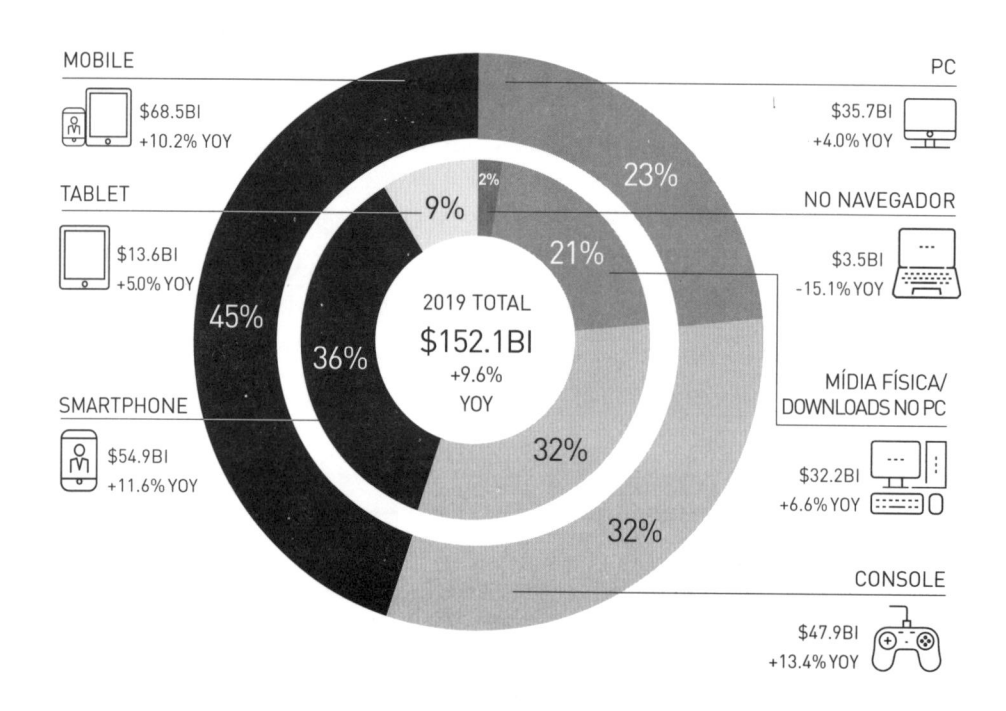

MOBILE
$68.5BI
+10.2% YOY

TABLET
$13.6BI
+5.0% YOY

SMARTPHONE
$54.9BI
+11.6% YOY

PC
$35.7BI
+4.0% YOY

NO NAVEGADOR
$3.5BI
-15.1% YOY

MÍDIA FÍSICA/
DOWNLOADS NO PC
$32.2BI
+6.6% YOY

CONSOLE
$47.9BI
+13.4% YOY

2019 TOTAL
$152.1BI
+9.6%
YOY

2% · 9% · 23% · 21% · 45% · 36% · 32% · 32%

Figura 54

E-SPORTS
FONTES DE RECEITAS COM VARIAÇÕES
ANO CONTRA ANO (YEAR OVER YEAR, YOY).

MERCADO GLOBAL, 2019
(ESTIMATIVA EM DÓLARES)

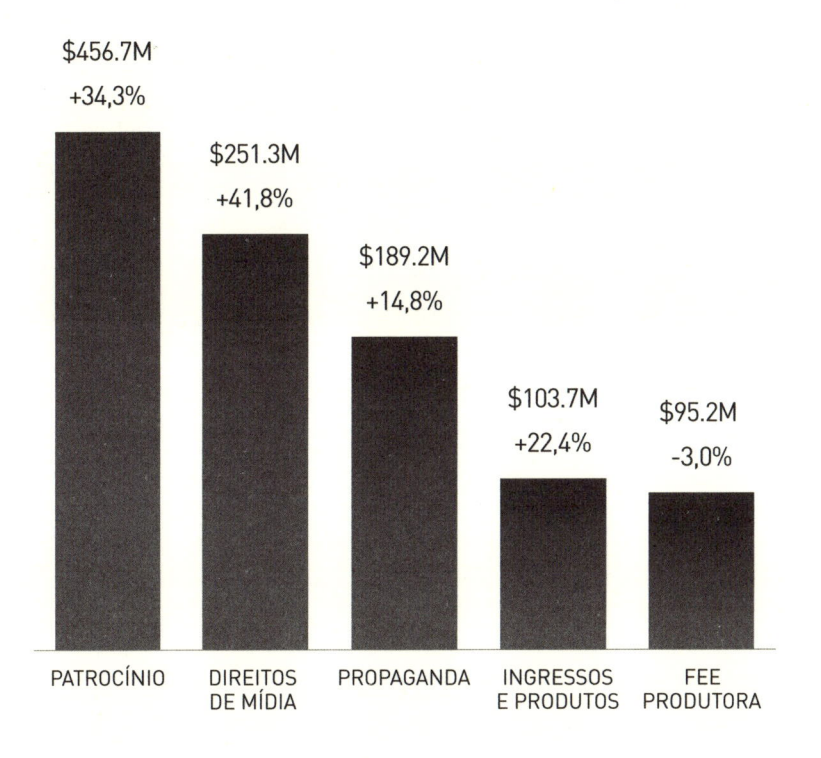

Figura 55

A fusão da realidade aumentada com o conceito de *gamification* (gamificação) é uma combinação poderosa que deve alterar a forma como aprendemos, estudamos, ensinamos, treinamos e nos exercitamos. Considerando a importância que a maior parte das pessoas dá às suas respectivas redes sociais e a busca pelo maior número possível de seguidores, contatos, compartilhamentos e afins. A manifestação da vida em sociedade ironicamente parece cada vez mais vinculada à vida digital.

Vamos analisar ambos os elementos – realidade aumentada e *gamification* separadamente. A realidade aumentada, conforme já vimos, é a tecnologia que permite que elementos digitais sejam apresentados no mundo real, seja através de um smartphone, tablet, óculos especiais ou qualquer dispositivo com uma câmera aliada a um processador. Já *gamification* pode ser explicado como a transformação de determinada tarefa em um jogo que existe fora desse contexto de entretenimento e competição – não esquecendo que a própria definição de *jogo* é alvo de discussão há pelo menos cem anos. Para nossos propósitos, vamos utilizar o conceito proposto pela pesquisadora e *designer* norte-americana Jane McGonigal: todos os jogos possuem objetivos, regras, um sistema de *feedback* e a participação é voluntária.

O objetivo da gamificação é, em última instância, aumentar o engajamento do usuário de determinado sistema ou serviço visando, entre outras coisas, melhorias operacionais, maior produtividade e aumento na capacidade de retenção de informações. De acordo com um trabalho de pesquisa publicado em dezembro de 2014 por Andreas Lieberoth da Universidade Aarhus na Dinamarca, a eficiência dessa técnica está ligada à nossa tendência em mudar de postura em relação a situações apresentadas como jogos ou desafios: quando isso ocorre, nosso lado competitivo e curioso tem a chance de atuar para buscar realização e status (mesmo que esse status seja representado por *badges* virtuais, como é frequentemente o caso).

Fazer exercícios físicos e ganhar pontos virtuais, responder a perguntas em fóruns de discussão e acumular pontos de experiência (*experience points*), realizar recomendações de hotéis e restaurantes e manter a disciplina de hábitos saudáveis através do aplicativo de sua preferência são apenas alguns exemplos de como a criação de uma dinâmica de jogos em tarefas do dia a dia pode ter consequências surpreendentes.

O aprendizado infantil em particular é um dos campos mais explorados pelo conceito de *gamification*, com o objetivo de melhorar e estimular o interesse nos temas estudados. Atividades como aprender a ler, fazer contas e identificar sons tornam-se jogos capazes de reter a atenção das crianças, aumentando seu foco e a eficiência com a qual aprendem. De fato, a utilização de computadores na educação ocorreu nos primórdios da Era Digital: mais precisamente em 1971, com um jogo desenvolvido para alunos de 13 e 14 anos, em Minneapolis, no estado de Minnesota, nos Estados Unidos.

O jogo *The Oregon Trail* (A Trilha do Óregão) foi um dos pioneiros no gênero do *edutainment*, junção das palavras *education* (educação) com *entertainment* (entretenimento), e tornou-se uma referência para alunos norte-americanos. O objetivo do jogo era simular a viagem de quase 3.000 km de uma família de pioneiros em 1847, partindo do estado do Missouri até o Oregon. Três estudantes universitários no Carleton College (a cerca de 70 quilômetros de Minneapolis) – Don Rawitsch, Bill Heinemann e Paul Dillenberger – tinham como trabalho de final de curso a tarefa de dar aulas no ensino fundamental sob a supervisão de seus professores.

Para ficar mais perto das escolas onde iriam trabalhar, os três amigos decidiram alugar um apartamento em Minneapolis, e o orientador de Don (que estava estudando História) disse que seu trabalho seria ensinar alunos da oitava série sobre o movimento de conquista do oeste dos EUA, ocorrido ao longo do século XIX. Don imaginou que um jogo de tabuleiro poderia ser mais interessante que a forma tradicional de transmissão desse conteúdo, e começou a trabalhar com cartões que descreviam situações com as quais os colonizadores poderiam se deparar: doenças, ataques, fome, sede, problemas nas carroças, falta de roupas apropriadas.

Bill e Paul – que estudavam Matemática e tinham feito um curso de programação oferecido em Carleton – acreditavam no potencial de ensino de computadores, embora não tivessem ideia do conteúdo a ser oferecido (prova que, como sempre, a informação é mais importante que o meio). Um dia, chegando no apartamento, viram Don e seus cartões – e a ideia surgiu instantaneamente. Eles tinham duas semanas para criar um programa de computador que fosse capaz de simular a jornada, e assim o fizeram. O programa foi carregado em um HP 2100 que atendia a região, e com o qual era possível interagir através de um teletipo que ficava na escola e que estava conectado ao servidor via linha telefônica.

Em entrevista concedida em 2017, os criadores do jogo ainda lembram da reação ao jogo, que fez com que estudantes chegassem mais cedo e saíssem mais tarde da escola para terem a oportunidade de jogar o maior número possível de vezes. Segundo o trio, os estudantes se organizaram para que o melhor datilógrafo operasse o teletipo, enquanto outro membro do grupo seguia o progresso pelo mapa e um terceiro cuidava do orçamento para garantir que o havia suprimentos para todos os colonizadores.

Quando o ano letivo acabou, o jogo foi apagado do servidor – mas uma cópia do código-fonte foi guardada pelos desenvolvedores. Em 1974, Don foi trabalhar no *Minnesota Educational Computing Consortium* (Consórcio de Computação Educacional de Minnesota), e digitou (em comum acordo com Bill e Paul) as oitocentas linhas novamente no servidor do MECC, que atendia todo o estado. O jogo manteve-se popular por muitos anos, sendo lançado em diversas plataformas que coletivamente venderam mais de 65 milhões de cópias.

Mas o uso de jogos de computadores é apenas um dos elementos tecnológicos que estão alterando significativamente a área de Educação em todo o mundo – nosso tema para o próximo capítulo.

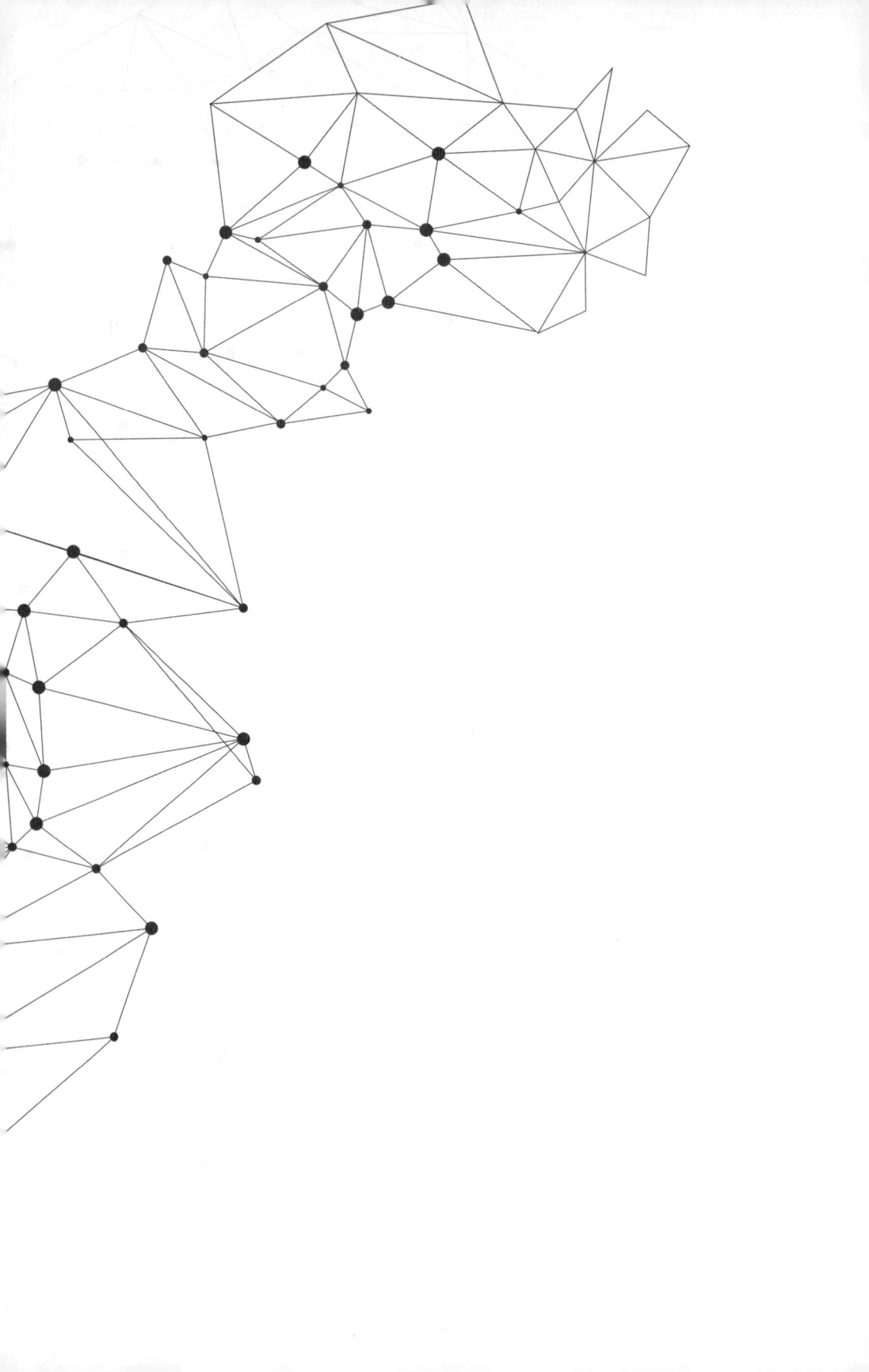

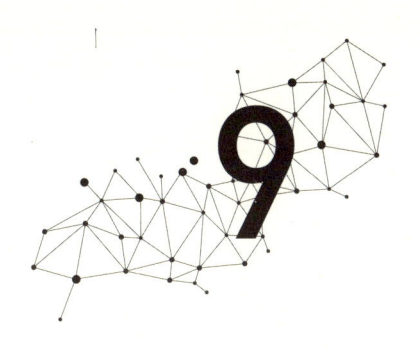

EDUCAÇÃO

A TERCEIRIZAÇÃO DA MEMÓRIA

A CHAMADA GERAÇÃO Z – FORMADA PELOS NASCIDOS A PARTIR DA metade da década de 1990 – encontrou um mundo repleto de tecnologias bem estabelecidas porém relativamente novas para as gerações anteriores. Para esse grupo, smartphones, tablets, wi-fi, "curtidas", compartilhamentos e informações em tempo real são pilares fundamentais da sociedade, e em grande medida a forma como se relacionam entre si e com todos à sua volta. Sua confiança e dependência em relação à tecnologia é tão significativa que poucos se dão ao trabalho de memorizar qualquer coisa – afinal, o smartphone está sempre ao alcance das mãos (normalmente, nas mãos) e a partir dele nenhum dado está longe demais. Coisas simples, como números de telefone, há muito tempo pararam de ser memorizadas – está tudo na agenda do celular. De fato, a memória foi terceirizada para as máquinas que nos cercam.

Este fato tem implicações relevantes e que ainda estão sendo pesquisadas. Em dezembro de 2013, a Dra. Linda Henkel, do Departamento de Psicologia da Universidade de Fairfield em Connecticut, Estados Unidos, publicou um trabalho de pesquisa a respeito do impacto na memória do uso constante de fotos. Em seu estudo, ela visitou um museu com um grupo de estudantes, pedindo que alguns objetos de arte fossem fotografados e outros não. A conclusão foi pouco intuitiva: as memórias referentes aos detalhes e localização dos objetos que não foram fotografados eram melhores que as memórias daquilo que foi fotografado. No entanto, quando ao invés de fotografar o objeto como um todo a foto tinha como foco algum detalhe específico, a memória daquele objeto em particular era mais vívida. Além disso, a noção de que as fotos que tiramos irão nos ajudar a lembrar do que aconteceu esbarra na realidade que muitas pessoas enfrentam: a facilidade e o excesso de fotos que tiramos o tempo todo dificulta sua organização e o acesso às mesmas. As pessoas tendem a tirar as fotos e armazená-las, dificilmente reservando tempo para organizá-las e revê-las.

O desafio de integrar o processo educacional com a tecnologia não é simples. Além da dinâmica do aprendizado em si, com a inserção de computadores e smartphones na vida de crianças com apenas alguns meses de vida, a forma como a informação é transmitida e armazenada também muda de forma significativa com o uso da tecnologia. Educar é muito mais que simplesmente transmitir o conhecimento, e alguns argumentam que o próprio processo de aprendizado é mais difícil quando a tecnologia ocupa posição de destaque. O autor norte-americano Nicholas Carr publicou, em 2010, o livro *The Shallows: What the Internet is doing to our* Brains (Superficialidade: o que a Internet está fazendo com nossos cérebros) que foi um dos finalistas do prêmio Pulitzer no ano seguinte. De acordo com Carr, utilizar a Internet é como tentar ler um livro e resolver um quebra-cabeça ao mesmo tempo – não há espaço para concentração e profundidade em meio às interrupções geradas pelo próprio meio.

Pesquisas publicadas por diversos grupos independentes e utilizando vários métodos de avaliação indicam que o excesso de informações com as quais nos deparamos em um típico texto na Internet – com links para referências adicionais, áudio, vídeo, notas, propagandas e afins – prejudica a capacidade de concentração e mantém o cérebro ocupado, tomando decisões sobre o que deve ou não ser clicado. Aprender é a transmissão do conhecimento que está sendo absorvido pela memória de curto prazo para a memória de longo prazo – e quanto menos interrupções e distrações nossa memória de curto prazo encontrar, mais eficiente será essa transmissão. Quando enfrentamos um excesso de carga cognitiva a capacidade de armazenar e relacionar o novo conhecimento com aquilo que já sabemos é prejudicada.

A própria estrutura das conexões neurais dos usuários da Internet é diferente. O professor de Psiquiatria da Universidade da Califórnia em Los Angeles, Dr. Gary Small, comparou, em um estudo realizado em 2007, imagens obtidas a partir de ressonâncias magnéticas dos cérebros de voluntários veteranos e novatos na Internet enquanto eles realizavam buscas online. As áreas do cérebro que eram ativadas para os dois grupos eram significativamente diferentes, mas apenas cinco dias depois de utilizar a Internet por no mínimo uma hora por dia o cérebro dos novatos já se comportava como o cérebro dos veteranos. Isso significa que, com relativamente pouco tempo de uso da rede, a dinâmica de ativação dos neurônios passa por modificações. Tudo isso precisa ser levado em consideração para que se possa entender a importância e a complexidade da evolução da área de *EdTech* – ou tecnologia da educação.

O fato é que desde que os computadores pessoais começaram a se popularizar, as possibilidades criadas para o universo da educação foram imediatamente reconhecidas. A capacidade de customização do conteúdo a ser ensinado no ritmo de cada estudante, bem como a facilidade de coletar dados para avaliar e auxiliar no processo de aprendizado eram apenas alguns dos pontos que permitiriam que os modelos de ensino fossem atualizados e melhorados. O conteúdo de uma aula ou de um curso agora pode ser gravado utilizando-se recursos multimídia – imagens, vídeos, áudio – e disponibilizado via Internet para milhões de pessoas. Até mesmo projetos que começaram com ambições limitadas podem tornar-se fenômenos educacionais: a Khan Academy, por exemplo, utilizada por dezenas de milhões de estudantes ao redor do mundo todo mês, começou como um projeto pessoal do engenheiro elétrico Salman Kahn em 2006 para auxiliar seus primos com trabalhos escolares.

LIÇÃO DE CASA

Provavelmente a Educação é o elemento que mais nos diferencia de todas as outras espécies que habitam o planeta. A capacidade que temos em catalogar o conhecimento, organizá-lo e transmiti-lo para as novas gerações permite que, com apenas alguns anos de vida, novos seres humanos que chegam ao mundo tenham acesso à nossa herança cultural e intelectual. Apesar dos avanços conquistados, ainda há muito trabalho pela frente para que possamos garantir esse acesso de forma completamente universal, realizando plenamente o potencial transformador que o conhecimento possui.

A velocidade da implementação de novas tecnologias associadas ao setor de Educação é frequentemente menor que em outras indústrias – não apenas pela própria natureza do tema, mas pela complexidade dos elementos participantes do ecossistema: alunos, professores, instituições de ensino, órgãos de regulação e governos municipais, estaduais e federais, por exemplo.

Conforme visto no Capítulo 3, estima-se que diversas carreiras e tarefas comuns atualmente simplesmente deixarão de existir nas próximas décadas. Não estamos falando apenas de profissões associadas a trabalhos repetitivos e que exigem pouca formação acadêmica, mas também de ocupações que empregam pessoas com currículos considerados protegidos da automação. Essa mudança dramática no perfil do mercado de trabalho mundial irá exigir que novas habilidades e competências sejam aprendidas, criando um dos maiores desafios do setor educacional.

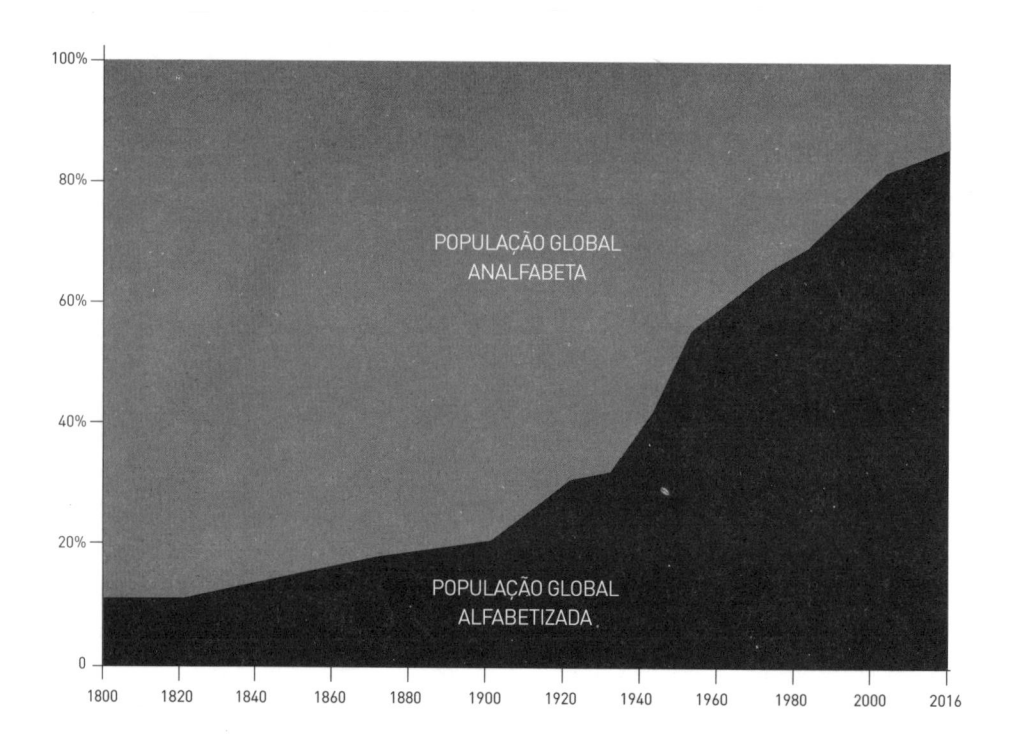

PERCENTUAL DA POPULAÇÃO GLOBAL
ACIMA DE 15 ANOS DE IDADE E ALFABETIZADA

Figura 56 – Em pouco mais de duzentos anos, a percentagem da população mundial aumentou sete vezes - e ainda assim o analfabetismo caiu de 88% para menos de 15%.

Instituições de ensino de diversos níveis – fundamental, médio e superior – estão passando por um momento transformacional importante. Não apenas o conteúdo a ser ensinado deverá necessariamente evoluir para atender o mundo pós-Quarta Revolução Industrial, mas também a forma como esse conteúdo deve ser transmitido aos estudantes não será a mesma. Desde o início do século XXI o número de cursos online disponíveis vem aumentando, incluindo material de algumas das Universidades mais reconhecidas do mundo: Coursera (Princeton, Stanford, Urbana-Champaign), edX (Berkeley, Cornell, Dartmouth, Harvard, Kyoto, MIT) e FutureLearn (Birmingham, Edinburgh, King's College, Trinity College de Dublin) são exemplos de provedores de MOOCs – *Massive Open Online Courses* (Grandes Cursos Online Abertos).

O mercado de *EdTech* (Educação Tecnológica) deve atingir, segundo a EdTechX-Global (que organiza uma das maiores feiras mundiais sobre o tema) cerca de 250 bilhões de dólares em 2020, crescendo aproximadamente 17% ao ano. Esse mercado é composto pelas empresas que buscam inovações na transmissão, produção, desenvolvimento e metodologias de ensino, com o objetivo de viabilizar o atendimento a um número de estudantes cada vez maior.

De acordo com um trabalho de abril de 2017 liderado pela UNESCO (Organização Educacional, Científica e Cultural das Nações Unidas), o número de estudantes de ensino superior no mundo ultrapassou a marca de duzentos milhões, e a EdTechXGlobal 2016 estimou que em 2035 o número de estudantes no mundo chegará a 2,7 bilhões. A pressão por acesso a conhecimento e ensino de qualidade nunca foi tão grande, afetando governos e grupos privados.

O Secretário Geral da ONU entre 1997 e 2006, Kofi Annan (1938-2018), declarou que "Conhecimento é poder. A Informação liberta. A Educação é a premissa do progresso em todas as sociedades e em todas as famílias". De fato, o sucesso de um país pode ser avaliado considerando-se a importância com a qual seu governo e sua sociedade tratam da Educação de seus cidadãos. Trata-se de um investimento de longo prazo, mas que segundo Benjamin Franklin (1706-1790), cientista, político, estadista e diplomata, "recompensa os investidores com os maiores juros de todos".

Sistemas educacionais podem ser avaliados de diversas formas, mas frequentemente os *rankings* são liderados pelos mesmos países, independentemente da metodologia utilizada: Finlândia, Singapura, Suíça, Bélgica, Japão, Coreia do Sul, Israel, França, Reino Unido, Dinamarca e Estados Unidos marcam presença maior ou menor dependendo do foco da pesquisa (ensino fundamental, médio ou superior) e do modelo da mesma. Além de investimento governamental em Educação, as políticas públicas desses países são voltadas para qualidade do ensino e qualificação profissional, buscando independência partidária e um eixo consistente a ser seguido por décadas.

EDTECH NO MUNDO

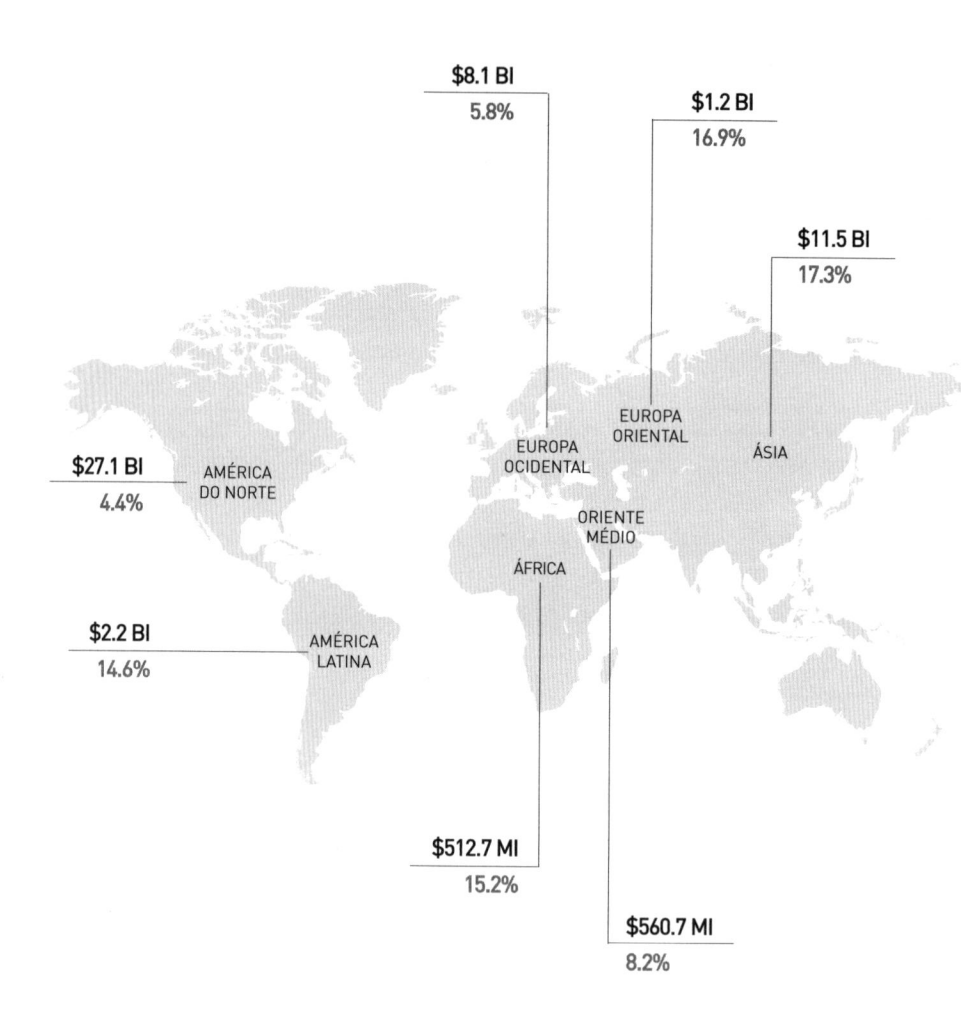

RECEITAS 2016

CRESCIMENTO ANUAL

Figura 57

TEMPO MÉDIO NA ESCOLA (EM ANOS)
TODOS OS NÍVEIS ESCOLARES,
POPULAÇÃO ACIMA DE 25 ANOS

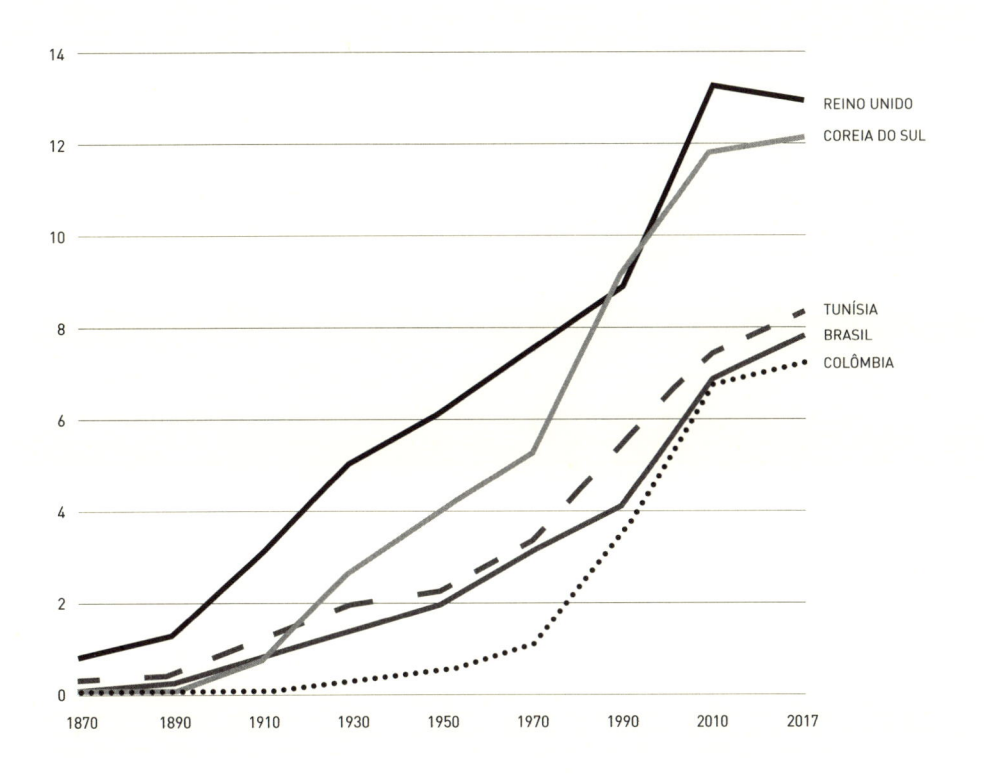

Figura 58

ESTIMATIVA DA PERCENTAGEM DA POPULAÇÃO COM MAIS DE 15 ANOS PORTADORA DE DIPLOMA UNIVERSITÁRIO

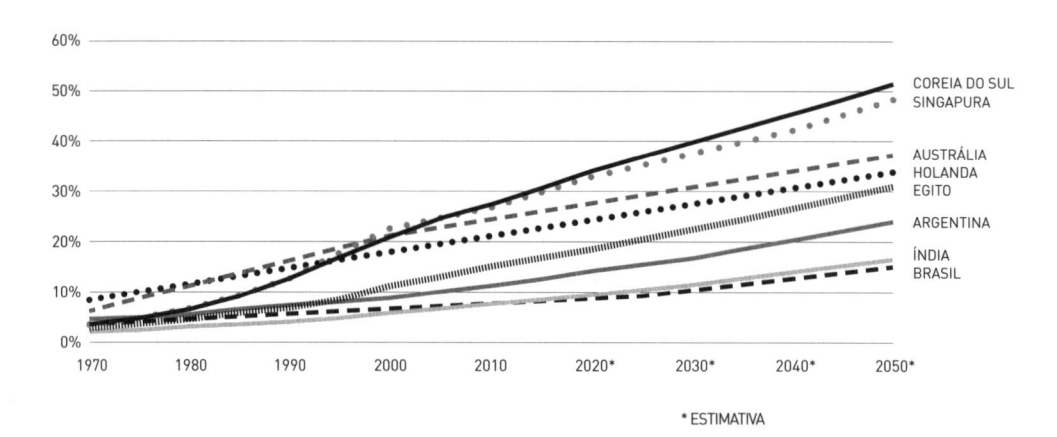

Figura 59

As oportunidades e desafios que se apresentam em um mundo cada vez mais conectado e integrado colocam em questão séculos de práticas educacionais que precisam ser aprimoradas para acompanhar a evolução tecnológica que invade praticamente todos os domínios do conhecimento. O acesso à informação tornou-se virtualmente universal – seja através de buscas por respostas específicas, seja via cursos online de qualidade (que auxiliam, por exemplo, no processo de alfabetização e de aprendizagem de fundamentos matemáticos), seja para obter um diploma de curso superior.

As empresas de *edtech* desempenham um papel crítico em meio às mudanças estruturais que estão em andamento, buscando o desenvolvimento de ferramentas e/ou metodologias que estejam alinhadas com as principais correntes de pensamento pedagógico ou que ampliem os horizontes para a formação acadêmica e profissional. Conforme já vimos, o aumento da demanda por educação e a necessidade do mercado de trabalho por absorver profissionais mais qualificados garante de forma inequívoca o espaço e a importância deste tipo de *startup*.

Entre 2013 e 2016, de acordo com os dados coletados pela empresa CB Insights, quase US$ 9 bilhões foram investidos em *startups* do setor de educação. As teses de investimento são variadas, como era de se esperar: plataformas genéricas de aprendizado online, ensino de idiomas, educação infantil, cursos de tecnologia, monitoramento e gestão, personalização da educação, preparação para exames e complementos para sala de aula são apenas alguns exemplos de uma área em plena expansão. Mais que isso, projetos em *edtech* tipicamente não exigem novos equipamentos ou dispositivos, sendo quase que integralmente ancorados em *software*. Grupos educacionais privados buscam ativamente o investimento em novas empresas que possam alavancar seus métodos e ampliar o alcance de seus cursos para o maior número possível de estudantes, complementando e melhorando o pilar mais fundamental para a evolução institucional e social de um país.

PRINCIPAIS SEGMENTOS DE ATUAÇÃO
DAS EMPRESAS DE EDTECH

Figura 60

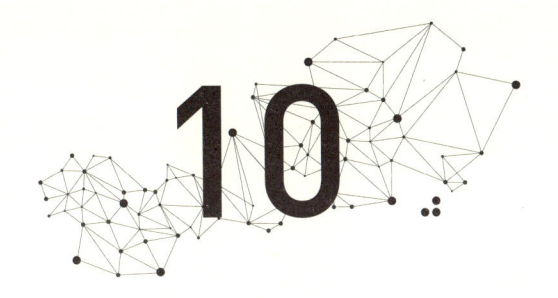

REDES SOCIAIS

REFORÇO POSITIVO

OS IMPACTOS NA SOCIEDADE CAUSADOS POR UM FUTURO ONDE A tecnologia exerce participação crescente são motivos de especulação e preocupação. Se por um lado o acesso e uso diário de dispositivos, sistemas e equipamentos sofisticados permite ganhos expressivos de tempo e aumento de eficiência, por outro criam novos problemas comportamentais com consequências ainda desconhecidas.

Vimos que estudos científicos demonstram que o próprio uso da tecnologia provoca uma reorganização das conexões neurais, fenômeno conhecido como neuroplasticidade (a capacidade que o cérebro possui de se reorganizar, transferindo o processamento de uma região para outra, ou ainda reforçando ou enfraquecendo conexões específicas). A tecnologia que temos no bolso permite aproximar aqueles que estão longe – mas acaba por afastar aqueles que estão próximos. É comum ir a um restaurante e verificar mesas nas quais todos estão olhando para as telas de seus smartphones, desconectados do aqui e agora.

O seriado televisivo britânico *Black Mirror*, criado pelo inglês Charlie Brooker, procura representar diversas possíveis instâncias do futuro próximo. De acordo com o próprio Booker, o nome do seriado (*Espelho Negro*) deriva do reflexo de nossas imagens nas telas desligadas de nossos dispositivos portáteis. Em um dos episódios, chamado *Nosedive* – expressão utilizada para representar aviões que se dirigem ao solo de forma extremamente veloz e frequentemente descontrolada – a situação socioeconômica de todos os indivíduos é diretamente dependente das notas recebidas em todas as suas interações, tanto no mundo virtual quanto no mundo físico. Pessoas com mais estrelas (curtidas) têm acesso a tratamento diferenciado, filas menores e descontos maiores. O episódio conta a história de uma jovem que, na busca por uma nota social melhor, embarca em uma espiral com consequências dramáticas.

Mas esse episódio pode estar bem mais perto da realidade do que imaginamos. Em 2014, o governo chinês lançou um programa que foi traduzido como Sistema de Crédito Social (embora a tradução mais correta provavelmente seja "Sistema de Reputação Pública"). O Ocidente apressou-se em caracterizá-lo como um objeto de controle do Estado sobre o cidadão: a proposta, prevista para ser implementada até 2020, pretende aproveitar os dados disponibilizados pela população diariamente em suas interações com lojas, sistemas de transporte, restaurantes, serviços públicos e afins para criar uma "nota" que reflita a reputação ou confiabilidade (de crédito financeiro, principalmente) de cada usuário.

O número de itens que pode ser levado em consideração para o cálculo do seu "placar reputacional" pode incluir aspectos como o respeito às leis do trânsito, pagamento das contas em dia, "qualidade" dos seus contatos nas redes sociais, vínculos empregatícios e até mesmo economia de energia. Um bom "placar" permite que serviços (como aluguel de carros) sejam utilizados sem depósitos garantidores, ou que não seja necessário enfrentar filas no aeroporto.

A forma como nos comportamos perante um teclado e uma tela é surpreendente em diversos aspectos, e claramente reforça uma antiga característica do ser humano: a necessidade de pertencer a uma comunidade, fazer parte de algo maior que si mesmo e identificar-se com outros que possuem interesses, princípios ou gostos similares. Até recentemente, tínhamos que estar geograficamente próximos daqueles com quem pretendíamos discutir, compartilhar ou apresentar assuntos de interesse mútuo. Com a Internet e a conexão instantânea a praticamente qualquer parte do mundo, essa restrição mudou. É fácil, barato e estimulante ingressar em uma comunidade global – tão fácil que dificilmente isso é feito apenas uma ou duas vezes. Temos dezenas de grupos de Whatsapp, seguimos centenas de pessoas no Twitter, temos milhares de amigos no Facebook (que às vezes nem conhecemos pessoalmente) e compartilhamos informações – desde as mais banais até as mais relevantes – com uma rede de contatos que é composta por família, amigos, conhecidos, amigos de amigos e conhecidos de conhecidos.

A montagem, manutenção, exploração e expansão de redes sociais tornou-se um dos maiores negócios do novo milênio – e os números produzidos são surpreendentes. O Facebook, por exemplo, que no final de novembro de 2018 tinha valor de mercado de cerca de 400 bilhões de dólares e uma das marcas mais valiosas do mundo, tinha menos de 200 milhões de usuários no primeiro trimestre de 2009. Nove anos depois, esse número era superior a 2 bilhões. O YouTube – criado em fevereiro de 2005 e adquirido pela Google em novembro de 2006 por 1,65 bilhão de dólares – conta com mais de 1,5 bilhão de usuários. Esse também é o número estimado de usuários do aplicativo de mensagens Whatsapp, fundado em 2009 e adquirido pelo Facebook em fevereiro de 2014 por nada menos que 19,3 bilhões de dólares. O Instagram, fundado em 2010 e que em 2018 atingiu a marca de 1 bilhão de usuários, também foi adquirido pelo Facebook por cerca de 1 bilhão de dólares, em abril de 2012.

A análise do fenômeno das redes sociais é um exercício que passa, necessariamente, pela psicologia do ser humano. De acordo com o Global Digital Report 2018 (Relatório Digital Global 2018), elaborado pela agência global com sede na Inglaterra We Are Social e pela canadense Hootsuite, que desenvolve sistemas de gestão de redes sociais, dos mais de 4 bilhões de usuários de Internet nada menos que 3,2 bilhões participam de algum tipo de rede social.

O Dr. Ciarán McMahon, formado em Psicologia e com Doutorado em História e Teoria da Psicologia (ambos pelo University College Dublin, na Irlanda), é um dos pesquisadores interessados nessa questão: o que leva tantos de nós a participar dessas organizações digitais?

Uma das razões básicas e intuitivas para nosso interesse nas redes é o constante fluxo de novidades que nos é apresentado: notícias do mundo, do país, da cidade, da família, curiosidades, fotos, vídeos, boatos – tudo que chega até nós e que tem algum aspecto de ineditismo atrai, naturalmente, nossa atenção. E em um ambiente como a Internet, no qual múltiplos elementos competem por nosso tempo, essa é uma vantagem competitiva significativa.

O segundo grande motivo da popularidade desses instrumentos é bem menos óbvio, e está ligado a um aspecto do comportamento humano identificado e estudado pelo psicólogo norte-americano B.F. Skinner (1904-1990): o efeito do reforço, seja ele positivo ou negativo. Ações com consequências negativas para determinado indivíduo não são repetidas, ao passo que ações com consequências positivas tipicamente continuam a ser realizadas.

No seu livro de 1957, intitulado *Schedules of Reinforcement*, Skinner e seu colega Charles Ferster (1922-1981) mostram que ações que podem gerar como consequência tanto *feedbacks* negativos quanto positivos são, com alto grau de certeza, repetidas. E é isso que acaba acontecendo quando engajamos uma rede social: por vezes somos recompensados com "curtidas" (que tornaram-se um moeda social tão valiosa e polêmica que estão sob o risco de serem eliminadas em ferramentas como Instagram, Twitter e Facebook), somos seguidos por conhecidos ou por desconhecidos da mesma maneira que somos ignorados ou criticados. Como não sabemos qual será o próximo reforço que será recebido (positivo ou negativo), mantemos o mesmo padrão de comportamento – ou seja, continuamos publicando nossas fotos, comentários e opiniões.

Uma vez que nossa presença digital esteja razoavelmente estabelecida, passamos a consultar nosso smartphone dezenas de vezes por dia, à procura de um ponto vermelho próximo ao ícone de cada uma de nossas redes sociais, indicando que temos novidades à espera. Esse padrão de interrupções constantes ao longo do dia é causa de preocupação tanto entre educadores quanto entre gestores, justamente em função dos prejuízos causados no processo de aprendizado e no aumento da dificuldade para concentração e foco, causando frequentemente queda na produtividade.

TUDO À VENDA

Assim como tantas outras experiências, "ir às compras" é uma atividade que vem sendo gradualmente modificada pela tecnologia. Até a introdução e popularização do comércio eletrônico, o consumidor que precisasse adquirir qualquer artigo tinha duas opções: ir até esse artigo – seja em uma loja de rua ou em um *shopping* – ou realizar a encomenda pelo correio, preenchendo um formulário específico que geralmente acompanhava publicações impressas. Essas publicações, por sua vez, eram compradas em livrarias, bancas de jornal ou recebidas em casa através de uma assinatura mensal, por exemplo.

Muita coisa mudou desde o que é considerada a primeira transação de comércio eletrônico, realizada no início da década de 1970 utilizando-se a ARPANET (precursora da atual Internet). De acordo com John Markoff e seu livro (publicado em 2005) *What the Dormouse Said: How the Sixties Counterculture Shaped the Personal Computer Industry* (Como a Contracultura dos Anos 60 Influenciou a Indústria do Computador Pessoal), a era do comércio eletrônico foi inaugurada quando estudantes de Stanford e do MIT organizaram uma venda de maconha.

Em maio de 1984, a primeira transação nos moldes B2C foi realizada. B2C significa *Business to Consumer* ou "de Pessoa Jurídica para Pessoa Física", referindo-se à arquitetura de negociação na qual uma das partes é uma empresa e a outra é um consumidor final. A Sra. Jane Snowball, de 72 anos, moradora de Gateshead, na parte norte da Inglaterra, comprou margarina, cereais e ovos utilizando o controle remoto de sua televisão e um sistema chamado Videotex. Esse sistema utilizava os princípios de comércio eletrônico inventados pelo empreendedor Michael Aldrich (1941-2014) no final dos anos 1970 e que transformava televisões em terminais de comunicação, capazes de realizar os pedidos para as lojas.

Figura 61 – Michael Aldrich (1941-2014), inventor inglês que criou
o comércio eletrônico na era pré-Internet.

Uma década mais tarde, em 1994, um ex-analista de Wall Street percebeu que uma mudança importante estava por vir e decidiu sair de Nova York para Seattle, onde fundou uma empresa que iria tornar-se sinônimo de comércio eletrônico. A Amazon de Jeff Bezos realizou sua primeira oferta pública de ações em maio de 1997 e em apenas vinte anos tornou-se uma das empresas (e marcas) mais valiosas do mundo: em 2017 seu faturamento foi de quase 180 bilhões de dólares, e seu valor de mercado no final de 2018 era de cerca de 740 bilhões de dólares (tendo chegado a quase 1 trilhão de dólares no final de setembro do mesmo ano). Assim como a Google, que inicialmente era uma empresa de busca de informações e que gradualmente expandiu suas áreas de atuação, hoje em dia a Amazon é muito mais que um site de compras.

A ascensão do comércio eletrônico globalmente trouxe mudanças significativas para varejistas de todos os setores. Inicialmente, eram poucos os tipos de produtos comercializados pela Internet, como livros por exemplo. O pioneiro do setor foi Charles Stack, que lançou sua livraria Book Stacks Unlimited de Cleveland, EUA, em 1992, aceitando cartões de crédito como forma de pagamento. Isso ocorreu antes da popularização do conceito de hipertexto criado por Tim Berners-Lee em 1989 no CERN (a Organização Europeia para Pesquisa Nuclear), que eventualmente tornou-se o que hoje conhecemos como World Wide Web.

Stack decidiu colocar sua loja no espaço virtual quando este ainda era organizado em torno dos BBSs – ou *Bulletin Board Systems* (literalmente, um sistema de quadro de avisos). Através de um terminal, de um modem e de uma linha discada, o usuário se conectava a um servidor onde podia ler notícias, baixar programas ou trocar mensagens (qualquer semelhança com a Internet que conhecemos hoje não é mera coincidência).

Em uma entrevista concedida em 2002 para Dustin Klein, da *Smart Business Network*, Charles Stack falou sobre a primeira venda online, ocorrida cerca de uma semana após ele ter colocado anúncios de sua livraria virtual em revistas dedicadas ao público dos BBSs (no seu auge, em 1994, estimado em cerca de 17 milhões de pessoas somente nos EUA). Seu modem foi contactado pelo modem de um cliente, e a conexão foi estabelecida. Toda equipe se aglomerou em torno do monitor para observar a transação histórica, mas que estava indo muito mais devagar do que o esperado.

Frustrado com a demora, Stack interrompeu a seção com uma mensagem para seu cliente: "Por que você gosta desse serviço?". Mais uma longa pausa, e lentamente os caracteres iniciais da resposta foram transmitidos: "C...o...m...o... u...m...a... p...e...s...s...o-...a... c... e...g...a...,". A primeira compra (provavelmente um presente para alguém) estava sendo realizada por um portador de deficiência visual, que utilizava um sintetizador de voz para ler o texto na tela do BBS e um teclado em Braille para informar seus dados.

Em 1996, a Book Stacks Unlimited foi comprada pela Hospitality Franchise Systems por cerca de US$ 4 milhões (cerca de 6,5 milhões de dólares atualmente) e, algum tempo depois, foi adquirida pela livraria norte-americana Barnes & Noble.

Com a popularização da *World Wide Web* e a criação dos programas de navegação (chamados de *browsers*), a Internet experimentou um aumento sem precedentes em termos de número de usuários e popularidade. Como consequência, os *websites* de comércio eletrônico se multiplicaram e se especializaram. Atualmente, é possível comprar praticamente qualquer coisa online: de carros a roupas, de artigos de luxo a apartamentos, de material de construção a computadores. Segundo a empresa de pesquisa eMarketer, em 2017 as vendas globais através do comércio eletrônico foram de 2,3 trilhões de dólares, respondendo por 10,2% do movimento varejista – valor que até 2021 deve chegar perto dos 5 trilhões de dólares, levando a participação do comércio eletrônico nas vendas do varejo para mais de 17%.

QUANTO VALE UM CLIQUE?

A escolha de se conectar a uma rede social está ligada aos benefícios potenciais que esperamos obter, seja pessoalmente, profissionalmente ou ambos. E tais benefícios estão ligados ao número de conexões disponíveis: não faz sentido se conectar a uma rede com poucos elementos, mas se todos que conhecemos fazem parte de uma determinada comunidade virtual, somos praticamente forçados a fazer o mesmo.

USUÁRIOS DE INTERNET POR REGIÃO
1990 A 2016

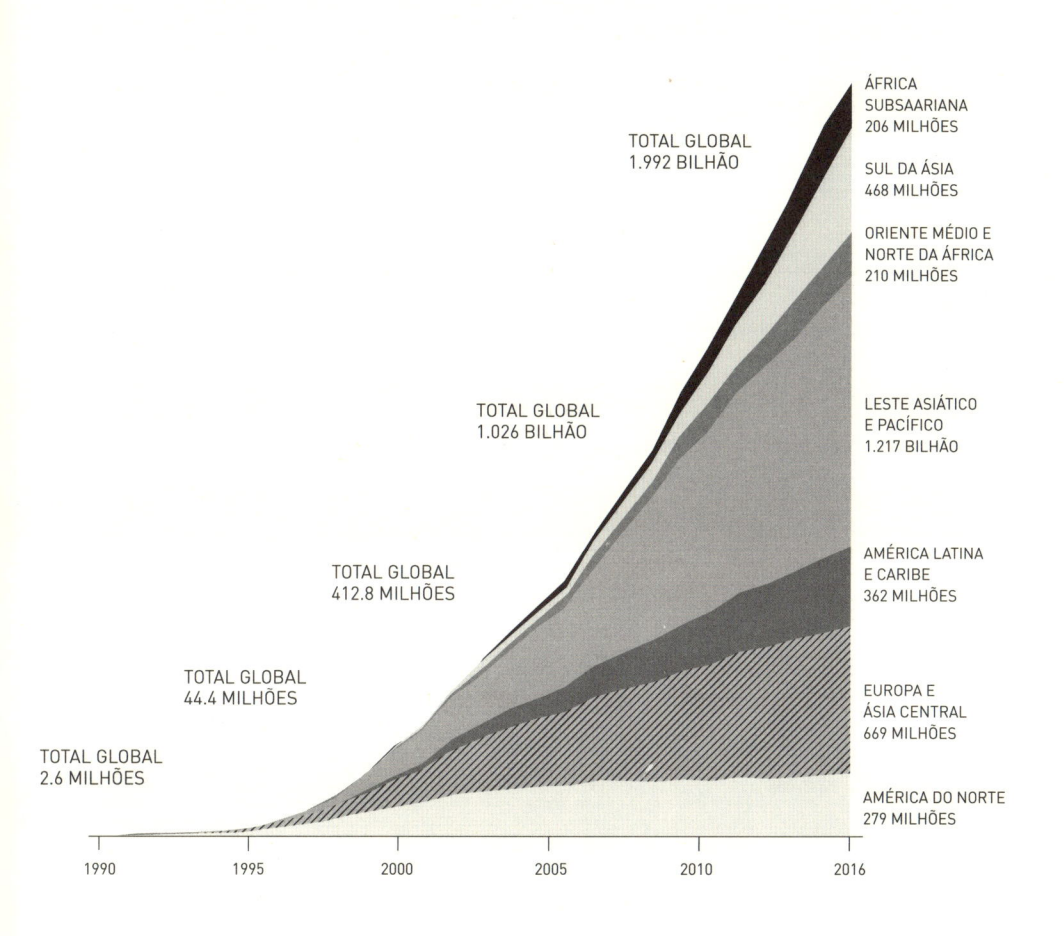

Figura 62

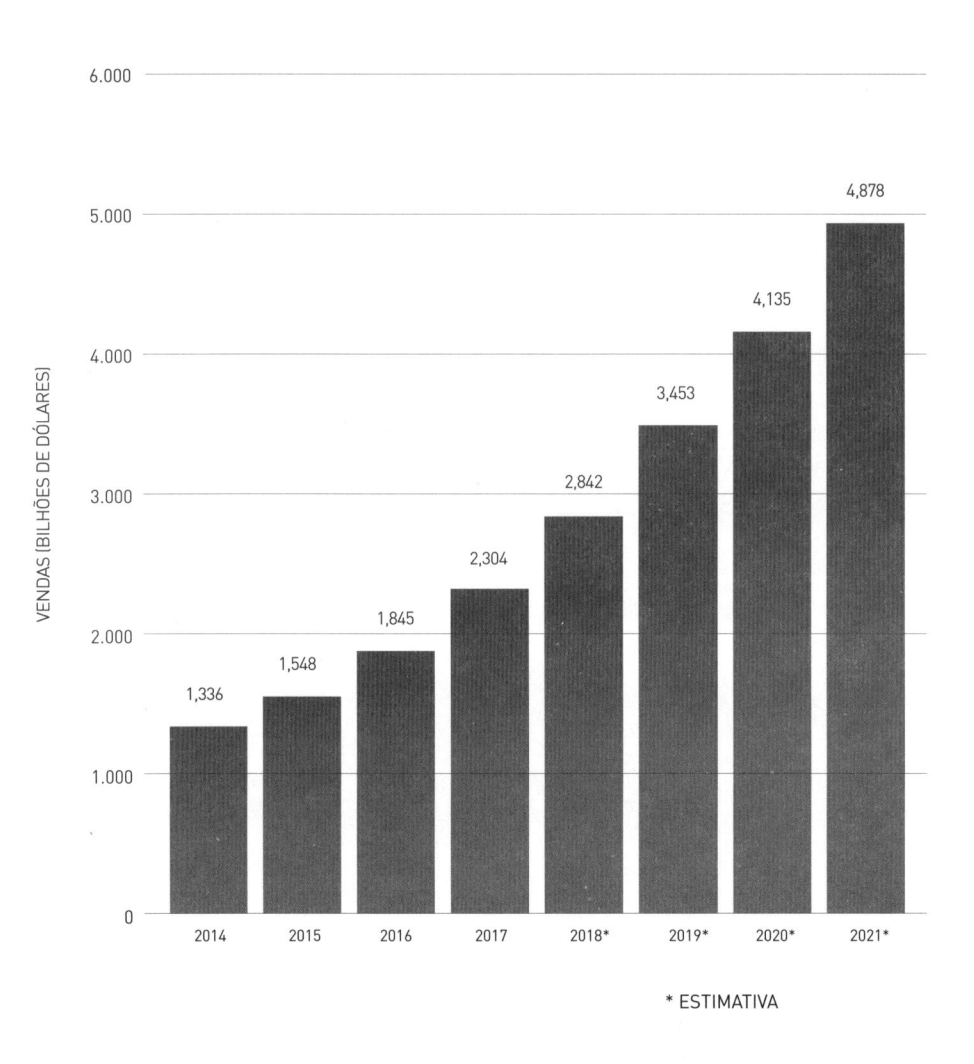

**E-COMMERCE: VENDAS GLOBAIS (VAREJO)
2014 A 2021**

VENDAS (BILHÕES DE DÓLARES)

Ano	Valor
2014	1,336
2015	1,548
2016	1,845
2017	2,304
2018*	2,842
2019*	3,453
2020*	4,135
2021*	4,878

* ESTIMATIVA

Figura 63

O impulso social que indivíduos possuem para seguir ou imitar uma maioria, ou de copiar uma figura pública admirada, é alvo de estudos acadêmicos há muito tempo. O psicólogo polonês Solomon Asch (1907-1996) realizou pesquisas fundamentais sobre o tema, demonstrando como o comportamento de um grupo influencia de forma significativa o comportamento de um indivíduo. Uma de suas experiências mais famosas foi realizada em um elevador, como parte de um quadro para o programa de TV norte-americano *Candid Camera*. No episódio, que foi ao ar em 1962, um grupo de três ou quatro atores entra em um elevador e se posiciona de costas para a porta – ou seja, olhando para a parede do elevador. Um passageiro entra no elevador, e após observar o comportamento de seus pares, acaba virando-se para a parede também – mesmo sem saber o motivo e desafiando seu bom senso. O experimento é repetido diversas vezes, sempre com o mesmo resultado.

Esse comportamento de conformidade e de sucumbência ao pensamento do grupo também foi testado em outro experimento na década de 1950, no qual Asch mostrou que quando pressionados por seus pares, indivíduos não apenas possuem suas opiniões influenciadas, mas também passam a desconsiderar evidências básicas. O teste era simples: uma linha era apresentada para um grupo de seis pessoas (sendo que cinco eram atores). Ao lado dessa linha, três outras linhas estavam desenhadas, e cada participante deveria responder qual das três linhas tinha o mesmo comprimento da linha original. O único participante real do experimento era o último ou penúltimo a responder, depois de ouvir as respostas de todos os outros. Na maior parte das vezes, ao perceber que todo grupo indicava uma resposta, mesmo que claramente errada, o participante preferia responder como o grupo, para evitar constrangimento ou chamar a atenção. Quando um dos atores dava a resposta certa, no entanto, o participante real tipicamente usava seu bom senso e deixava de se conformar com o que a maioria estava indicando.

Redes sociais tornaram-se presença constante na vida da grande maioria da população com acesso à Internet, e o fenômeno descrito acima passa a ganhar novas dimensões – as opiniões passaram a ser mais importantes que os fatos, gerando discussões completamente absurdas. Conforme falamos anteriormente, o número de "curtidas" tornou-se um desafio para redes como Facebook e Instagram: apesar de ser uma métrica importante para os "influenciadores digitais" (que são remunerados por grandes marcas para aparecer utilizando seus produtos), para maior parte dos usuários obter um número elevado de "likes" tornou-se um elemento de pressão por vezes insuportável. Tanto o Facebook quanto sua controlada Instagram estão desenvolvendo testes restringindo o acesso à quantidade exata de "curtidas", visando "melhorar a experiência dos usuários".

De fato, o uso excessivo de redes sociais parece ser uma das causas (mas certamente não a única) que explica o aumento nas taxas de suicídio entre crianças, adolescentes e jovens adultos: de acordo com o instituto de saúde pública norte-americano *Centers for Disease Control and Prevention* (Centros para Prevenção e Controle de Doenças), entre 2006 e 2016 houve um aumento de mais de 70% nesse tipo de ocorrência na faixa etária de 10 a 17 anos. Ainda de acordo com o CDC, entre 2009 e 2017 houve um aumento de 25% no número de estudantes do Ensino Médio que consideraram acabar com a própria vida e, globalmente, segundo dados da Organização Mundial de Saúde, em 2016 o suicídio foi a segunda principal causa de morte entre pessoas de 15 a 29 anos (após acidentes de trânsito).

O sucesso ou o fracasso de uma nova rede ou comunidade está inequivocamente ligado ao número de nossos pares que estão (ou não) engajados nessa rede ou comunidade – e é possível mensurar o valor econômico que isso possui. O engenheiro elétrico norte-americano e PhD em ciência da computação Robert Metcalfe formulou, há cerca de quarenta anos, uma lei que ficou conhecida como a Lei de Metcalfe.

Nascido em 1946 e sendo um dos cocriadores da Ethernet (o protocolo padrão para redes de computadores ao redor do mundo), Metcalfe postulou que o efeito de uma rede é proporcional ao quadrado do número de elementos conectados à mesma – o que indicaria, em teoria, o valor intrínseco para investir nas mesmas. Isso porque, para cada novo elemento, as possibilidades de conexões aumentam em velocidade quadrática (mais precisamente, aumentam conforme a equação $n*(n-1)/2$, onde n é o número de elementos na rede). Por exemplo, com duas pessoas em uma rede, o número máximo de conexões entre as mesmas é apenas um. Com cinco pessoas, esse número sobre para dez. Com dez pessoas, para quarenta e cinco. Com vinte pessoas, cento e noventa.

Mas será que um aumento no número de conexões também é acompanhado por um aumento no número de negócios – ou seja, no valor econômico da rede – de forma quadrática, conforme sugere Metcalfe? Diversos pesquisadores argumentam que, como nem todos os novos entrantes em uma rede agregam o mesmo valor, então o efeito econômico dessa rede não é proporcional ao quadrado do número de usuários, mas sim apenas ao logaritmo deste valor (resultando, portanto, em uma valorização muito menor). Em um trabalho publicado em 2015 no Journal of Computer Science and Technology, os pesquisadores Xing-Zhou Zhang, Jing-Jie Liu e Zhi-Wei Xu, da Academia Chinesa de Ciências, analisaram dados de duas das maiores redes sociais do mundo: Tencent (China) e Facebook. Eles concluíram que, de fato o valor de uma rede cresce com o quadrado do número de usuários – corroborando a Lei de Metcalfe. Mas o tema segue em debate, com aspectos como o custo da rede e o valor de novos usuários sendo levados em consideração em busca do aprimoramento das técnicas de precificação.

Se em 2000 o número de usuários da Internet era de cerca de 410 milhões, apenas dezesseis anos depois, éramos mais de 3,4 bilhões conectados. Mais que isso: de acordo com a empresa de análise da *web* StatCounter, outubro de 2016 marcou a primeira vez na História em que dispositivos móveis suplantaram o uso de computadores de mesa no acesso à rede globalmente. Em alguns países emergentes (como Quênia, Nigéria e Índia), o acesso via dispositivos móveis responde por mais de 75% das conexões.

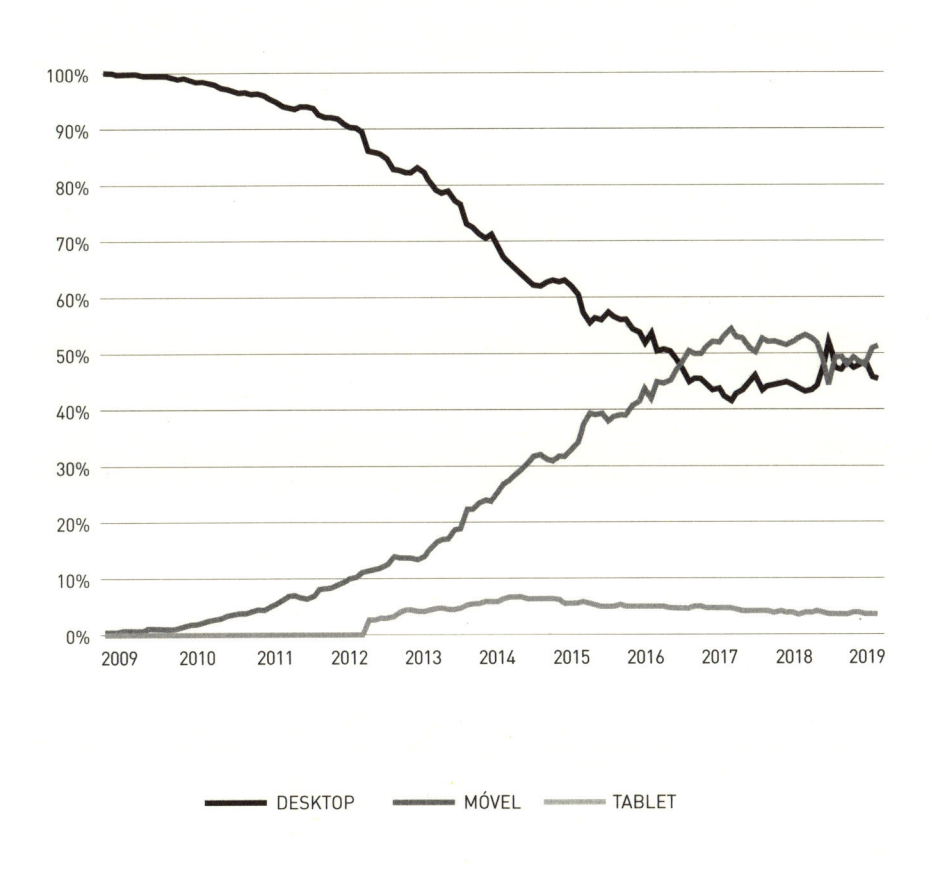

ACESSO À INTERNET
POR TIPO DE DISPOSITIVO
JANEIRO 2009 - JULHO 2019

DESKTOP ━━━ MÓVEL ━━━ TABLET

Figura 64

Mas como as redes sociais, que usualmente não cobram de seu usuário final taxas de adesão nem mensalidades, possuem um modelo de negócios lucrativo? Como mensurar a rentabilidade de um negócio que aparentemente não possui pagamentos entre o usuário final e o provedor do serviço? Vamos tentar analisar como isso ocorre com base em um indicador comum no mundo dos negócios: o ROI (Retorno sobre o Investimento, ou *Return on Investment*).

Esse indicador calcula o retorno financeiro após um investimento. O ROI obtido através das redes sociais seria equivalente ao retorno de uma empresa após dedicar recursos (técnicos e de marketing, por exemplo) ao projeto. O desafio está em comparar o dinheiro investido com o valor financeiro das interações que clientes ou potenciais clientes realizam via redes sociais – como Twitter, Facebook, Instagram, LinkedIn, YouTube e outras. A relevância deste tema tornou-se tão grande que a figura do especialista de marketing digital surgiu, como o profissional treinado em técnicas para mensurar e ampliar o impacto da presença de uma marca na rede.

Dois desses profissionais são Kevan Lee (diretor de marketing da plataforma de mídia social Buffer) e Neil Patel (da Crazy Egg e Neil Patel Digital). Monitorar a efetividade de campanhas que utilizam redes sociais é parte fundamental de seu trabalho, bem como do trabalho de suas contrapartes em tantas outras empresas. Há várias formas de fazer isso, mas frequentemente os modelos consistem em definir um ou mais objetivos, monitorar as interações ocorridas nas redes sociais e associar um valor monetário às mesmas.

A primeira etapa, na qual os objetivos são estabelecidos, determina o que sua estratégia de negócios considera relevante para a campanha em questão: cliques em um link, a aquisição de novos seguidores ou produtos, downloads de um arquivo, assistir a um vídeo, preencher um formulário – enfim, qualquer tipo de indicador relevante e que possa ser quantificado. Essa quantificação é exatamente o que ocorre na segunda etapa. Através de ferramentas como a Google Marketing Platform (antes conhecida como Google Analytics), Hootsuite, Synthesio, Brandwatch e outras, é possível monitorar eventos como cliques, "curtidas" (quando disponíveis) e downloads.

A terceira etapa – associar um valor financeiro aos eventos de interesse – pode ser realizada com base no chamado LTV (*lifetime value* do cliente, ou seja, quanto cada cliente gera em termos de resultado para sua empresa). Simplificando o problema, se o LTV de cada cliente é de cem reais, e se um em cada vinte visitantes do seu site efetivamente clica no link para se tornar um cliente, esse clique vale cinco reais (cem reais divididos por vinte visitantes). O somatório dos cliques obtidos em todas as redes sociais na qual sua campanha está sendo divulgada será seu resultado. Dividindo esse valor pelo seu investimento – seja em número de horas de desenvolvimento do sistema, tempo dedicado ao tema, salários, marketing tradicional – você terá o retorno sobre o investimento de sua campanha online detalhado por rede social, sendo possível definir quais os canais mais eficientes e atraentes para seu público.

DOZE MILHÕES DE ENCONTROS

A busca por companhia faz parte da natureza humana. Animais sociais que somos, a ideia de utilizar a tecnologia para ampliar as possibilidades de fazer parte de uma comunidade é algo que já discutimos. A extensão deste conceito é a busca não apenas por uma comunidade, mas especificamente por alguém. Independente de orientação sexual, gênero, idade, raça ou religião, existem inúmeras opções online para buscar indivíduos com afinidades que possam criar vínculos duradouros (ou não).

O primeiro uso documentado de computadores com o objetivo explícito de combinar pessoas é de 1959. Dois alunos do professor Jack Herriot (1916-2003), da Universidade de Stanford, entregaram como trabalho final do curso de teoria e operação de máquinas computacionais o *Happy Families Planning Service* (Serviço de Planejamento de Famílias Felizes). Philip Fialer (1938-2013) e James Harvey elaboraram um questionário que foi entregue para 98 pessoas solteiras (49 homens e 49 mulheres). Utilizando um IBM 650 da Universidade – provavelmente o primeiro computador produzido em escala – os estudantes calcularam as diferenças entre as respostas e montaram uma lista em ordem de compatibilidade dos possíveis casais.

Poucos anos depois, em 1964, a inglesa Joan Ball – uma das primeiras empreendedoras a atuar no segmento de tecnologia – criou o primeiro serviço comercial do mundo baseado em computadores para promover o encontro de novos casais: o *St. James Computer Dating Service* (Serviço de Namoro por Computador St. James), que depois tornou-se o Com-Pat (um jogo de palavras entre computador e compatibilidade). A empresa foi adquirida em 1974 pelo serviço inglês Dateline, fundado por John Patterson (1945-1997) em 1966. Com 32 anos de operação e tendo sido responsável por cerca de quinze mil casamentos na década de 1990, o serviço foi comprado em 1998 pelo Columbus Publishing Group.

A inspiração para fundação do Dateline veio de uma visita que Patterson fez à Universidade de Harvard, nos Estados Unidos. Foi lá que ele conheceu o serviço que eventualmente levou à fundação, em 1965, da empresa Compatibility Research, de Jeffrey Tarr, David Crump e Douglas Ginsburg. Os interessados no serviço batizado de *Operation Match* (Operação Combinação) enviavam pelo correio um questionário preenchido com uma taxa de três dólares (hoje, ajustados pela inflação, o equivalente a cerca de 25 dólares) e recebiam aproximadamente dez dias depois uma lista produzida por um computador com os nomes e os telefones dos candidatos ou candidatas mais promissores de acordo com o algoritmo de compatibilidade utilizado.

Em um paralelo interessante com o Facebook, o público-alvo inicial desses serviços também eram os alunos de algumas das mais renomadas universidades do nordeste dos Estados Unidos. A Compatibility Research atraiu mais de cem mil clientes em menos de um ano, e logo outros serviços similares (como o Contact, fundado por David Dewan do MIT) surgiram. Um destes serviços, batizado de Project Flame (Projeto Chama), desenvolvido por um aluno da Universidade de Indiana, foi motivo de uma matéria do site *Slate.com* em 2014. Seu criador, Ted Sutton, recebia os questionários (mais uma taxa de um dólar, hoje cerca de oito dólares) e simplesmente combinava os cartões aleatoriamente.

É interessante notar que o surgimento do serviço de compatibilização de pessoas baseado em computadores só foi possível graças ao aluguel do tempo de computação das máquinas de grande porte a partir da segunda metade da década de 1960. Naquele tempo, a ideia de possuir um computador em casa era algo distante – mas com o aluguel do processamento de dados disponível, novos serviços puderam ser criados.

O fato é que a necessidade de contato com outros seres humanos é uma característica importante de nossa espécie: somos animais sociais. Exatamente como isso ocorreu é objeto de estudo, mas o ponto de partida frequentemente é a teoria da evolução elaborada pelo naturalista inglês Charles Darwin (1809-1882). A probabilidade de sobrevivência de indivíduos que pertenciam a grupos era maior, pois eles possuíam maiores chances de sucesso na obtenção de água e alimento e maior proteção contra predadores. Alguns pesquisadores argumentam que foi neste momento – há cerca de duzentos mil anos, com o *Homo sapiens* – que a origem da linguagem ocorreu, através da coordenação dos esforços do grupo utilizando sons e gestos.

O antropólogo inglês especializado no estudo de primatas, Robin Dunbar, é um dos defensores da teoria de que a evolução da inteligência foi eminentemente uma resposta evolutiva para os desafios de viver em sociedade. Dunbar estabeleceu uma métrica que ficou conhecida como o Número de Dunbar, que indica o limite de relacionamentos estáveis que um indivíduo é capaz de manter. Mais que isso, Dunbar achou uma correlação entre o tamanho do cérebro dos primatas e o tamanho de seus grupos sociais: quanto maior o cérebro, maior o grupo. Para seres humanos, o Número de Dunbar é de aproximadamente 150, indicando que cada um de nós é capaz de sustentar um círculo socialmente ativo de 150 pessoas ao nosso redor.

Ainda mais interessante é a forma como a criação das comunidades de primatas, há dezenas de milhões de anos, teria ocorrido. Em artigo publicado na revista Nature em 2011, os pesquisadores Susanne Shultz, Christopher Opie e Quentin Atkinson, do Instituto de Antropologia Cognitiva e Evolucionária da Universidade de Oxford, na Inglaterra, sugerem que ao contrário do modelo gradualista – no qual casais evoluíram para clãs, que por sua vez evoluíram para comunidades maiores – as sociedades primatas teriam se expandido de forma explosiva. Segundo sua pesquisa, há cerca de 52 milhões de anos, os ancestrais dos macacos e dos lêmures se separaram, tornando-se mais ativos durante o dia e buscando, pelo mecanismo evolucionário da sobrevivência, segurança nos números: quanto maior o grupo, menos vulnerável a ataques e, ao mesmo tempo, mais elementos estariam disponíveis para buscar água, alimento e abrigo.

De fato, milhares de anos depois, a tecnologia passou a ser uma das principais ferramentas para vasculhar os grandes números de indivíduos presentes em nossa sociedade para ajudar na escolha de um companheiro ou companheira. Os primeiros serviços de *matchmaking* foram lançados durante a década de 1960, e dez anos depois, nos menos inocentes anos 1970, a face mais obscura e perigosa deste tipo de serviço ficou evidente. Nathan Ensmenger, professor da Escola de Informática e Computação da Universidade de Indiana em Bloomington, nos Estados Unidos, relata o caso de um vendedor de uma livraria localizada na famosa Times Square, em Manhattan, que decidiu vender os dados pessoais de mulheres que participavam de serviços de encontros, obviamente sem o seu consentimento.

O primeiro site para estabelecimento de encontros românticos na era da Internet comercial foi lançado em 1995, e segue em funcionamento após diversas mudanças de controle e de estratégia: o Match atende 25 países e possui três escritórios nos Estados Unidos, dois na Ásia e um no Brasil. Depois disso, diversos tipos de sites e serviços para promover encontros românticos (sejam eles de curto ou longo prazo) foram lançados, modificando o comportamento social de várias gerações. Um dos exemplos mais conhecidos sob o controle do grupo Match é o aplicativo Tinder, lançado em 2012 e que baseia-se na localização geográfica de seus usuários para promover encontros. Em apenas dois anos, cerca de um bilhão de tentativas diárias eram realizadas por seus usuários, gerando nada menos que doze milhões de encontros. Como tantas outras aplicações da tecnologia, esse segmento também gerou negócios lucrativos. O grupo Match – que além do Tinder é operador dos serviços OkCupid e Match.com – fez sua oferta pública inicial de ações em novembro de 2015, e possuía valor de mercado de 11 bilhões de dólares no final de 2018.

Em seu artigo de 2017, *The Strength of Absent Ties: Social Integration via Online Dating* (A força da ausência de laços: integração social via namoro online), os pesquisadores Josué Ortega da Universidade de Essex e Philipp Hergovich da Universidade de Viena apresentam alguns indicadores que parecem confirmar como a popularização dos sites de encontros está facilitando os casamentos entre pessoas de raças diferentes e preveem que casamentos originados online possuem chances maiores de dar certo. Embora ainda seja cedo para confirmar ou refutar essa hipótese, certamente uma das consequências desse fenômeno é a expansão dos grupos sociais com os quais nos relacionamos.

Os riscos dos serviços de encontros foram expostos em mais de uma ocasião, quando usuários utilizam dados pessoais falsos para atrair e violentar vítimas, por exemplo. Hackers também se aproveitam da frequente sensibilidade das informações disponíveis nas bases de dados destes sites para tentar invadi-los. Em agosto de 2015, por exemplo, os dados pessoais de 37 milhões de usuários do site Ashley Madison (fundado em 2002 para pessoas casadas interessadas em manter um ou mais relacionamentos extraconjugais) foram expostos.

COMO SE CONHECERAM

CASAIS HETEROSSEXUAIS

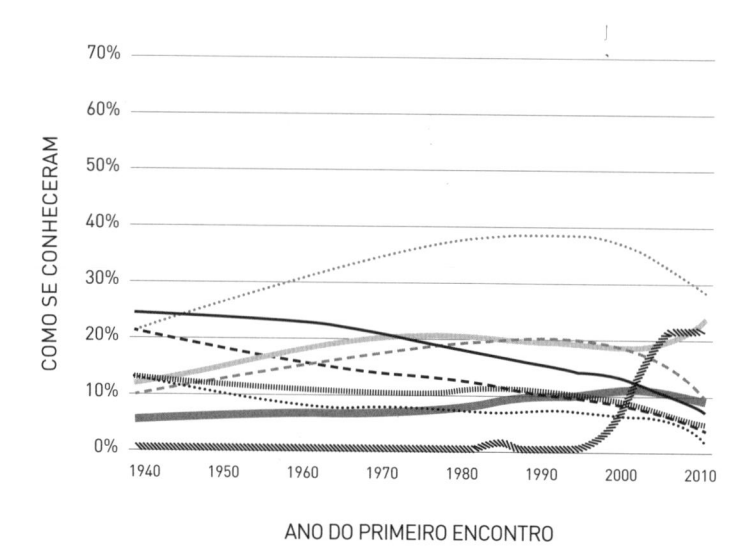

ANO DO PRIMEIRO ENCONTRO

CASAIS HOMOSSEXUAIS

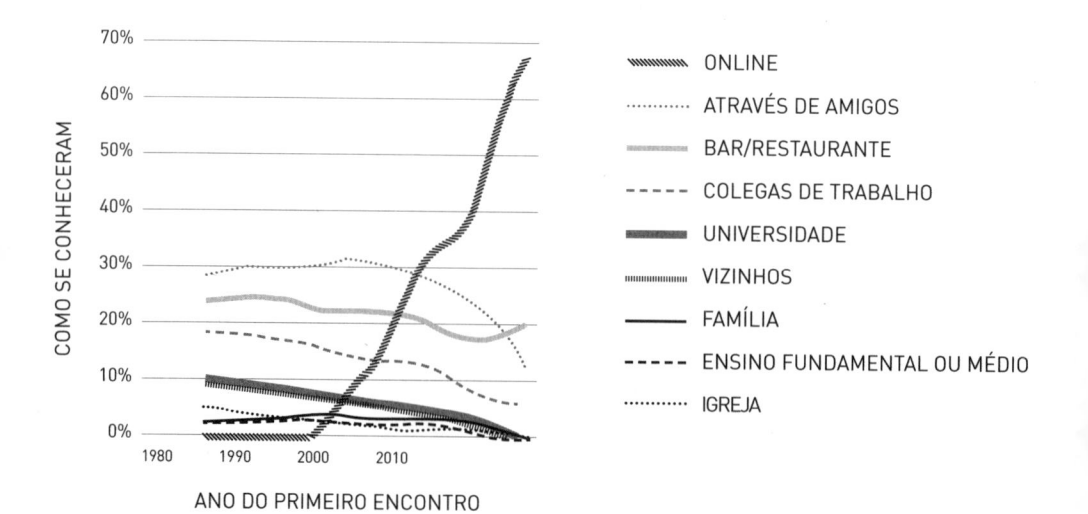

ANO DO PRIMEIRO ENCONTRO

Figura 65

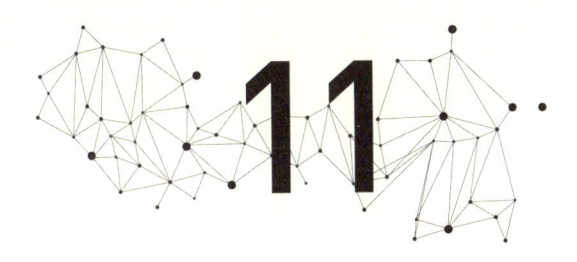

FINTECH E CRIPTOMOEDAS

A EVOLUÇÃO DO DINHEIRO

O CONCEITO ASSOCIADO AO DINHEIRO ACOMPANHA A HISTÓRIA DA Civilização desde que, há cerca de dez mil anos, os seres humanos começaram a se organizar em torno da agricultura e da criação de animais. Naquele momento, através do escambo ou da permuta, a moeda de troca era o próprio objeto e não uma abstração à qual se atribui um determinado valor (como uma nota de cinquenta reais, por exemplo). O filósofo grego Aristóteles (384-322 a.C.), que escreveu também sobre a natureza do trabalho e do emprego, estabeleceu os dois usos que cada objeto poderia assumir: o uso original e o uso em uma venda ou uma troca.

Objetos portáteis e com valor intrínseco tornaram-se candidatos a desempenhar a função de moeda, e civilizações antigas espalhadas pelo mundo utilizaram materiais como ouro, prata, cobre, sal, chá e conchas com o propósito específico de facilitar o intercâmbio de mercadorias. A própria origem de palavra *dinheiro* está ligada a esse uso: *denarius*, em latim, era uma referência a um tipo de moeda de prata que era a mais utilizada em Roma durante tanto a República (509-27 a.C.) quanto o Império, antes da divisão entre leste e oeste (27 AC-395 d.C.).

Historiadores e arqueólogos acreditam que a primeira moeda do mundo – com as características e o simbolismo que existem até hoje – surgiu entre 650 e 600 a.C., na Lídia (atualmente, Turquia). Estrategicamente localizados na confluência das rotas comerciais entre o Oriente e a Europa, os lídios eram, segundo o historiador grego Heródoto (484-425 a.C.), comerciantes natos. A antiga expressão "rico como Creso" refere-se ao rei lídio Creso (595-546 a.C.), filho de Alíates (640-560 a.C.), soberanos durante o auge do poderio da região. As histórias da riqueza do local também passam pela mitologia grega: foi no rio Pactolo, que cortava o território lídio, que o rei Midas da vizinha Frígia teria se banhado para tentar se livrar do seu toque de ouro, que transformava tudo que era tocado por ele – inclusive sua comida e entes queridos.

Já o uso de papel como moeda teve sua origem na China, durante a dinastia Song (960-1279): conhecido como *jiaozi*, as notas podiam ser trocadas por moedas e ser negociadas entre indivíduos. Exploradores europeus, como Marco Polo (1254-1324), trouxeram o conceito para Europa, mas foi apenas em meados do século XVII que as notas começaram a se popularizar (provavelmente devido à alta na inflação causada pelo fluxo de entrada de ouro e prata oriundos das colônias espanholas).

A primeira emissão de notas bancárias na Europa foi feita em 1661 pelo Stockholms Banco, fundado em 1657 e gerido por Johan Palmstruch (1611-1671). Para resolver o descasamento entre os empréstimos concedidos aos seus clientes (normalmente, de longo prazo) e os valores depositados (normalmente, de curto prazo), Palmstruch criou o *Kreditivsedlar* (papel de crédito), notas que poderiam ser trocadas por moedas. A ideia foi muito bem recebida, mas as emissões descontroladas levaram à quebra do banco em 1668. Cerca de 25 anos depois, o Banco da Inglaterra foi fundado e começou a emitir suas notas bancárias em 1695.

A atividade bancária acompanhou o desenvolvimento do comércio desde a Antiguidade, assumindo seu perfil atual no início do século XV na Europa – em particular, na Itália, então o centro financeiro de um mundo que começava a conhecer o Renascimento. O uso da palavra *Banco* para descrever as atividades financeiras provavelmente originou-se nessa época, visto que as transações eram realizadas em bancas – palavra italiana antiga que significa "mesa". Apesar de uma longa história, algumas características do negócio bancário permanecem praticamente inalteradas – como, por exemplo, o conceito de moeda como unidade de valor.

Em seu livro de 2008, *The Ascent of Money: A Financial History of the World* (A Ascensão do Dinheiro: Uma História Financeira do Mundo), o historiador britânico Niall Ferguson, da Universidade de Harvard, argumenta que a invenção dos conceitos de *crédito* e *dívida* foram tão importantes para a evolução da Civilização quanto qualquer inovação tecnológica relevante. Até recentemente a interseção entre ambas as áreas – tecnologia e finanças – ocorreu longe dos olhos do público em geral, com a utilização de modelos matemáticos e computadores para precificar e negociar ativos ao redor do mundo, ou o desenvolvimento de sistemas de controle e monitoramento em tempo real das atividades de bancos e bolsas. Mas as empresas de *fintech* estão rapidamente mudando isso, trazendo inovações para o dia a dia do sistema financeiro.

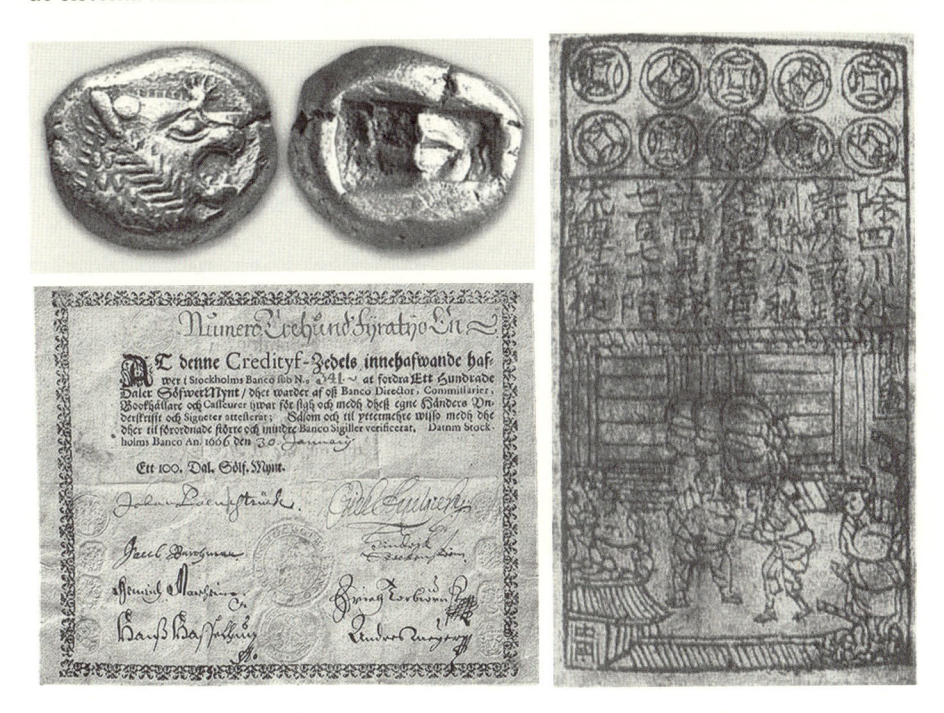

Figuras 66 a 68 – em sentido horário: provavelmente, essa é a primeira moeda do mundo (4.71g, 13x10x4 mm), cunhada pelo Rei Alíates da Lídia entre 610 e 600 a.C.; o jiaozi, nota promissória considerada como o primeiro exemplo de papel moeda da História e uma nota bancária de 17 de abril de 1666, emitida pelo Stockholms Banco e assinada por Johan Palmstruch.

DINHEIRO ONLINE

A eliminação de intermediários nos negócios é uma das tendências que o mundo pós--Revolução Industrial 4.0 vem demonstrando de forma consistente. Conforme já discutido, o consumidor moderno começa a perceber que frequentemente não precisa de corretores ou de vendedores para realizar suas transações. Através de sites de comércio eletrônico, aluguel de imóveis ou prestação de serviços, é possível escolher e comprar mercadorias e serviços, bem como recrutar e contratar profissionais para posições temporárias ou permanentes. Até mesmo equipamentos – antes apenas disponíveis nos modelos produzidos pelos fabricantes – já podem ser adaptados e modificados pelo consumidor *maker*.

Indústrias que lidam quase que exclusivamente com informações – como o mercado editorial, o mercado de educação e o mercado financeiro – encontram-se em posições de destaque para atuação de inovadores e empreendedores. Novos processos, métodos ou modelos agora podem fazer uso de um ambiente de negócios inédito, no qual mobilidade, conectividade, poder de processamento e técnicas de inteligência artificial tornaram-se economicamente viáveis e acessíveis.

A indústria financeira, em particular, possui uma situação peculiar: por um lado, é alvo de regulamentação rígida e fiscalização permanente ao redor do mundo; por outro, possui todos os elementos desejáveis para empreendedores: escala, processos antiquados, ineficiências e clientes (frequentemente) insatisfeitos. De acordo com a empresa de análise e pesquisa Pitchbook, entre 2012 e 2016 cerca de 50 bilhões de dólares foram investidos em *startups* nesse setor – sendo 17,4 bilhões de dólares apenas em 2016, em mais de 1.400 transações. Vale mencionar, no entanto, que naquele ano apenas uma dessas transações foi responsável por mais de 4 bilhões de dólares em investimentos: a Ant Financial, parte do grupo chinês Alibaba.

Parte da explicação para tamanho interesse em *fintechs* está relacionada com o alcance da área – afinal de contas, nenhum negócio sobrevive sem um departamento financeiro – e com as mudanças estruturais na forma de montagem e gestão de uma empresa. Se no passado o único lugar para levantar recursos era no Banco, hoje em dia há diversos sites para realização do *crowdfunding* – literalmente "financiamento através da multidão". O empreendedor apresenta sua ideia, indica de quanto dinheiro precisa e a comunidade decide se vai ou não contribuir para o projeto. Kickstarter, Indiegogo e AngelList são alguns exemplos desse tipo de negócio – sendo eles mesmos representantes de uma das áreas de *fintech* que elimina a necessidade do empréstimo bancário.

Empréstimos são, como era de se esperar, um dos principais temas endereçados pelas *startups* que decidem atuar no setor. O modelo tradicional de concessão de crédito por parte de uma instituição financeira passa por análises detalhadas, documentação extensiva e obtenção de garantias para que, caso o tomador não consiga pagar o empréstimo, o Banco evite perdas na operação. Evidentemente, esse processo exige tempo e recursos, e frequentemente não é economicamente viável para o caso de pequenos valores. Após a crise financeira de 2008, originada no mercado de títulos imobiliários nos EUA, tornou-se ainda mais difícil obter um empréstimo bancário. Para as *startups* do setor, no entanto, empréstimos de baixo valor são por vezes processados e concedidos em minutos, sem que se fale com ninguém: o aplicativo desenvolvido cuida de tudo, realizando checagens online e conectando tomadores e credores a um custo competitivo.

A firma de pesquisas Transparency Market Research estima que apenas o mercado de empréstimos online deve saltar de 26 bilhões de dólares em 2015 para quase

900 bilhões de dólares em 2024. O setor já possui nomes que movimentam bilhões de dólares por ano, como Prosper, SoFi e Lending Club (EUA), Zopa (Reino Unido) e Lufax e JD Finance (China).

O Brasil possui um dos sistemas financeiros mais sofisticados do mundo, desenvolvido em um ambiente de sucessivas crises econômicas que se repetem praticamente desde o início da História do país. Até o início do Plano Real, em 1994, os sistemas de computação de um Banco brasileiro precisavam ser capazes de alterar o nome da moeda utilizada no país de tempos em tempos, exigindo um grau de flexibilidade significativo. Entre 1967 e 1994 passamos do cruzeiro novo para o cruzeiro, depois para o cruzado, cruzado novo, de volta para o cruzeiro, para o cruzeiro real e finalmente para o real.

Ao contrário do que poderia se supor, essa volatilidade estrutural à qual a economia está permanentemente submetida – seja por fatores externos ou, na maior parte do tempo, internos – foi controlada por uma série de medidas tomadas pelas autoridades monetárias que acabaram por sanear o sistema financeiro, minimizando os chamados riscos sistêmicos. Esse tipo de risco é aquele que mais preocupa e que maior dano pode causar à economia de uma nação: ocorre quando o próprio sistema financeiro não pode mais operar por força de eventos econômicos e/ou operacionais. Os EUA, por exemplo, chegaram muito perto dessa situação durante a crise das hipotecas em 2008, forçando medidas inéditas por parte do Federal Reserve (o Banco Central norte-americano) – medidas essas com repercussões duradouras nos mercados financeiros globais.

Como consequência dessa turbulenta História econômica que se impõe ao Brasil, existe a permanente preocupação em relação a quaisquer elementos que possam colocar em risco a solidez do sistema financeiro. Plataformas para concessão de empréstimos online ao redor do mundo em geral operam sem a presença de uma instituição financeira mas, no Brasil, isso não é permitido: qualquer intermediação precisa ser realizada por uma entidade autorizada pelo Banco Central, fazendo com que as plataformas locais tornem-se efetivamente correspondentes bancários. As *fintechs* buscam na tecnologia a eficiência para analisar e acelerar o processo de concessão de empréstimos, assumindo o risco e buscando manter as taxas de inadimplência sob controle, enquanto ao mesmo tempo procuram oferecer taxas mais competitivas especialmente em empréstimos menores, mais difíceis de serem analisados e negociados em Bancos.

As formas de análise de crédito – parte fundamental do processo de concessão de empréstimos – também estão mudando. Se tradicionalmente o histórico bancário de um cliente era utilizado com as informações do balanço de sua empresa, a proliferação das *fintechs* busca atender pessoas sem histórico no mercado financeiro – um contingente, segundo o Banco Mundial, de cerca de 1,7 bilhão de pessoas em 2017 (sendo aproximadamente 50 milhões no Brasil). Sistemas para avaliação do risco de um determinado solicitante de empréstimo incluem o uso de técnicas de inteligência artificial, a análise do seu perfil no Facebook, Twitter, YouTube, Instagram e outras redes sociais bem como avaliações de testes psicotécnicos realizados online.

GLOBALMENTE, 1,7 BILHÃO DE ADULTOS NÃO POSSUEM CONTA BANCÁRIA

ADULTOS SEM CONTA EM BANCO, 2017

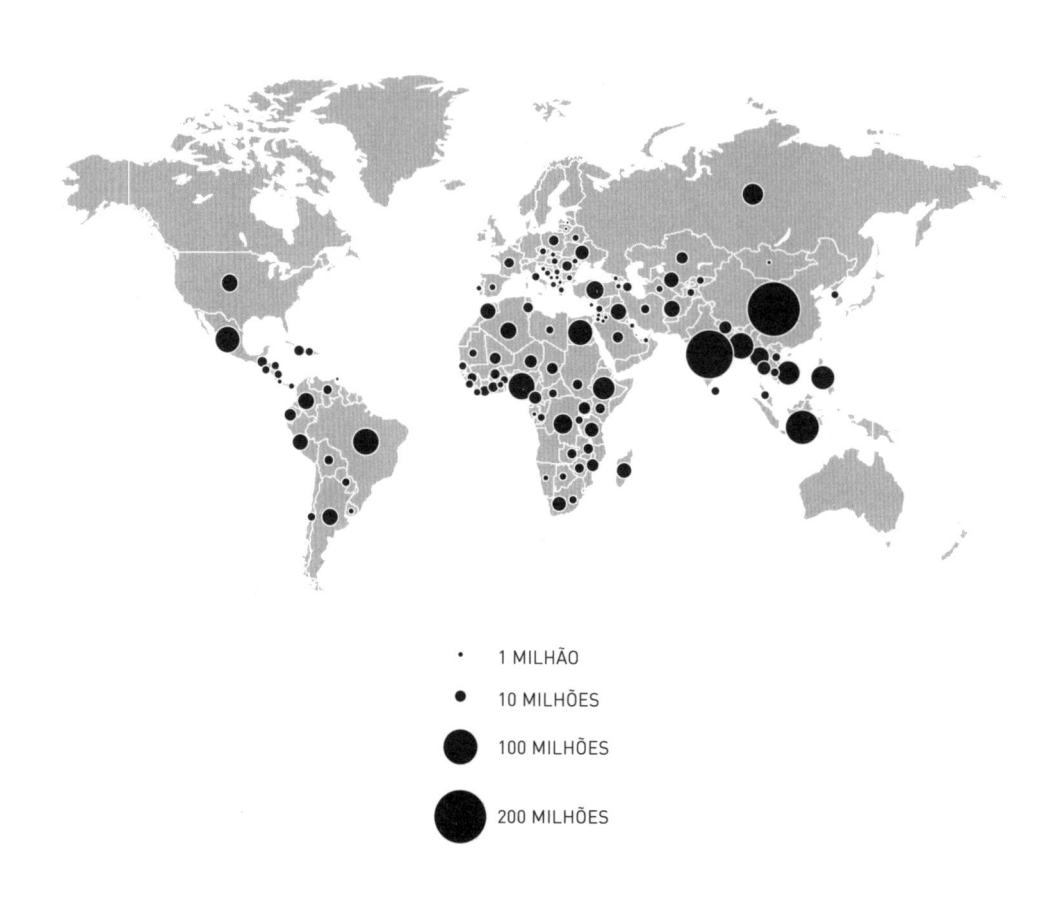

- · 1 MILHÃO
- • 10 MILHÕES
- ● 100 MILHÕES
- ● 200 MILHÕES

OBS: NÃO SÃO APRESENTADOS OS DADOS DE ECONOMIAS ONDE 5% OU MENOS DA POPULAÇÃO ADULTA NÃO POSSUEM CONTA EM BANCO

Figura 69

Não são apenas os processos de obtenção de empréstimos que estão sendo modificados: a transmissão e recebimento de dinheiro também são alvo das inovações que as empresas de *fintech* introduzem no mercado. Um dos exemplos mais conhecidos deste segmento é o serviço PayPal, criado a partir de uma empresa chamada Confinity – uma combinação das palavras *confidence* (confiança) e *infinity* (infinito). Seu objetivo era permitir a transferência de dinheiro entre duas partes através de contas virtuais onde os valores são disponibilizados diretamente pelos usuários.

O serviço iniciou suas atividades em 1999, meses antes do colapso do mercado de ações de tecnologia nos Estados Unidos: entre março de 2000 e setembro de 2002, o índice NASDAQ perdeu praticamente 80% de seu valor, após ter quintuplicado entre 1995 e o início de 2000. Mas a empresa sobreviveu, e alguns de seus principais executivos, como Peter Thiel (Palantir) e Elon Musk (SpaceX, Tesla, Neuralink) permanecem atuantes no ecossistema de inovação. No final de 2018 a empresa tinha mais de 250 milhões de usuários ativos, transmitindo dinheiro em mais de vinte moedas ao redor do mundo.

Receber pagamentos através de cartões de crédito também tornou-se simples graças à outra empresa que não existia até o final da década de 2000. A Square, fundada em 2009 por Jack Dorsey (Twitter) e Jim McKelvey, permite que um smartphone com um pequeno dispositivo quadrado acoplado (daí o nome da empresa) receba pagamentos utilizando essa modalidade.

De forma análoga ao setor de *edtech*, o setor de *fintech* atua sobre uma série de aspectos da indústria, inclusive em duas áreas que já receberam seus próprios nomes: *InsureTech* (inovações para indústria de seguros) e *RegTech* (inovações para o monitoramento dos aspectos regulatórios associados aos negócios), buscando usar a tecnologia para reduzir a complexidade, o tempo e as ineficiências de processos estabelecidos há muito tempo e que não têm mais espaço em um mundo conectado. Empregos serão criados e destruídos ao longo dessa transformação, que já impacta todos os aspectos da relação das pessoas com o dinheiro.

Serviços como a gestão de patrimônio, investimentos no mercado imobiliário, processamento de pagamentos e mercado de capitais também estão sendo afetados pela presença de *startups* do setor. Mas provavelmente nenhuma inovação associada à *fintech* tenha potencial tão abrangente quanto as chamadas criptomoedas, que discutiremos a seguir. Se elas irão ou não prosperar é uma questão em aberto, mas é possível que aspectos de sua implementação – como o blockchain, que também iremos apresentar – sigam uma trajetória de crescimento.

CAÇADORES DE MOEDAS PERDIDAS

Instituições financeiras e bancos, em particular, são provedores de uma lista ampla de serviços: empréstimos, transferências, pagamentos, gestão de recursos.

São cuidadosamente regulados e fiscalizados em todo o mundo, em função da dependência entre as atividades agrícolas, industriais e de serviços com um sistema financeiro saudável. Seu principal produto é o dinheiro, que está passando por uma inovação importante com a introdução das chamadas criptomoedas. Tradicionalmente, sistemas financeiros são centralizados e coordenados pelas autoridades monetárias de cada país – que também agem de forma integrada globalmente, visando manter a estabilidade, robustez e segurança do sistema. A chamada *base monetária* é definida pelos bancos centrais, que podem emitir mais dinheiro – fornecendo assim mais liquidez para o sistema – conforme sua interpretação da situação econômica como um todo.

A implementação mais conhecida de uma criptomoeda – o bitcoin – foi idealizada por uma figura misteriosa conhecida como Satoshi Nakamoto, que pode ser uma ou várias pessoas que trabalharam juntas por cerca de dois anos (provavelmente a partir da costa leste dos EUA, da América Central ou da América do Sul) no modelo lançado em 2009. Ao contrário das moedas tradicionais, não há controle por parte de um agente central: quando um determinado tipo de criptomoeda é lançado, as regras sobre qual será a quantidade máxima emitida e qual a velocidade com a qual irá se atingir esse valor são predeterminados. Analogamente à extração de minérios preciosos, que existem em quantidade finita no planeta, as criptomoedas também têm seu estoque predefinido. E assim como os mineiros extraem as pedras preciosas da terra, criptomoedas também são encontradas por uma comunidade de mineiros virtuais, em velocidade semelhante à extração de ouro no mundo real.

A extração de criptomoedas é um processo computacionalmente intensivo, e é a forma como mais unidades monetárias são colocadas em circulação. Existem centenas de tipos de criptomoedas atualmente, cada uma com sua implementação digital: bitcoin, ethereum, xrp, dash, litecoin e monero são apenas alguns exemplos – possivelmente, algumas irão sobreviver, enquanto outras não. A cotação do bitcoin (e das criptomoedas em geral) flutua significativamente. Em dezembro de 2012, um bitcoin (BTC) valia cerca de 13 dólares. Três anos depois, em dezembro de 2015, o preço estava próximo a 430 dólares. No final de 2016 valia algo como 960 dólares e ao longo do último mês de 2017 chegou a ultrapassar os 17 mil dólares. No final de 2018, havia cerca de 17,5 milhões de bitcoins em circulação (valendo cerca de 3.700 dólares), e aproximadamente 3,5 milhões de bitcoins a serem mineirados no mundo.

Mas quem estiver disposto a caçar essas moedas precisa dedicar tempo e recursos computacionais para resolver problemas complexos, com o objetivo de criar um ambiente estável, seguro e à prova de fraudes. O sistema de controle da extração e registro das transações com as criptomoedas – incluindo a inserção de novas moedas no mercado – é implementado através de uma estrutura chamada blockchain, e suas implicações transcendem o mundo das finanças.

Como já vimos, uma das características mais importantes dos sistemas de pagamento vigentes até hoje está ligada à centralização da informação. Durante a transferência de recursos financeiros de um comprador para um vendedor é necessário que seja feita a verificação da disponibilidade dos fundos para que a transação em questão possa ser efetivada. Tradicionalmente, isso ocorre através da consulta a uma base de dados centralizada e única, tipicamente sob responsabilidade de um banco ou do emissor do cartão de crédito utilizado ou ainda da entidade que responde pela infraestrutura do meio de pagamento escolhido.

O conceito mais importante introduzido pelas correntes de blocos – ou blockchains – é exatamente a mudança na forma como as informações são armazenadas. O conceito se aplica a qualquer tipo de informação, mas por enquanto a aplicação mais conhecida dessa tecnologia está associada às criptomoedas: ao invés de utilizar uma base de dados centralizada, o uso de blockchains distribui cópias exatas de todas as informações para todos os participantes. A informação não está apenas descentralizada, mas também igualmente distribuída por todos os computadores que fazem parte do sistema. Quando uma nova transação ocorre, ela é validada e inserida em todas as cópias existentes.

O nome blockchain foi criado em função da maneira como as informações são armazenadas. Cada bloco de dados (block) faz parte de uma corrente (chain) estabelecida cronologicamente e protegida por técnicas criptográficas e funções matemáticas sofisticadas – em outras palavras, para que um novo registro seja colocado no blockchain ele precisa ser validado por todos os computadores que fazem parte da rede, tornando fraudes ou alterações nos dados já armazenados algo extremamente complexo e custoso. Isso significa que além de distribuir as informações, eliminando o risco de um ataque a um ponto central derrubar toda rede, a tecnologia de blockchain também elimina a necessidade da figura de um intermediário que sirva como parte confiável da transação: a própria comunidade é responsável por manter o sistema íntegro e robusto.

Moedas digitais – como o bitcoin – fazem uso da estrutura de blockchain para permitir algo que antes era impossível: a transferência de recursos de uma parte para outra sem qualquer tipo de intermediação. O Boston Consulting Group estima que em 2014 bancos executaram mais de 400 trilhões de dólares em transferências, coletando cerca de 1 trilhão de dólares em taxas para realização deste serviço. Com o aumento do uso de novas modalidades de pagamento via telefone celular ou cartão (ambos ainda exigindo algum tipo de intermediação), esse volume deve continuar crescendo. Modelos como PayPal, Apple Pay, Samsung Pay, Google Wallet, Stripe e Square aumentaram o número de opções para transferir dinheiro, mas não modificaram de forma relevante a estrutura básica do processamento da transferência. Com um sistema monetário centralizado, mesmo quando sensores são utilizados para informar a determinada loja que você comprou certo artigo, a forma como o dinheiro sai da sua conta para chegar na conta da loja ainda é a mesma de sempre.

Mas quando criptomoedas são utilizadas, o processo é teoricamente mais seguro e barato, e transferir recursos passa a ser tão simples quanto enviar um e-mail. Já nos acostumamos a lidar com conteúdo digital em um grande número de situações. Enviar e receber cartas era uma forma comum de comunicação entre pessoas há apenas algumas décadas. Os filmes e seriados de TV, antes consumidos através de fitas de vídeo e depois como DVDs ou BluRays já podem ser solicitados sob demanda através de serviços de *streaming* (no qual o conteúdo é transmitido diretamente para o dispositivo que fez a solicitação). Nossas músicas preferidas não estão mais armazenadas em vastas coleções de CDs, mas sim em arquivos digitais, assim como nossos livros, que despertam acaloradas discussões entre aqueles que preferem a experiência tradicional de carregar algumas centenas de páginas *versus* a comodidade de levar uma biblioteca no bolso.

O dinheiro também começou sua migração irreversível para o mundo digital: não é necessário ir ao banco para pagar contas, realizar investimentos ou consultar o extrato – tudo está acessível online, via computadores, smartphones e tablets. O crescimento vertiginoso do uso de cartões de crédito ou débito assim como os pagamentos realizados através de telefones celulares diminuem a manipulação do papel-moeda que ainda insistimos em carregar. De acordo com relatório elaborado pela consultoria francesa Capgemini em parceria com o banco BNP Paribas, estima-se que em 2020 serão processadas cerca de 750 bilhões de transações na modalidade *cashless* (ou seja, sem uso de dinheiro físico), com crescimento de quase 13% ao ano.

Outra inovação do dinheiro chegou com a criação das criptomoedas, que como vimos não são emitidas por nenhum Banco Central nem são lastreadas em depósitos de ouro. A conveniência associada ao fenômeno da digitalização da comunicação, de filmes, músicas e livros agora avança sobre um dos primeiros e mais antigos símbolos da sociedade civilizada. Mas enviar e receber dinheiro é algo sensível e que exige tecnologias seguras, confiáveis e robustas.

Para exemplificar como o processo funciona, imagine que você deseja transferir cinco bitcoins para alguém. Utilizando um aplicativo no seu celular, que contém uma assinatura eletrônica única associada a você e a essa transação específica, basta informar o valor e a conta para transferência. Essa instrução será transmitida para rede, que irá validar que você é de fato o remetente da mensagem (utilizando técnicas de criptografia para confirmar sua identidade, conforme veremos no Capítulo 12) e que você possui saldo suficiente para realizar a operação (consultando a base de dados compartilhada com as informações de saldo de todos os participantes). Após isto, seu saldo será reduzido em cinco bitcoins e o saldo da sua contraparte será aumentado em cinco bitcoins (assumindo que você tinha originalmente o saldo necessário para realizar a transação). A forma como essa validação ocorre é uma das características mais importantes do blockchain: uma vez que o sistema é completamente descentralizado e distribuído, a responsabilidade fica a cargo de voluntários (chamados de *mantenedores*), que utilizam seus computadores para, de forma autônoma, processar as operações que circulam na rede.

Cada vez que uma nova operação é realizada, todos os computadores dos mantenedores recebem essa informação, o que significa que o saldo de todos os participantes do sistema está disponível não apenas em uma base central de dados, mas nas inúmeras cópias espalhadas pelo mundo. Essas cópias precisam estar sincronizadas para evitar discrepâncias. Imagine, por exemplo, uma situação na qual o saldo de uma pessoa seja igual a dez. Essa pessoa faz um pagamento de oito unidades e, antes da atualização ser feita, faz outro pagamento de quatro unidades. O sistema não pode permitir que isso ocorra para evitar que as pessoas gastem recursos que não possuem. E de fato todas as cópias se mantêm íntegras através de um processo semelhante a uma votação: à medida em que as operações são validadas, uma função matemática complexa é reavaliada (com base no histórico das operações já realizadas) e comparada com os resultados obtidos pelos outros mantenedores. Quando a rede chega a um consenso a respeito da nova operação – aceitando-a apenas caso seja legítima – todos os balanços são sincronizados, evitando fraudes e o uso indevido dos recursos.

No próximo capítulo vamos discutir os mecanismos de distribuição e segurança que tornam a tecnologia de blockchain potencialmente flexível e atraente para ser utilizada em diversas aplicações, bem como os riscos de fraude associados. Além disso, vamos falar sobre os desafios de velocidade e eficiência que esse novo paradigma impõe para o processamento de transações, bem como de aspectos fundamentais da criptografia, necessária para manter nosso mundo digital seguro.

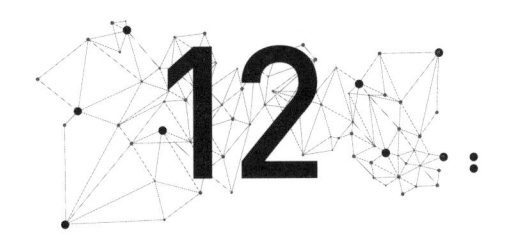

CRIPTOGRAFIA E BLOCKCHAIN

PODE (DES)CONFIAR

QUANDO PENSAMOS EM LOCAIS PARA ARMAZENARMOS INFORMAÇÕES, normalmente pensamos em um lugar único, centralizado e de acesso restrito. Imagine, por exemplo, os dados de seu extrato bancário: eles estão guardados nos sistemas de seu banco, e são acessíveis mediante credenciais como senhas e/ou biometria. O próprio conhecimento acumulado pela Humanidade estava, até poucas décadas atrás, concentrado em algumas grandes bibliotecas – uma tradição iniciada na Antiguidade e cujo maior exemplo foi a Biblioteca de Alexandria, iniciada no século III a.C. sob o comando de Ptolomeu I, sucessor de Alexandre, o Grande.

O maior risco da manutenção de um sistema altamente centralizado é justamente o fato de que há apenas um ponto focal a ser atacado em uma invasão. A própria origem da Internet está ligada à necessidade de descentralização da comunicação entre bases militares, evitando assim que um ataque inimigo a apenas um ponto central derrubasse toda estrutura de uma só vez. Embora grandes empresas mantenham sistemas redundantes e tenham protocolos para tentar minimizar os efeitos de uma catástrofe (natural ou não), os transtornos potenciais para clientes são relevantes.

Outra característica de sistemas centralizados é a necessidade de uma figura detentora do poder sobre todas as informações – uma instituição ou um governo, por exemplo. Os usuários precisam ter uma relação de confiança com o fornecedor dos dados. Isso quer dizer que, quando buscamos uma informação no site do banco com o qual trabalhamos, temos que acreditar que os dados que lá estão representam de forma correta nosso extrato e, mais ainda, que realmente estamos nos comunicando com a mesma instituição com a qual lidamos no mundo físico. Para isso, foram criadas as entidades certificadoras, que atestam que determinado site de fato representa quem ele alega representar. Nesse modelo, é necessário que seja estabelecida mais uma relação de confiança, dessa vez com a certificadora que valida o site que você está acessando – seu dispositivo precisa acreditar que o certificado associado aquele site é legítimo e reflete corretamente que você está negociando com quem acha que está negociando.

Uma forma de entender como esse processo funciona é através dos conceitos de chave pública e chave privada. Imagine que você queira enviar uma mensagem para alguém, e que você deseja que apenas a destinatária da sua mensagem seja capaz de lê-la. Mais que isso, você também deseja que a destinatária tenha certeza que o remetente da mensagem foi você, e não alguém se passando por você. Em outras palavras, você quer garantir simultaneamente a confidencialidade da comunicação e a autenticidade de sua autoria, e quer se comunicar com qualquer pessoa de sua escolha que também participe do sistema de chaves públicas e privadas.

O grande desafio para viabilizar o modelo de criptografia de chave pública estava em conseguir utilizar um canal não confiável (a Internet) para trocar informações sensíveis, como as chaves dos usuários (necessárias para assinar e encriptar as mensagens). A resposta para essa questão foi publicada em 1978 por três cientistas de computação: o norte-americano Ron Rivest, o israelense Adi Shamir e o matemático norte-americano Leonard Adleman, que desenvolveram o algoritmo batizado com a primeira letra de seus sobrenomes (RSA) durante seu período de estudos no Massachusetts Institute of Technology (MIT), em Cambridge, Estados Unidos. A mesma solução havia sido encontrada cinco anos antes pelo matemático inglês Clifford Cocks enquanto trabalhava no Quartel General de Comunicações do Governo do Reino Unido (GCHQ, Government Communications Headquarters), porém seu trabalho foi classificado como confidencial e só foi divulgado em 1997.

A segurança do algoritmo RSA, amplamente utilizado para criptografar e descriptografar conteúdos transmitidos digitalmente, está baseada em um problema matemático que, até hoje, não possui solução eficiente: a fatoração em números primos de valores elevados. O problema consiste em descobrir quais são os números primos que, multiplicados uns pelos outros, resultam no número original – que é utilizado como chave para criptografar e assinar mensagens. A grande utilidade do RSA é que, combinando-se as chaves públicas e privadas dos usuários A e B, é possível garantir que apenas a usuária B vai conseguir ler a mensagem do usuário A, e ainda que a usuária B poderá ter certeza que o usuário A é o autor da mensagem original.

Figuras 70 e 71 – Adi Shamir, Ron Rivest e Leonard Adleman, autores do algoritmo de criptografia RSA. Na foto à direita, Clifford Cocks, matemático inglês.

Até agora, apesar de esforços de estudiosos ao redor do mundo, não foi encontrado um algoritmo que consiga fatorar um número grande em fatores primos em um intervalo de tempo aceitável. Por exemplo, a fatoração de um número de 232 dígitos (representado por 768 bits em um computador) foi conseguida em 2009 após um conjunto de mais de cem computadores trabalhar no problema por dois anos – e quanto maior o número de dígitos, muito maior será a demora. A questão crítica é que até hoje não foi provado matematicamente que esse problema é impossível de ser resolvido – em outras palavras, ainda não é possível determinar se de fato não existe uma forma eficiente de fatorar um número em seus fatores primos. Conforme veremos no Capítulo 19, o advento de computadores quânticos – que não utilizam bits nos estados ligado ou desligado, mas sim os chamados *qubits*, que podem estar simultaneamente ligados e desligados – é visto por alguns como uma ameaça ao modelo RSA, pois é possível que o processamento de diversos algoritmos seja feito de forma bem mais eficiente em máquinas desse tipo.

Nesse modelo, cada usuário possui duas chaves: uma pública (que garante que apenas a pessoa para quem a mensagem se destina poderá de fato lê-la) e uma privada (utilizada para assinar e criptografar a mensagem). Apesar de relacionadas matematicamente, o problema de dedução da chave privada a partir da chave pública de forma eficiente não foi (e talvez nunca seja) resolvido. Entretanto, o processo de criptografar e descriptografar todas as mensagens utilizando quatro chaves (duas públicas e duas privadas) é pouco eficiente, de forma que na prática utiliza-se uma outra solução, na qual as duas partes envolvidas na comunicação compartilham uma chave única. O problema, neste caso, passa a ser como estabelecer essa chave única de forma segura.

Mais uma vez, a equipe do GCHQ resolveu a questão primeiro. Em 1969, os britânicos James Ellis (1924-1997), Clifford Cocks e Malcolm Williamson (1950-2015) desenvolveram uma solução para o desafio da criptografia de uma chave pública, e mais uma vez o trabalho foi considerado confidencial, sendo revelado apenas em 1997 (um mês após a morte de Ellis). A solução que ficou conhecida, patenteada em 1977 por Whitfield Diffie, Martin Hellman e Ralph Merkle, foi batizada de *transmissão de chave D-H* (D para Diffie, H para Hellman; Merkle foi aluno de doutorado de Hellman).

O algoritmo DH é considerado um tipo de criptografia simétrica, pois apenas uma chave é utilizada para criptografar e descriptografar as mensagens. Já a solução RSA usa um tipo de criptografia assimétrica, com chaves distintas para criptografar e descriptografar uma mensagem. A criptografia simétrica é mais rápida, enquanto a criptografia assimétrica é teoricamente mais segura, especialmente quando consideramos o fato de não haver a necessidade de ambas as partes conhecerem a chave privada (e única) daquela comunicação.

O modelo prevalente para comunicações seguras passou a ser híbrido, utilizando tanto criptografia simétrica quanto assimétrica. É isso que está por trás de milhões de transações que ocorrem diariamente via Internet. A infraestrutura de chave pública (PKI, *public key infrastructure*) tem como principal função garantir que todos os participantes da comunicação são quem dizem ser. Isso é feito através de alguma autoridade de certificação reconhecida por todos os participantes daquela comunicação, que vincula chaves a usuários (governos, empresas e bancos, por exemplo). Assim, voltamos ao problema da necessidade de uma entidade central, que precisa ser da confiança de todos os participantes e que potencialmente torna-se um ponto de falha do processo.

VALE O ESCRITO

A tecnologia de blockchain não exige que seja estabelecida uma relação de confiança com nenhuma entidade central. O armazenamento das informações é realizado de forma descentralizada e distribuída, com cópias dos dados em dezenas, centenas ou até milhares de computadores. Em função disso, não existe uma figura central que seja "dona" das informações – e, por conseguinte, não há necessidade de certificação ou comprovação da identidade do provedor dos dados. Além disso, quando uma informação é acrescentada, toda comunidade certifica-se que a informação é válida e todas as cópias do blockchain em questão – em todos os computadores da rede – são atualizadas, e uma vez que uma informação seja inserida no blockchain, ela dificilmente pode ser modificada. Isso ocorre porque a integridade da cadeia está diretamente relacionada ao conteúdo armazenado em cada bloco, através do uso de uma função conhecida como *hash*.

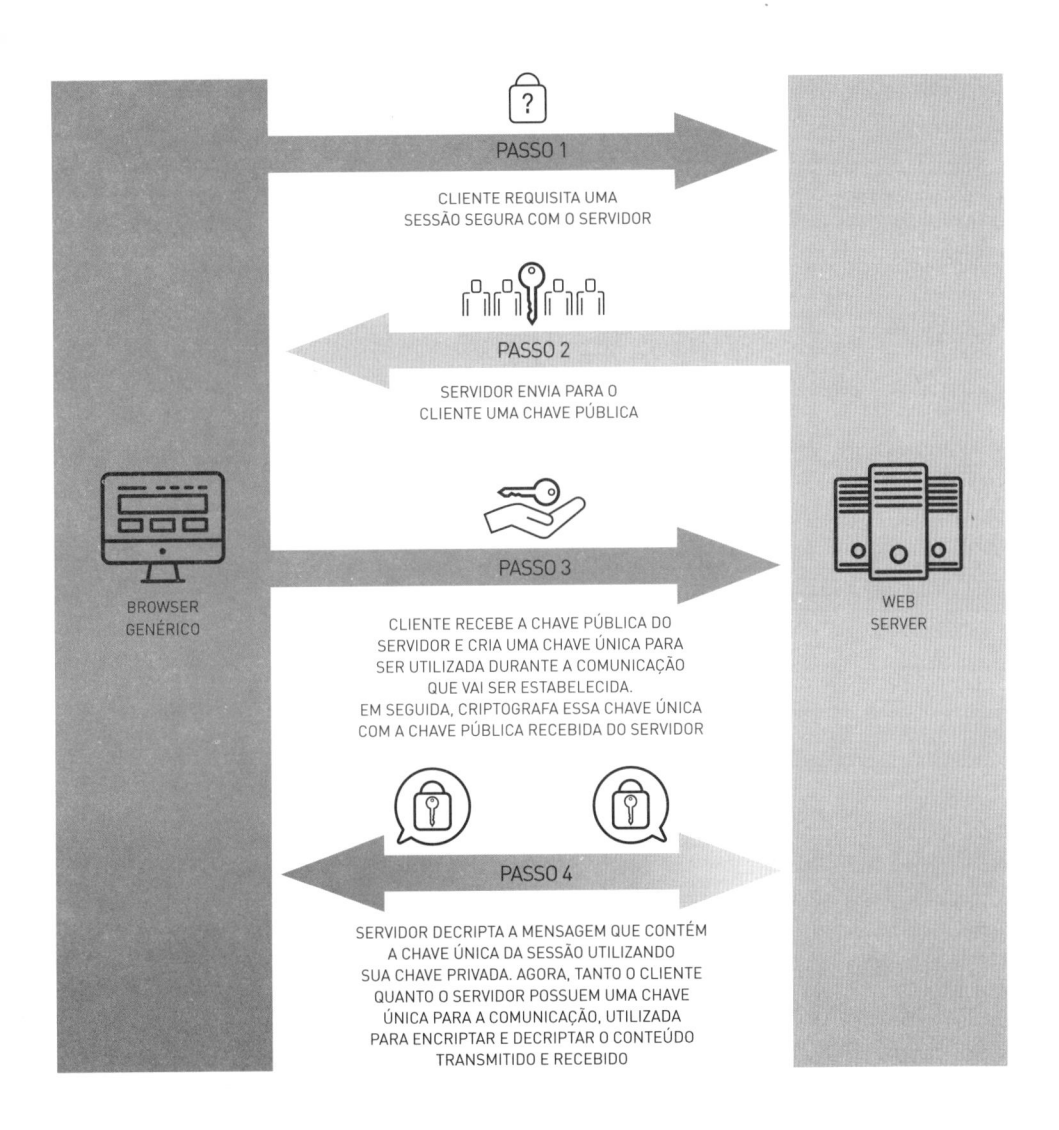

CLIENTES E SERVIDORES
SÃO CERTIFICADOS POR
UMA AUTORIDADE CENTRAL,
RESPONSÁVEL POR VALIDAR SUAS
RESPECTIVAS IDENTIDADES

PASSO 1

CLIENTE REQUISITA UMA
SESSÃO SEGURA COM O SERVIDOR

PASSO 2

SERVIDOR ENVIA PARA O
CLIENTE UMA CHAVE PÚBLICA

BROWSER
GENÉRICO

PASSO 3

CLIENTE RECEBE A CHAVE PÚBLICA DO
SERVIDOR E CRIA UMA CHAVE ÚNICA PARA
SER UTILIZADA DURANTE A COMUNICAÇÃO
QUE VAI SER ESTABELECIDA.
EM SEGUIDA, CRIPTOGRAFA ESSA CHAVE ÚNICA
COM A CHAVE PÚBLICA RECEBIDA DO SERVIDOR

WEB
SERVER

PASSO 4

SERVIDOR DECRIPTA A MENSAGEM QUE CONTÉM
A CHAVE ÚNICA DA SESSÃO UTILIZANDO
SUA CHAVE PRIVADA. AGORA, TANTO O CLIENTE
QUANTO O SERVIDOR POSSUEM UMA CHAVE
ÚNICA PARA A COMUNICAÇÃO, UTILIZADA
PARA ENCRIPTAR E DECRIPTAR O CONTEÚDO
TRANSMITIDO E RECEBIDO

Figura 72 – Exemplo de uso de criptografia simétrica na implementação SSL (*secure socket layer*).

ESTRUTURA DE UM BLOCKCHAIN

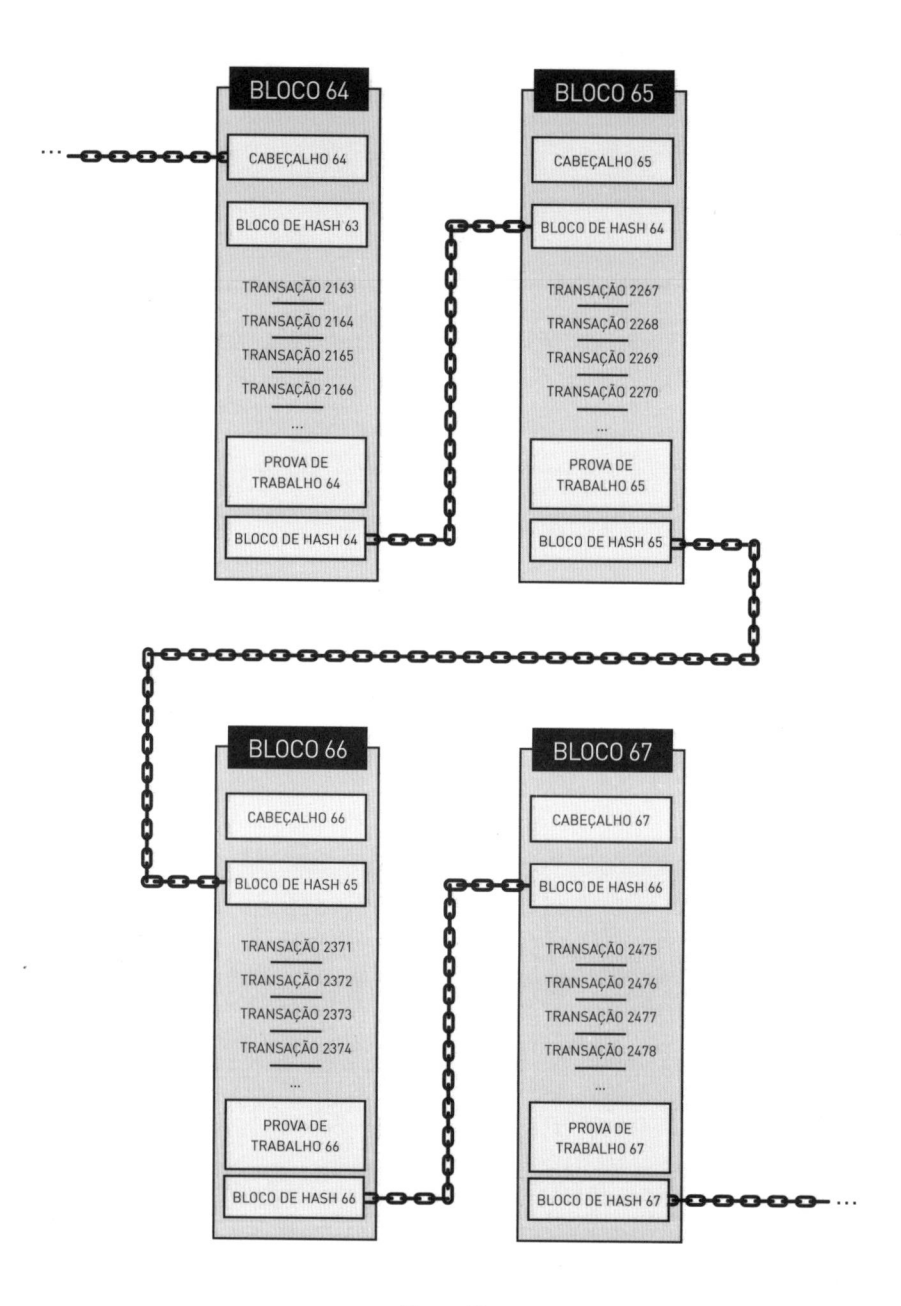

Figura 73

Funções de *hash* fazem com que um conjunto de dados de qualquer tamanho seja transformado em uma sequência de tamanho fixo. Em outras palavras, não importa o tamanho da informação armazenada, ao aplicar uma função de *hash* sobre a mesma, o resultado será uma sequência de letras e números de tamanho fixo. Cada bloco que compõe a estrutura de um blockchain está conectado ao *hash* do bloco anterior, e contém seu próprio *hash* que é função de todo o histórico da cadeia. Trata-se de uma solução engenhosa para impedir que qualquer dado seja alterado após ser gravado, pois se um dado for alterado todos os blocos subsequentes terão quer ser modificados também (uma vez que o resultado das funções *hash* serão modificadas). Para que isso ocorra, é necessário que o invasor seja capaz de recalcular e modificar todos os blocos antes que qualquer nova informação seja colocada no blockchain – algo que na prática inviabiliza fraudes no sistema, exceto em condições muito específicas como veremos em breve.

O uso mais conhecido do blockchain, por enquanto, são as criptomoedas, que discutimos no capítulo anterior. No caso do bitcoin, por exemplo, cada bloco armazenado corresponde a uma transação realizada, como se fosse uma entrada em um livro contábil. Esse livro é copiado em todos os computadores que participam da rede, e para cada nova transação, todas as máquinas participantes checam se quem está gastando os bitcoins de fato possui crédito para isso. Quando o consenso é atingido, a transação é anexada ao blockchain.

Para o blockchain do bitcoin, o consenso necessário é baseado no cálculo do resultado do *hash* do livro contábil – um processo que demanda muito poder de processamento e que recompensa os mantenedores da rede (ou mineiros) com bitcoins. Estima-se que, no início de 2017, a energia necessária para processar apenas uma transação em bitcoin era equivalente ao consumo de quatro mil transações com cartão de crédito. Por esse motivo, novas formas de busca de consenso entre os participantes do blockchain estão sendo buscadas, visando a redução do consumo de energia dessa tecnologia e do tempo que a rede leva para chegar ao consenso e validar a transação.

Mas isso não é tudo: um dos potenciais problemas de segurança do blockchain – que já começou a ser explorado por hackers – é chamado de *ataque dos 51%*, que ocorre justamente quando um invasor passa a controlar mais que a metade das máquinas que compõem a rede do blockchain e faz com que a maioria das máquinas chegue a resultados falsos, sabotando o blockchain. Ou seja, o consenso não é mais confiável e a rede foi comprometida. Esse tipo de ataque é mais comum em redes relativamente pequenas, e à medida em que alguns blockchains tornam-se grandes, o poder computacional necessário para executar esse tipo de ataque torna-se proibitivo.

Isso quer dizer que os blockchains ainda precisam de uma implementação mais eficiente – mas isso não impede a expansão de seu uso para áreas muito além das criptomoedas. Quando uma tecnologia é de propósito geral – ou seja, quando possui características genéricas o suficiente para suportar múltiplos tipos de aplicações – a dificuldade em prever seu alcance e utilização aumenta. O blockchain enquadra-se nessa categoria. Em relatório divulgado em 2015, o Fórum Econômico Mundial estimou que até 2025 nada menos que 10% do PIB (produto interno bruto) mundial poderá estar armazenado em blockchains.

No final de 2016 a Deloitte realizou uma pesquisa com 308 executivos de empresas norte-americanas de diversos setores, todas com faturamento superior a 500 milhões de dólares por ano: 21% dos entrevistados informaram que já possuíam sistemas baseados em blockchain e 25% pretendiam implementá-los ao longo dos próximos doze meses. O setor de saúde apresentou 35% dos executivos indicando planos de colocar em produção sistemas baseados em blockchain no curto prazo, e setores como a indústria de bens de consumo, tecnologia, mídia, telecomunicações e serviços financeiros relataram aumento nos investimentos direcionados para essa tecnologia.

Como vimos, a tecnologia de blockchain possui características que atendem um grande número de requisitos. Podem armazenar qualquer tipo de informação e sempre o fazem em ordem cronológica. Graças ao uso de criptografia, teoria de jogos e de protocolos de comunicação eficientes, é muito difícil – mas certamente não impossível – editar a informação uma vez que ela esteja armazenada em um dos blocos da cadeia. Todo dado precisa ser validado de forma independente pela rede de computadores que mantém aquele blockchain antes de ser aceito como um bloco válido. Isso faz com que fraudes, cópias ou duplicidade de informações sejam improváveis de ocorrer (pelo menos com as tecnologias disponíveis no momento), criando um ambiente seguro. Isso tudo sem depender nem de uma figura central nem de certificações para os participantes.

O setor de Finanças já possui diversas aplicações práticas da tecnologia, com a possibilidade de ganhos de eficiência e reduções de custos. Autoridades monetárias de diversos países (como Canadá, Singapura e Inglaterra, por exemplo) estão analisando os impactos e benefícios da adoção da tecnologia para temas como impostos, pagamentos internacionais e liquidação de operações.

Graças ao custo reduzido de transações via blockchain, as possibilidades para implementação de micropagamentos – valores muito baixos por serviços ou bens – torna-se viável para as indústrias de mídia, publicação, e propaganda, conforme estudos realizados pelo professor da MIT *Sloan School of Management*), Christian Catalini. A popularização dessas microtransações no universo dos jogos eletrônicos, com a criação de inventários virtuais onde os participantes armazenam suas armaduras, armas, habilidades e acessórios também deve se beneficiar da tecnologia.

Cada um dos blocos do blockchain tipicamente representa uma transação – a compra ou venda de determinada quantidade de bitcoins, o registro de uma patente, o credenciamento de uma pessoa, o atestado de posse de um imóvel, direitos autorais sobre uma música ou um filme, o voto em determinado candidato ou candidata. Qualquer que seja a aplicação, o ambiente distribuído, seguro e cronologicamente organizado permite auditoria, confiabilidade e transparência. Não é surpreendente então que tantas indústrias estejam interessadas em aplicar essa tecnologia aos seus negócios: as transações realizadas via blockchain já nascem validadas e auditadas, eliminando os custos associados à verificação de contrapartes, origens das mercadorias, pagamentos e afins.

CONTRATOS INTELIGENTES

A introdução da tecnologia de blockchain – uma base de dados descentralizada e distribuída por centenas ou milhares de computadores, onde a alteração dos dados originais é extremamente difícil e onde todos os registros só podem ser inseridos cronologicamente – despertou uma série de iniciativas que utilizam características específicas que tornam essa inovação uma poderosa ferramenta para o mundo dos negócios. Uma delas é o projeto Hyperledger, iniciado em dezembro de 2015 pela Fundação Linux e que segue o modelo de código aberto defendido pelo órgão, permitindo um esforço colaborativo de um grande número de equipes que compartilham ideias, sugestões e modelos. Alguns dos participantes deste projeto são a Airbus, Baidu, Cisco, Hitachi, IBM, Intel, JP Morgan e SAP – ao todo, o consórcio possui dezenas de empresas representando diversos setores da economia – aeroespacial, financeiro, tecnológico, logístico e eletroeletrônicos, entre outros. O objetivo comum é a melhoria no desempenho e na confiabilidade dos blockchains, incluindo serviços para identificação e suporte aos *smart contracts*.

Segundo a *World Trade Organization* (Organização Mundial de Comércio), o impacto das melhorias no comércio global devido à utilização de blockchains pode ser significativo, elevando o volume global de mercadorias transacionadas e consequentemente o PIB mundial. E de fato um dos primeiros resultados concretos do projeto Hyperledger foi fruto de uma parceria da IBM com a Maersk, grupo dinamarquês que atua nos setores de logística e energia. No primeiro trimestre de 2017 foi lançado um sistema baseado em blockchain para aumentar a eficiência e a segurança no processo de exportação e importação de mercadorias transportadas em contêineres por via marítima, por onde circulam aproximadamente 90% dos artigos comercializados globalmente.

Evitar fraudes e reduzir o custo do processamento da documentação associada a cada contêiner – responsável por cerca de um quinto do custo total do transporte – são benefícios imediatos do sistema implementado, que foi testado com a exportação de flores do Quênia para Rotterdam, na Holanda. Tradicionalmente essa transação iria gerar quase duzentas comunicações entre os envolvidos, mas com o suporte do blockchain adequado, não apenas a segurança da operação quanto a sua eficiência melhoraram.

O fluxo é iniciado pelo exportador, que registra um *smart contract* no blockchain que, por sua vez, irá iniciar o fluxo de aprovações necessários nas três agências do governo queniano ligadas ao processo. Todos os envolvidos têm acesso à documentação digital, que é atualizada com as assinaturas adequadas (também digitais). Ao mesmo tempo, o processo de inspeção das flores, preparação do contêiner e rota do caminhão de entregas da mercadoria é compartilhado eletronicamente com o porto de Mombaça, que pode se preparar para receber o contêiner no momento adequado.

Outro uso da estrutura do blockchain é o registro das características e procedência de produtos. A companhia inglesa Everledger, por exemplo, cadastrou cerca de um milhão e meio de diamantes em um blockchain, armazenando dados como o quilate, coloração e número de certificação de cada um deles. Com isso, ao invés de confiar em papéis que podem ser falsificados, todos os participantes da cadeia de produção, distribuição, fiscalização e vendas podem utilizar o registro armazenado no blockchain. Conforme já vimos, o uso de funções matemáticas complexas garante que a alteração dos registros no blockchain seja (ao menos por enquanto) praticamente impossível de ser feita.

A mesma lógica está movimentando a indústria de alimentos, onde nomes como Walmart, Unilever e Nestlé buscam uma solução que permita o rastreamento de cada item vendido ao consumidor desde sua origem. Isso vai assegurar a qualidade dos produtos e imediatamente determinar a fonte de quaisquer problemas causados à saúde da população (que provavelmente irá armazenar seus registros médicos em um blockchain nos próximos anos).

Como toda nova tecnologia, o blockchain também possui sua parcela de dúvidas: questões como privacidade, anonimato, respaldo legal e normas técnicas ainda são alvo de discussão, impactando o processo decisório das empresas no que diz respeito à sua utilização. Na mesma pesquisa da Deloitte que citamos anteriormente (com mais de 300 executivos de grandes empresas dos EUA), 56% destes acreditavam que o estabelecimento de padrões universais para implementação de blockchains seria um divisor de águas para a adoção da tecnologia, e 48% reforçaram a necessidade de uma legislação para garantir segurança jurídica no ambiente de auditorias, contratos e atestados obtidos via blockchain. Foi pensando em questões como estas que a criptomoeda ethereum introduziu o uso dos chamados *smart contracts* – os contratos inteligentes – na sua implementação.

Os *smart contracts* estabelecem uma série de regras que precisam ser cumpridas para que determinada ação seja executada, exatamente como um contrato tradicional – desde que uma série de condições preestabelecidas ocorram. Estas condições podem ser as mais variadas possíveis: a localização via GPS de um veículo indicando que o destino foi atingido, o recebimento das assinaturas eletrônicas de todos os envolvidos em uma negociação, o aumento de preço acima de um certo limite para determinado ativo do mercado financeiro, ou ainda a confirmação do recebimento de ordens de compra. Desde que um computador seja capaz de interpretar o dado, a execução do contrato irá ocorrer da forma como ele foi programado.

Em mais uma demonstração de como as tecnologias introduzidas pela Quarta Revolução Industrial irão necessariamente se combinar para criar ambientes de negócios e serviços ainda mais poderosos, a relação entre blockchain e a Internet das Coisas começa a apresentar projetos de impacto e relevância significativos. Por exemplo, a mensuração do consumo de energia elétrica e por conseguinte sua cobrança poderiam ser realizados automaticamente por *smart contracts*, utilizando os dados coletados pelos sensores dos equipamentos e armazenados no blockchain. Além disso, defeitos ou desgaste de elementos da rede de transmissão poderiam ser detectados com antecedência, gerando alertas para as equipes de manutenção adequadas e evitando problemas de abastecimento de energia.

É importante notar que o contrato inteligente é programado no blockchain, o que implica que qualquer erro no código irá trazer resultados inesperados e indesejados para as partes envolvidas. Isso já aconteceu em pelo menos um caso de grande visibilidade, no primeiro semestre de 2016, durante a janela de captação de uma Organização Autônoma Descentralizada que, vale ressaltar, foi prevenida por times de advogados a respeito dos riscos aos quais estavam expondo os investidores. Um hacker (ou um grupo de hackers) explorou uma vulnerabilidade no código do *smart contract* e desviou cerca de 50 milhões de dólares dos mais de 150 milhões de dólares que foram levantados para o projeto através de um *crowdfunding* (financiamento obtido diretamente através do público, que contribui voluntariamente para um projeto).

Com as características intrínsecas do blockchain – incluindo a dificuldade de edição dos registros já inseridos e armazenamento dos eventos sempre de forma cronológica – os envolvidos podem, em grande medida, confiar nas informações apresentadas. A necessidade de uma autoridade central para validar os dados ou a exigência de uma estrutura complexa para participar das cadeias de fornecimento globais são gradualmente eliminadas. Relatório publicado pela OMC (Organização Mundial do Comércio) indicou que as exportações de mercadorias de seus 164 países membros movimentaram mais de 16 trilhões de dólares em 2015, e as exportações de serviços superaram 4,5 trilhões de dólares no mesmo ano.

Bens de consumo são produzidos, embalados, distribuídos, comercializados e entregues a uma velocidade sem precedentes – e diversas etapas da cadeia de suprimentos são altamente passíveis de automação. É possível imaginar que em um futuro não muito distante – talvez em duas ou três décadas – o único ser humano envolvido em uma transação de comércio eletrônico (ou a impressão 3D do artigo desejado) seja a pessoa que realizou o pedido. Todas as outras etapas, da produção até a entrega final, estariam sob a responsabilidade de máquinas.

Em uma pesquisa com novecentos executivos da área de manufatura e de suprimentos realizada pela MHI (uma associação internacional da indústria de materiais, logística e cadeia de suprimentos) e pela multinacional Deloitte (baseada no Reino Unido) divulgada em abril de 2017, 80% dos entrevistados – ou quatro em cada cinco – responderam que até 2022 a cadeia de suprimentos digital será o modelo que irá dominar o mercado. Dos 20% restantes, 16% afirmaram que essa já é a realidade que estamos vivendo, e as três tecnologias que se destacaram na pesquisa como vetores de vantagem competitiva foram análise preditiva, Internet das Coisas e robótica e automação – tema do próximo capítulo.

ROBÓTICA

TRABALHOS FORÇADOS

A BUSCA PELO DESENVOLVIMENTO DE ENTIDADES ARTIFICIAIS CAPAZES de realizar tarefas repetitivas de forma autônoma são um tema frequente em inúmeras culturas, desde a Antiguidade: babilônios, gregos, hindus, chineses e europeus possuem em suas respectivas histórias exemplos variados e complexos deste tipo de máquina, seja na teoria ou na prática. A fascinação e o medo que seres desprovidos de vida – mas que realizam tarefas e atividades sob nosso comando – exercem sobre nós tem relação com o ato da criação: segundo a mitologia, o próprio deus grego dos artesãos, Hefesto, construiu servos mecânicos dourados.

Possivelmente uma das primeiras tarefas que despertaram a necessidade de automação foi o monitoramento da passagem do tempo. No século XVI a.C., babilônios e egípcios desenvolveram relógios baseados em fluxos de água controlados (embora alguns historiadores acreditem que os chineses já utilizavam tecnologia semelhante mais de dois mil anos antes). Os relógios de água eram chamados de "clepsidras", que em grego significa "roubar água". O inventor grego Ctesibius (285-222 a.C.) foi um dos que aperfeiçoaram a tecnologia, incorporando figuras humanas nos projetos e introduzindo o conceito de ponteiros para indicar o horário. Seu trabalho com ar comprimido e bombas garantiu a ele o título de pai da pneumática, e o piano dos dias de hoje foi originado de sua invenção do órgão de tubos.

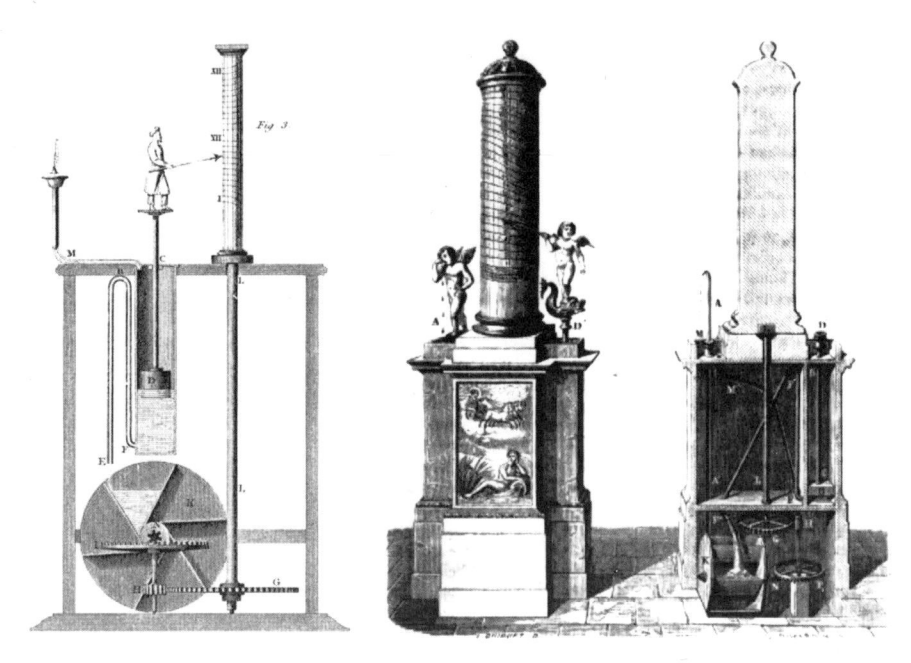

Figuras 74 e 75 – A clepsidra (relógio de água) de Ctesibius (285-222 a.C.) em dois momentos: em uma ilustração modificada do livro de Vitruvius (c. 70 -15 a.C.) e como um desenho do arquiteto francês Claude Perrault (1613-1688).

Os impactos de autômatos sobre o futuro do emprego foram articulados pelo filósofo grego Aristóteles (384-322 a.C.), que escreveu: "Há apenas uma condição na qual podemos imaginar gerentes que não precisam de subordinados e mestres que não precisam de escravos. Essa condição seria que cada instrumento pudesse fazer seu próprio trabalho, na palavra de comando ou por antecipação inteligente [...]". De fato, o matemático Heron de Alexandria (10-70 d.C.), reconhecido como um dos maiores experimentadores da Antiguidade, escreveu uma série de tratados sobre o trabalho de máquinas que trabalham com pressão de ar, vapor ou água (*Pneumatica*, influenciado pela obra de Ctesibius) e máquinas que abrem e fecham portas e que servem bebidas e alimentos (*Automata*, do grego *agindo por conta própria*).

Mais de mil anos depois, no século XI, sob o reinado do rei Bhoja da dinastia indiana Paramara, a publicação sobre arquitetura *Samarangana Sutradhara* dedica um capítulo para o desenvolvimento de autômatos: abelhas, pássaros, fontes e figuras masculinas e femininas que recarregam lâmpadas de óleo, dançam e tocam instrumentos musicais. O inventor Ismail al-Jazari (1136-1206), influenciado tanto pela cultura indiana quanto chinesa, escreveu O livro do conhecimento de dispositivos mecânicos engenhosos, publicado no ano de sua morte e que apresenta os inventos bem como a forma de construí-los. Entre suas diversas criações está o que deve ser sido o primeiro sistema de entretenimento musical automatizado da história: um barco com quatro "músicos" operado por bombas hidráulicas que geravam ritmos distintos.

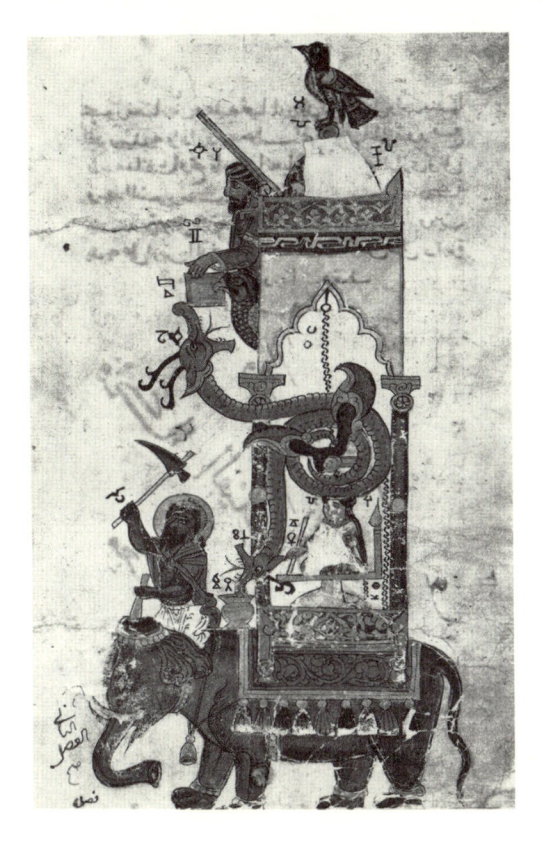

Figura 76 – O relógio-elefante de Al-Jazari (1136-1206), que escreveu: "O elefante representa as culturas indígena e africana, os dois dragões representam a antiga cultura chinesa, a fênix representa a cultura persa, o trabalho da água representa a antiga cultura grega e o turbante representa a cultura islâmica".

Em 1495, Leonardo da Vinci (1452-1519), cientista e artista renascentista, projetou e possivelmente construiu com polias e cabos um "cavaleiro robô", que ficava de pé, sentava-se, levantava a viseira e era capaz de mover os braços e a mandíbula. Suas proporções respeitavam o trabalho do Homem Vitruviano, que Leonardo executou cerca de cinco anos antes com base nos escritos de Vitruvius (70-15 a.C.).

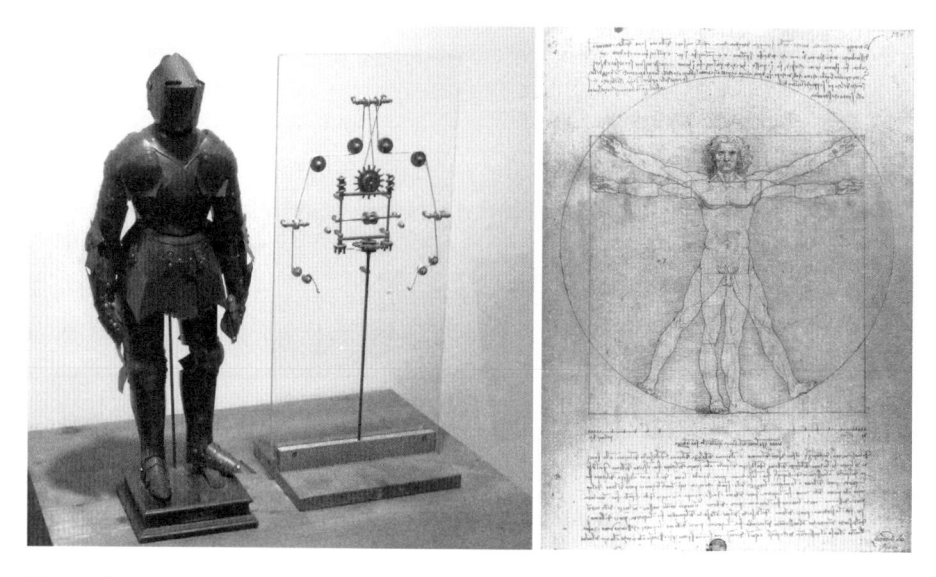

Figuras 77 e 78 – Modelo do Cavaleiro Robô, baseado em projeto de 1495 de autoria de Leonardo da Vinci, com proporções que respeitavam o trabalho do "Homem Vitruviano" (foto de Luc Viatour), que Leonardo executou cerca de cinco anos antes com base nos escritos de Vitruvius (70 - 15 AC).

Autômatos tornavam-se progressivamente mais sofisticados, e eram utilizados com fins de entretenimento. Um dos mais famosos inventores dessa fase da história da robótica foi o francês Jacques de Vaucanson (1709-1782), que projetou e construiu três obras de alta complexidade em 1737. Primeiro, *O Flautista* em tamanho natural e que articulava os dedos para tocar doze músicas diferentes (outro robô famoso, O Trompetista, foi criado pelo alemão Johann Friedrich Kaufmann em 1810). Vaucanson prosseguiu com *O Garoto do Tambor* e finalmente sua obra mais importante, *O Pato*. O animal era capaz de bater as asas, beber água, comer e simular o processo digestivo, excretando material previamente armazenado em um compartimento secreto. Paralelamente a isso, no Japão do final do século XVIII, era publicado o livro *Karakuri Zui*, uma coletânea ilustrada de autômatos projetados no país. O futuro fundador da Toshiba, Tanaka Hisashige (1799-1881), foi um dos mais destacados inventores e construtores destas máquinas durante o início de sua carreira.

Uma das mais famosas farsas envolvendo autômatos ocorreu nessa época (entre 1770 e 1854), conhecida como o *Turco Mecânico*. O invento do húngaro Kempelen Farkas (1734-1804) era apresentado como um autômato que jogava xadrez. Construído para abrigar um jogador no seu interior, o projeto era convincente para a maior parte dos espectadores, que realmente acreditava que os movimentos estavam sob a responsabilidade da máquina. O invento ganhou fama e entre os adversários do turco estavam Napoleão Bonaparte (1769-1821) e Benjamin Franklin (1706-1790), que na verdade estavam enfrentando enxadristas célebres como o alemão Johann Allgaier (1763-1823), o inglês William Lewis (1787-1870) ou o francês Jacques Mouret (1787-1837).

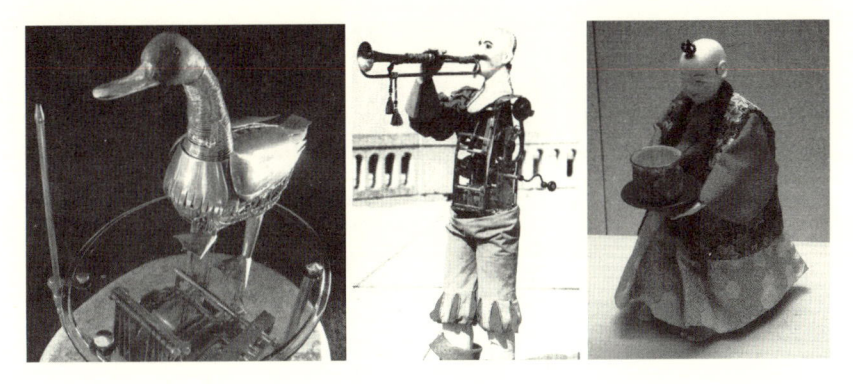

Figuras 79 a 81 – Três exemplos de autômatos: O Pato, projetado por Jacques de Vaucanson (1709-1782) e apresentado em 1739, em réplica do artista e restaurador Jacques Fréderic Vidoni de 1998; O Trompetista, criado em 1810 por Johann Friedrich Kaufmann (1785-1865) e um exemplo do livro Karakuri Zui, de 1796, publicação japonesa sobre os autômatos utilizados para diversos fins, entre eles servir chá.

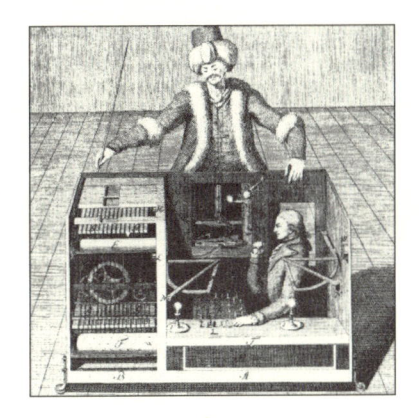

Figura 82 – O Turco Mecânico, que durante o final do século XVIII e primeira metade do século XIX rodou o mundo como uma máquina de jogar xadrez.

A primeira citação da palavra inglesa *robot* é de 1839, utilizada para descrever uma relação trabalhista vigente na Europa Central na qual o aluguel de um inquilino era pago através de serviços forçados. Em tcheco, a palavra *robota* significa algo como *trabalho forçado*. Foi apenas no século XX – mais precisamente em 1920 – que a palavra *robot* foi utilizada com a conotação atual, em uma peça do escritor tcheco Karel Čapek (1890-1938), graças a uma sugestão de seu irmão, Josef Čapek (1887-1945).

Na peça *R.U.R. - Rossumovi Univerzální Roboti* (Robôs Universais de Rossum), pessoas artificiais são fabricadas para nos servir e acabam se revoltando contra a raça humana – um tema que se repete na ficção científica até os dias de hoje, e que envolve questões filosóficas e cognitivas profundas. Como se isso não bastasse, a peça *RUR* foi adaptada pela BBC (British Broadcasting Corportion) e tornou-se o primeiro programa de ficção científica a ser televisionado, em 1938. No cinema, o primeiro robô fez sua aparição em 1927, no filme Metropolis, de Fritz Lang (1890-1976), baseado no livro de Thea von Harbou (1888-1954) – mesma época em que o Japão apresentava o primeiro de uma série de autômatos famosos, batizado de Gakutensoku (algo como aquele que aprende com a Natureza). Cinco anos depois, em 1932, o primeiro robô de brinquedo foi posto à venda, também no Japão.

 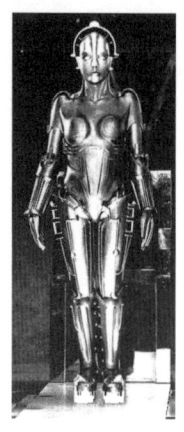

Figuras 83 e 84 – Cena da peça R.U.R, de 1921, que nos dois anos seguintes seria traduzida em trinta idiomas e que introduziu temas recorrentes na ficção científica. À direita, o filme Metropolis (1927), que inaugurou uma longa linhagem de robôs no cinema.

Ironicamente, os robôs originais de *R.U.R* na verdade são androides (pois possuem aparência humana). Foi na década de 1930 que robôs humanoides – ou seja, robôs que possuem a mesma estrutura corporal de uma pessoa, com cabeça, braços e pernas – começaram a se popularizar, como Eric e George, criados pelo inglês William Henry Richards (1868-1948), e Elektro e seu cão Sparko, criados por Joseph Barnett e produzidos pela Westinghouse. Naquela época a tecnologia permitia que alguns robôs fossem capazes de falar, sentar, levantar e caminhar.

Figura 85 – O robô George e seu criador WH Richards, em 1930.

ROBÔS: AQUI, ALI E EM TODO LUGAR

Um dos mais importantes marcos da história da robótica – termo criado pelo escritor Isaac Asimov (1920-1992) no início dos anos 1940 – ocorreu com a formalização, pelo matemático e filósofo norte-americano Norbert Wiener (1894-1964), de um novo ramo de estudo. A cibernética trata de diversos vetores das tecnologias que dominam a sociedade moderna, abordando o controle e a comunicação entre humanos, animais e máquinas. A palavra tem sua origem no termo grego *cybernétēs*, que significa algo como "aquele que conduz". As máquinas que vimos anteriormente, desenvolvidas por Ctesibius, Su Song e Al-Jazari podem ser consideradas exemplos primitivos de sistemas cibernéticos, e o próprio motor a vapor de James Watt possuía um mecanismo de *feedback* (retorno) para controlar sua velocidade.

Como ocorre frequentemente, uma das primeiras aplicações de uma tecnologia emergente foi desenvolvida com fins militares. Durante a Segunda Guerra Mundial (1939-1945), Wiener desenvolveu no MIT um filtro capaz de processar os sinais recebidos por um radar para estimar a nova posição das aeronaves, tentando inclusive modelar as reações motoras dos pilotos. As baterias antiaéreas equipadas com o filtro de Wiener eram mais eficientes, em particular quando o alvo tinha uma rota de voo mais previsível (como os mísseis V-1 que os alemães lançaram contra Londres na etapa final do conflito).

O traço que une os diversos campos da cibernética – na engenharia, computação, biologia, matemática, psicologia, sociologia, educação ou arte – é o processamento de sinais de *feedback*, produzidos pelos próprios sistemas que se deseja estudar e modelar. Em seu livro de 1950, *The Human Use of Human Beings* (O uso humano de seres humanos), Wiener explica os paralelos entre os sistemas autônomos e a própria sociedade, e destaca formas de evitar que pessoas sejam obrigadas a realizar esforços repetitivos de trabalhos manuais – basicamente, o objetivo fundamental que impulsiona o desenvolvimento dos robôs.

Foi um inventor de Louisville, Kentucky, nos EUA, quem estabeleceu o marco da revolução robótica na indústria. Em 1954, George Devol (1912-2011) – que trabalhou na Sperry Gyroscope Company, da qual falamos no Capítulo 2 – entrou com o pedido de patente para o que viria ser o primeiro robô programável, que faria sua estreia em 1961 em uma fábrica da General Motors em Nova Jersey, também nos EUA. O robô industrial Unimate foi fabricado pela Unimation, empresa fundada por Joseph Engelberger (1925-2015) e Devol, que se conheceram em um evento social em 1956. Dez anos depois, em 1966, Engelberger e Unimate apareceram no popular *The Tonight Show*, apresentado por Johnny Carson (1925-2005) e assistido por milhões de norte-americanos todas as noites – no mesmo ano em que pesquisadores do Stanford Research Institute (entidade ligada à Universidade de Stanford, na Califórnia), criam o robô Shakey.

Figura 86 – Joseph Engelberger (1925-2015) e George Devol (1912-2011), que juntos criaram o mercado de robôs industriais.

Shakey foi o primeiro robô móvel verdadeiramente autônomo, capaz de entender o ambiente à sua volta e cuja programação era praticamente toda em LISP. Seu nome pode ser traduzido como *Chacoalhado* – nome que, de acordo com o cientista Charles Rosen (1917-2002), líder do projeto, foi escolhido após um mês de buscas quando um dos membros da equipe disse "Isso vive balançando e anda de um lado para o outro, vamos chamá-lo de Shakey". O Stanford Cart (carrinho de Stanford) foi um dos sucessores do Shakey, navegando uma sala com obstáculos em cerca de cinco horas em outubro de 1979 sem interferência humana. Era parte da pesquisa do SAIL (*Stanford Artificial Intelligence Lab*, ou Laboratório de Inteligência Artificial de Stanford) – que viu diversos pesquisadores prosseguirem seus trabalhos em veículos autônomos no *Robotics Institute* (ou Instituto de Robótica) da Carnegie Mellon University, em Pittsburgh, Pensilvânia, fundado no mesmo ano.

Figuras 87 e 88 – O robô Shakey (1966-1972) e o Stanford Cart (aproximadamente 1970 a 1980).

Uma das primeiras pesquisas realizadas pelo Instituto foi na busca por soluções para o equilíbrio de pernas robóticas. A simples tarefa de caminhar e de se equilibrar, que seres humanos conseguem dominar cerca de um ano depois de nascerem, é relativamente complexa para robôs humanóides. Em 1986, a Honda iniciou seu programa de desenvolvimento que eventualmente levou à criação, quase quinze anos depois, do ASIMO (*Advanced Step in Innovative Mobility*, em português, Passo Avançado em Mobilidade Inovadora), que tornou-se mundialmente conhecido (em 2018, a Honda anunciou o fim desse projeto). Outro robô que alcançou fama mundial foi a Sophia, da Hanson Robotics. Criada em 2016, trata-se de mais um passo na direção de androides que poderão desempenhar papéis sociais relevantes no futuro, combinando técnicas de inteligência artificial, reconhecimento de imagens e de voz.

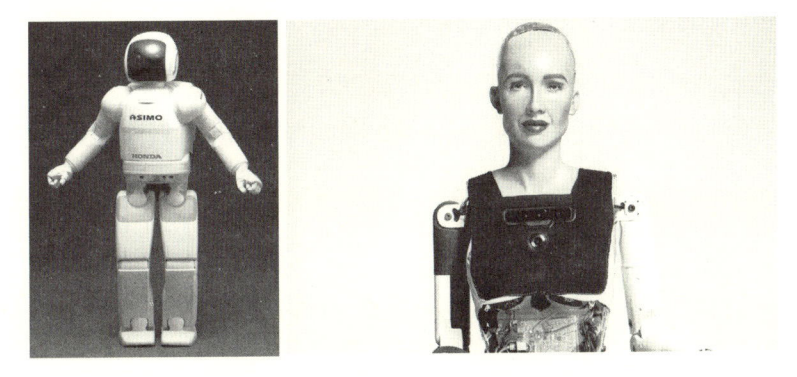

Figuras 89 e 90 – ASIMO, robô desenvolvido pela Honda entre 2000 e 2018, e Sophia, robô criado pela Hanson Robotics em 2016 em Hong Kong e que é oficialmente cidadã da Arábia Saudita.

UM MORDOMO NO ARMAZÉM

O crescimento da participação de robôs na economia gera impactos na produtividade, empregabilidade e confiabilidade em uma série de processos. Robôs comerciais e industriais são utilizados para realizar tarefas perigosas ou repetitivas demais para seres humanos, e já atuam em áreas como medicina, indústria, logística, exploração (terrestre, espacial, submarina), transporte, limpeza, segurança, entretenimento e agricultura.

As mudanças em diversos aspectos da infraestrutura tecnológica que suporta o ambiente de negócios global geram iniciativas que buscam alavancar e organizar as formas de atuação das empresas. Por exemplo, a expansão da Internet das Coisas gerou o desenvolvimento de protocolos de comunicação utilizados exclusivamente por máquinas – M2M, ou *machine to machine* – viabilizando assim a coleta e o intercâmbio de informações entre dispositivos. O mercado bilionário de sensores permite que sistemas de controle de estoque sejam capazes de determinar quando é necessário realizar uma nova ordem de compra, assim como linhas industriais passam a ser capazes de atuar sobre componentes que comecem a apresentar um comportamento que tipicamente antecede o surgimento de algum tipo de defeito.

O consumidor moderno já se acostumou com a comodidade de realizar suas compras pela Internet – inicialmente, eram livros (que ainda coexistem com suas contrapartes digitais) ou CDs (que experimentaram acentuado declínio devido aos serviços de *streaming* e de download de músicas), mas em alguns anos já se tornou possível comprar praticamente qualquer coisa sem sair de casa. Comida, roupas, brinquedos, material escolar, eletroeletrônicos, carros ou imóveis: basta estar conectado. Essa mudança no comportamento do consumidor fez com que toda estrutura de distribuição e logística fosse repensada: de qualquer parte do mundo pode chegar um pedido, a qualquer instante, para adquirir um item específico dentre centenas de milhões de opções disponíveis. Estima-se que a Amazon, líder global de comércio eletrônico, disponibiliza algo entre quatrocentos e quinhentos milhões de itens distintos em seu site.

Uma das importantes vantagens competitivas que a Amazon possui está relacionada aos seus centros de distribuição, espalhados pelos Estados Unidos, Canadá, México, Brasil, Reino Unido, França, Alemanha, China e Japão, entre outros. Isso permite que grande parte dos produtos cheguem aos seus clientes em dois dias ou menos. Esses centros foram construídos integrando robôs e computadores a todas as etapas do processo, otimizando aspectos como tamanho da embalagem, origem do envio e rota para entrega – são quase duzentos países atendidos, gerando em 2017 uma receita de quase 178 bilhões de dólares para a empresa. A companhia possui uma das dez marcas mais valiosas do mundo, estimada em 207 bilhões de dólares pelo *ranking* BrandZ 2018, publicado pela consultoria britânica Kantar Millward Brown – atrás apenas da Google e da Apple. Neste *ranking*, as seis marcas mais valiosas do mundo pertencem a empresas de tecnologia, totalizando um valor superior a um trilhão de dólares.

Quando uma ordem de compra chega aos sistemas de informação do provedor do produto, e uma vez que o pagamento tenha sido devidamente processado, é necessário determinar qual o centro de distribuição (CD) irá se encarregar de encaminhar o produto para o consumidor. Para determinar isso, é feito um cruzamento de dados entre o endereço final de entrega e a disponibilidade do item em estoques espalhados pelo país (ou mesmo pelo mundo). Alguns centros de distribuição são capazes de armazenar milhões de artigos com diversas datas de validade, tamanhos, pesos e quantidades diferentes, e uma das principais etapas de uma cadeia de suprimentos moderna está justamente relacionada à eficiência de seus centros de distribuição.

ESTIMATIVA ANUAL GLOBAL DE FORNECIMENTO DE ROBÔS INDUSTRIAIS 2009 A 2021

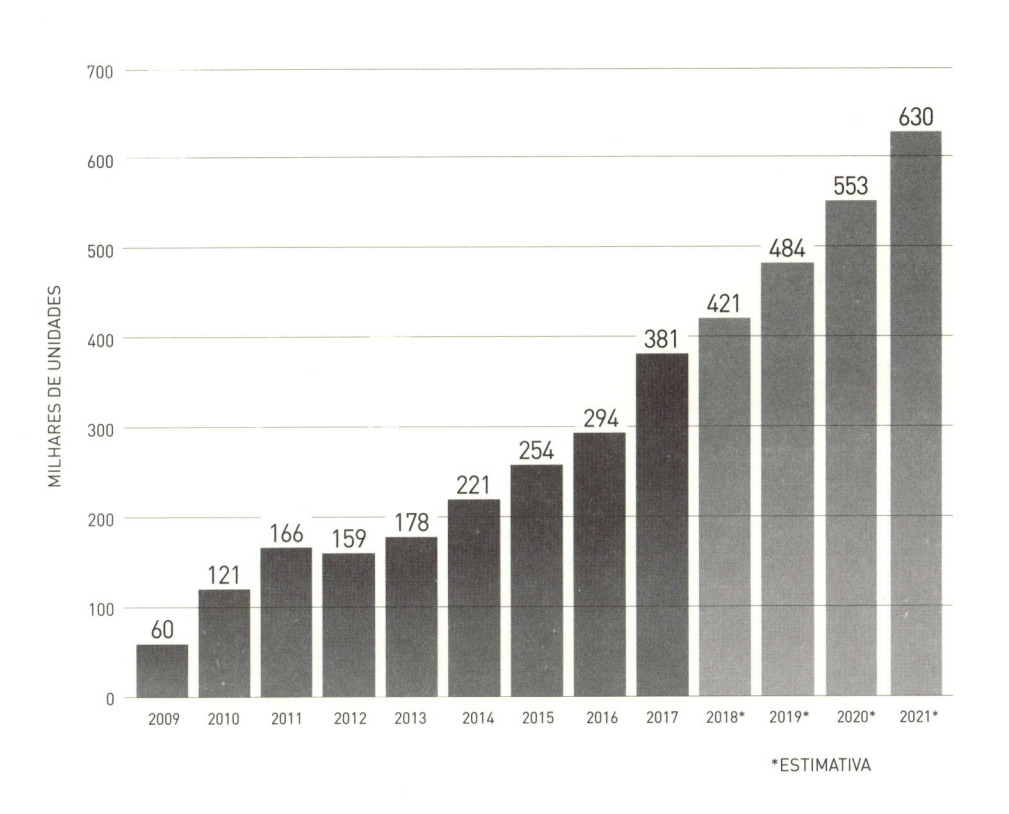

Figura 91

Considere, por exemplo, o processo de selecionar um item específico, armazenado em uma das centenas de prateleiras de um centro de distribuição (CD) com dimensões que equivalem a diversos quarteirões de uma cidade grande. É necessário não apenas ter a localização precisa do item, mas fisicamente buscá-lo da forma mais eficiente possível para depois embalá-lo e despachá-lo ao seu destino final. Atualmente, diversas soluções são utilizadas para endereçar estas questões, e uma delas é o uso de robôs batizados de *Butler* (literalmente, mordomo) desenvolvidos pela empresa GreyOrange, fundada em 2011 e com sede em Singapura. Esses robôs são capazes de levar as prateleiras onde os artigos estão armazenados até os operadores do CD, fazendo isso de maneira otimizada e potencialmente atendendo múltiplas encomendas simultaneamente. Autônomos e disponíveis vinte e quatro horas por dia, as unidades conectam-se sozinhas à eletricidade quando suas baterias precisam ser recarregadas.

O tema é tão relevante que, em 2012, a Amazon adquiriu a empresa Kiva Systems por 775 milhões de dólares. Localizada perto de Boston, nos Estados Unidos, em 2015 passou a ser chamada de Amazon Robotics. É através dessa unidade de negócios que são desenvolvidos os robôs que ajudam a transformar os centros de distribuição da Amazon em operações eficientes e precisas, que despacham milhões de encomendas (quase sempre com múltiplos itens) diariamente, utilizando mais de cem mil robôs espalhados pelo mundo.

Em 2016, a Freightos – uma *startup* fundada em 2012 que oferece um *marketplace* online (ou seja, um ambiente de negociação via computador, tablet ou smartphone) para empresas de logística – publicou uma pesquisa na qual executivos das principais empresas do setor foram questionados sobre quais as inovações que irão impactar de forma mais relevante a indústria. A robótica foi a tecnologia mais citada, em 68% das respostas. Depois vieram a impressão 3D (49%), o uso de *drones* e veículos autônomos (32%) e realidade aumentada (8%). De fato, atualmente os investimentos mais relevantes dos centros de distribuição modernos estão ligados à automação e à integração de robôs ao novo fluxo operacional.

MARILYN, KENNEDY E OS DRONES

A exemplo da própria Internet, os drones são o resultado de inovações desenvolvidas pelos militares ao longo de mais de cem anos. Um drone é um veículo aéreo não tripulado (UAV, *unmanned aerial vehicle*) que pode voar de forma autônoma ou pode ser controlado remotamente. Entretanto, o primeiro uso da ideia em um campo de batalha não foi exatamente controlado. Em março de 1848, uma revolta na cidade de Veneza contra o domínio austríaco deu origem à República de San Marco. Para sufocar a revolta, o exército austríaco cercou a cidade e carregou balões com explosivos que foram lançados sobre a mesma – mas mudanças na direção do vento acabaram por conduzir diversos balões para direção errada.

Cinquenta anos depois, em 1898, Nikola Tesla (1856-1943), o inventor, engenheiro e futurista nascido no que é hoje a Croácia, apresentou um pequeno barco pilotado por controle remoto durante a Exibição Elétrica no Madison Square Garden em Nova York – algo que foi considerado por muitos como um "truque de mágica" e não ciência. Com sua patente *Method of and apparatus for controlling mechanism of moving vessels or vehicles* (Método e aparelho para controlar o mecanismo de movimentação de embarcações ou veículos), Tesla criou o conceito de drones, sobre o qual ele declarou em seu livro *Minhas Invenções*, de 1921: "Teleautômatos serão produzidos, agindo como se possuíssem inteligência, e sua introdução irá criar uma revolução".

Figuras 92 e 93 – Nikola Tesla (1856-1943), um dos mais notáveis inventores da História da Ciência e seu barco, o primeiro veículo controlado por rádio (1898).

O uso de ondas eletromagnéticas para controlar veículos à distância prosseguiu seu desenvolvimento, principalmente com objetivos bélicos. O engenheiro e inventor inglês Archibald Low (1888-1956) – que criou um aparelho que abriu caminho para o desenvolvimento da televisão – é considerado por muitos uma das figuras mais importantes no universo dos drones, por ter estabelecido os princípios básicos do uso do controle remoto para pilotar aeronaves e por ter sido responsável pelos primeiros testes da tecnologia em 1917. Nesse mesmo ano, o Avião Automático Hewitt-Sperry (sim, trata-se do mesmo Sperry mencionado no

Capítulo 2) voou quase 50 quilômetros sem piloto e despejou sua carga a 3 quilômetros do alvo estabelecido.

O ator britânico Reginald Denny (1891-1967), que serviu na força aérea durante a Primeira Guerra Mundial (1914-1918), ficou interessado por aviões controlados por rádio, e decidiu abrir uma loja para vender aeromodelos em 1935. Durante a Segunda Guerra Mundial (1939-1945), após firmar um contrato com o exército dos EUA, a empresa de Denny e seus sócios fabricou cerca de quinze mil drones para treinamento de operadores de baterias anti-aéreas. Foi em uma dessas fábricas que um fotógrafo do exército chamado David Conover (escolhido pelo Capitão do exército e futuro presidente dos EUA, Ronald Reagan) viu uma jovem operária chamada Norma Jeane trabalhando na montagem de drones. Ela então iniciou uma carreira como modelo e mudou seu nome para Marilyn Monroe (1926-1962).

Figura 94 – Norma Jeane (que mudaria seu nome para Marilyn Monroe) trabalhando na linha de montagem de drones para o Exército dos EUA.

O uso dos drones como armas de ataque pelo exército norte-americano neste período tipicamente envolvia um piloto, em função do estágio ainda limitado das técnicas de controle remoto. O piloto em questão decolava com a aeronave e uma vez que atingia a altitude e a direção corretas, saltava de paraquedas em território aliado. Joseph Kennedy Jr. (1915-1944), irmão mais velho do futuro presidente dos Estados Unidos, John F. Kennedy (1917-1963), era um dos pilotos destes drones e morreu em uma explosão ocorrida prematuramente. O alvo deste ataque era exatamente o local onde cientistas alemães trabalhavam no seu projeto de mísseis, e diversos deles foram levados para os EUA após a Segunda Guerra Mundial para fazer parte do programa balístico norte-americano dos anos subsequentes.

Os significativos avanços obtidos no desenvolvimento de mísseis reduziram consideravelmente os recursos e interesse em drones, mas as melhorias tecnológicas e a miniaturização dos circuitos, aliadas às necessidades de combate ao terrorismo – nas quais elementos de interesse se escondem tanto em regiões quanto em aglomerações urbanas – elevaram os drones a uma posição de destaque. Atualmente os drones se beneficiam das patentes depositadas em 1940 por Edward Sorensen, na qual o operador (ou piloto) tem informações precisas sobre o que está ocorrendo com o UAV a cada instante, mesmo sem contato visual com o equipamento. Seu uso no arsenal militar moderno foi acelerado na década de 1980 pelo empreendedor Abraham Karem, que fundou a empresa Leading Systems em sua garagem na cidade de Los Angeles e, utilizando materiais simples, conseguiu provar a capacidade e durabilidade de veículos não tripulados para missões de reconhecimento. A agência de pesquisas do Departamento de Defesa dos Estados Unidos, DARPA, financiou o trabalho dessa *startup* (que eventualmente faliu) de onde surgiram os projetos dos drones modernos, que realizam missões diariamente em diversas regiões do mundo.

Da mesma maneira que a ARPANET, gênese da atual Internet, foi desenvolvida com objetivos militares e eventualmente tornou-se uma tecnologia presente em todos os setores da sociedade, os drones também seguem caminho semelhante. Depois de uma longa história de desenvolvimento motivada por guerras, o interesse por estes veículos aéreos não tripulados continua aumentando. O consumidor que deseja pilotar um drone para fins recreativos tem dezenas de modelos diferentes à sua disposição, cujo preço varia de algumas dezenas a alguns milhares de dólares. Muitos já possuem câmeras em sua estrutura, cuja resolução e alcance são diretamente relacionados aos seus objetivos. Obter imagens em alta definição tanto para fotos quanto para filmes já é lugar comum, e há drones "recreativos" com lentes que alcançam confortavelmente objetos a mais de um quilômetro de distância. No caso de drones militares, mesmo quando estão voando a uma altitude de dez quilômetros são capazes de obter com precisão a placa de um carro.

A popularização dos drones ocorreu de forma tão rápida que a FAA (*Federal Aviation Administration*), a entidade que regulamenta a aviação civil nos Estados Unidos, estabeleceu uma extensa legislação sobre o tema, incluindo a necessidade de obtenção de licenças para voo em diversos casos. O objetivo é evitar que acidentes ocorram com a quantidade crescente de drones cruzando os céus – colisões e quedas, impacto em prédios ou postes e voos em áreas restritas, entre outros. De acordo com um relatório publicado pela FAA no primeiro trimestre de 2016, em 2020 espera-se que a venda anual de drones nos EUA atinja sete milhões de unidades, sendo 2,7 milhões para fins comerciais e 4,3 milhões para fins recreativos. Os valores envolvidos já são significativos: segundo o Grupo Gartner, a receita global com a venda de drones para uso pessoal e comercial deve atingir mais de 11 bilhões de dólares em 2020, comparada com cerca de 6 bilhões de dólares ao longo de 2017.

Por sua versatilidade, drones já são utilizados em empresas de energia, seguros, construção, agricultura, pesquisa, varejo, mídia e logística. Suas tarefas são variadas, e incluem a inspeção de estruturas, a análise de linhas de transmissão de energia elétrica, gasodutos, controle de qualidade de telhados e coberturas, monitoramento de movimentação de veículos e pessoas e entrega de mercadorias e medicamentos.

Novos usos e aplicações surgem regularmente, frequentemente através da combinação de diversos elementos viabilizados economicamente pelo avanço nos processos de manufatura que caracterizam a convergência de tecnologias que a sociedade vai continuar experimentando ao longo das próximas décadas. Um exemplo está no uso de drones na cadeia de suprimentos, utilizando tecnologia de identificação por rádio-frequência (RFID). Essa técnica funciona através da resposta que etiquetas especiais (chamadas de *RFID tags*) são capazes de dar quando um equipamento específico é acionado para ler a informação armazenada. Isso faz com que as etiquetas se comportem como elementos passivos, não precisando de baterias e simplesmente "respondendo" quando ondas de rádio específicas as atingem. Um dos projetos em desenvolvimento no MIT utiliza uma frota de drones que voa de forma autônoma por um armazém, estimulando as etiquetas RFID com ondas de rádio e catalogando a localização de cada item armazenado com uma margem de erro menor que vinte centímetros.

A possibilidade de integração de mecanismos de inteligência artificial a armas, dando origem a armamentos verdadeiramente autônomos – *Autonomous Weapon Systems* (AWS) ou *Lethal Autonomous Weapon* (LAW) – tornou realidade um cenário antes restrito ao mundo da ficção. Essas máquinas – por exemplo, drones armados e equipados com *software* de reconhecimento facial – poderiam ser programadas para assassinar determinada pessoa ou grupo de pessoas, e depois se autodestruir, tornando praticamente impossível descobrir o verdadeiro culpado. Máquinas não têm vontade própria, elas sempre seguem as instruções de seus programadores.

Esses novos dispositivos apresentam significativos riscos, mesmo que utilizados apenas para defesa (uma fronteira tênue e de difícil definição), e evocam a imagem dos robôs assassinos com os quais autores de ficção científica trabalham há décadas. Em 2015, na 24ª Conferência Internacional sobre Inteligência Artificial (IJCAI, *International Joint Conference on Artificial Intelligence*), uma carta pedindo que esse tipo de arma fosse abolida foi assinada por nomes como o físico teórico Stephen Hawking (1942-2018), o empreendedor Elon Musk e o neurocientista Demis Hassabis, um dos fundadores da empresa DeepMind, adquirida pela Google em 2014. A discussão segue sem definição, mas há exemplos históricos que falam a favor do envolvimento de seres humanos como Vasili Arkhipov (1926-1998) nas decisões de vida e morte.

Com 36 anos de idade na época, Vasili era o segundo na hierarquia de comando do submarino B-59 da Marinha da União Soviética. Entre os dias 16 e 28 de outubro de 1962, o mundo assistiu as tensões entre Estados Unidos e União Soviética chegarem ao seu ponto máximo durante a Crise dos Mísseis de Cuba. Em abril do ano anterior, um grupo de exilados cubanos patrocinados pela Agência Central de Inteligência Americana (CIA) fracassou em sua tentativa de invasão na Baía dos Porcos, e para impedir uma futura invasão o governo cubano solicitou que a União Soviética instalasse mísseis nucleares na ilha.

Após obter provas inequívocas de que os mísseis em questão estavam sendo instalados, os Estados Unidos montaram um bloqueio naval para impedir que novos mísseis chegassem a Cuba e exigiu a retirada dos mísseis já instalados, que estavam a apenas 150 quilômetros do estado da Flórida. No dia 27 de outubro de 1962, ao localizar o submarino soviético B-59 em águas internacionais, a esquadra norte-americana decidiu jogar cargas de profundidade próximas ao veículo para forçar sua ida à superfície. Sem contato com Moscou por vários dias e sem condições de utilizar o rádio, o capitão do submarino, Valentin Savitsky, estava convencido que a Terceira Guerra Mundial havia começado, e decidiu lançar um torpedo nuclear contra os americanos.

A decisão de lançar uma arma nuclear a partir do B-59 tinha que ser unânime entre os três oficiais: o capitão Savitsky, o oficial político Ivan Maslennikov e o segundo em comando Vasili Arkhipov, que foi o único a discordar da decisão e recomendar que o submarino emergisse para finalmente contactar Moscou. Apesar de evidências que apontavam para guerra, Arkhipov manteve-se firme e, de fato, salvou o mundo de um conflito nuclear.

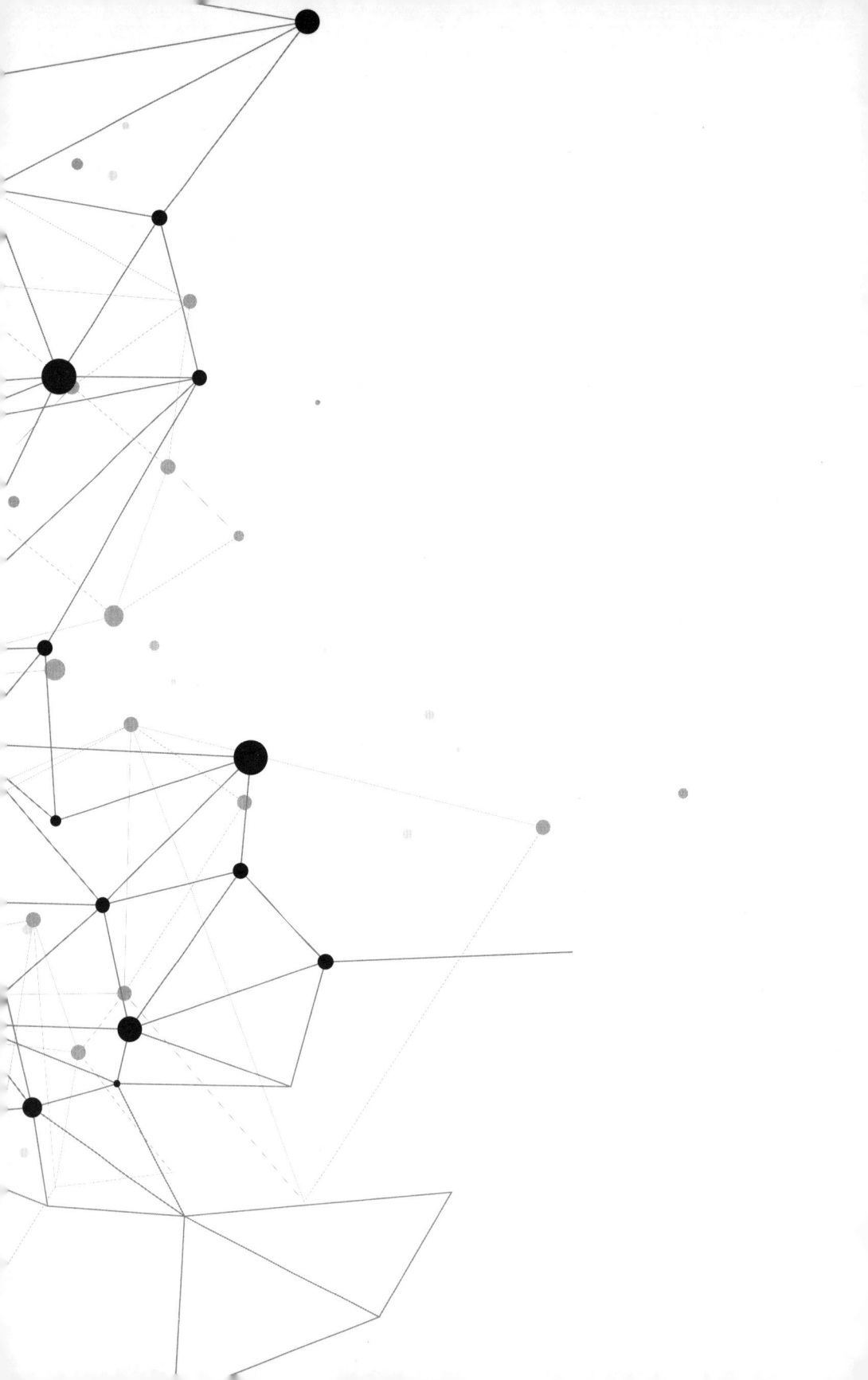

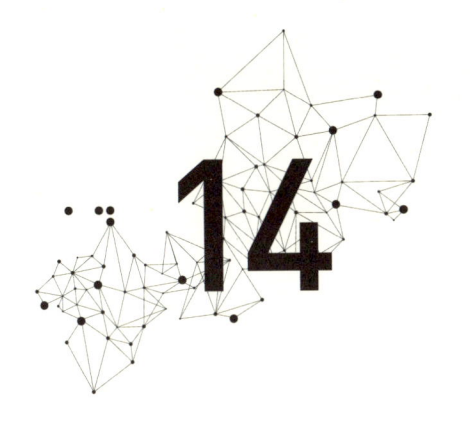

NANOTECNOLOGIA

AS NOVAS BOLAS DE GUDE

EM MAIO DE 1998, UM ARTIGO CIENTÍFICO INTITULADO *RECOMBINANT Growth* (Crescimento Recombinante) foi publicado no Quarterly Journal of Economics, uma importante publicação editada pelo Departamento de Economia da Universidade de Harvard, nos Estados Unidos. Seu autor, Martin Weitzman, PhD em Economia pelo MIT em 1967, sugere que os limites do crescimento de uma economia talvez não sejam estabelecidos pela capacidade de geração de novas ideias, mas sim pela capacidade de transformação dessas ideias em projetos práticos e utilizáveis. Weitzman criou um modelo matemático no qual os elementos já existentes na economia – indústrias, equipamentos, automóveis e laboratórios, por exemplo – são expandidos e combinados com as inovações, dando forma a um novo padrão de crescimento e evolução que se baseia justamente na recombinação de todas essas componentes.

De fato, estamos vivendo uma era de inovações e avanços que ocorrem a uma velocidade sem precedentes, através da combinação de novas técnicas com plataformas já existentes.

A manipulação de elementos individualmente – como sensores, memórias, processadores, dados ou redes – e sua combinação para criação de sistemas, programas, equipamentos ou dispositivos – abre caminho para novos segmentos de negócios: veículos autônomos, impressoras 3D, robôs e drones, cidades inteligentes e agrotecnologia são apenas alguns exemplos. Mas o que aconteceria se, ao invés de desenvolvermos novas tecnologias e combinarmos as mesmas entre si, decidíssemos manipular e combinar os blocos mais básicos da matéria – os átomos – a exemplo do que está sendo feito no ramo da biotecnologia com o DNA?

A ideia de manipular átomos para criação de novos materiais e máquinas foi articulada pela primeira vez pelo físico norte-americano Richard Feynman (1918-1988) em uma de suas célebres palestras. No dia 29 de dezembro de 1959, sua apresentação no encontro anual da *American Physical Society* (Sociedade Americana de Física) foi transcrita com o título *There's Plenty of Room at the Bottom* (Há bastante espaço no fundo). Nela, ele pergunta para a plateia "Por que não podemos escrever os 24 volumes da Enciclopédia Britannica na cabeça de um alfinete?" – e estabelece dois desafios.

O primeiro desafio consistia na construção de um motor elétrico que coubesse dentro de um cubo com lados de 0,4 mm – algo que foi feito menos de um ano depois pelo engenheiro William McLellan (1924-2011). O segundo desafio, diretamente relacionado à pergunta inicial de Feynman, envolvia reduzir as dimensões de um texto em 25 mil vezes – mas os equipamentos e técnicas disponíveis para transformar essa visão em realidade ainda iriam demorar a surgir. Apenas na década de 1980 foi possível visualizar detalhadamente, através de um microscópio de corrente de tunelamento (STM, *scanning tunneling microscope)*, átomos e suas ligações. Esse feito deu aos inventores do equipamento, o físico alemão Gerd Binnig e o físico suíço Heinrich Rohrer (1933-2013), ambos do Laboratório de Pesquisas da IBM em Zurique, o Prêmio Nobel de Física de 1986. Foi apenas em 1985 que Tom Newman, um doutorando no Departamento de Engenharia Elétrica da Universidade de Stanford, na Califórnia, EUA, conseguiu vencer o segundo desafio de Feynman.

O termo *nanotecnologia* foi utilizado pela primeira vez em 1974 por um professor da Universidade de Ciências de Tóquio chamado Norio Taniguchi (1912-1999), mas começou a tornar-se mais conhecido após 1986, quando o engenheiro Kim Eric Drexler publicou *Engines of Creation: The Coming Era of Nanotechnology* (Motores de Criação: A Era da Nanotecnologia), que foi revisado e expandido em uma nova edição em 2007. Drexler fez seu doutorado no MIT, onde foi aluno de Marvin Minsky (1927-2016), um dos nomes mais importantes no campo de Inteligência Artificial.

A nanotecnologia lida com objetos que se encontram em escala atômica e são mensurados em nanômetros, ou um bilionésimo de um metro (ou 10^{-9}). Uma folha de papel típica tem mais de cem mil nanômetros de espessura. Em um artigo publicado na revista National Geographic de junho de 2006, a repórter Jennifer Kahn compara um nanômetro e um metro de forma ilustrativa: seria o equivalente a comparar uma bola de gude com o planeta Terra.

Figura 95 – A página inicial da obra de Charles Dickens, *A Tale of Two Cities* (Um conto de duas cidades), de 1859, reduzida 25 mil vezes utilizando-se um feixe de elétrons sobre um pedaço quadrado de plástico com lado igual a 0,2 mm.

O VERDADEIRO BRILHO DO OURO

Como era de se esperar, o surgimento de uma nova ciência com potencial tão relevante também gerou preocupações – afinal, quais as consequências sobre a saúde e o ecossistema no caso do desenvolvimento de novos materiais ou modificação de materiais já existentes? Em julho de 2004 a tradicional Royal Society, fundada em Londres em 1660 com o objetivo de promover o conhecimento científico, publicou um estudo sobre o assunto, chamado *Nanoscience and nanotechnologies: opportunities and uncertainties* (Nanociência e nanotecnologias: oportunidades e incertezas), no qual são destacados não apenas os potenciais benefícios da nova tecnologia mas também a necessidade de regulação e controle com relação à exposição do ser humano às nanopartículas.

O democrata Woodrow Wilson (1856-1924) foi o vigésimo-oitavo presidente dos Estados Unidos, comandando a nação entre os anos de 1913 e 1921. Ele tinha fortes vínculos com o mundo acadêmico, obtendo um doutorado na área de ciências políticas pela Universidade Johns Hopkins e lecionando em diversas instituições de ensino superior. Escolhido como presidente da Universidade de Princeton entre 1902 e 1910, foi o único presidente dos EUA com um doutorado (até a publicação deste livro). Sendo assim, um dos mais importantes *think tanks* do mundo foi batizado com seu nome em 1968 – o *Woodrow Wilson International Center for Scholars. Think tanks* são centros de estudos para discussões de ideias e soluções, contando com a participação de diversos setores da sociedade e procurando endereçar desafios de grande impacto.

Em 2005, uma associação entre o Woodrow Center e a ONG estabelecida pela família Pew, que fundou no final do século XIX a petroquímica Sunoco (hoje parte da *Energy Transfer Partners*), criou o *Project on Emerging Nanotechnologies* (Projeto em Nanotecnologias Emergentes). Dessa parceria surgiu uma importante referência da área, um diretório de produtos com foco no consumidor final que contenham nanomateriais (*Nanotechnology Consumer Products Inventory*). Por se tratar de uma área nova e cujos efeitos sobre a saúde e o ambiente ainda precisam ser monitorados e compreendidos, iniciativas dessa natureza são muito relevantes. Refletindo de forma clara o que se espera de governos quando o assunto é apoio à pesquisa básica e desenvolvimento de novas tecnologias, em 2000 o então presidente dos Estados Unidos, Bill Clinton, declarou que "Alguns dos objetivos [da pesquisa em nanotecnologia] irão levar mais de vinte anos para serem atingidos, e é exatamente por isso que o governo federal possui um papel tão relevante". A iniciativa norte-americana em nanotecnologia (*National Nanotechnology Initiative*) recebeu, entre 2001 e 2018, mais de 25 bilhões de dólares em investimentos públicos.

Governos de diversos países estão dedicando recursos ao tema em função de sua complexidade e importância estratégica. Em um artigo publicado em julho de 2016, a UNESCO (Organização das Nações Unidas para a Educação, Ciência e Cultura) apontou que a relação entre patentes e artigos na área de nanotecnologia é dominada pelos Estados Unidos, Japão, Coreia do Sul, Alemanha, Suíça e França. Dois países que não costumam frequentar listas dos mais inovadores mas que estão demonstrando considerável crescimento no desenvolvimento de pesquisas no setor são a Malásia e principalmente o Irã que, a exemplo dos Estados Unidos, também mantém um catálogo aberto dos produtos com base nanotecnológica (*Nanotechnology Product Database*). O país já possui cinco centros de pesquisa dedicados ao assunto, com programas de doutorado especializados.

No Brasil, o Ministério da Ciência, Tecnologia, Inovações e Comunicações (MCTIC) estabeleceu a iniciativa do Sistema Nacional de Laboratórios em Nanotecnologias (SisNANO) em 2012, oferecendo aos setores público e privado acesso a laboratórios e equipamentos. Já na Rússia, a estatal Rusnano foi estabelecida em 2007 com o objetivo de comercializar produtos baseados em nanotecnologia, sendo estruturada como um fundo de investimento de 10 bilhões de dólares para alocar recursos em *startups* ou em companhias maduras. No final de 2013, a Rusnano apoiava quase cem projetos e onze nanocentros.

UMA PERSPECTIVA NANOMÉTRICA

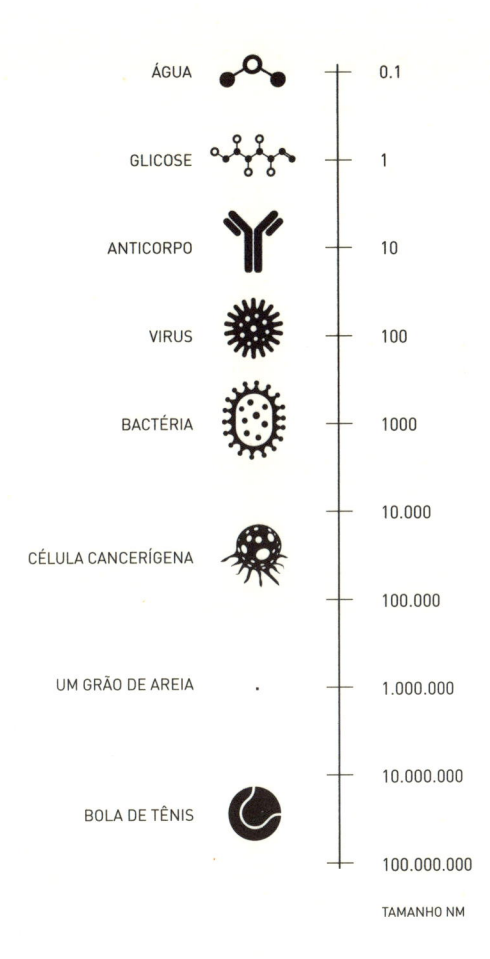

1 NANÔMETRO = 1 BILIONÉSIMO DE METRO

UNHAS CRESCEM A UM NANÔMETRO POR SEGUNDO

UM FIO DE CABELO TEM APROXIMADAMENTE 80.000 NANÔMETROS DE ESPESSURA

Figura 96

Independente da forma como os países decidam investir em nano, ou de suas respectivas vocações para pesquisa, os setores de atuação dessa tecnologia são muitos – como energia, manufatura, agricultura, metalurgia, medicina, engenharia e biologia molecular.

ENDEREÇO CERTO

No mundo da nanotecnologia – no qual as dimensões típicas são literalmente um milhão de vezes menores que uma formiga e dezenas de milhares de vezes menores que o diâmetro de um fio de cabelo ou que a espessura de uma folha de papel – a forma como os materiais reagem pode ser bastante diferente daquela com a qual estamos acostumados, apresentando propriedades físicas, químicas e biológicas únicas em estado gasoso, líquido ou sólido. Quando elevamos a temperatura da água a valores superiores a 100° Celsius, observamos sua transformação do estado líquido para o estado gasoso. Se fizermos o processo oposto, reduzindo a temperatura abaixo de 0°C, modificamos o estado inicial, dessa vez de líquido para sólido. O conhecimento adquirido ao longo dos últimos séculos sobre as propriedades dos elementos químicos permite que sejamos capazes de prever e utilizar em nosso benefício o comportamento que grupos de átomos e moléculas apresentam. Estas propriedades podem estar relacionadas com uma maior capacidade para conduzir eletricidade, emissão de diferentes campos eletromagnéticos, maior reatividade com outros elementos ou ainda novas formas de refletir a luz. O estudo das propriedades de diversos tipos de materiais, combinado com a capacidade de manipulação e agrupamento de partículas em escala nanométrica abre novas possibilidades para múltiplas linhas de negócios. O ouro, por exemplo, é um metal cujas partículas nanométricas absorvem luz (ao contrário do que acontece com ele nas dimensões com as quais estamos acostumados) – e essa luz é transformada em uma quantidade de calor suficiente para eliminar células indesejadas do corpo. Essa tecnologia já pode ser encontrada em procedimentos de quimioterapia e radioterapia contra o câncer, nos quais as células cancerosas são atraídas pelas nanopartículas que também carregam a medicação a ser precisamente liberada nos tumores, sem afetar células saudáveis.

No campo da manufatura, uma das estruturas mais utilizadas que foi derivada do mundo da nanotecnologia são os nanotubos de carbono, formados por um arranjo hexagonal de apenas uma camada de átomos deste elemento. Além de transparente, é um bom condutor de calor e eletricidade e, conforme a definição do Oxford Learner's Dictionaries, é o mais fino e mais forte material conhecido pela ciência. Originalmente observado na década de 1960, sua importância foi reconhecida com a entrega do

Prêmio Nobel de Física em 2010 para os russos Andre Geim e Konstantin Novoselov pelos seus "experimentos revolucionários com o material bidimensional grafeno". Os nanotubos já estão presentes em produtos que vão de bicicletas a pranchas de surfe, passando por embarcações e turbinas. Pesquisas para combinar nanotubos de carbono com plásticos buscam substituir o aço por um composto mais leve e mais resistente, e diversos grupos já trabalham justamente com essas propriedades na área de bioengenharia, visando avanços em procedimentos de reconstrução e recuperação óssea.

A indústria têxtil também apresenta possibilidades para o uso das nanofibras, que podem se combinar com fibras comuns para trazer novas funcionalidades ao produto final, como roupas superhidrofóbicas – em outras palavras, tecidos que repelem a água, permanecendo secos em virtualmente qualquer circunstância. Outro exemplo são as roupas que impedem a formação de odores desagradáveis, através da aplicação de nanopartículas de sílica recobertas por cobre.

Quando uma nova área do conhecimento humano começa a tomar forma e a potencialmente impactar a vida da população, é necessário que perguntas a respeito da segurança e dos riscos da nova tecnologia sejam endereçadas com o máximo cuidado. A nanotecnologia, com capacidade de impactar múltiplas indústrias, já está presente em diversos tipos de produtos – de circuitos integrados a próteses, de tintas a embalagens, de fertilizantes a tecidos – com novas aplicações em estudo. Nanopartículas de ouro, prata, dióxido de titânio e de silício já podem ser encontradas em cosméticos, produtos ortodônticos e óleos lubrificantes. Em outubro de 2017, um grupo de trabalho da StatNano – entidade apoiada pelo Conselho Iraniano de Iniciativa em Nanotecnologia – publicou um trabalho levando em consideração mais de sete mil produtos de base nanotecnológica já disponíveis globalmente. Trata-se de uma área na qual novas carreiras e especializações devem se multiplicar, em um mercado de trabalho que irá sofrer substanciais mudanças nas próximas décadas.

Os riscos para saúde e para o ambiente são temas críticos no desenvolvimento de produtos que utilizam essa nova tecnologia – até porque, conforme já vimos, o comportamento dos elementos na escala nanométrica pode diferir significativamente de seu comportamento nas dimensões usuais. Além disso, em função de seu tamanho, nanomateriais podem ser absorvidos pelo organismo rapidamente – algo que nem sempre pode ser desejável, causando impactos nos processos digestivos, circulatórios e outros – além de possíveis impactos no próprio meio ambiente. Entretanto, os benefícios da tecnologia parecem compensar amplamente seus riscos: a Medicina é um dos campos mais promissores para o uso da nanotecnologia, com inovações aplicadas a sensores, exames de imagens e liberação específica de remédios no organismo de pacientes com doenças graves.

O tratamento do câncer envolve, com frequência, o uso de técnicas como a quimioterapia e a radioterapia, que podem apresentar efeitos colaterais extremamente nocivos. É comum que não apenas o tumor que precisa ser eliminado seja afetado pelo procedimento, mas células saudáveis também. Conforme já vimos, com as pesquisas em andamento e o uso de nanopartículas (baseadas em lipídios ou polímeros), torna-se possível atingir especificamente as células doentes – reduzindo ou até mesmo eliminando os efeitos adversos da medicação. Tipicamente as nanopartículas são equipadas com o remédio a ser administrado e um agente que identifica a superfície do tumor a ser atacado. Graças ao seu tamanho, conseguem penetrar pelas paredes dos vasos sanguíneos, liberando a medicação diretamente no interior do tumor. Cientistas seguem buscando o aperfeiçoamento desse e de outros métodos, que prometem avançar significativamente a qualidade dos tratamentos existentes.

O uso de nanomateriais também está sendo explorado para criação de sistemas de filtragem mais baratos e eficientes. Segundo relatório da Organização Mundial de Saúde, atualizado em julho de 2017, quase 850 milhões de pessoas ao redor do mundo não têm acesso à água potável, e pelo menos dois bilhões de pessoas utilizam água contaminada – responsável por meio milhão de mortes anualmente. Ainda de acordo com o relatório, em menos de dez anos cerca de metade da população mundial estará vivendo em regiões com escassez de água.

Nanomembranas baseadas em carbono para dessalinizar e purificar a água já existem, e sensores nanométricos podem detectar a presença de bactérias ou agentes tóxicos. Elementos como o dióxido de titânio – presente em filtros solares, por exemplo – já demonstraram a capacidade de neutralizar bactérias como a *Escherichia coli*, encontrada no intestino de vários tipos de animais.

Outro desafio de grande porte que a nanotecnologia está endereçando é o desenvolvimento de soluções para exploração espacial – e é esse o tema do próximo capítulo.

AVIÕES, FOGUETES E SATÉLITES

A NOVA CORRIDA ESPACIAL

EM 1873, O AUTOR NORTE-AMERICANO SAMUEL CLEMENS (1835-1910) – mais conhecido como Mark Twain, nome que utilizava para assinar seus livros – escreveu, em parceria com seu amigo Charles Warner (1829-1900), *The Gilded Age: A Tale of Today* (A Era do Douramento: um conto atual). Esse título refere-se à técnica de aplicar finas camadas de ouro a um objeto menos nobre (madeira ou porcelana, por exemplo) como uma espécie de metáfora para os problemas da sociedade do último terço do século XIX. Na superfície, as coisas pareciam bem, mas estruturalmente havia problemas importantes a serem resolvidos.

O período pós-Guerra Civil nos EUA viu o surgimento de famílias detentoras de vastas fortunas, e a expansão do hiato social entre os mais ricos e os mais pobres. Nomes como Rockefeller, Mellon, Carnegie, Morgan e Vanderbilt influenciaram de forma significativa os rumos da sociedade através de investimentos em ferrovias, metalúrgicas, indústrias e bancos, estabelecendo as bases do parque industrial norte-americano e a cultura de filantropia empresarial, presente até hoje. Bill Gates, fundador da Microsoft, e Warren Buffett, investidor e CEO da Berkshire Hathaway, são exemplos de filantropos modernos. Juntos, já doaram mais de 70 bilhões de dólares para diversas causas ligadas à saúde, educação, pobreza e saneamento.

Cento e cinquenta anos depois, é a vez de um outro grupo de empresários buscar influenciar os destinos de um novo segmento que estava, até pouco tempo atrás, relativamente restrito aos governos de potências militares como a antiga União Soviética e os Estados Unidos: a exploração espacial.

Uma vez que até hoje não foi estabelecida uma legislação definitiva sobre o tema, a definição sobre onde efetivamente começa o espaço varia de acordo com a instituição ou o país. A agência espacial norte-americana, NASA, considera que voos acima de 80 quilômetros do nível do mar são espaciais, enquanto a *Fédération Aéronautique Internationale* (Federação Aeronáutica Internacional, fundada em 1905 e sediada na Suíça) utiliza o limite de 100 quilômetros acima do nível do mar. A tentativa mais conhecida de estabelecer essa definição de forma científica está associada ao engenheiro aeroespacial húngaro-americano Theodore von Kármán (1881-1963).

A chamada *linha de Kármán* foi calculada em 1956, resultando em 83,8 quilômetros e definida pelo próprio como a altitude máxima na qual uma aeronave ainda encontraria sustentação atmosférica para permanecer em voo. De fato, a partir dessa altitude, a atmosfera terrestre possui muito menos relevância que a força da gravidade. Para entrar em órbita, um veículo precisa vencer a gravidade da Terra e manter uma velocidade específica.

Por que o estabelecimento de uma altitude que indique onde começa o espaço é importante? Analogamente ao conceito das águas internacionais, que não pertencem a nenhum país, é importante estabelecer onde termina o espaço aéreo de cada nação, uma vez que a legislação aplicável a aeronaves é diferente daquela aplicável a espaçonaves. De acordo com Thomas Gangale, diretor executivo da rede de pesquisas OPS-Alaska (*Oceanic, Polar, Space* – Oceânica, Polar e Espacial), a rota de retorno para a Terra do ônibus espacial norte-americano passava a apenas 34 quilômetros do espaço aéreo cubano. Segundo ele, a lei espacial deveria se aplicar a qualquer voo com a intenção de atingir o espaço, independente do país que precise ser sobrevoado.

Com o aumento dos voos comerciais e os novos tipos de veículos espaciais em desenvolvimento, é bem provável que em sua rota para atingir o espaço ou durante seu procedimento de pouso na Terra algumas espaçonaves utilizem o espaço aéreo de mais de uma nação – o que pode gerar problemas políticos com consequências imprevisíveis.

A Guerra Fria pode ser considerada um problema político com consequências imprevisíveis. Foi assim que o período entre 1946 e 1991 entrou para História, no qual Estados Unidos e a extinta União Soviética buscaram estabelecer dominância militar e ideológica ao redor do mundo, em uma disputa que acabou ultrapassando os limites do próprio planeta. O ex-primeiro ministro canadense e vencedor do prêmio Nobel da Paz de 1957, Lester Pearson (1897-1972), mencionou a substituição do equilíbrio do poder pelo equilíbrio do terror: um confronto direto entre as duas superpotências resultaria em aniquilação mútua, em uma guerra sem vencedores. Da mesma forma que a criação da Internet teve suas origens em projetos liderados por militares, o início da exploração espacial foi motivada pela busca da hegemonia geopolítica global, também refletida em conflitos regionais (como as guerras na Coreia, Afeganistão e Vietnã, a divisão da Alemanha em Ocidental e Oriental e a crise dos mísseis em Cuba).

As conquistas iniciais além da linha de Kármán foram da União Soviética: o lançamento do primeiro satélite, chamado Sputnik 1, em 1957, seguido pelo primeiro mamífero a orbitar a Terra (a cadela Laika, a bordo do Sputnik 2, também em 1957) e finalmente o primeiro ser humano a ser posto em órbita, feito que imortalizou Yuri Gagarin (1934-1968) em abril de 1961. No mês seguinte Alan Shepard (1923-1998) tornou-se o primeiro norte-americano lançado ao espaço, e em setembro de 1962 o então presidente dos Estados Unidos, John F. Kennedy, fez seu famoso discurso *"We choose to go to the Moon"* (Nós escolhemos ir à Lua) em Houston, no estado do Texas, estabelecendo o final da década de 1960 como prazo limite para esse feito. E, de fato, em julho de 1969, Neil Armstrong (1930-2012), comandante da missão Apollo 11 da NASA, foi a primeira pessoa a pisar em um corpo celeste que não a Terra.

Figuras 97 a 99 – Esquerda: Sputnik 1, primeiro satélite artificial a orbitar a Terra, em 1957. Centro: Yuri Gagarin (1934-1968), cosmonauta soviético e primeiro ser humano a ser colocado em órbita da Terra. Gagarin morreu na queda de seu avião em um voo de treinamento, com apenas 34 anos de idade. Direita: O astronauta norte-americano Neil Armstrong (1930-2012), primeiro ser humano a pisar na Lua.

A rivalidade e a competição deram lugar à colaboração e cooperação cerca de seis anos após a conquista da Lua pelos Estados Unidos: em julho de 1975, os módulos de comando das espaçonaves Apollo (dos EUA) e Soyuz (da União Soviética) atracaram, e três norte-americanos e dois soviéticos trabalharam (e deram entrevistas) juntos por quase dois dias. O aperto de mão entre Tom Stafford e Aleksey Leonov marcou o que muitos acreditam ter sido o final da chamada Corrida Espacial bem como a fundação para o desenvolvimento de programas como a estação espacial Mir (1986-2001) e a própria Estação Espacial Internacional.

Essa nova amizade entre as duas nações parece ter sido motivada por diversos aspectos. Tecnicamente, os EUA eram os detentores da melhor tecnologia para exploração do espaço, enquanto a União Soviética concentrava suas pesquisas na resistência e durabilidade de seres humanos e máquinas durante longos períodos fora da Terra. Politicamente, a assinatura, em 1972, de um acordo entres as duas superpotências resultante das Discussões sobre Limitações de Armas Estratégicas (*Strategic Arms Limitation Talks*, SALT) e, em 1975, do acordo de Helsinki (envolvendo as duas Alemanhas), contribuíram para redução das tensões globais. Financeiramente, os custos crescentes com pesquisa e desenvolvimento para sustentar os programas espaciais favoreciam o uso de maior eficiência e cooperação entre os participantes.

O fracasso do regime comunista, simbolizado pela queda do muro de Berlim (1989) e subsequente dissolução da União Soviética (1991) deu origem a novos desafios para ordem econômica e política mundial, inevitavelmente impactando os rumos das colaborações e projetos. O fim do programa do ônibus espacial norte-americano em 2011 (sem um substituto concluído até hoje), a dependência do sistema russo Soyuz (operado pela estatal Roscosmos) para o transporte de passageiros para a Estação Espacial Internacional (ISS, *International Space Station*), a indefinição do papel da própria Rússia no futuro da ISS e a entrada da China no grupo de países com capacidade para colocar pessoas em órbita (começando por Yang Liwei em 2003) estabeleceram o cenário do próximo capítulo da aventura humana no espaço.

Se o primeiro ato da Corrida Espacial foi marcado pela competição entre dois governos, e o segundo ato pela colaboração e busca por sinergias, parece que estamos em pleno terceiro ato, no qual novos personagens entram em cena e parecem dispostos a buscar o protagonismo dessa importante oportunidade de negócios.

UM NEGÓCIO DE OUTRO PLANETA

O interesse do setor privado na exploração do espaço é tão antigo quanto a própria Corrida Espacial, da qual falamos anteriormente – apenas oito meses após o cosmonauta Yuri Gagarin (1934-1968) tornar-se o primeiro ser humano a orbitar a Terra em abril de 1961, um satélite idealizado e construído por um grupo de radioamadores norte-americanos foi posto em órbita. O OSCAR I (*Orbiting Satellite Carrying Amateur Radio* – Satélite Orbital Carregando um Rádio Amador) foi lançado de um foguete da Força Aérea dos EUA e durante 22 dias – entre 12 de dezembro de 1961 e 3 de janeiro de 1962 – transmitiu a saudação *Hi* (Alô) em código Morse.

A inauguração da exploração comercial do espaço veio, como era de se esperar, do setor de telecomunicações: em julho de 1962, o Telstar 1 permitiu, durante sua breve existência de cerca de sete meses, a transmissão ao vivo de imagens dos Estados Unidos para Europa. Logo depois, no final de agosto de 1962, o então presidente norte-americano John F. Kennedy assinou uma Lei que visava regulamentar o uso do espaço no mercado de telecomunicações.

Uma coisa era o desenvolvimento de satélites, outra, a capacidade de colocá-los em órbita: para isso, é necessário superar a força da gravidade que (literalmente) nos mantém com os pés na Terra, algo que só acontece com objetos capazes de atingir a velocidade de escape de pelo menos 11,2 km/s (mais de 40.000 km/h). A quantidade de energia necessária para isso é significativa, e a construção de foguetes capazes de realizar essa tarefa estava geralmente associada aos governos de algumas poucas nações. A primeira iniciativa privada para o desenvolvimento e manufatura de motores capazes de atingir a velocidade de escape foi do alemão Lutz Kayser (1939-2017), que teve na sua OTRAG (Orbital Transport und Raketen, Transporte e Foguetes Orbitais) a legítima antecessora da SpaceX de Elon Musk (fundador da Tesla) e da Blue Origin de Jeff Bezos (fundador da Amazon). A empresa, que começou a operar em 1975, encerrou suas atividades em função principalmente de pressões geopolíticas, especialmente da França e da antiga União Soviética, em 1981.

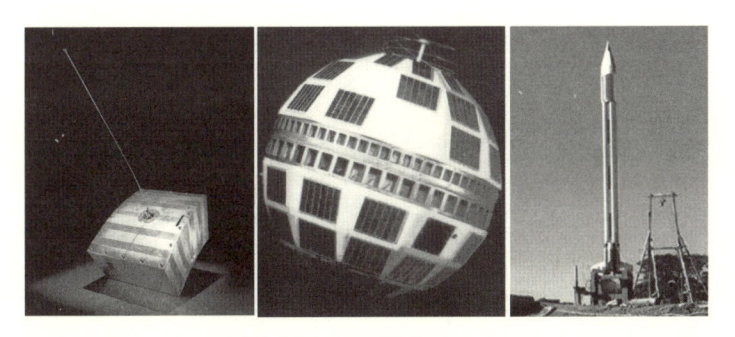

Figuras 100 a 102 – OSCAR I (1961); TELSTAR 1 (1962), OTRAG (1977).

Foi nesse mesmo ano que a norte-americana Space Services (Serviços Espaciais) foi fundada – a empresa (através de sua subsidiária *Celestis*, fundada em 1994) oferece atualmente um serviço bastante específico: um funeral no infinito. Utilizando o espaço disponível para carga extra em lançamentos de outras empresas (como a Lockheed Martin, Northrop Grumman e SpaceX, por exemplo), algumas gramas das cinzas daqueles que desejam (e podem pagar) são espalhadas pelo cosmos. Mas o principal feito da Space Services provavelmente foi o lançamento, em 1982, do primeiro foguete financiado com capital privado a atingir o espaço (e lá ficar por pouco mais de dez minutos).

O Conestoga 1 – nome que remete às carroças que os pioneiros do Velho Oeste norte-americano utilizaram para chegar ao seu destino, no século XIX, e que esteve presente no imaginário dos pioneiros dos *games* que discutimos no Capítulo 8 – foi construído a partir de peças de reposição e lançado de uma fazenda no Texas. Como propulsão, foram utilizados os motores do segundo estágio do foguete Minuteman, adquiridos da NASA, que por questões legais não podia vendê-los (eram utilizados para o lançamento de bombas nucleares). Esse "detalhe" foi contornado com um contrato de *leasing* criativo: a Space Services pagaria o custo total caso não devolvesse os motores em perfeito estado de funcionamento. Se o lançamento falhasse, o foguete iria explodir; caso desse tudo certo (como foi o caso), o foguete retornaria para seu local de repouso final no fundo do Golfo do México. Foi assim que uma empresa com sete funcionários – entre eles, o ex-astronauta Donald "Deke" Slayton (1924-1993) – e 57 investidores que alocaram 15 milhões de dólares (em valores ajustados pela inflação) no projeto foi capaz de abrir caminho para o voo espacial privado.

Um ano após a fundação da Space Services, surgiu a Orbital Sciences Corporation (parte do grupo Northrop Grumman desde 2018), que garantiu seu lugar na História da exploração espacial com o primeiro veículo de lançamento projetado, desenvolvido, implementado e operado por uma empresa privada a chegar ao espaço. O foguete Pegasus é lançado de um avião a 12 mil metros e pode levar cargas de cerca de 440 kg para a órbita baixa da Terra – ou seja, até cerca de 2.000km de altitude.

Figuras 103 e 104 – Conestoga 1 (1982), Pegasus (1990).

Para entendermos as origens da próxima leva de inovação na exploração do espaço precisamos voltar no tempo cerca de cem anos. Em 1919, o empresário francês do setor hoteleiro Raymond Orteig (1870-1939) ofereceu um prêmio de 25 mil dólares (atualmente, cerca de 360 mil dólares) para a primeira pessoa que conseguisse realizar o voo Nova York-Paris (ou Paris-Nova York) sem escalas. Isso seria bom para seus negócios (seu hotel ficava em Nova York, cidade que escolheu para morar) e ao mesmo tempo permitiria que ele se mantivesse próximo do setor de aviação, que o fascinava. O prêmio foi ganho em 1927 por Charles Lindbergh (1902-1974), um piloto do correio dos Estados Unidos, que completou o percurso de 5.800 km em cerca de 33 horas a bordo do célebre monomotor *Spirit of St. Louis*.

Tecnicamente, essa não foi a primeira travessia do Atlântico: em 1919, o então Secretário de Estado para Assuntos Aéreos do Reino Unido, Winston Churchill (1874-1965), entregou para os aviadores John Alcock (1892-1919) e Arthur Brown (1886-1948), um inglês e um escocês respectivamente, o prêmio de 10 mil libras (hoje, cerca de 500 mil libras) oferecido pelo jornal *Daily Mail* para quem conseguisse realizar esse feito. Partindo da cidade de St. John, na província canadense de Terra Nova e pousando em Clifden, na Irlanda, completaram o percurso de pouco mais de três mil quilômetros em aproximadamente dezesseis horas.

Quase oitenta anos depois de sua criação, o Prêmio Orteig serviu de inspiração para outra competição: a *XPrize*, entidade sem fins lucrativos fundada em 1995 pelo empreendedor greco-americano Peter Diamandis, que pretende viabilizar avanços radicais para o benefício da humanidade. Ao longo dos mais de vinte anos de existência, os temas dos concursos passaram pelo desenvolvimento de carros com excepcional eficiência (em termos de quilometragem por litro), criação de novas tecnologias para endereçar vazamentos de óleo nos oceanos e a utilização de sensores para monitoramento da saúde.

Mas a primeira e provavelmente mais famosa competição da *XPrize* tratou de exploração espacial: o desafio, anunciado em 1996, era construir uma espaçonave privada capaz de transportar três pessoas e voar duas vezes em duas semanas. A SpaceShipOne – nome do veículo construído pela Mojave Aerospace Ventures, do cofundador da Microsoft e bilionário Paul Allen (1953-2018) e do engenheiro aeroespacial Burt Rutan – ultrapassou a linha de Kármán em 29 de setembro e em 4 de outubro de 2004. A Mojave Aerospace Ventures ganhou o prêmio de 10 milhões de dólares (sendo que a SpaceShipOne consumiu cerca de 25 milhões de dólares). Os recursos para pagar esse prêmio vieram da família iraniana-americana Ansari, garantindo assim que todo o processo transcorresse sem qualquer subsídio governamental.

Em 2007, foi a vez da Google lançar um desafio: o *Google Lunar XPrize*. O objetivo era lançar, aterrissar e operar com sucesso um veículo na superfície lunar, premiando a equipe vencedora com 20 milhões de dólares. Em janeiro de 2018 o prêmio expirou sem que nenhuma equipe atingisse o objetivo.

Figura 105 – SpaceShipOne.

O fato é que a criação do *XPrize*, que recebeu muita atenção da mídia e inspirou empreendedores, empresários e inventores, viabilizou o início de uma nova era da exploração espacial, financiada por bilionários como Allen, Richard Branson (que obteve a licença da tecnologia da SpaceShipOne e criou a Virgin Galactic), Jeff Bezos (Blue Origin) e Elon Musk (SpaceX). Como veremos mais adiante, a exploração do espaço por empresas privadas impacta de forma significativa diversos segmentos de negócios aqui na Terra – seja através de satélites com múltiplos objetivos, mineração de asteroides, espaçonaves para o transporte de carga, sistemas de defesa, turismo espacial ou voos comerciais.

A expressão *first mover advantage* (a vantagem do primeiro a se mover) é utilizada ocasionalmente para explicar o sucesso de algumas empresas que se posicionam em determinado mercado antes das outras. Capazes de assegurar diferenciais tecnológicos, ou de adquirir recursos estratégicos antes que os preços subam, essas empresas teoricamente largam na frente, potencialmente conquistando consumidores que irão pensar duas vezes antes de realizar a mudança para os concorrentes que inevitavelmente irão surgir.

Mas essa vantagem nem sempre se traduz em sucesso no longo prazo, e frequentemente os novos entrantes acabam por se beneficiar tanto dos erros quanto acertos daqueles que entraram em territórios anteriormente inexplorados. Vamos usar a Space Services como exemplo: em 1982, tornou-se a primeira empresa privada a colocar um foguete no espaço. Três anos depois, recebeu do governo dos EUA a primeira licença para fornecer o serviço de lançamento de foguetes comerciais – e em março de 1989 o *Starfire* torna-se a primeira espaçonave a voar com esse tipo de autorização. Mas menos de 18 meses depois os investidores da Space Services encerraram as atividades de financiamento da empresa, que tornou-se uma coadjuvante em um mercado que começava a ganhar significativa tração: o lançamento de satélites para telefonia, televisão, navegação e pesquisa científica.

MAIS CARGA, MENOS CUSTOS

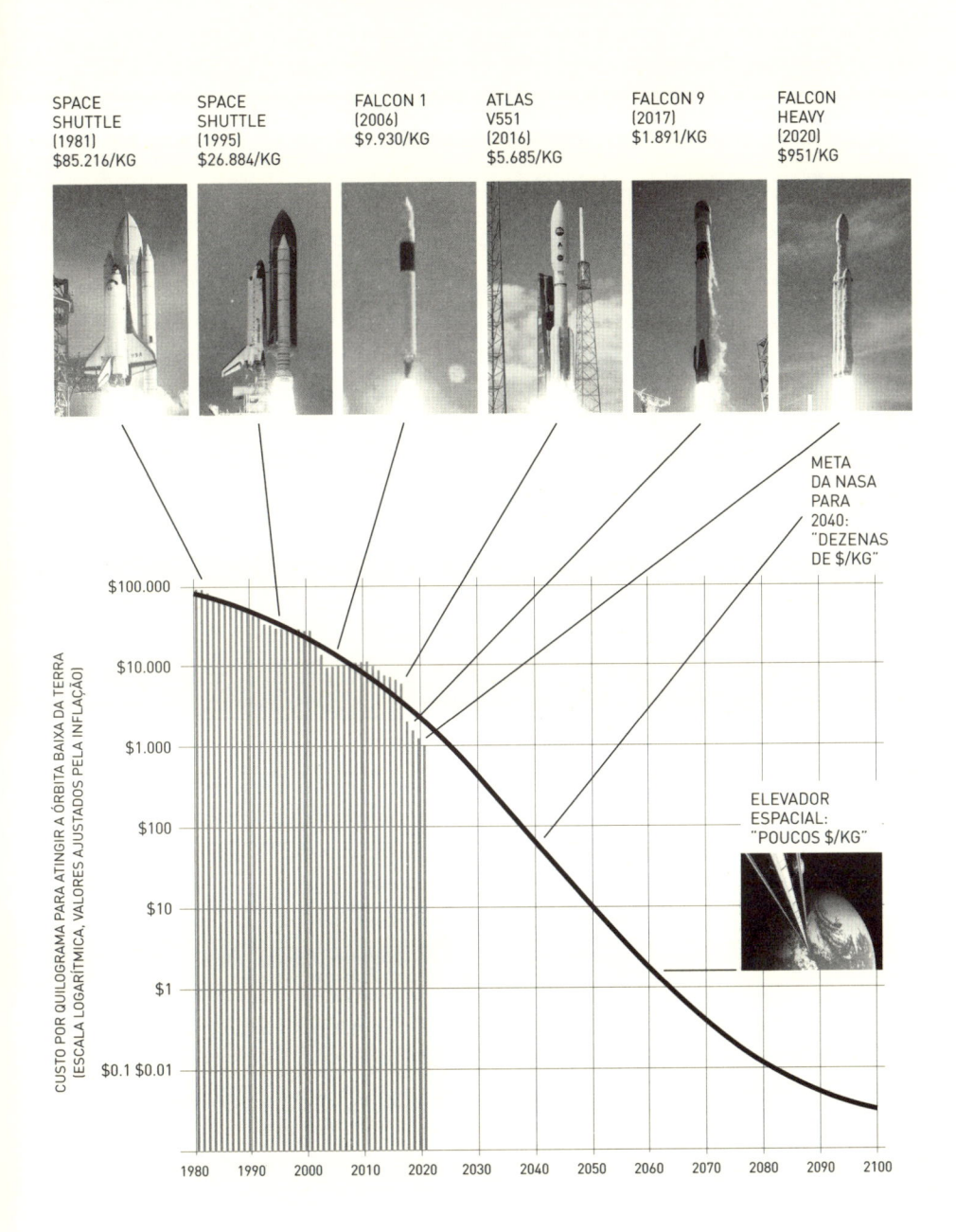

Figura 106

Atualmente, um dos aspectos mais críticos para o avanço dos negócios associados à exploração espacial depende do custo associado ao envio de cargas para órbita baixa da Terra (LEO, *Low Earth Orbit*), definida como altitudes orbitais inferiores a dois mil quilômetros. É nessa região que a grande maioria dos objetos em órbita estão – inclusive, por exemplo, a Estação Espacial Internacional e o telescópio Hubble. No início da década de 1980, por exemplo, o custo de cada quilograma de carga no ônibus espacial ultrapassava os 80 mil dólares. Em meados da década de 1990, era inferior a 27 mil dólares. Em 2009, o Falcon 1, da SpaceX, trouxe pela primeira vez para menos de 10 mil dólares o custo de cada quilograma, e o Falcon 9 em 2017 quebrou a barreira dos 2 mil dólares por quilo. Ou seja, em quatro décadas esse aspecto do custo para colocar dispositivos em órbita caiu mais de 97%.

A criação do *XPrize*, conforme falamos anteriormente, recebeu muita atenção da mídia e inspirou empreendedores, empresários e inventores, viabilizando o início de uma nova era da exploração espacial financiada em larga medida por bilionários ou grandes conglomerados privados. Além da Blue Origin de Jeff Bezos (fundada em 2000), SpaceX de Elon Musk (2002), e Virgin Galactic de Richard Branson (2004), há outras companhias com papéis relevantes (ao menos por enquanto) na nova corrida espacial: Orbital ATK (fundada em 1982, subsidiária do grupo Northrop Grumman desde 2018), United Launch Alliance (ou ULA, fundada em 2006 como uma joint venture entre a Lockheed Martin e a Boeing) e Sierra Nevada (que adquiriu, em 2008, a SpaceDev, que desenvolveu componentes para a SpaceShipOne de Paul Allen, vencedora do primeiro XPrize).

O tamanho da oportunidade para exploração da indústria espacial é gigantesco. Atualmente, esse mercado é estimado em cerca de 350 bilhões de dólares – número que deve atingir, em 2040, algo entre 1 trilhão de dólares (de acordo com o banco Morgan Stanley) e mais de 3 trilhões de dólares (de acordo com o Bank of America Merrill Lynch). A expectativa é que grande parte dessa receita seja originada pelo lançamento de satélites que, entre outras coisas, irão expandir de forma significativa o acesso à Internet ao redor do mundo.

Mas a exploração do espaço por empresas privadas também impacta outro segmento de negócios importante aqui na Terra: a aviação comercial. O primeiro voo transatlântico completou, em junho de 2019, 100 anos. Conforme já vimos, John Alcock (1892-1919) e Arthur Brown (1886-1948) levaram 16 horas para ir da Terra Nova (Canadá) até a Irlanda. Cerca de vinte anos depois desse feito, os primeiros voos transatlânticos comerciais foram feitos pelos B-314 da Boeing, também conhecidos como *barcos voadores* (pois os pousos e decolagens ocorriam na água). O voo de Southampton (Inglaterra) para Nova York (EUA) levava cerca de 30 horas e fazia três escalas.

O Douglas DC-4 (fabricado pela Douglas Aircraft Company em 1921, que em 1967 fundiu suas operações com a McDonnell Aircraft formando a McDonnell Douglas, que por sua vez tornou-se parte da Boeing em 1997) foi o primeiro avião a levar passageiros regularmente em voos transatlânticos: em 14 horas, você podia ir de Nova York a Bournemouth (Inglaterra), com duas escalas. A inovação seguinte – a introdução do motor a jato no início da década de 1950 – reduziu os tempos de voo de forma significativa, popularizando definitivamente a aviação comercial de passageiros. Era possível voar de Nova York a Paris em pouco mais de oito horas.

Desde então, o tempo para chegar ao destino tanto em voos regionais quanto internacionais não apresentou reduções significativas – exceto pelo uso, entre 1976 e 2003, do *Concorde* (fabricado pela estatal francesa Aérospatiale e pela British Aircraft Corporation). Essa aeronave atingia velocidades supersônicas e tipicamente reduzia à metade o tempo de voo gasto por outros tipos de aviões. Mas infelizmente o custo para o meio ambiente de levar pessoas de um lugar para outro – seja de carro, caminhão, trem, navio ou avião – é elevado. De acordo com a Agência de Proteção Ambiental dos Estados Unidos (EPA, *Environmental Protection Agency*), o setor de Transportes respondia, naquele país, por praticamente 30% das emissões de gases de efeito estufa em 2017, com mais de 90% do combustível utilizado ainda sendo baseado em petróleo (como a gasolina ou o diesel). Falaremos mais sobre o efeito estufa e sua relação com a tecnologia no capítulo sobre Energia.

Diversas medidas estão em estudo para reduzir o impacto ambiental da indústria aeronáutica: utilização de materiais mais leves, introdução de novos tipos de combustíveis, otimização de consumo, instalação de painéis solares em grandes aeroportos (cujo consumo de energia diária equivale ao de uma cidade de cem mil habitantes) e modificações na aerodinâmica das aeronaves. A instalação de *winglets* – pequenas estruturas nas extremidades das asas – permitiu uma redução de aproximadamente 6% no consumo de combustível por voo, e estudos de novos layouts para as aeronaves (como o *BWB: Blended Wing Body*, ou Mistura de Asa e Fuselagem) prometem reduções de peso de quase 15% e de utilização de combustível de quase 30%.

Mas há propostas mais arrojadas sendo discutidas. Voos de longa duração ou com elevado fluxo de passageiros podem ter, nas próximas décadas, suas rotas alteradas para passar pelo espaço. Certamente, há justificativas econômicas para isso, levando-se em consideração a quantidade de passageiros e o custo associado às viagens aéreas, bem como a substancial redução no tempo de voo – potencialmente tornando qualquer distância passível de ser coberta em menos de três horas. Evidentemente que, antes disso acontecer, a segurança de voos que ultrapassem a linha de Kármán ainda precisa melhorar muito, com drástica redução nos problemas experimentados em todos os estágios da operação.

Outra ideia com ares de ficção científica mas que está sendo considerada de forma prática é o turismo espacial. Em 2001, o mundo conheceu o primeiro turista dessa nova modalidade: por 20 milhões de dólares, o multimilionário norte-americano Dennis Tito chegou à Estação Espacial Internacional (ISS) em uma cápsula da Soyuz. Outros seis turistas tiveram suas experiências ao longo da primeira década deste século, mas desde 2009 não há mais vagas para amadores nos voos para ISS. A Virgin Galactic (de Richard

Branson) já vendeu mais de setecentas passagens (entre 200 e 250 mil dólares cada) para futuros voos de seis passageiros que irão experimentar a sensação de gravidade zero e uma vista espetacular do nosso planeta, antes de retornar ao solo. A Blue Origin (de Jeff Bezos) também deve oferecer voos dessa natureza em mais algum tempo.

Mas se por um lado a popularização do transporte de passageiros pelo espaço – seja como uma forma de inovação no mercado de aviação, seja como uma nova modalidade de turismo – ainda precisa de alguns anos para amadurecer, o mesmo não pode ser dito da revolução causada pelos chamados *smallsats* (pequenos satélites) na economia aqui embaixo.

CÚMPLICES CELESTIAIS

A História do Renascimento – movimento que resgatou a Humanidade da ignorância e superstição da Idade Média rumo a um mundo ancorado em Artes e Ciências – está intimamente ligada à família italiana Medici, que dominou a cena política e econômica na cidade-estado italiana de Florença por cerca de 300 anos (entre 1434 e 1737). Sua riqueza originou-se no comércio de tecidos, e multiplicou-se com o Banco Medici (fundado em 1397), uma das instituições financeiras mais respeitadas durante sua existência (o banco foi encerrado em 1494). Patrocinando artistas e cientistas, que não precisavam se preocupar com fontes de financiamento para seus trabalhos, a família proporcionou um ambiente fértil para o desenvolvimento de nomes como o arquiteto Filippo Brunelleschi (1377-1446), o versátil Leonardo da Vinci (1452-1519) e o pintor Sandro Botticelli (1445-1510).

Cosimo II (1590-1621) foi Grão-Duque da Toscana (que substituiu o Ducado de Florença em 1569) desde 1609 até sua morte. Um dos tutores responsáveis por sua educação foi ninguém menos que o astrônomo e físico italiano Galileu Galilei (1564-1642), precursor da ciência ancorada em observações minuciosas e da introdução do método científico (no qual os fatos se impõem sobre todas as outras coisas).

Entre 7 e 13 de janeiro de 1610, Galileu observou com seu recém-construído telescópio quatro estrelas cujas posições em relação a Júpiter estavam mudando inexplicavelmente – a não ser que elas estivessem orbitando o planeta. Em latim, a palavra *satellitem* pode ser traduzida como "companheiro, cúmplice, assistente", enquanto no francês do século XIV o termo *satellite* referia-se a um "seguidor ou assistente de uma pessoa superior". Para homenagear Cosimo II e seus três irmãos, Galileu batizou os quatro astros como *Sidera Medicæa* (Estrelas de Medici). Em 1614, o astrônomo alemão Simon Marius (1573-1625) publicou seu *Mundus Iovialis*, no qual batizou os satélites de Io, Europa, Ganimedes e Calisto por "satisfazerem o deus Júpiter".

O impacto dessas observações foi devastador para a ordem estabelecida até então – como era possível observar corpos celestes que não orbitavam a Terra, considerada o centro do Universo? Foi um passo fundamental para modificar a visão geocêntrica do sistema solar, na qual o papel central era reservado ao nosso planeta, e impor a correta visão heliocêntrica, na qual o Sol é o protagonista. Essa visão já havia sido sugerida em algum momento entre os anos 300 e 200 a.C. pelo astrônomo grego Aristarco de Samos, mas foi necessário aguardar quase dois mil anos pela publicação do *De revolutionibus orbium coelestium* (Sobre as Revoluções das Esferas Celestiais) em 1543, do astrônomo polonês Nicolau Copérnico (1473-1543).

Após o astrônomo alemão Johannes Kepler (1571-1630) estabelecer as leis dos movimentos planetários, um dos mais importantes livros da História da Ciência foi escrito por Isaac Newton (1643-1727) em 1687: *Philosophiæ Naturalis Principia Mathematica* (Princípios Matemáticos da Filosofia Natural). Nele, entre outras coisas, Newton apresenta a Lei da Gravitação Universal, que diz que "cada partícula atrai todas as outras partículas do Universo com uma força que é diretamente proporcional ao produto de suas massas e inversamente proporcional ao quadrado da distância entre seus centros".

Figuras 107 a 109 – Galileu Galilei (1564-1642); Nicolau Copérnico (1473-1543); Johannes Kepler (1571-1630).

Talvez o primeiro uso da palavra *satélite* para descrever uma máquina em órbita da Terra tenha sido feito pelo escritor francês Jules Verne (1828-1905) em seu livro de 1879 *Les Cinq cents millions de la Bégum* (Os quinhentos milhões da Begun, sendo o termo "Begun" utilizado para designar uma aristocrata de origem asiática) – curiosamente, trata-se da primeira publicação do autor que emprega uma visão pessimista em relação à tecnologia. A ficção tornou-se fato em 1957, quando a União Soviética colocou o Sputnik I em órbita da Terra.

Desde 1962, a Organização das Nações Unidas (ONU), através do *Office for Outer Space Affairs* (grupo que lida com assuntos relacionados ao espaço) mantém um cadastro dos objetos lançados da Terra. De acordo com esse cadastro, até o final de 2018 já havíamos lançado 8.378 objetos ao espaço – deste número, 4.987 ainda estão em órbita da Terra, sendo que apenas 1.957 (por coincidência, o ano de lançamento do Sputnik I) ainda estão ativos.

As aplicações dos satélites (civis ou militares) são diversas – atuam em áreas como comunicações, navegação, meteorologia, mapeamento do espaço e mapeamento da Terra. Dependendo de seu objetivo, utilizam diferentes sistemas de energia, tecnologias de controle de atitude, antenas para transmissão e recepção de dados e dispositivos para coleta de informações (como câmeras de diversos tipos, por exemplo).

De acordo com a organização sem fins lucrativos Union of Concerned Scientists – fundada em Cambridge, nos Estados Unidos, em 1969 e que possui mais de duzentos mil associados que trabalham pela defesa da ciência – os satélites de comunicações respondem por cerca de 40% do total dos satélites ativos em órbita atualmente. De fato, o mercado de telecomunicações – que atualmente é responsável por receitas globais acima de um trilhão de dólares – foi afetado de forma significativa pela exploração espacial. O primeiro satélite de comunicações foi lançado ao espaço em dezembro de 1958 pelos Estados Unidos. O SCORE (*Signal Communications by Orbiting Relay Equipment*, Comunicação de Sinais através de Equipamento de Retransmissão em Órbita) transmitiu, via ondas curtas, a voz do então presidente dos EUA, Dwight Eisenhower (1890-1969), para a Terra. É interessante mencionar que esse foi um dos primeiros projetos desenvolvidos pela ARPA (atualmente DARPA), que é a Agência de Projetos de Pesquisa Avançada, ligada ao Departamento de Defesa do governo norte-americano e que também foi o berço da Internet.

Até o surgimento dos satélites, a curvatura da Terra era um obstáculo intransponível para os dispositivos de telecomunicações baseados em ondas de rádio de alta frequência, uma vez que eles precisavam ter o que se chama *linha de visão* entre transmissor e receptor. Foi com os satélites que tornou-se possível o estabelecimento de contato entre regiões distantes entre si, e provavelmente o maior marco dessa transição tenha ocorrido em julho de 1962 com o lançamento do Telstar 1.

O Telstar 1, operado pela empresa de telecomunicações AT&T (*American Telephone and Telegraph Company*, Companhia Americana de Telefone e Telégrafo, fundada em 1885 por Alexander Graham Bell (1847-1922), detentor da patente do primeiro telefone), foi o primeiro satélite a retransmitir sinais de imagens (fotos e vídeos) e sons (para telefonia) e o primeiro a transmitir um programa de televisão de um lado a outro do oceano Atlântico. Em 23 de julho de 1962, a entrevista do então presidente dos EUA, John F. Kennedy (1917-1963), discutiu o preço do dólar nos mercados internacionais, garantindo que o país não iria buscar desvalorizar sua moeda. Essa tecnologia iria impactar, ao longo dos anos subsequentes, os mercados financeiros globais de forma dramática, abrindo caminho para a realidade com a qual nos acostumamos: acesso às notícias de forma instantânea, com efeito imediato nos preços dos ativos negociados em mercado.

Satélites geralmente percorrem um de quatro tipos de órbitas: órbitas elípticas (abaixo de 1.000 km ou mais de 40.000 km acima da Terra), órbitas geoestacionárias (aproximadamente 36.000 km acima da Terra, que são um caso especial das órbitas geossíncronas por não apresentarem inclinação em relação à linha do Equador), órbitas médias (entre 8.000 km e 24.000 km acima da Terra) e órbitas baixas (entre 250 km e 2.000 km acima da Terra). Mais de 60% dos satélites ativos estão percorrendo órbitas baixas (LEO, *Low Earth Orbit*), enquanto cerca de 30% situam-se em sincronia com a rotação da Terra (daí o nome, órbita geossíncrona), permitindo que sobrevoem os mesmos locais nos mesmos horários. A ideia de satélites de comunicações em órbitas geoestacionárias foi discutida em 1945 pelo escritor de ficção científica Arthur C. Clarke (1917-2008) – baseado em publicações do físico austro-húngaro Hermann Oberth (1894-1989) e do engenheiro eslavo Hermán Potocnik (1892-1929) – tendo como principal objetivo facilitar as comunicações aqui na Terra: as antenas das estações terrestres não precisam se mover para acompanhar o satélite, visto que tanto a antena quanto o satélite estão se movendo de forma sincronizada com a rotação ao planeta.

Nosso dia a dia é afetado diretamente pela presença de satélites artificiais em órbita terrestre – em particular, um grupo de cerca de 24 satélites em órbita baixa que permite que saibamos exatamente onde estamos e como podemos chegar ao nosso destino. Poucas tecnologias tornaram-se tão populares em tão pouco tempo quanto o GPS (*Global Positioning System*, Sistema de Posicionamento Global). Apesar de uma implementação que demorou décadas (os projetos iniciais são da década de 1960, e o sistema tornou-se plenamente operacional em 1995), com a expansão dos smartphones e o desenvolvimento de aplicativos de navegação acessíveis aos consumidores, o GPS rapidamente tornou-se parte do cotidiano de bilhões de pessoas.

O sistema é baseado em uma constelação de satélites, que são necessários para que seja possível manter cobertura integral de uma determinada área utilizando satélites que orbitam nosso planeta em órbita baixa (*Low Earth Orbit*). Cada satélite cobre uma área relativamente pequena, que muda à medida em que ele viaja em alta velocidade em torno da Terra – é apenas o conjunto que consegue fornecer cobertura contínua. Justamente por estarem mais próximos da superfície do planeta, o tempo que um sinal leva para viajar do satélite em órbita baixa para superfície do planeta (e vice-versa) é menor do que o tempo necessário para realizar o mesmo trajeto utilizando satélites geoestacionários, por exemplo. A difusão da tecnologia necessária permitiu que não tenhamos problemas para navegar por terra, mar ou ar, e economicamente viabilizou o monitoramento de tratores, carros, telefones, patinetes, bicicletas, navios, drones, aviões, ou quaisquer outros ativos que precisem ser localizados e guiados.

Além dos satélites de telecomunicações e dos satélites de navegação, cerca de um terço dos satélites ativos em órbita terrestre foram desenvolvidos para observar a superfície do planeta. Vale notar também que seu crescimento tem sido notável: nos últimos cinco anos, estima-se que o total de satélites de observação subiu mais de 200%, impulsionado pelo maior número de opções para colocar um satélite em órbita e pelo desenvolvimento de empresas (sendo diversas delas *startups*) que projetam e implementam satélites considerados pequenos para os padrões da indústria aeroespacial (com menos de 500 kg).

Alguns satélites de observação tiram fotos em alta resolução da superfície terrestre com alta frequência, fornecendo – por exemplo – imagens de estacionamentos de shoppings centers que permitem que analistas possam estimar o movimento de compras e a saúde da economia, ou fotos de regiões florestais para acompanhamento das atividades de desmatamento; outros satélites auxiliam em melhorias na previsão do tempo, que gera impactos importantes em setores como agricultura e transportes. O fato é que satélites tornaram-se, nos últimos anos, mais um negócio viabilizado pelos avanços tecnológicos em múltiplos segmentos, que incluem manufatura, eletrônica, processamento de sinais, sistemas de propulsão, ótica e engenharia aeroespacial, entre outros.

Em seu último relatório anual, a *Satellite Industry Association* (Associação da Indústria de Satélites), constituída em 1995 por várias empresas norte-americanas do setor, estimou que cerca de 80% das receitas oriundas do ecossistema espacial – estimado em 350 bilhões de dólares em 2017 – podem ser mapeadas diretamente aos serviços oferecidos pelos satélites (como telecomunicações, segurança, ciências e observação) e à manufatura dos próprios satélites e dos equipamentos associados. Dos 128 bilhões de dólares gerados em serviços, praticamente 100 bilhões de dólares foram oriundos de serviços para o setor televisivo, e há considerável expectativa a respeito do crescimento das receitas associadas ao acesso global à Internet.

IMPACTO PROFUNDO

Em 1961, o astrônomo norte-americano Frank Drake elaborou uma equação cujo objetivo era estimar quantas civilizações potencialmente inteligentes existem na Via Láctea. Um dos fundadores do SETI – *Search for extraterrestrial intelligence* (Busca por inteligência extraterrestre), Drake trabalhou com um dos maiores divulgadores da Ciência deste século, o também astrônomo Carl Sagan (1934-1996), no desenvolvimento da primeira mensagem fisicamente enviada para fora da Terra: uma placa afixada no exterior das sondas Pioneer 10 e Pioneer 11 (lançadas respectivamente em 1972 e em 1973), com informações sobre nossa localização no Universo.

A equação de Drake, que até hoje serve de base para sucessivas discussões e aperfeiçoamentos, leva em consideração sete fatores, como por exemplo quantos planetas em média podem suportar vida em cada sistema solar, quantas formas de vida efetivamente evoluem e se tornam inteligentes e qual a percentagem dessas civilizações que desenvolve tecnologias passíveis de serem detectadas. Todos os parâmetros da equação são de difícil estimação, e os resultados obtidos originalmente variam de 1.000 a 100.000.000 de possíveis vizinhos inteligentes em nossa galáxia – apenas uma entre mais de cem bilhões de galáxias que os astrônomos estimam existir levando-se em consideração dados obtidos pelo telescópio espacial Hubble, lançado em 1990.

Até hoje, nenhum sinal de vida inteligente fora da Terra foi detectado de forma conclusiva, mas na medida em que consideramos a expansão da raça humana para fora dos limites do nosso planeta, esse é um tema que vai ganhar mais relevância. Precisaremos de importantes ganhos de produtividade para alimentar e abrigar uma população que deve sair dos atuais 7,5 bilhões para cerca de 10 bilhões até a metade do século XXI.

Há outras razões bastante convincentes que indicam que a busca por novos planetas habitáveis é uma missão relevante: uma delas é a ocorrência dos chamados *eventos de extinção*. Embora não haja uma definição formal do que exatamente constitui um evento de extinção de grandes proporções, os paleontólogos David Raup (1933-2015) e Jack Sepkoski (1948-1999) publicaram um artigo científico em 1982 identificando o que provavelmente foram as cinco maiores extinções do planeta. Geralmente, há múltiplas causas que podem provocar eventos de extinção: erupções vulcânicas, resfriamento da atmosfera, impactos de asteroides e aquecimento global são alguns exemplos frequentemente citados na literatura científica.

O cenário de sermos atingidos por um asteróide já foi tema de filmes como *Armageddon* e *Impacto Profundo*, ambos de 1998. Coincidência ou não, esse foi o ano no qual o Congresso dos Estados Unidos estabeleceu que a NASA deveria ser capaz de detectar qualquer asteroide com mais de um quilômetro de diâmetro que passasse a menos de duzentos milhões de quilômetros do Sol. O CNEOS – *Center for Near Earth Objects Studies* (Centro para Estudos de Objetos Próximos da Terra) é responsável por essa tarefa, e nos últimos vinte anos já foram detectados cerca de vinte mil objetos dentro de seu mandato. É praticamente certo que o evento que causou a extinção dos dinossauros tenha sido o impacto de um asteroide ou cometa com cerca de 15 quilômetros de diâmetro na superfície terrestre, arremessando cinzas, poeira e detritos na atmosfera e efetivamente impedindo que a radiação solar chegasse ao solo por décadas.

Mas apesar da vocação inquisitiva da raça humana, que desde o início da sua História explorou o ambiente à sua volta – por terra, mar, ar e, mais recentemente, pelo espaço – infelizmente pode ser que nossa busca por formas mais eficazes de viajar pelo cosmos e o eventual estabelecimento de colônias terrestres em outros astros seja menos uma questão de vocação e curiosidade, e mais uma questão de sobrevivência. Os impactos econômicos da exploração sem precedentes dos recursos naturais do planeta, bem como as oportunidades para inovação que se tornam mais importantes que nunca são o tema do nosso próximo capítulo, que fala sobre um dos elementos fundamentais do nosso futuro: a Energia.

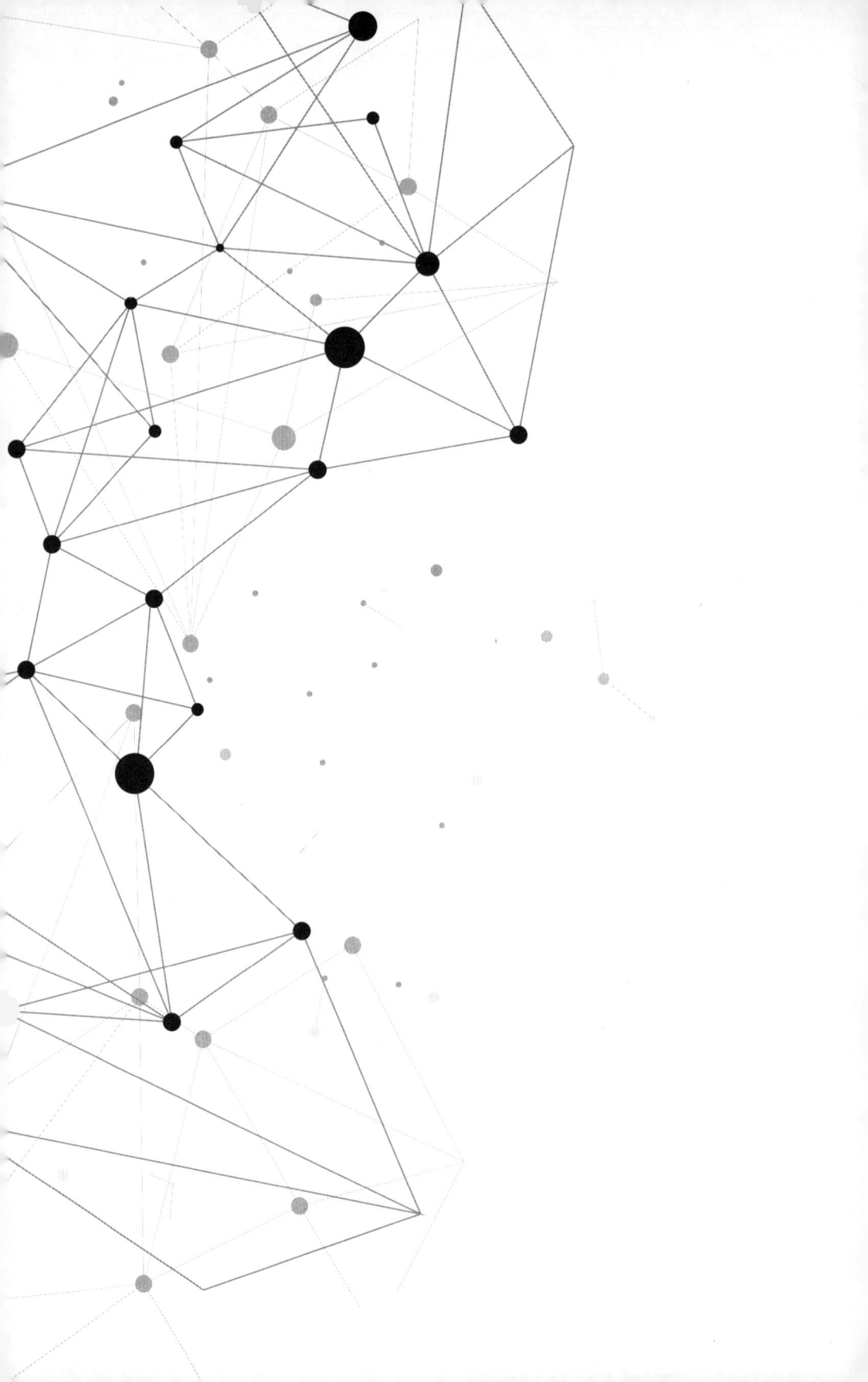

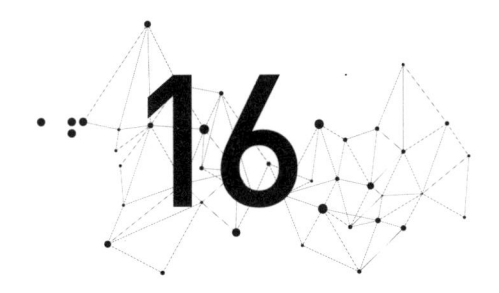

ENERGIA

CARGA PESADA

SEGUNDO A CONSULTORIA FRANCESA ENERDATA, EM APENAS VINTE ANOS os gastos globais com energia mais que duplicaram: em 1990, eram de aproximadamente 2,7 trilhões de dólares, e em 2010 ultrapassaram os 6,4 trilhões – maior que o PIB do Japão, de cerca de 5 trilhões de dólares em 2017. Junto com a saúde e a alimentação, é uma das principais necessidades da civilização moderna e, com nossa dependência crescente em relação à tecnologia, o uso eficiente de fontes energéticas e o desenvolvimento de equipamentos para produzir, armazenar e distribuir energia tornou-se absolutamente crítico.

A companhia inglesa British Petroleum, em relatório publicado em junho de 2018, divulgou sua estimativa a respeito da participação que diferentes fontes energéticas possuem no consumo mundial. Em 2017, o petróleo, sozinho, respondia por mais de um terço do total, seguido pelo carvão (28%) e gás natural (23%) – ou seja, essas três fontes são responsáveis por 85% do nosso uso da energia. O restante está distribuído entre hídrica (7%), nuclear (4,4%) e renováveis (3,6%) – como solar, eólica e geotérmica. Tecnicamente, a energia hídrica também pode ser considerada renovável, mas dois aspectos preocupam ambientalistas: primeiro, o impacto que a criação dos reservatórios que alimentam as turbinas gera e, segundo, as elevadas emissões de metano originadas destes reservatórios (provavelmente devido à vegetação em decomposição e ao acúmulo de nutrientes), de acordo com um estudo de 2016 elaborado por pesquisadores da Washington State University.

O Departamento de Energia dos EUA, através de sua agência de informações (EIA, *Energy Information Administration*) projeta que o consumo de energia global irá crescer quase 30% entre 2015 e 2040, em grande parte devido ao contínuo desenvolvimento econômico de países como Índia e China. Para atender a demanda necessária, a agência estima que fontes renováveis de energia irão ampliar sua participação na matriz energética mundial, aumentando cerca de 2,3% ao ano no mesmo período. A segunda fonte que deve experimentar o maior crescimento será a nuclear, crescendo a um ritmo de 1,5% ao ano. Apesar disso, combustíveis fósseis ainda devem ser responsáveis por 75% de nosso consumo de energia em 2040.

As mudanças no perfil da atividade econômica global, onde a mão de obra vem se deslocando do setor industrial para o setor de serviços, também afeta o perfil energético das nações. A *intensidade energética* mede a relação entre energia e PIB, e segundo relatório publicado pela empresa de consultoria McKinsey no final de 2016 essa medida de eficiência segue apresentando melhorias: em 2015, por exemplo, a produção de uma unidade de PIB global exigia quase um terço a menos de energia que em 1990. De acordo com o mesmo relatório, em 2050 será necessário cerca da metade da energia utilizada em 2013 para gerar cada unidade do PIB mundial.

A Agência Internacional de Energia (IEA, *International Energy Agency*), formada em 1974 na esteira da Crise do Petróleo, possuía 30 países-membros no final de 2018, procurando atuar tanto em questões energéticas quanto ambientais – até porque se torna progressivamente mais complexo separar ambas. Em um de seus relatórios, a agência constatou que em 2017 apenas 19% da energia global foi utilizada na forma de eletricidade, enquanto os 81% restantes foram utilizados em meios de transporte e sistemas de aquecimento. Apesar da eficiência energética dos eletroeletrônicos seguir melhorando, as perspectivas de aumento expressivo na demanda de energia elétrica para as próximas décadas são claras, especialmente em função dos países em desenvolvimento. Apenas em termos de aparelhos de ar condicionado, a demanda irá mais que quadruplicar, atingindo cerca de dois bilhões e meio de unidades em 2040.

Embora os diversos participantes da indústria de energia não concordem em quando a demanda global por petróleo irá atingir seu patamar máximo, a partir do qual irá decrescer devido ao uso de outras fontes, há um certo consenso que isso é apenas uma questão de tempo. As previsões mais agressivas colocam essa data em 2023, mas a maior parte dos participantes estima que isso vai ocorrer durante a década de 2030. Combustíveis fósseis devem perder espaço gradualmente, à medida em que a frota de carros elétricos aumente, que os custos das fontes renováveis tornem-se definitivamente competitivos e que os motores de combustão interna tornem-se mais eficientes, reduzindo o consumo de combustível.

FONTES DE ENERGIA
2017

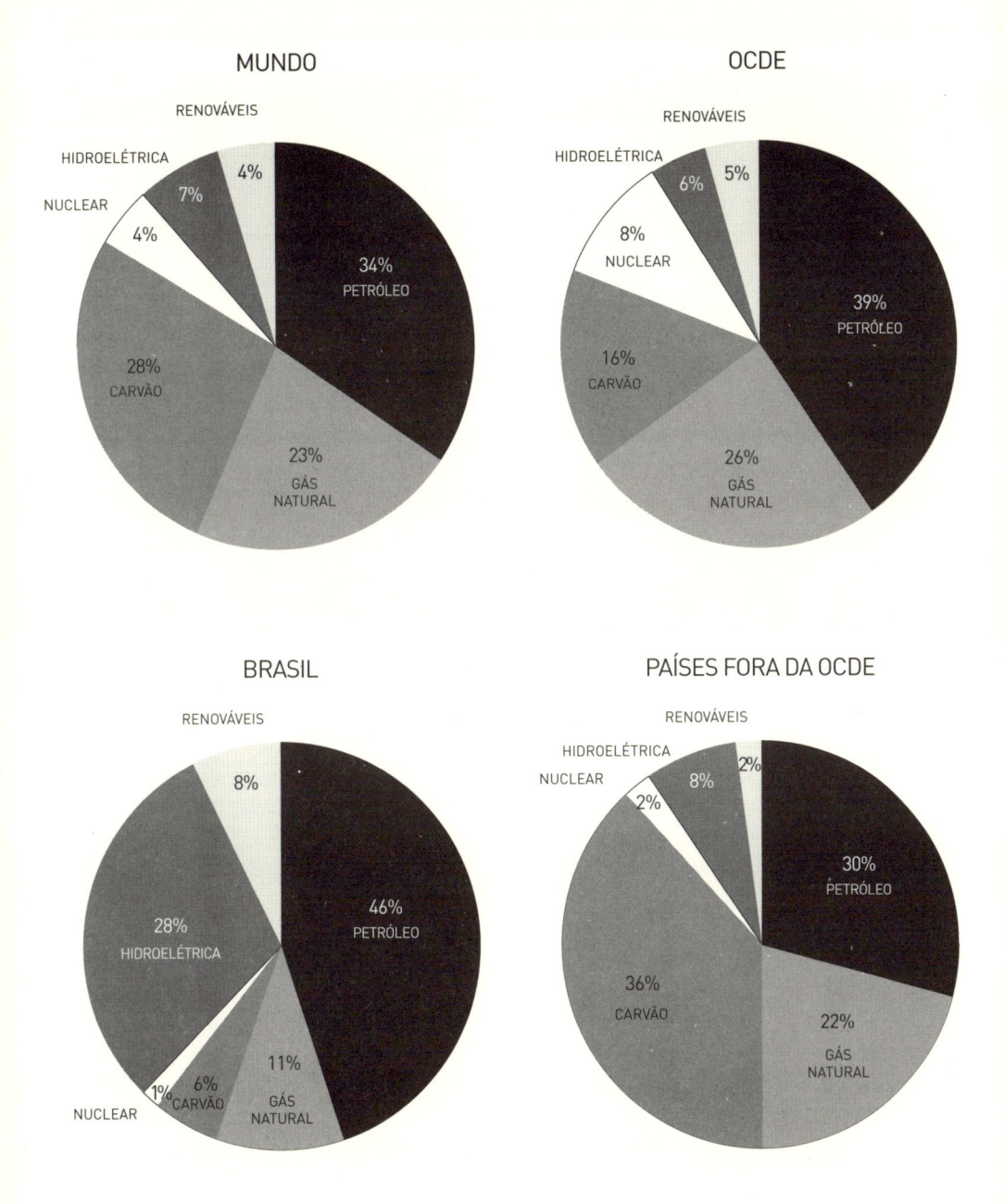

Figura 110

Países como Alemanha, Reino Unido, França, Noruega e Índia já estabeleceram cronogramas para encerrar a venda de carros movidos a combustíveis fósseis nas próximas duas décadas. Mas é importante destacar que há outros setores – como aviação e petroquímicos (plástico, cosméticos, fertilizantes) – que provavelmente irão impedir uma queda abrupta nos preços do petróleo em função de suas demandas.

A conscientização global sobre a necessidade de sistemas energéticos eficientes, limpos e seguros para o meio ambiente coexistem com uma demanda crescente por energia para carregar as baterias de nossos telefones, notebooks, tablets e em breve de nossos carros e geradores domésticos. A cena é comum em aeroportos, escritórios, residências e restaurantes – usuários ansiosos buscando tomadas para recarregar seus smartphones, notebooks ou tablets. Segundo a empresa de pesquisa Markets and Markets, baseada na Índia, o mercado de baterias portáteis deve atingir cerca de 11 bilhões de dólares em 2020, apresentando crescimento de mais de 17% entre 2014 e 2020. Estamos constantemente precisando de mais energia para nos mantermos conectados e atualizados.

Produzir energia e fazê-lo sem impactar o meio ambiente tornou-se crítico para a própria sobrevivência da civilização. Mesmo com o expressivo aumento de veículos elétricos amplamente esperado para as próximas décadas, impactando favoravelmente nosso ecossistema, as baterias utilizadas irão, obviamente, necessitar de energia para recarga. Atualmente, a grande maioria das baterias dos equipamentos eletroeletrônicos de consumo ou de transporte são de íon de lítio. Um íon é basicamente um átomo com carga elétrica e, dependendo da aplicação, a bateria pode possuir elementos como cobalto, ferro, fósforo, manganês e níquel. Inicialmente proposta na década de 1970 pelo químico inglês Stanley Whittingham, as baterias de lítio foram pesquisadas e analisadas por décadas (o primeiro lançamento comercial foi em 1991) até tornarem-se praticamente onipresentes nos equipamentos que definem a sociedade moderna (Whittingham ganhou o Prêmio Nobel de Química de 2019 por seu trabalho, juntamente com John Goodenough e Akira Yoshino).

A melhor solução para reciclagem das baterias descartadas ainda não foi definida, uma vez que atualmente é cerca de cinco vezes mais barato extrair lítio da natureza que efetivamente reciclar uma bateria antiga – embora seja necessário fazê-lo para evitar a escassez de elementos como cobalto, níquel e do próprio lítio no futuro. Graças à sua longevidade, resistência, grande número de ciclos de recarga suportados e, salvo exceções causadas por problemas de manufatura, sua segurança, a aplicação das baterias baseadas em íons de lítio não se limita apenas a equipamentos de pequeno porte. Elas também se fazem presentes em carros elétricos e em projetos para complementar e suportar o sistema de abastecimento de energia tradicional, como o banco de baterias instalado pela Tesla, de Elon Musk, no Sul da Austrália.

CONSUMO GLOBAL POR TIPO
DE FONTE DE ENERGIA

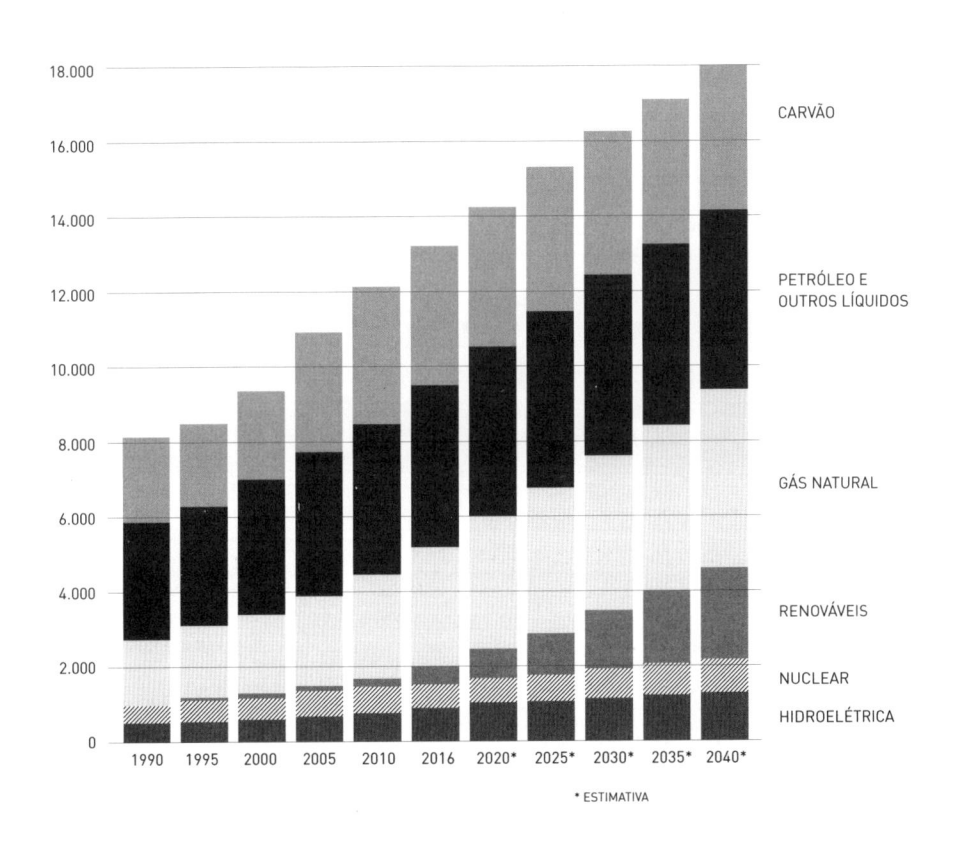

Figura 111

DEMANDA GLOBAL DE ENERGIA POR REGIÃO

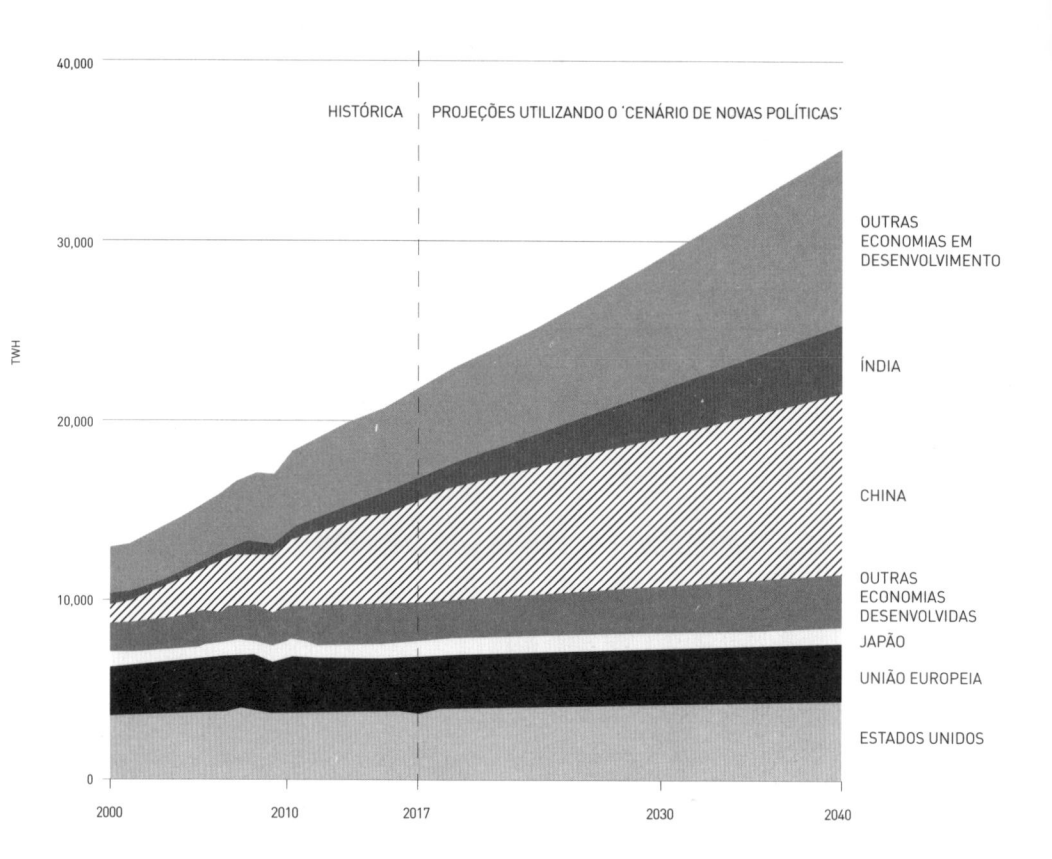

Figura 112 – A estimativa de demanda global de eletricidade acima utiliza o NPS (*New Policies Scenario*, ou Cenário de Novas Políticas) da Agência Internacional de Energia. Esse cenário inclui as políticas e metas anunciadas pelos governos para redução nas emissões de dióxido de carbono.

Esse episódio começou no Twitter, no dia 10 de março de 2017, quando Musk se comprometeu a instalar um banco de baterias com capacidade de cem megawatts (suficiente para suprir a demanda de cerca de trinta mil casas por uma hora) em no máximo 100 dias – caso o prazo fosse excedido, o projeto seria feito sem custo para o governo australiano (entre a assinatura do acordo e o término da instalação transcorreram apenas 63 dias). As baterias foram conectadas a um parque eólico da empresa francesa Neoen, a cerca de duzentos quilômetros de Adelaide, e em caso de necessidade injetam energia no sistema, evitando apagões e estabilizando a oferta.

Segundo a EIA (*Energy Information Administration*), em 2013 o mundo consumiu cerca de 567 EJ (exajoules, ou 10^{18}), enquanto a energia solar absorvida pela atmosfera, oceanos e continentes a cada noventa minutos é de cerca de 660 EJ. Ou seja, a Terra recebe em uma hora e meia mais energia do que consome em um ano. Os desafios tecnológicos para transformar esse potencial em eletricidade estão tanto nos painéis solares, que atualmente possuem em média cerca de 15% a 20% de eficiência na conversão da radiação solar em eletricidade (há casos em que essa taxa chega a 40%) quanto na capacidade de armazenamento de energia das baterias.

OS CAMINHOS DA ENERGIA

Manter a infraestrutura que nos atende em funcionamento permanente não é apenas necessário, mas crítico para nossa sobrevivência. Ruas, bairros, cidades, estados e países dependem de redes de comunicação de dados eficientes e robustas, que atendem serviços de utilidade pública como água, luz, esgoto, energia, transportes e telecomunicações e, ao mesmo tempo, servem como espinha dorsal para negócios nos setores financeiro, logístico, de manufatura e de serviços. Nosso destino está inexoravelmente conectado ao sucesso desse complexo emaranhado de sistemas operacionais, protocolos de comunicação, microprocessadores, sensores, dispositivos de armazenamento, bancos de dados, fios, cabos, baterias, geradores e linhas de transmissão.

Desde a eletrificação do mundo, que praticamente definiu a Segunda Revolução Industrial, assumimos que praticamente em qualquer lugar teremos energia elétrica à nossa disposição. De fato, a quase totalidade dos cerca de 12% da população mundial ainda privados de eletricidade em 2016 viviam em áreas rurais, em particular nos países em desenvolvimento. Mais do que um insumo para nossos equipamentos, eletrodomésticos, máquinas e cidades, a geração de energia tornou-se uma dependência incontornável imposta por um mundo ancorado em vastas redes de comunicação de dados.

Em junho de 2016, pesquisadores da área de Tecnologias em Energia do Berkeley Lab – estabelecido em 1931 e operado pela Universidade da Califórnia em nome do

Departamento de Energia do governo dos Estados Unidos – publicaram um relatório sobre o uso de energia nos data centers. Os centros de dados são uma criação da nova ordem mundial, regida pela Informação. Os computadores que fazem parte de um data center podem pertencer a uma empresa ou podem servir a múltiplos usuários finais, e são a representação física do conceito da "nuvem de computação": coleções gigantescas de máquinas, trabalhando 24 horas por dia, 7 dias por semana, 365 dias por ano e literalmente fazendo a Internet funcionar. É muito provável que tudo ou quase tudo que você faça utilizando seu computador pessoal, seu smartphone, seu tablet ou seu televisor conectado utilize algumas das máquinas alojadas em data centers para atender seus comandos.

A estimativa da energia consumida pelos data centers norte-americanos – cerca de 70 bilhões de quilowatts-hora em 2014 – nos dá alguma ideia do custo energético que viabiliza nosso novo estilo de vida. Trata-se de aproximadamente 2% do consumo total de energia elétrica do país, ou 0,35% do consumo global. O número inclui os servidores, unidades de armazenamento de dados, equipamento de rede e infraestrutura, mas não considera os equipamentos que utilizamos em casa, nas indústrias, escritórios ou nas ruas.

De acordo com o relatório do Berkeley Lab, o consumo de electricidade dos data centers aumentou apenas cerca de 4% entre 2010-2014 (mesma taxa de crescimento esperada até 2020), uma grande mudança em relação aos 24% do aumento estimado ocorrido para o período 2005-2010 e dos quase 90% do aumento estimado ocorrido entre 2000-2005. Este crescimento reduzido se deve, ainda segundo o relatório, principalmente pela redução no número de servidores utilizados, que cresce a modestos 3% ao ano. Os servidores são geralmente alocados a grandes data centers, otimizados para apresentarem altas taxas de utilização e uso eficiente de energia (apesar de mais potentes, os servidores necessitam de praticamente a mesma energia desde 2005). Outro vetor de consumo de energia importante, o aumento na capacidade dos dispositivos de armazenamento reduz a quantidade de drives físicos necessários.

A implementação de maneiras mais eficientes de manter sob controle a temperatura das máquinas também é alvo de ajustes: desde a escolha de localizações com ar mais frio para instalação de data centers, até o uso de Inteligência Artificial. Em 2016, a Google começou a utilizar o sistema DeepMind para simular ajustes nos sistemas de refrigeração de seus data centers, e desde agosto de 2018 começou a deixar o algoritmo a efetivamente realizar as mudanças de temperatura.

De acordo com dados da *International Energy Agency* (IEA, Agência Internacional de Energia), em 2014 todos os data centers do mundo consumiram cerca de 194 terawatts-hora (TWh), ou aproximadamente 0,9% do consumo global (para se ter uma ideia da magnitude desse número, países como a Turquia ou a África do

Sul consomem cerca de 200 TWh por ano). Já as redes de dados consumiram 185 TWh (cerca de 65% pelas redes sem fio), e seu consumo pode explodir para 320 TWh até 2021 ou cair para 160 TWh no mesmo período dependendo da implementação nos processos de transmissão e recepção de dados. Em geral, a comunicação sem fio é mais cara em termos elétricos que a comunicação com fio (mas cada geração tem reduzido essa diferença).

Uma aproximação razoável do consumo global de energia elétrica no final da década de 2010 é de algo como 20.000 TWh, sendo que de uma lista de mais de duzentos países, os dois primeiros – China e Estados Unidos, respectivamente – são responsáveis por quase metade desse valor. Tecnologias de informação e comunicação ficam com cerca de 10% dessa conta, ou 2.000 TWh, e como já vimos os data centers por sua vez ficam com 1% do total, ou 200 TWh. Estima-se que 0,1% fique com a estrutura de mineração de criptomoedas, embora esse número provavelmente seja bastante volátil, flutuando com o interesse (e o preço) dessas moedas.

Uma das características mais interessantes da tecnologia de forma geral é que, salvo exceções ocasionais, a próxima versão – seja ela uma simples melhoria ou um upgrade de grandes proporções – costuma trazer avanços em relação à versão anterior enquanto, simultaneamente, traz problemas antes inexistentes. A substituição do transporte animal pelos automóveis, por exemplo, permitiu que chegássemos mais rapidamente de um lugar até outro, mas criou problemas importantes de poluição devido ao uso de combustíveis fósseis.

Da mesma maneira, o uso de carros autônomos pode, teoricamente, reduzir de forma expressiva as emissões poluentes das frotas de veículos: isso porque não apenas é provável que carros, caminhões e ônibus (autônomos ou não) sejam eletrificados, como seu uso compartilhado e coordenado por algoritmos pode tornar os engarrafamentos uma coisa do passado. Em contrapartida, trabalho publicado em abril de 2016 pelos pesquisadores Zia Waduda (Universidade de Leeds, no Reino Unido), Don MacKenzie (Universidade de Washington, nos EUA) e Paul Leiby (Oak Ridge National Laboratory, Tennessee, Estados Unidos) prevê que existe o risco do aumento das viagens anularem os benefícios obtidos com a automação.

Outra área onde a tecnologia pode ajudar a aumentar significativamente a eficiência, reduzindo desperdícios e emissões nocivas ao meio ambiente, é a gestão de edifícios. Responsáveis por cerca de 60% do aumento da demanda global por eletricidade desde o final do século XX, sistemas de aquecimento e resfriamento inteligentes bem como o uso de sensores para monitoramento e controle podem gerar uma importante redução na demanda energética.

Mas o fato é que o crescimento do número de computadores, telefones, sensores e televisores ou monitores não deve desacelerar por muito tempo. Um relatório publicado em 2015 por dois pesquisadores da multinacional chinesa de equipamentos e serviços de telecomunicações Huawei procurou estimar o impacto deste crescimento. No trabalho *On Global Electricity Usage of Communication Technology: Trends to 2030* (Sobre o uso global de eletricidade na tecnologia de comunicação: tendências para 2030), Anders Andrae e Tomas Edler estimaram não apenas o consumo dos data centers, mas também o custo energético da produção de equipamentos de comunicação, das redes de dados (com e sem fio) e dos dispositivos utilizados em nosso dia a dia (vamos chamar todos estes elementos de TIC, Tecnologia de Informação e Comunicação).

Segundo Andrae e Tomas, caso não ocorram melhorias de eficiência nas redes de dados e nos dispositivos (algo extremamente improvável), a TIC poderia consumir cerca de metade da eletricidade global em 2030. Sua expectativa é que esse número ficará em torno de 21%, sendo que no melhor cenário não deve passar dos 8%. Conscientes de seu impacto em relação ao meio ambiente pelo elevado consumo energético de suas atividades, quase metade das cinquenta maiores empresas de tecnologia do mundo (com base no critério de receita anual) estabeleceram metas de utilização de energia renovável, sendo responsáveis por mais da metade do total de acordos de compra de energia renovável nos últimos três anos. É bem possível que essa tendência impulsione o investimento e o desenvolvimento de energias renováveis nos próximos anos, algo que o relatório *Clicking Clean* da organização de defesa do meio ambiente Greenpeace monitora de perto.

FUMAÇA E MOVIMENTO

Os desafios tecnológicos associados à geração, distribuição, armazenamento e uso eficiente da energia são motivo de preocupação para governos, empresas e entidades sem fins lucrativos. Independente da forma, o futuro conectado seguirá exigindo inovações neste segmento. Desde a Primeira Revolução Industrial, iniciada em meados do século XVIII, com a popularização do motor a vapor, a sociedade moderna vem aumentando sua demanda por energia e, simultaneamente, elevando os níveis de poluição no meio ambiente. Estudos realizados pelo NOAA (National Oceanic and Atmospheric Administration, agência científica ligada ao Departamento de Comércio do governo dos Estados Unidos) apontaram uma elevação na concentração de dióxido de carbono na atmosfera da ordem de 40% nos últimos 250 anos, majoritariamente em função da queima de combustíveis fósseis. Essa é uma das principais causas do chamado "efeito estufa", que vem aumentando a temperatura do planeta com consequências potencialmente devastadoras sobre a biodiversidade e, por conseguinte, sobre o próprio futuro da humanidade.

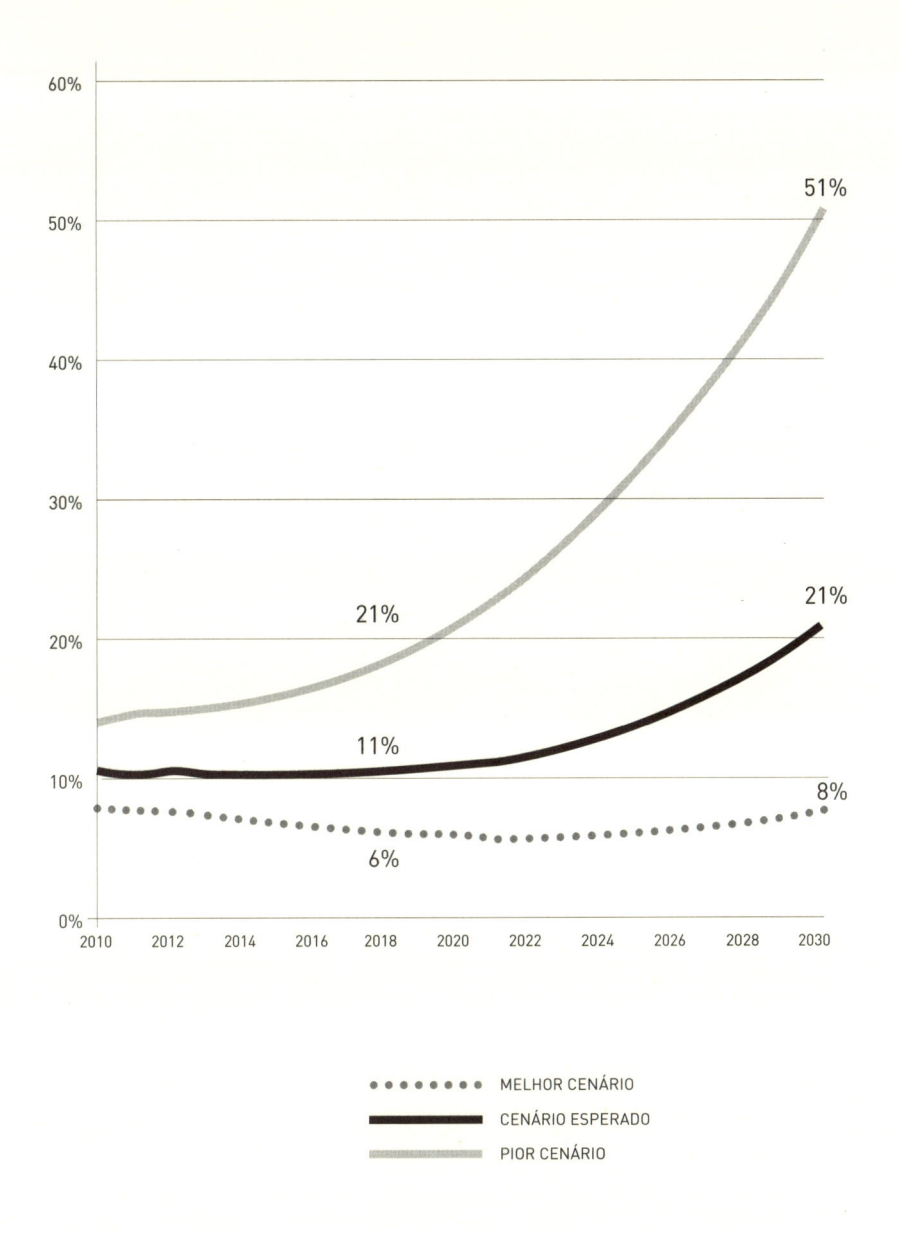

TECNOLOGIA DE INFORMAÇÃO E COMUNICAÇÃO
USO DA ELETRICIDADE GLOBAL (%)

● ● ● ● ● ● ● ● ● MELHOR CENÁRIO
━━━━━━━━━ CENÁRIO ESPERADO
▬▬▬▬▬▬▬▬ PIOR CENÁRIO

Figura 113 – Utilizando 2010 como ponto de partida, com valores relativamente próximos entre si, pesquisadores procuram estimar o percentual da eletricidade global necessário para alimentar os sistemas de tecnologia de informação e comunicação.

ANOMALIA DE TEMPERATURA
MÉDIA NO MUNDO

DIFERENÇA DAS TEMPERATURAS NA TERRA E NO MAR
EM RELAÇÃO À MÉDIA DO PERÍODO 1961-1990
(EM ºC)

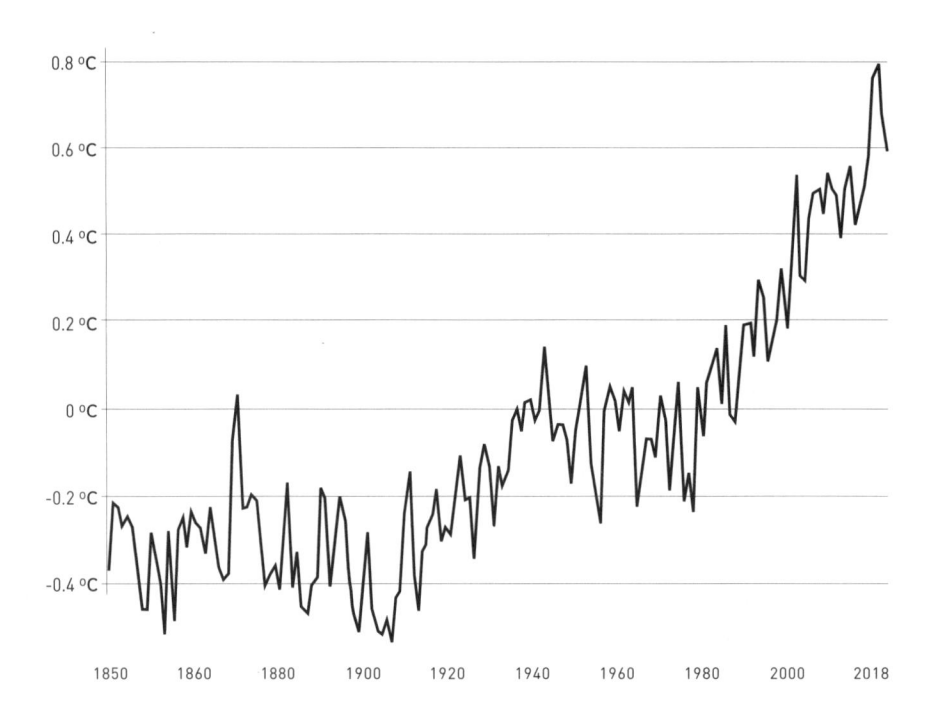

Figura 114 – Anomalia média de temperatura global terra-mar em relação
à temperatura média de 1961-1990 em graus Celsius.

Em apenas duzentos e cinquenta anos, a sociedade industrial gerou um aumento na temperatura média do planeta que está entre 0,8°C e 1,2°C – sendo que os efeitos de um aumento entre 1,5°C e 2°C podem ser devastadores e potencialmente irreversíveis, conforme relatório publicado em outubro de 2018 pelo Painel Intergovernamental sobre Mudanças Climáticas (IPCC, *Intergovernmental Panel on Climate Change*), entidade criada em 1988 e associada à Organização das Nações Unidas. O IPCC é responsável pelos aspectos científicos das mudanças climáticas, incluindo seus impactos econômicos, políticos e naturais, e compartilhou com o ex-vice-presidente dos EUA, Al Gore, o Prêmio Nobel da Paz de 2007.

O *Relatório Especial sobre o Aquecimento Global de 1,5°C* (Special Report on Global Warming of 1.5°C) foi assinado por 91 autores em 40 países, e conta com mais de seis mil referências científicas. De acordo com o relatório, o aquecimento global de 1,5°C (que, se nada for feito, será atingido entre 2030 e 2050) iria trazer problemas de saúde, aumento da incidência de doenças como malária e dengue, insegurança alimentar, escassez de água e redução do crescimento econômico, entre outros. O nível do mar também pode aumentar 80 cm até o final do século, e potencialmente quase um metro no caso de um aquecimento próximo a 2°C, que causaria instabilidades irreversíveis na Antártida e Groenlândia e uma redução de até 99% nos recifes de coral. Insetos, plantas e animais vertebrados teriam suas regiões de sobrevivência reduzidas em até cinquenta por cento. Evitar essas catástrofes não será simples: até 2030 as emissões de carbono devem cair a cerca da metade dos níveis de 2017, e até 2050 o mundo precisaria se tornar neutro em emissões de carbono.

Levando em consideração o ritmo no qual a geração de energia limpa está sendo implementada ao redor do mundo – cerca de 55 mil megawatts por ano, de acordo com estimativas da Carnegie Institution of Science, uma das 23 instituições criadas graças à filantropia de Andrew Carnegie (1835-1919), industrial do setor do aço – essas metas são efetivamente inatingíveis: os cerca de 20 terawatts necessários levariam mais que trezentos anos para ficarem prontos. Daniel Schrag, da Universidade de Harvard, um dos conselheiros do ex-presidente dos EUA Barack Obama para questões climáticas, acredita que neste século é possível que tenhamos um aumento de 4°C ou mais nas temperaturas médias ao redor do mundo. Mesmo a utilização bem-sucedida de medidas de largo alcance através de técnicas de geoengenharia pode não ser o bastante – embora não haja outra alternativa para Humanidade a não ser aplicar todos os esforços políticos, econômicos e sociais para o controle dessa crise sem precedentes.

Inspirados em um exercício desenvolvido pelo site Land Art Generator, vamos considerar por um instante a estimativa de consumo global de energia em 2030, que deve se aproximar dos 800 EJ. Isso equivale a cerca de 219,8 TWh. Pois bem, a intensidade média da energia solar que atinge a atmosfera é de aproximadamente 1.360 watts por metro quadrado, de acordo com medições feitas por satélites – e cerca de metade deste valor chega até os oceanos e os continentes (o restante é refletido de volta ao espaço ou absorvido pelas nuvens). Digamos que, em um ano, metade dos dias são ensolarados, com cerca de oito horas de luz natural, o que resultaria em 1.460 horas de sol por ano. Um painel solar com eficiência de 20% (a média atual) seria capaz de gerar quase 200 kWh por ano por metro quadrado. Dividindo a demanda estimada de 219,8 TWh por esse valor, chegamos à área necessária para suprir a demanda global de energia com painéis solares: cerca de 1,1 milhão de quilômetros quadrados, ou 0,7% da superfície terrestre (equivalente à área ocupada pela Bolívia). Considerando os oceanos (uma vez que é possível a instalação de painéis solares sobre a água), estamos falando de apenas 0,2% da superfície do planeta, assumindo que a eficiência dos painéis solares não irá melhorar (algo bastante improvável).

Quais os setores responsáveis pela emissão de gases que contribuem para o efeito estufa, como o dióxido de carbono, metano e o óxido nitroso? Globalmente, a indústria de energia responde, sozinha, por mais da metade das emissões de dióxido de carbono e cerca de um terço do metano; já o setor agrícola emite quase 50% do metano e 70% do óxido nitroso. Nos Estados Unidos, de acordo com a Agência de Proteção Ambiental (EPA, Environmental Protection Agency), em 2017 os responsáveis pela emissão de gases "efeito estufa" foram o setor de Transportes (29%, especialmente em função dos combustíveis baseados em petróleo), Eletricidade (28%, com quase dois terços da geração oriunda de combustíveis fósseis), Indústria (22%), Comercial e Residencial (12%, especialmente devido aos combustíveis fósseis queimados para aquecimento), Agricultura (9,0%, largamente em função da criação de gado). Florestas geraram uma compensação de 11%, mais absorvendo que produzindo dióxido de carbono.

Em 2014, das 36 bilhões de toneladas de CO_2 emitidos – contra apenas 2 bilhões emitidos em 1900 – a China foi responsável por mais de 10 bilhões e os Estados Unidos por 5 bilhões. Qualquer dúvida em relação ao efeito da industrialização na qualidade da atmosfera pode ser rapidamente esclarecida quando se observa a concentração de longo prazo do dióxido de carbono, em partes por milhão: até o início da Primeira Revolução Industrial, esse número estava em cerca de 270ppm; em 2018 já havíamos superado 400ppm.

Publicado anualmente pela Germanwatch, NewClimate Institute e pela Climate Action Network, o CCPI (*Climate Change Performance Index*, ou Índice de Desempenho de Mudança Climática) procura medir como os países responsáveis por mais de 90% das emissões globais de gases de efeito estufa estão atuando. São levados em consideração quatro quesitos: o volume das emissões, energia renovável, uso da energia e políticas climáticas. No índice de 2019, de um grupo de 56 países mais a União Europeia, o país com a melhor colocação foi a Suécia, seguida do Marrocos e da Lituânia. Os três últimos colocados foram Irã, Estados Unidos e Arábia Saudita. O Brasil ficou em 19° lugar.

EMISSÕES DE GASES "EFEITO ESTUFA" POR SETOR DA ECONOMIA NORTE-AMERICANA, 2017

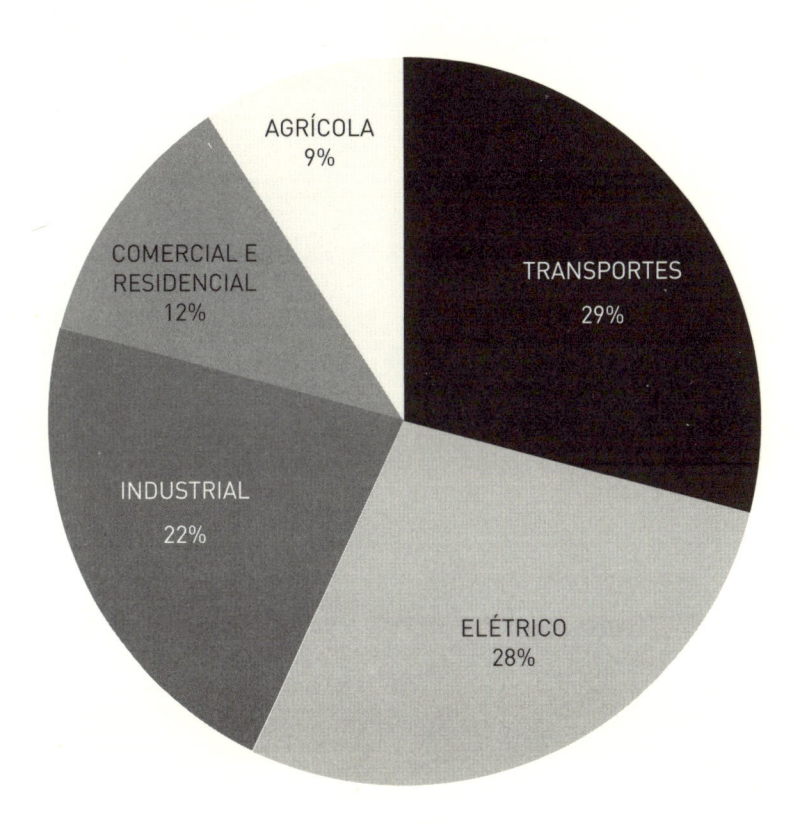

Figura 115

CONCENTRAÇÃO MÉDIA DE LONGO PRAZO DE DIÓXIDO DE CARBONO NA ATMOSFERA

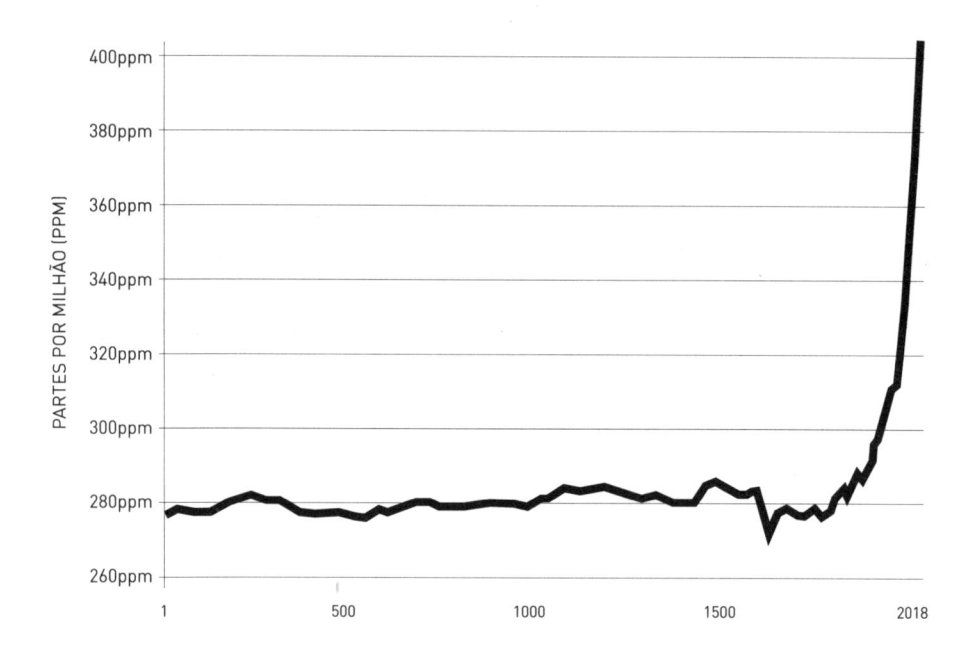

Figura 116

A busca por maior eficiência energética e por fontes renováveis – como solar, eólica, das marés e geotérmica – torna-se crítica, tanto por razões econômicas como por razões de sobrevivência. A manufatura de eletroeletrônicos e a própria indústria de construção civil, por exemplo, já priorizam projetos e implementações que causem impacto ambiental limitado, simulando através de programas de computador uma série de variáveis que afetam o comportamento da estrutura, seu consumo de energia e os resíduos produzidos. Ao mesmo tempo, a infraestrutura dos centros urbanos também busca melhorias, com a instalação de lâmpadas de LED nas ruas, sensores para reduzir o consumo e, conforme já discutimos, o uso de novos medidores e sistemas domésticos de armazenamento de energia, permitindo que em horários de pico (no qual a tarifa cobrada do consumidor é mais cara) seja utilizada a energia armazenada.

Outra mudança em curso, inclusive no Brasil, está relacionada à infraestrutura das redes elétricas, com o uso dos chamados recursos energéticos distribuídos (DER, *Distributed Energy Resources*). Esse é o nome dado às fontes geradoras de energia que em geral localizam-se próximas ao usuário final (como parques eólicos, geradores, baterias e painéis solares) e que se conectam com a rede elétrica. Tratam-se de elementos que equilibram os padrões de consumo, gerando energia que pode ser utilizada imediatamente ou armazenada e utilizada em horários de pico, ou retornada para rede elétrica (reduzindo o gasto) ou ainda que podem atuar no caso de falha da infraestrutura.

Justamente pensando em como endereçar a questão de geração de energia tendo em vista os poluentes existentes na atmosfera, pesquisadores da Universidade de Antuérpia e da Universidade de Leuven, ambas na Bélgica, desenvolveram um dispositivo que purifica o ar e, ao mesmo tempo, gera energia. Liderados pelo professor Sammy Verbruggen, os cientistas construíram um aparelho que remove os poluentes e os converte em hidrogênio, usando luz solar, nanopartículas e uma membrana química fotoelétrica – e justamente esse hidrogênio pode ser utilizado como fonte de energia.

Outra forma inovadora de geração de energia que vem sendo pesquisada ocorre através do movimento. O professor Cary Pint, do Departamento de Engenharia Mecânica da Universidade Vanderbilt (localizada no estado do Tennessee, nos EUA) coordena uma pesquisa que utiliza uma camada de fósforo negro com poucos átomos de espessura. Quando o material é dobrado ou pressionado em frequências compatíveis com a caminhada de uma pessoa, uma pequena corrente elétrica é gerada. Por se tratar de um elemento em escala nanométrica, ele pode ser incorporado a roupas – em outras palavras, no futuro você poderá recarregar a bateria de seu celular simplesmente se movimentando.

O uso de novos materiais vem se tornando mais frequente em diversos setores, além do energético: medicina, manufatura, automobilístico e aeroespacial são apenas alguns exemplos. A tecnologia aplicada à ciência dos materiais é o tema do próximo capítulo.

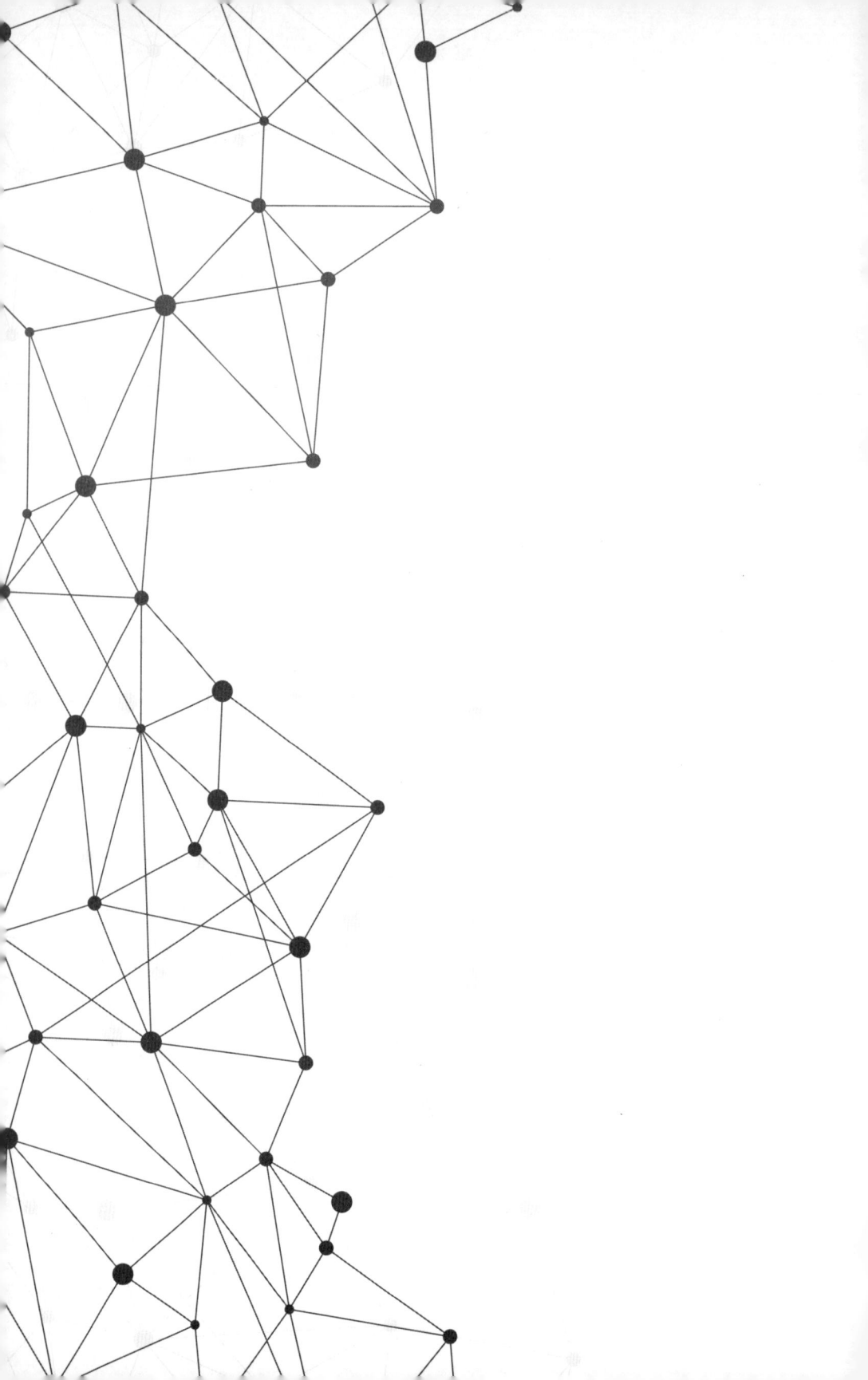

NOVOS
MATERIAIS

DESCOBRINDO A PÓLVORA

AS EVOLUÇÕES TECNOLÓGICAS OCORRIDAS AO LONGO DA HISTÓRIA DA Civilização estão intimamente ligadas à descoberta de novos elementos e materiais. Sua importância é tamanha que arqueólogos e historiadores chegam a dividir o estudo das sociedades antigas baseando-se em materiais, como a Idade da Pedra, do Bronze e do Ferro.

O início da Idade da Pedra é estimado com base em fósseis com aproximadamente 3,4 milhões anos que foram encontrados na Etiópia em 2010, apresentando marcas feitas por ferramentas de pedra. A Idade do Bronze (cerca de 3.300 a.C. a 1.200 a.C.) é um dos primeiros exemplos de como a tecnologia é capaz de diferenciar e potencialmente gerar vantagens competitivas para as sociedades detentoras do conhecimento: grupos capazes de fundir cobre com estanho, arsênico ou outros metais obtinham o bronze, metal mais resistente e duradouro. Os sumérios, estabelecidos onde atualmente encontra-se o sul do Iraque, foram possivelmente a primeira civilização a utilizar a escrita, ainda nos primórdios da Idade do Bronze. A terceira e última Idade utilizada é a do Ferro, de 1.200 a.C. a aproximadamente 800 d.C.

Indústrias inteiras são criadas na esteira de novos materiais, modificando o destino das sociedades. Materiais como pedra, bronze, ferro, vidro (1.500 a.C.), porcelana moderna (século VIII) e pólvora (ano 1000) geraram desdobramentos políticos, econômicos e sociais significativos ao redor do mundo.

Duas das Quatro Grandes Invenções Chinesas – reverenciadas pelos chineses como símbolos da sofisticação de seus antepassados – são do século XI: a pólvora e a imprensa. As outras duas são a bússola, inicialmente usada para adivinhar o futuro desde 200 a.C. e aplicada à navegação a partir do século XI, e a fabricação de papel, dominada desde o século VIII a.C. O inventor chinês Bi Sheng (990-1051) criou a primeira tecnologia de tipo móvel do mundo, e quatrocentos anos depois o ferreiro alemão Johannes Gutenberg (1400-1468) foi o primeiro europeu a criar matrizes de impressão metálicas móveis, abrindo caminho para publicações em massa produzidas por tipógrafos – aumentando praticamente do dia para noite o acesso à informação e a circulação de ideias políticas, econômicas, científicas e religiosas. Em menos de cem anos uma das mais importante revoluções da História seria iniciada: a Revolução Científica, com a publicação da obra do astrônomo polonês Nicolau Copérnico (1473-1543) *De revolutionibus orbium coelestium* (Sobre as Revoluções das Esferas Celestiais). Rompendo com mil e quatrocentos anos de tradição, na qual erroneamente se pensava que o Universo orbitava em torno da Terra, Copérnico propõe o sistema heliocêntrico, no qual a Terra orbita em torno do Sol (algo que o matemático grego Aristarco de Samos já sugeria em 270 a.C.). A Revolução Científica impõe a razão sobre a superstição, a observação e os experimentos como ferramentas para explicar os fenômenos naturais e o mundo ao nosso redor.

Figuras 117 e 118 – Esquerda: Bi Sheng (990-1051), inventor do primeiro modelo de impressão por tipo móvel do mundo. Direita: Johannes Gutenberg (1400-1468), que com a invenção do sistema de impressão de tipos móveis na Europa tornou-se um dos personagens mais importantes da História.

Foi justamente para observar o mundo ao nosso redor – seja o que está muito longe, com telescópios, ou o que está muito perto, com microscópios – que lentes de vidro começaram a ser aprimoradas na Holanda no final do século XVI. A primeira patente para o telescópio foi solicitada (mas não concedida) por Hans Lippershey (1570-1619) em 1608. O microscópio seguiu destino semelhante, com diversos fabricantes de óculos holandeses alegando serem seu inventor (inclusive o próprio Lippershey). Mais uma vez, o desenvolvimento de uma nova tecnologia sobre um material específico viabilizou avanços expressivos em diversos campos do conhecimento.

Foi em 1800 que o físico e químico italiano Alessandro Volta (1745-1827) criou uma bateria baseada em cobre e zinco. Sua invenção, precursora das baterias de íons de lítio que alimentam celulares, tablets e notebooks, foi motivada por um anfíbio. Durante a dissecação de um sapo preso a um gancho, o biólogo italiano Luigi Galvani (1737-1798) esbarrou com um bisturi de ferro na perna do animal, que imediatamente se contraiu (o termo *galvanismo* foi cunhado para descrever esse fenômeno). Enquanto Galvani teorizava que a eletricidade animal era responsável pelo fenômeno, seu amigo Alessandro Volta desconfiava que o evento ocorria por conta da conexão dos metais (do gancho e do bisturi), uma teoria conhecida como *tensão de contato*. Na realidade, a energia elétrica gerada pela pilha voltaica – literalmente uma pilha de metais alternados – deve-se ao resultado de reações químicas, conforme comprovado pelo inglês Humphry Davy (1778-1829) e seu assistente, o também inglês Michael Faraday (1791-1867). Faraday eventualmente se tornaria um dos nomes mais importantes no estudo do eletromagnetismo e da eletroquímica.

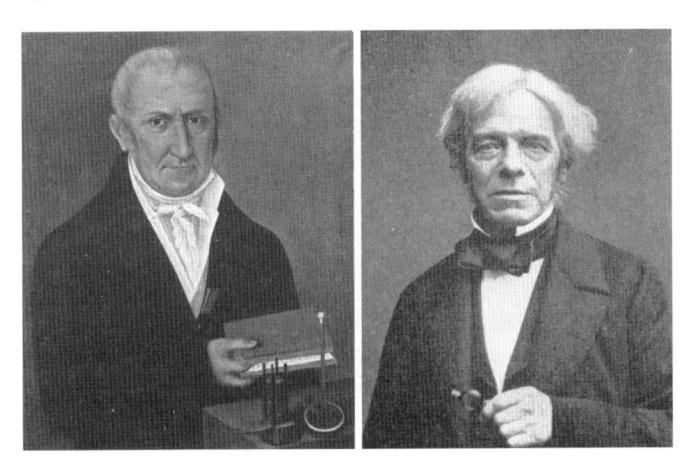

Figuras 119 e 120 – Alessandro Volta (1745-1827), Michael Faraday (1791-1867).

A evolução de materiais encontrados na natureza prosseguiu, e na segunda metade do século XVIII o mundo começava a explorar as possibilidades da borracha. O botânico francês François Fresneau (1703-1770), que passou parte de sua vida na Guiana Francesa, possivelmente foi o primeiro a publicar um artigo científico sobre as propriedades da seiva extraída de árvores da região. Essa seiva, chamada de látex, quando endurecida tornava-se a borracha. A origem do termo vem da palavra espanhola *borracha*, que significa algo como "bota para o vinho" – como os habitantes das regiões de seringueiras utilizavam o látex extraído para impermeabilizar recipientes, o termo passou a ser utilizado. Em inglês, a origem da palavra *rubber* (borracha) está ligada ao efeito que esfregar (*rub*) a borracha em um texto escrito a lápis possui, apagando-o (*rubber* ou aquilo que esfrega). Essa observação é atribuída ao químico inglês Joseph Priestley (1733-1804), que segundo diversos estudiosos também foi o cientista que descobriu o oxigênio.

Mas a borracha apresentava um problema importante: ela derretia durante o verão e se partia no inverno. Este problema sério foi resolvido por um engenheiro norte-americano em 1839. Ao entrar em uma loja que vendia coletes salva-vidas, em 1834, ele achou que poderia melhorar a válvula utilizada para inflá-los. O dono da loja sugeriu que ele melhorasse a borracha da qual o colete era feito, e durante cinco anos esse engenheiro gastou todo seu dinheiro e o de sua família em busca de uma solução. Charles Goodyear (1800-1860) inventou o processo de vulcanização (em homenagem ao deus romano do fogo) após combinar acidentalmente enxofre e borracha, aumentando a resistência da mesma.

A história de Goodyear é emblemática para qualquer empreendedor. Primeiro, porque ele fez um diagnóstico errado do mercado: queria atacar um problema (as válvulas dos coletes) quando, na verdade, o aspecto importante eram os próprios coletes. Segundo, ele arriscou tudo que tinha para resolver a questão, vendendo praticamente todas as suas posses (incluindo os livros escolares dos filhos). Terceiro, parte importante do seu sucesso deveu-se a um golpe de sorte (a combinação acidental do enxofre e da borracha). Quarto, ele só foi capaz de patentear sua solução em 1844 (dez anos depois de começar a trabalhar no assunto). E, finalmente, ao morrer estava novamente endividado com gastos legais justamente para combater as violações de sua patente.

Poucos materiais são mais associados ao progresso econômico que o aço, presente em meios de transporte, armamentos, construções e na indústria. Composto por ferro (um dos três elementos que definiram os primórdios da civilização) e carbono, foi apenas após a popularização do chamado *processo de Bessemer* que o aço tornou-se um material economicamente viável (o mesmo processo de viabilização econômica – dessa vez envolvendo processadores, memórias, sensores e smartphones – está transformando novamente a face da economia).

Figuras 121 e 122 – Charles Goodyear (1800-1860), inventor do processo de vulcanização. A Goodyear Tire and Rubber Co. foi fundada em 1898, e batizada em sua homenagem; Henry Bessemer (1813-1898), que fez o pedido de patente de um método que permitia purificar a mistura de ferro e carbono em escala industrial.

Em 1855, o inventor inglês Henry Bessemer (1813-1898) fez o pedido de patente de um método que permitia purificar a mistura de ferro e carbono em escala industrial, produzindo grandes quantidades de aço. Embora outras formas de realizar essa tarefa existissem anteriormente – como na China, por exemplo, desde o século XI – foi Bessemer quem viabilizou o uso universal do aço com sua tecnologia. Mais resistente e versátil que o ferro, o aço e seus derivados estão presentes em praticamente todos os aspectos da vida moderna – que começou a ser registrada em cores graças a um artigo publicado exatamente em 1855 no Transactions of the Royal Society of Edinburgh por ninguém menos que James Clerk Maxwell (1831-1879). O cientista escocês foi um dos mais importantes físicos da História, estabelecendo equações e princípios fundamentais em eletromagnetismo, óptica e termodinâmica. Seu interesse no processo da visão, e em particular na forma como percebemos as cores, o levou a publicar o artigo *Experiments on Colour* (Experimentos com Cor) e estabelecer o "método das três cores".

Este trabalho, por sua vez, teve sua gênese no início do século XIX, quando o versátil físico britânico Thomas Young (1773-1829) – cujos interesses incluíam música e Egiptologia – postulou a existência de estruturas com três tipos de sensibilidades distintas no olho humano, e em 1850 o físico alemão Hermann von Helmholtz (1821-1894) determinou qual parte do espectro da luz visível era capaz de sensibilizar cada uma delas: vermelho, verde e azul. Maxwell, em seu artigo de 1855, sugeriu que se filtros RGB (*red, green, blue*) fossem utilizados para tirar fotografias em preto e branco, a sobreposição das imagens resultaria na percepção de cores.

Figura 123 – O cientista escocês James Clerk Maxwell (1831-1879), que estabeleceu equações e princípios fundamentais em eletromagnetismo, óptica e termodinâmica. Seu interesse no processo da visão, e em particular na forma como percebemos as cores, contribuiu de forma crítica para a invenção da fotografia colorida.

A fotografia em preto e branco havia sido oferecida "como um presente para o mundo" do governo francês dezesseis anos antes, em 1839. Desenvolvida pelos franceses Nicéphore Niépce (1765-1833) e Louis Daguerre (1787-1851) após pesquisas envolvendo propriedades químicas da prata, o único país que não se beneficiou desse "presente" foi a Inglaterra. Isso porque Henry Talbot (1800-1877) desenvolveu de forma independente um processo semelhante ao de Niépce e, ao saber das notícias da nova tecnologia vinda da França, decidiu revelar seus métodos para obter direitos sobre a mesma. Segundo alguns historiadores, em retaliação, representantes de Daguerre entraram com pedido de patente sobre a invenção do francês na Inglaterra, gerando custos de licenciamento inexistentes no resto do mundo.

Outra descoberta ocorrida em 1839, mesmo ano da invenção da fotografia preto e branco, também envolveu a prata: o efeito fotovoltaico – que ocorre quando a luz que incide em um material gera tensão elétrica – chamado de *efeito Becquerel* em homenagem ao seu descobridor, o físico francês Edmond Becquerel (1820-1891), outro estudioso da fotografia. A real aplicabilidade dessa tecnologia começou de fato a ser viabilizada pelo engenheiro elétrico inglês Willoughby Smith (1828-1891) que trabalhou no desenvolvimento de cabos submarinos com Charles Wheatstone (de quem falamos no Capítulo 8).

Durante suas pesquisas, Smith verificou que quanto mais luz incidia sobre o selênio (elemento descoberto pelo importante químico sueco Jacob Berzelius (1779-1848) em 1817), maior era sua capacidade de conduzir eletricidade – algo que ele documentou na revista Nature em fevereiro de 1873 no artigo *Efeito da Luz no Selênio durante a passagem de uma Corrente Elétrica*. Três anos depois, em 1876, o professor William Grylls Adams (1836-1915) do Kings College, em Londres, e seu aluno Richard Evans Day detectaram que o selênio era capaz de gerar uma corrente elétrica quando submetido à luz, efetivamente levando à criação das células fotovoltaicas. Os primeiros painéis solares documentados foram criados pelo inventor norte-americano Charles Fritts (1850-1903) em 1883, e instalados em um telhado nova-iorquino no ano seguinte. Sua eficiência era de cerca de 1%, o que significa dizer que apenas 1% da luz que o iluminava era convertida em eletricidade. A evolução dos materiais utilizados elevou essa porcentagem para cerca de 5% na década de 1960 e para cerca de 20% cinquenta anos mais tarde.

NOS OMBROS DE GIGANTES

Uma das principais características da tecnologia é sua capacidade de exponencializar possibilidades – cada descoberta utiliza as características e propriedades de uma longa linha de inovações passadas. A natureza do avanço científico e tecnológico é recombinante, pois utiliza elementos com funcionalidades específicas para composição de algo novo.

Uma das maiores rivalidades da História da Ciência ocorreu entre os ingleses Isaac Newton (1643-1727) e Robert Hooke (1635-1703), durante o século XVII. As correspondências trocadas entre ambos são um atestado que nem algumas das mentes mais brilhantes que já viveram são imunes à vaidade ou à mesquinharia. O antagonismo era tamanho que quando Newton sucedeu Hooke na presidência da Royal Society – uma das mais tradicionais e respeitadas sociedades para o avanço da ciência, fundada na Inglaterra no final de 1660 – dizem que Newton ordenou que o único quadro com a imagem de seu antecessor fosse removido da parede da instituição. Ao longo do tempo, a reputação de Hooke continuou piorando – talvez com alguma razão, em função de seu temperamento – mas possivelmente de forma exagerada.

O fato é que, em uma das cartas enviadas por Newton para Hooke, em 6 de fevereiro de 1675, ele escreveu palavras que acabaram por entrar na História: "If I have seen further it is by standing on the shoulders of Giants" (Se eu enxerguei mais longe foi por estar me apoiando nos ombros de Gigantes). A exata origem dessa expressão parece estar nos trabalhos do filósofo francês Bernard de Chartres (1070-1130), e refletem um conceito que já discutimos: avanços científicos e tecnológicos são cumulativos, exponenciais e inevitáveis.

Figuras 124 e 125 – Isaac Newton (1643-1727), Robert Hooke (1635-1703).

O desenvolvimento de novos materiais e aplicações continuou intensificando-se no século XX, que testemunhou a descoberta da supercondutividade em 1911, nas mãos do físico holandês e ganhador do prêmio Nobel de Física, Heike Kamerlingh Onnes (1853-1926) – uma tecnologia que abriu caminho para o desenvolvimento do exame de ressonância magnética e alguns tipos de trem-bala. Basicamente, supercondutores são materiais que, quando resfriados abaixo de determinada temperatura, não possuem resistência elétrica. Isso quer dizer que uma corrente elétrica aplicada sobre eles pode ter duração virtualmente ilimitada.

Na década de 1930, materiais que hoje fazem parte do dia a dia de bilhões de pessoas foram criados nos laboratórios da gigante norte-americana DuPont: o neoprene (1930), o nylon (1935) e o teflon (1938). Curiosamente, a DuPont foi originalmente criada em 1802 para manufaturar pólvora nos EUA, cerca de oitocentos anos após sua invenção na China. Em 2017, a DuPont e a também norte-americana Dow Chemical (fundada em 1897) fundiram-se, criando a DowDuPont, cuja receita em 2017 superou os US$ 60 bilhões.

Mas poucos elementos definem melhor o século XX e a Terceira Revolução Industrial que o transistor, desenvolvido pelos físicos norte-americanos William Shockley (1910-1989), John Bardeen (1908-1991) e Walter Brattain (1902-1987) no famoso Bell Labs em dezembro de 1947. Fundado em 1925 pela integração dos departamentos de engenharia da American Telephone & Telegraph (AT&T) e da Western Electric (principal fornecedora da AT&T), o laboratório tornou-se um dos mais importantes centros de desenvolvimento de tecnologia do mundo. Até 2018, nove prêmios Nobel (inclusive um para a invenção do transistor em 1956) e três prêmios Turing (criado em 1966 pela *Association for Computing Machinery* como uma homenagem a Alan Turing) foram entregues a cientistas cujo trabalho foi originado e desenvolvido lá.

A criação do transistor foi motivada pela busca de uma solução menor e mais eficiente (duas características frequentemente almejadas pelo avanço tecnológico, seja ele qual for) para substituir as chamadas válvulas, ou tubos de vácuo, precursoras do mundo digital no qual vivemos. Desenvolvidas durante a primeira metade do século XX, as válvulas são geralmente compostas por três elementos: o catodo, o anodo e a grade de controle.

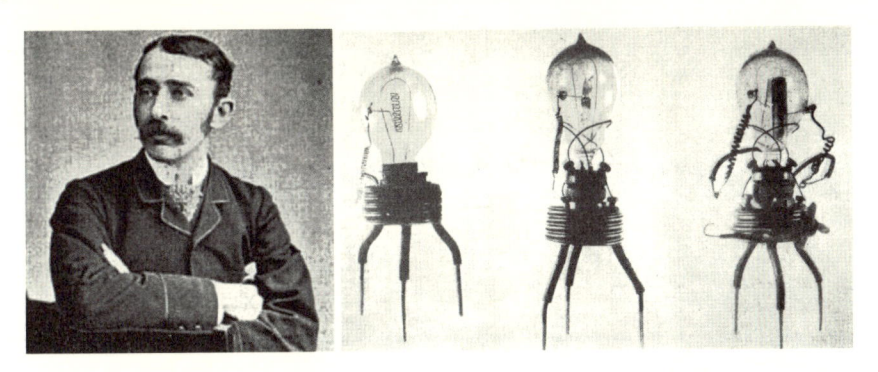

Figuras 126 e 127 – John Ambrose Fleming (1849-1945), engenheiro elétrico e físico inglês, inventor das primeiras válvulas em 1904.

A palavra *catodo* vem da união das palavras gregas *kata* (para baixo, ou negativo) e *hodos* (caminho), enquanto a palavra *anodo* vem da união das palavras gregas *ana* (para cima, ou positivo) e *hodos*. De forma simplificada, a corrente elétrica passa pelo catodo, esquentando-o e liberando elétrons, que são atraídos pelo polo positivamente carregado. Como o próprio nome do dispositivo diz, esse processo ocorre em um tubo de vácuo, oferecendo pouca resistência aos elétrons. A grade de controle funciona como uma espécie de interruptor: se estiver positivamente carregada, os elétrons podem fluir do catodo para o anodo, fechando o circuito. Caso esteja negativamente carregada, os elétrons serão repelidos, e o circuito irá permanecer aberto. É esse o princípio por trás da eletrônica digital, no qual todas as informações são codificadas em um de dois estados: desligado ou ligado, aberto ou fechado, zero ou um.

Estava estabelecido o caminho para o desenvolvimento de computadores eletrônicos – em contraste com os computadores humanos, como eram conhecidas as pessoas que efetivamente realizavam (ou seja, computavam) os cálculos necessários para resolução de um determinado problema. O físico e professor norte-americano John Atanasoff (1903-1995) é reconhecido como inventor do primeiro computador eletrônico, desenvolvido entre 1939 e 1942 com seu estudante de pós-graduação Clifford Berry (1918-1963) e chamado de ABC (Atanasoff-Berry Computer). Com cerca de 300 válvulas, introduziu o uso de dígitos binários para representar a informação processada. Depois dele, as duas máquinas mais importantes foram desenvolvidas visando atender demandas militares: o Colossus na Inglaterra (1943), idealizado pelo engenheiro Tommy Flowers (1905-1998), para decifrar mensagens codificadas do alto-comando alemão (que ao contrário das tropas, não utilizava o Enigma) e o ENIAC, nos Estados Unidos (1945), cujo objetivo inicial era calcular os parâmetros para ajuste dos ângulos de tiro da artilharia mas que por influência de John von Neumann (1903-1957) acabou sendo inicialmente utilizado no estudo de armas termonucleares. Enquanto o Colossus utilizava cerca de duas mil válvulas, o ENIAC precisava de aproximadamente vinte mil, ocupando mais de 150 m² com suas quase trinta toneladas.

 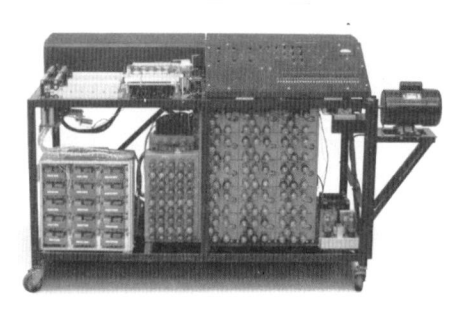

Figuras 128 e 129 – John Atanasoff (1903-1995), inventor do primeiro computador eletrônico, conhecido de ABC (Atanasoff-Berry Computer).

Figuras 130 e 131 – John von Neumann (1903-1957), que realizou contribuições relevantes em matemática, física e ciência da computação, e o ENIAC - *Electronic Numerical Integrator And Computer* (Computador e Integrador Numérico Eletrônico), mais um dos avanços tecnológicos iniciados por motivações militares.

Com o advento dos transistores, a era da miniaturização da eletrônica começou. Shockley e sua equipe utilizaram o germânio – descoberto pelo químico alemão

Clemens Winkler (1838-1904) em 1886 – e ouro em seu primeiro protótipo. Tanto o germânio quanto seu substituto, o silício (também descoberto pelo sueco Jacob Berzelius, em 1824) são materiais semicondutores, cuja capacidade de conduzir eletricidade pode ser controlada – e essa característica permitiu que fosse desenvolvido o transistor de junção bipolar (patenteado em 1948 e revelado ao mundo em 1951).

O funcionamento do transistor – que juntamente com a máquina a vapor provavelmente compõe a dupla de invenções que mais profundamente alterou os rumos da História da Civilização – é similar em termos conceituais ao funcionamento da válvula.

O silício é um elemento químico que possui quatro elétrons em sua última camada de valência (nome dado à camada mais externa do átomo, onde orbitam elétrons). Na Natureza, essa camada é estável quando possui oito elétrons, de forma que sempre que possível os átomos procuram se combinar para totalizar oito elétrons em suas camadas de valência. Quando um átomo de silício se combina com outros quatro, é isso que ocorre.

O fósforo foi descoberto pelo alquimista alemão Hennig Brand (1630-c.1710) em 1669, após filtrar e processar diversos baldes de urina. Em sua camada de valência há cinco elétrons, de forma que ao se combinar com o silício, um elétron fica livre, carregando negativamente o material (que passa a ser chamado de tipo N). O passo seguinte é misturar boro (descoberto em 1808 pelos químicos franceses Joseph-Louis Gay-Lussac (1778-1850) e Louis-Jaques Thénard (1777-1857) e, independentemente, pelo químico inglês Humphry Davy (1778-1829), de quem já falamos anteriormente) ao silício. Com apenas três elétrons em sua camada de valência, a combinação com o silício gera uma carga positiva móvel, carregando positivamente o material (que passa a ser chamado de tipo P).

O transistor NPN funciona graças à interação entre os elétrons em excesso na camada N e os elétrons em falta na camada P. Quando os "buracos" da camada P são preenchidos, forma-se uma camada que impede que mais elétrons sejam absorvidos – mas, como no caso da válvula, caso uma corrente positiva seja aplicada à base do transistor, o fluxo de elétrons é liberado.

Outro novo material que se tornou praticamente onipresente no mundo moderno foi desenvolvido nos laboratórios da RCA pelo engenheiro norte-americano George Heilmeier (1936-2014) e apresentado ao mundo em 1968: o monitor de cristal líquido (LCD, *liquid crystal display*). Os chamados *cristais líquidos* possuem duas características que viabilizaram sua adoção. A primeira é que comportam-se como um líquido, preenchendo o recipiente em que estão independente de seu formato. A segunda é que, diferentemente de líquidos, as moléculas tendem a se alinhar (uma característica dos cristais). Mais que isso, com o uso de uma pequena voltagem pode ser obtido um alinhamento quase perfeito, tornando visíveis ou invisíveis as informações que se deseja apresentar. Monitores, televisões, smartphones, tablets, relógios digitais e laptops são alguns dos equipamentos que adotam essa tecnologia.

Já em 1970 foi a vez das fibras ópticas serem inventadas pela também norte-americana Corning Incorporated, especializada em aplicações da cerâmica e do vidro. Estas fibras possuem a espessura de um fio de cabelo e são capazes de transmitir dados na forma de sinais luminosos a velocidades inimagináveis apenas alguns anos antes. Foram as fibras óticas que revolucionaram o mercado de telecomunicações, permitindo a transmissão de grandes quantidades de dados em alta velocidade.

O Capítulo 14 falou sobre nanotecnologia, que teve parte de seu desenvolvimento viabilizado pela descoberta, em 1985, do fulereno: uma forma versátil de carbono que lembra uma bola de futebol e que, quando disposta no formato cilíndrico forma os nanotubos de carbono. Harold Kroto (1939-2016) da University of Sussex e Robert Curl e Richard Smalley (1943-2005) da Rice University em Houston, Texas, ganharam o prêmio Nobel de Química em 1996 por sua descoberta.

Os nanotubos de carbono – cuja popularização deve-se em grande parte ao esforço do físico japonês Sumio Iijima – são revestidos por paredes com um átomo de espessura, chamadas de grafeno. O grafeno, o mais notório dos chamados materiais bidimensionais até o momento, possui aplicações que vão desde o armazenamento de energia até o desenvolvimento de componentes eletrônicos mais velozes, passando por novas técnicas de dessalinização e filtragem de água. Nanomateriais seguem como uma das mais interessantes áreas de desenvolvimento no segmento, abrindo caminho para roupas inteligentes e sensores que poderemos usar vinte e quatro horas por dia, todos os dias. Os monitores de cristal líquido de alta resolução, tipicamente iluminados com o uso de LEDs (*light-emitting diodes*, diodos emissores de luz) e relativamente novos em nosso dia a dia, podem ser aprimorados no futuro pela tecnologia de *pontos quânticos* (*quantum dots*), que emitem luz em frequências específicas dependendo da carga elétrica aplicada.

A combinação de elementos tradicionais em formatos e tamanhos específicos abriu caminho para a área dos metamateriais, capazes de afetar ondas eletromagnéticas e eventualmente viabilizar produtos antes encontrados apenas na ficção científica, como dispositivos de invisibilidade. Já o aerogel – no qual a parte líquida de um gel tradicional é substituída por um gás – vem sendo pesquisado como um excelente isolante em função de sua baixa condutividade térmica, com impactos relevantes para as indústrias de construção e aeroespacial, por exemplo. A origem do aerogel, segundo diversas fontes, foi uma aposta entre o professor de química da Universidade de Illinois e engenheiro químico Samuel Kistler (1900-1975) e seu colega, Charles Learned. O objetivo da aposta era retirar toda parte líquida de um gel, substituindo-a por um gás, sem que a estrutura do material fosse desfeita. Em 1931, Kistler ganhou a aposta.

Através do uso de programas de computador especializados, capazes de simular com precisão o comportamento de átomos, moléculas, compostos e materiais sujeitos a processos físicos e químicos diversos, o desenvolvimento de novos materiais torna-se ainda mais flexível e barato – só é necessário iniciar os experimentos práticos depois que um número suficientemente grande de experimentos virtuais tenham sido realizados. Da mesma maneira que grande parte da indústria farmacêutica utiliza simuladores para analisar o comportamento de novas drogas no organismo humano, graças aos avanços na área de *Big Data* – o campo que estuda o processamento de vastas quantidades de dados, e tema do próximo capítulo – novos materiais são criados dentro dos processadores dos computadores antes de se tornarem parte do mundo físico.

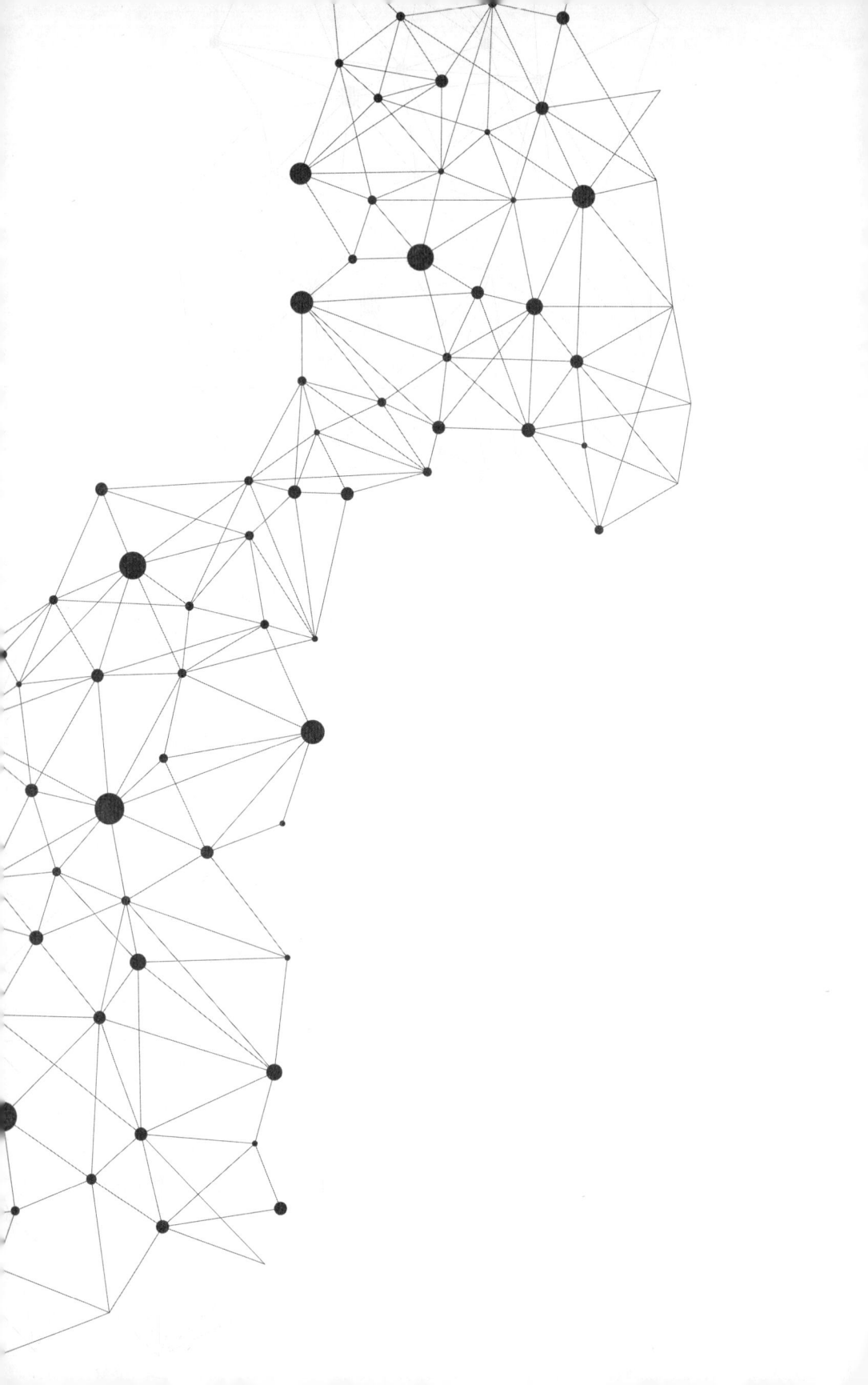

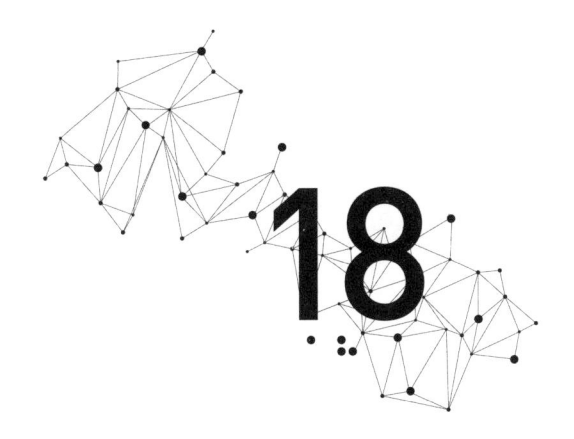

BIG DATA

CONVERSA DE MÁQUINA

A CADA QUATRO OU SEIS ANOS, A CONFERÊNCIA GERAL SOBRE PESOS E Medidas (CGPM, Conférence Générale des Poids et Mesures) ocorre em Sèvres, a cerca de dez quilômetros do centro de Paris. Nessa ocasião são definidos todos os aspectos relativos ao sistema métrico, presente no dia a dia da maior parte da população mundial (os únicos países que oficialmente não o utilizam são a Libéria, Mianmar e os Estados Unidos). O primeiro encontro aconteceu no ano de 1889, e a partir da 6ª edição, realizada em 1921 (quando o Brasil tornou-se membro) não apenas o metro e o quilograma passaram a ser o foco das discussões: todas as dimensões associadas ao sistema métrico passariam a ser discutidas e definidas na Conferência.

Algumas das unidades mais utilizadas no mundo da computação pessoal – como mega, giga e tera – foram confirmadas na conferência de 1960. Em 1975 e em 1991 foram criados prefixos adicionais para auxiliar na discussão de grandezas ainda maiores: peta e exa em 1975, e zetta e yotta em 1991. Quando passamos de uma unidade para outra, estamos aumentando os valores por um fator de mil vezes, mas vale notar que há uma diferença entre o valor estabelecido pelo sistema decimal, que é 1.000, e o valor utilizado pelo sistema binário, que é 2^{10}=1.024 (neste caso, os prefixos seriam, por exemplo, kibi ao invés de kilo, mebi ao invés de mega, gibi ao invés de giga, e assim por diante). Para ganhar ainda mais perspectiva sobre a quantidade de informação que está sendo criada a todo momento, Lori Lewis e Chadd Callahan compilam periodicamente alguns dados referentes ao que acontece na Internet a cada minuto. Em março de 2019, os resultados foram cerca de 188 milhões de e-mails enviados, 4,5 milhões de vídeos assistidos no YouTube, 1 milhão de usuários realizando o login no Facebook, 3,8 milhões de buscas através da Google, 694 mil horas de vídeos assistidas via Netflix, 41 milhões de mensagens enviadas via Facebook Messenger e Whatsapp e 1 milhão de dólares gastos em compras online. Novamente – isso tudo acontece em apenas sessenta segundos.

Devemos considerar, também, o universo de dados gerados pelo crescente número de dispositivos conectados através da Internet das Coisas. Com esse volume colossal de informações em estado permanente de criação e atualização, torna-se imperativo o desenvolvimento de ferramentas e tecnologias capazes de lidar com a análise e interpretação desses dados. Essa geração incessante de dados é certamente uma das maiores características do mundo amplamente conectado e integrado para o qual estamos inexoravelmente caminhando.

Segundo estimativas da Cisco, entre 2017 e 2022 o crescimento no tráfego de dados que fluem pelo protocolo IP será de 26% ao ano, indo de 122 exabytes mensais para quase 400 exabytes mensais. O aumento no tráfego de dados considerando apenas dispositivos móveis previsto é de sete vezes até 2022, um crescimento anualizado de 46%. Dispositivos comunicando-se diretamente entre si, sem intervenção humana – uma modalidade conhecida por *Machine to Machine* – *M2M* (de máquina para máquina) – contabilizavam pouco mais de seis bilhões de conexões em 2017, e em 2022 devem ultrapassar 14,5 bilhões. E não será apenas o número de conexões que vai aumentar: em 2017, o tráfego M2M era de cerca de 4 exabytes por mês, e estima-se que em 2022 esse volume irá chegar a 25 exabytes mensais.

Ainda segundo o relatório da Cisco, em 2022 praticamente 50% das conexões M2M estarão dentro de nossas moradias, através de equipamentos de automação e segurança doméstica, por exemplo. Em segundo lugar teremos as conexões entre os equipamentos nos locais de trabalho, e a seguir, três segmentos que já discutimos: saúde, cidades e veículos. Isso explica também a natureza da explosão no volume de dados que as máquinas irão trocar ao longo dos próximos anos – dados médicos, incluindo vídeos e imagens, indicadores de saúde e sistemas de navegação são apenas alguns exemplos.

DO BIT AO YOTTABYTE

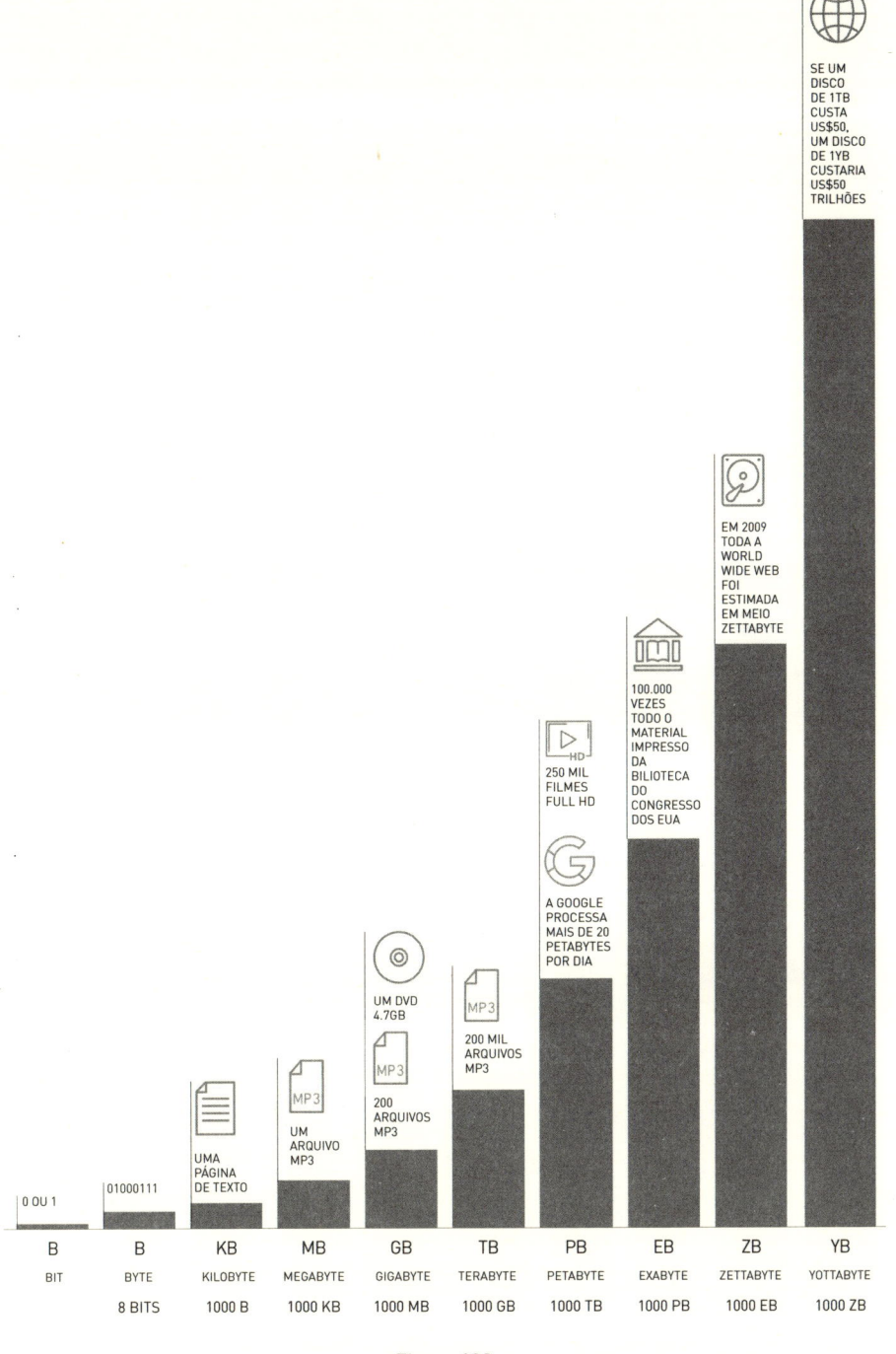

Figura 132

TRÁFEGO IP
(EXABYTES POR MÊS)

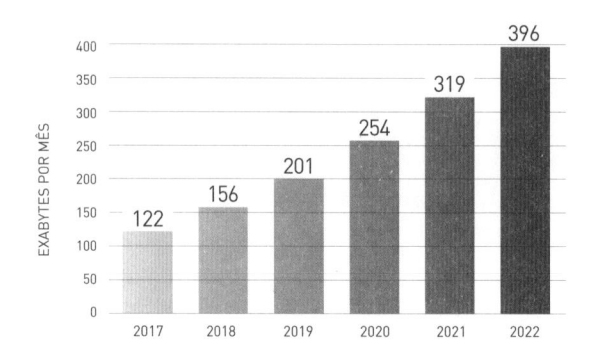

TRÁFEGO M2M
(EXABYTES POR MÊS)

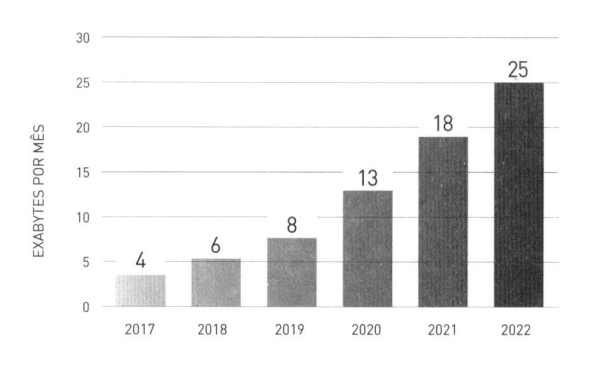

CONEXÕES M2M
POR INDÚSTRIA (EM MILHÕES)

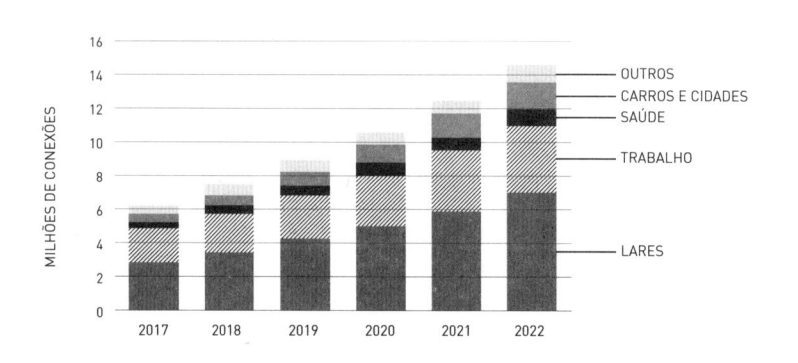

Figura 133

O futuro, portanto, é de um aumento relevante na quantidade de dados gerados e transmitidos – por nós, nossos amigos, parentes, colegas de trabalho e pelas máquinas que nos cercam e que compõem a infraestrutura do mundo moderno. Cada email, mensagem, foto, vídeo, música ou dado contribui para um dos desafios fundamentais que temos que enfrentar em função da tecnologia que se faz onipresente em nossas vidas: como extrair os dados pertinentes dessa massa gigantesca de bytes? Como usar de maneira inteligente a quantidade inimaginável de informações valiosas que estão sendo produzidas diariamente? Esse é o desafio que o ramo conhecido como *Big Data* procura endereçar.

O FUTURO NOS DADOS

O termo *Big Data* começou a tornar-se mais conhecido a partir do final da década de 1990, e suas características costumam ser associadas aos cinco Vs: volume, variedade, velocidade, variabilidade e veracidade. Em 2016, três pesquisadores italianos (Andrea De Mauro, Marco Greco e Michele Grimaldi) publicaram um artigo no qual definem *Big Data* como "informações de volume, velocidade e variedade tão grandes que exigem tecnologias e modelos analíticos específicos para agregar valor aos dados".

As técnicas de *Big Data* atuam utilizando todos os dados disponíveis (e não apenas um subconjunto dos mesmos), e são capazes de trabalhar com informações que, no jargão da ciência da computação, são conhecidas como "não-estruturadas". Isso quer dizer que os dados utilizados não precisam ser do mesmo tipo, nem precisam estar organizados da mesma maneira, e frequentemente são processados de forma distribuída e paralelizada (ou seja, simultaneamente por vários processadores). As oportunidades para extrair valor das informações geradas pelos diversos segmentos de negócios são da ordem de centenas de bilhões de dólares, e virtualmente todos os setores – sejam privados ou públicos – que produzem dados podem se beneficiar das análises realizadas pelos sistemas de inteligência de negócios (*business intelligence*).

Usando como exemplo os comentários realizados nas mídias sociais a respeito de um determinado evento esportivo, teremos dados de diversos tipos (texto, imagens, vídeos, sons), gerados por múltiplas fontes (espectadores, torcedores, repórteres, jogadores) e produzidos ao longo de segundos ou dias – e com a análise adequada desses dados é possível realizar a extração de valor para consumidores e marcas.

Durante o tempo que você estiver lendo os próximos parágrafos, mais de dez milhões de buscas terão sido feitas utilizando a Google, cerca de um milhão e meio de novos *tweets* terão sido publicados e cento e cinquenta mil novas fotos terão sido postadas no Instagram. De acordo com a IBM, todos os dias são produzidos mais de 2,5 quintilhões de bytes – o equivalente a 2,5 milhões de terabytes. Conforme já vimos, com apenas 10 terabytes é possível armazenar o conteúdo de todos os livros do acervo da biblioteca do Congresso dos EUA, considerada a maior do mundo.

As recomendações que você recebe ao realizar compras online na Amazon não seriam possíveis sem o uso de técnicas de análise de quantidades extraordinárias de dados. Os sistemas computacionais cruzam as informações do seu histórico com os históricos de milhões de outros consumidores, levando em consideração questões como demografia, estação do ano, localização e buscas anteriores (algo similar ocorre quando você vai escolher um filme na plataforma Netflix, que procura sugerir os filmes, seriados e documentários que provavelmente serão de interesse para você com base nas escolhas e notas suas e de outros usuários).

Mas na véspera do Natal de 2013, a Amazon foi um passo além. Com a patente US 8.615.473, a empresa registrou o "Método e sistema para envio antecipado de pacotes" (*Method and system for anticipatory package shipping*), indicando seus planos para enviar artigos de consumo para seus clientes antes mesmo deles realizarem o pedido. É a combinação do uso dos dados com algoritmos inteligentes que que permitem que a empresa seja capaz de prever, com algum grau de sucesso, qual será sua próxima demanda.

A Google também utiliza o conjunto de buscas realizados globalmente para tentar "adivinhar" o que está sendo pesquisado: quando você digita o início de uma busca, os algoritmos da empresa verificam quais as buscas mais frequentes que utilizam os termos já digitados e sugerem qual a pergunta que você quer fazer (a empresa procura evitar sugestões com conteúdo negativo ou difamatório, algo que nem sempre é possível). Os dados fornecidos pelos próprios usuários são um poderoso ativo que a Google possui – e que, em larga medida, faz dela uma das empresas mais valiosas do planeta, com valor de mercado acima de setecentos bilhões de dólares no final de 2018.

Há quase dez anos, em novembro de 2008, cientistas da Google em parceria com os Centros de Controle e Prevenção de Doenças dos Estados Unidos (CDC, *Centers for Disease Control and Prevention*) publicaram um artigo na revista Nature, intitulado *Detecting influenza epidemics using search engine query data* (Detectando epidemias de gripe através dos termos utilizados nas ferramentas de buscas online). O trabalho desenvolvido comparou com os históricos das epidemias cerca de cinquenta milhões de palavras – sejam elas relacionadas à gripe ou não – que frequentemente aparecem nas mais de três bilhões de buscas realizadas diariamente pelos usuários. Depois de testar quase meio bilhão de modelos matemáticos que correlacionaram as buscas com as epidemias, o sistema identificou os quarenta e cinco termos que melhor se ajustavam aos dados. Dessa forma, com base nas informações fornecidas pelos seus usuários através de suas buscas, a Google passou a ser capaz de identificar com alta precisão onde uma epidemia de gripe estava acontecendo.

A historiadora norte-americana Elizabeth Lewisohn Eisenstein (1923-2016) publicou, em 1979, um livro chamado *The printing press as an agent of change* (A imprensa como agente de transformação). Nele, a autora aborda como a invenção do alemão Johannes Gutenberg (1400-1468), na metade do século XV, criou as condições necessárias para disseminação de movimentos como a Renascença e a Revolução Científica – que, juntamente com a Primeira Revolução Industrial, podem ser considerados a origem da sociedade moderna. Segundo Eisenstein, entre 1453 e 1503, foram impressos aproximadamente oito milhões de livros – mais que todo material escrito produzido nos quase cinco mil anos da História da Civilização até então. Em apenas cinquenta anos, o conhecimento disponível no mundo dobrou – e, atualmente, isso acontece a cada 30 meses. Estimativas realizadas pela Dell EMC indicam que em 2020 cada pessoa irá gerar cerca de dois megabytes de informações – por segundo.

Um dos principais desafios das técnicas de *Big Data* é transformar bilhões de dados – armazenados em diversos formatos – em informações que sejam úteis. Geralmente isso é feito através da análise da correlação entre milhares de variáveis, sem que saibamos *a priori* quais serão relevantes. Os algoritmos irão extrair dessas correlações as recomendações necessárias, sendo importante ressaltar que correlação não implica em causalidade. Ou seja, apenas porque duas variáveis se movem de forma parecida, isso não quer dizer que uma "explica" a outra. Em 2015, Tyler Vigen publicou o livro *Spurious Correlations* (Correlações Espúrias), no qual apresenta diversos exemplos de variáveis altamente correlacionadas mas claramente sem relação alguma de causa e efeito. Considere a taxa de divórcios no estado do Maine e o consumo per capita de margarina entre 2000 e 2009: a correlação entre ambas é de 99,26%, mas certamente uma não tem relação alguma com a outra.

A escolha de um grande número de variáveis é típica de sistemas de *Big Data*. Imagine, por exemplo, uma aplicação na área de segurança pública. Analisando os dados coletados pela polícia e combinando-os com o calendário de eventos da cidade, clima, horários, fluxo de pessoas e tipo de crime é possível obter recomendações que ajudem a prevenir essas ocorrências. Mais que isso, já estão sendo utilizados sistemas computacionais que avaliam de forma autônoma e com base nos dados históricos se determinado detento deve ou não receber liberdade condicional, qual o valor de uma fiança e até mesmo a duração de uma sentença.

A manutenção da infraestrutura de uma grande cidade também pode se beneficiar do uso inteligente dos dados. Os autores Viktor Mayer-Schonberger e Kenneth Cukier, em seu livro de 2013 *Big Data: The Essential Guide to Work, Life and Learning in the Age of Insight* (*Big Data*: o guia essencial para trabalho, vida e aprendizado na Era das Verdades Ocultas) relatam como a concessionária de gás e energia de Nova York, a Consolidated Edison (conhecida como Con Ed), utilizou a tecnologia para reduzir os riscos de explosões em bueiros.

O objetivo da companhia era prever quais os bueiros que iriam apresentar problemas, para que uma ação corretiva pudesse ser tomada. Considerando que Manhattan possui mais de cinquenta mil bueiros e mais de cento e cinquenta mil quilômetros de cabos, determinar exatamente quais devem ser inspecionados prioritariamente é uma tarefa complexa. Os pesquisadores da Universidade de Columbia, liderados por Cynthia Rudin (professora de Ciência da Computação, Engenharia Elétrica e Estatística na Duke University, na Carolina do Norte, EUA), tabularam dados fornecidos pelas equipes de manutenção desde o final do século XIX, correlacionando-os com os incidentes. Utilizando mais de cem variáveis para realizar suas previsões, os testes indicaram que o modelo foi capaz de prever corretamente mais de 40% dos bueiros que apresentariam problemas.

Outro serviço público utilizando o poder das informações disponibilizadas a todo instante por usuários é o Departamento de Educação dos Estados Unidos, que em 2012 publicou o relatório *Enhancing Teaching and Learning Through Educational Data Mining and Learning Analytics* (Ampliando o Ensino e o Aprendizado através da Mineração de Dados Educacionais e da Análise do Aprendizado). Com o aumento da utilização de cursos online, é possível monitorar o comportamento e o desempenho de estudantes, auxiliando seu desenvolvimento e fornecendo elementos para que os provedores dos cursos possam ajustar seus conteúdos.

A rotina tem como origem a palavra francesa *routine*, cuja raiz é *route*, que quer dizer estrada. Literalmente, a rotina significa o caminho utilizado habitualmente e, em sentido figurado, é o hábito de fazer alguma coisa da mesma maneira. Ou seja, tanto literal quanto figurativamente a rotina acaba por definir um comportamento repetitivo que apresentamos em nossas vidas. Essa repetição – nossos hábitos – cria uma estrutura dentro da qual sentimos segurança e familiaridade, e torna-se automática em nossas mentes em apenas algumas semanas. Segundo estudo publicado em 2006 por pesquisadores da Duke University, nos EUA, cerca de 45% de nosso comportamento diário é uma repetição de alguma natureza, ocorrida nos mesmos locais.

Em uma época onde deixamos vestígios digitais por onde quer que passemos – quais os *websites* que visitamos, quais os produtos expostos no comércio eletrônico que nos interessam para uma compra futura, que esportes acompanhamos, que filmes e seriados assistimos, que estilo de música ouvimos, quais as ruas pelas quais passamos – mais do que nunca nossos hábitos podem ser observados, quantificados e mensurados. Cidades inteligentes, por exemplo, podem fazer uso das informações de trânsito para planejar novas estradas, inverter o sentido de determinadas avenidas em horários específicos e diminuir engarrafamentos, reduzindo assim a poluição. Sua navegação na Internet pode ser interrompida por anúncios voltados especificamente para você – uma propaganda do campeonato mundial de paraquedismo, por exemplo, em função de compras ligadas a esse esporte que você realizou no passado ou a viagens para locais de tradicional congregação de paraquedistas que você realizou.

O poder de processamento agora disponível permite que corporações sejam capazes de detectar alterações de hábito sutis no comportamento dos consumidores – e isso pode ser uma relevante oportunidade de negócios. Uma formatura, mudança de cidade, casamento, gravidez ou divórcio representam alterações potenciais nos hábitos de consumo, locais frequentados e preferências – e com isso, oportunidades de negócios. Uma história emblemática que reflete essa nova dinâmica é relatada por Charles Duhigg, jornalista e escritor norte-americano, em seu livro *The Power of Habit* (O Poder do Hábito) publicado em 2012.

A varejista Target, sediada nos EUA, emprega mais de trezentas mil pessoas e possuía no final de 2018 quase duas mil lojas espalhadas pelo país. Atentos às possíveis mudanças nos padrões de comportamento – ou nos hábitos – de seus clientes e em busca de novas oportunidades de fidelização, os analistas da empresa foram incumbidos com a tarefa de detectar, através dos dados disponíveis nos sistemas proprietários, quando uma mulher engravidava. A gravidez é um dos momentos mais importantes na vida de qualquer pessoa, e modifica os hábitos de consumo de forma significativa. Quanto mais cedo soubessem disso, mais rapidamente a Target poderia agir com ofertas relevantes para esse novo momento de vida que se apresentava.

A equipe de técnicos analisou os padrões históricos das compras realizadas por todas as mulheres que fizeram o registro do enxoval do bebê no site da empresa, deixando técnicas de *Big Data* detectarem as correlações que revelariam quais os produtos com maior probabilidade de indicar uma gravidez. Entre os cerca de vinte produtos estavam loções hidratantes sem cheiro e suplementos vitamínicos. Com base nas datas dessas compras, a Target identificava não apenas suas clientes grávidas, mas em que estágio da gravidez elas se encontravam. O passo seguinte foi iniciar um programa de oferta de produtos especificamente recomendado para cada trimestre da gravidez.

Mas a história contada por Duhigg não termina aí. Ele conta que um pai chegou a uma das lojas da cadeia exigindo falar com o gerente, reclamando furiosamente que a cadeia varejista estava enviando para sua filha – que ainda estava cursando o Ensino Médio – cupons de desconto para compra de roupas de bebê e berços. Revoltado, o pai pediu que a empresa parasse com isso, pois estaria incentivando sua filha a engravidar. O assunto foi escalado dentro da empresa e alguns dias depois o pai foi contactado por uma representante da empresa – e nesse contato, ele informou que após sua visita à loja ele descobriu que, de fato, a filha estava grávida e que as ofertas eram pertinentes.

Engenheiros civis recém-formados ao redor do mundo aprendem rapidamente que, em um canteiro de obras, suas opiniões são menos relevantes que as recomendações e orientações do mestre de obras. Normalmente um profissional com muitos anos de experiência, o mestre de obras geralmente não possui o conhecimento formal adquirido em anos de estudos de matérias como cálculo estrutural e resistência dos materiais – mas possui experiência prática em dezenas de obras das quais participou ao longo do tempo. O conjunto de observações e aprendizados acumulados torna esse profissional um especialista, mesmo sem necessariamente ser capaz de fornecer explicações sobre o porquê de determinada recomendação. As razões pelas quais algo deve ser feito do jeito "A" e não do jeito "B" estão ligadas à correlação entre estas diferentes abordagens que o mestre de obras internalizou como conhecimento.

A tecnologia de *Big Data* tem como objetivo principal a extração de recomendações a partir de um vasto conjunto de amostras. Às vezes, todas as amostras disponíveis são levadas em consideração, ao invés de apenas um subconjunto delas – usualmente o procedimento utilizado por técnicas convencionais. Imagine, por exemplo, um engenheiro de trânsito que precisa analisar os padrões apresentados pelo tráfego de determinada região da cidade entre cinco da tarde e sete da noite. Utilizando técnicas tradicionais, serão usadas amostras dos trajetos utilizados por alguns veículos para auxiliar no planejamento das ações a serem tomadas. Já com o uso de *Big Data*, as rotas traçadas por todos os veículos podem ser levadas em consideração. É o que em estatística se descreve como $n=N$: o número de amostras (representado pelo n) é igual ao número total de eventos (representado pelo N).

Uma das características mais importantes sobre essas técnicas de *Big Data* é que o mais importante não é entender o porquê de um fenômeno. As recomendações que são obtidas são por vezes contraintuitivas, mas funcionam empiricamente – pois os dados mostraram isso de forma inequívoca. Isso é consequência da complexidade crescente que os sistemas de informação possuem – algo que deve seguir aumentando ao longo do tempo. Os sensores presentes em nosso dia a dia, a coleta permanente de dados realizada por cidades inteligentes e o desenvolvimento de técnicas para captura de dados (como câmeras equipadas com sistemas de reconhecimento facial) fornecem aos algoritmos de *Big Data* (sejam eles baseados em técnicas de inteligência artificial ou não) a matéria-prima para gerar suas previsões – um campo conhecido como análise preditiva.

Prever o comportamento de um fenômeno específico é algo desejável para um grande número de negócios. Qual será o efeito de uma determinada ação de marketing? Em quanto tempo o motor de um dos caminhões da frota de entregas irá apresentar problemas? Quando uma das máquinas em uma linha de montagem vai parar de funcionar? Qual o risco que um paciente está correndo de sofrer alguma intercorrência médica grave no futuro próximo? Em seu livro de 2013, *Predictive Analytics: The Power to Predict Who Will Click, Buy, Lie, or Die* (Análise Preditiva: o poder de prever quem vai clicar, comprar, mentir ou morrer), o professor norte-americano Eric Siegel cita exemplos de como diversas empresas utilizam essa técnica. Um desses exemplos aborda a forma como o Facebook seleciona a ordem de apresentação das notícias para seus usuários, buscando maximizar a utilidade e o efeito na sua rede social. Outro exemplo menciona como já há empresas de seguro-saúde que conseguem estimar determinados óbitos com mais de um ano de antecedência, e assim iniciar atividades de aconselhamento e apoio às famílias.

Mas é exatamente a segurança dessa quantidade gigantesca de dados – possivelmente o ativo mais valioso da Quarta Revolução Industrial – que se tornou uma das questões centrais para indivíduos, famílias, comunidades, governos e negócios. Como proteger os dados, garantindo acesso adequado e respeitando questões como privacidade e neutralidade? Como a tecnologia pode atuar para resolver um problema criado por ela mesmo? A cibersegurança é nosso próximo assunto.

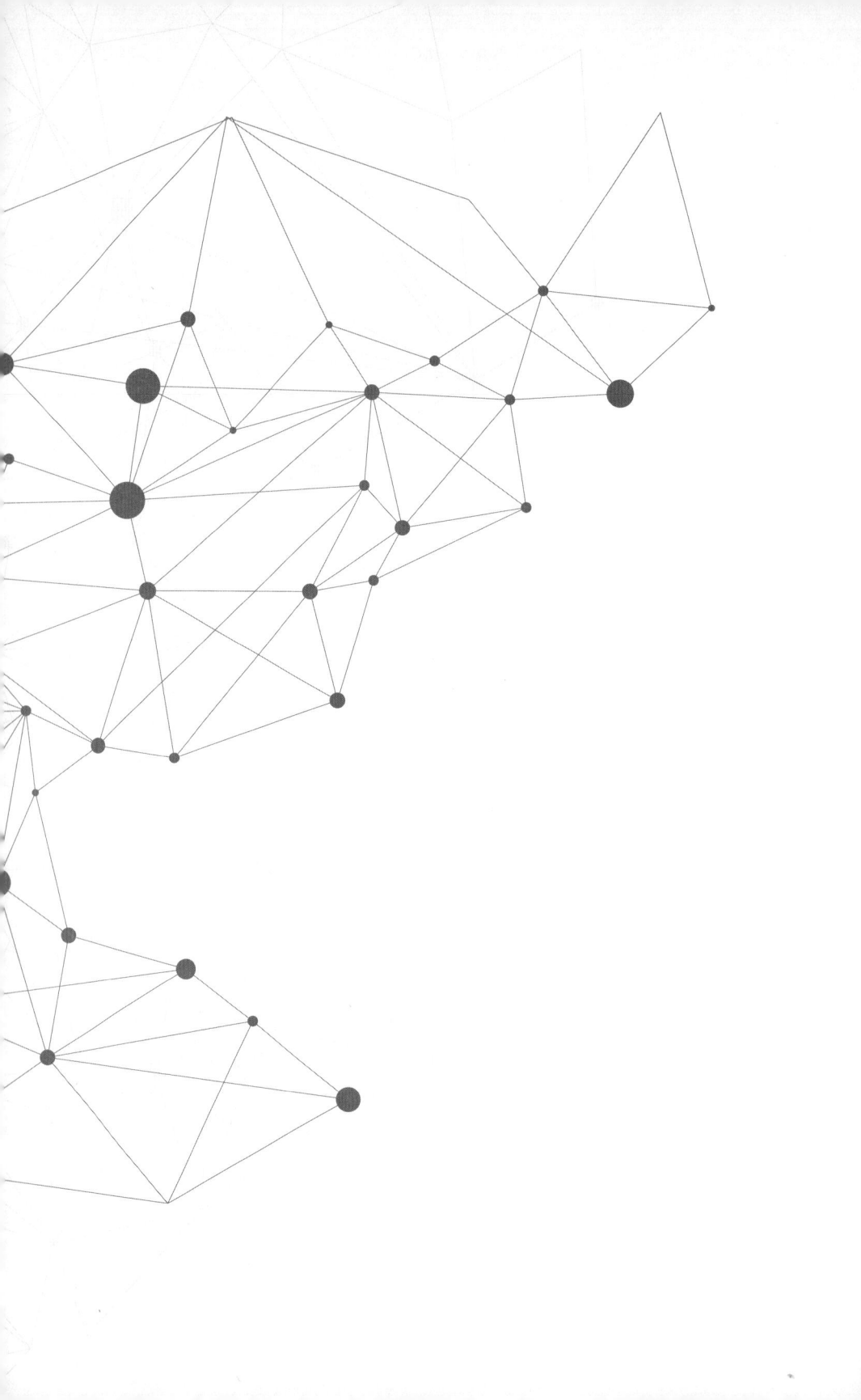

CIBERSEGURANÇA E COMPUTAÇÃO QUÂNTICA

O PRIMEIRO HACKER

O AVANÇO INEXORÁVEL DA CONECTIVIDADE ENTRE OS EQUIPAMENTOS utilizados diariamente por bilhões de pessoas levou a Informação para o centro da cadeia de valor da sociedade moderna. Dados são a matéria-prima da Quarta Revolução Industrial, são o bem mais precioso que indivíduos, universidades, indústrias, governos e organizações possuem – e conforme vimos no capítulo anterior, estamos caminhando para um futuro no qual a produção, transmissão e armazenamento de um número crescente de dados é simplesmente inevitável.

Empresas trocam informações diariamente a respeito de processos, patentes, invenções, pesquisas, clientes, mercados, estratégias, demissões e promoções. Nosso DNA digital – senhas, preferências, histórico de compras, programas prediletos, situação financeira, fotos, vídeos, documentos, apresentações – estão espalhados por uma complexa infraestrutura nos quatro cantos do mundo, em um vasto sistema de equipamentos e programas. A proteção desses dados, por questões de segurança e privacidade, assume papel central em uma sociedade interconectada, globalizada e completamente dependente de um fluxo ininterrupto e confiável de informações.

A história das invasões não autorizadas a sistemas – popularmente conhecidas como hacks – começou há mais de cem anos, quando uma das tecnologias pioneiras desenvolvidas para interconectar a sociedade estava nos seus primórdios. Em mais uma ironia da História da Ciência, um dos primeiros hackers do mundo – e provavelmente o primeiro hacker do mundo moderno – foi um inventor e mágico profissional, o inglês Nevil Maskelyne (1863-1924).

No início do século XX, a demonstração de uma nova tecnologia desenvolvida pelo inventor italiano Guglielmo Marconi (1874-1937) – a transmissão sem fio de mensagens em código Morse através de longas distâncias – estava para ocorrer. Marconi foi um dos pioneiros no desenvolvimento de aplicações para ondas de rádio, que são um dos diversos tipos de radiação eletromagnética (como microondas, infravermelho e raios X) encontrados no universo. Essa radiação, que é produzida por objetos com carga elétrica, é uma das quatro forças fundamentais da natureza, juntamente com a gravitacional (que estabelece que elementos com massa ou energia se atraem), interação fraca (presente entre partículas subatômicas, como quarks e léptons) e interação forte (basicamente responsável por manter os átomos íntegros).

Em um dia do verão de 1903, Marconi estava na localidade de Poldhu, na Inglaterra, pronto para enviar uma mensagem até o auditório da Royal Institution of Great Britain, em Londres, a cerca de 450 quilômetros de distância. Mas antes de Marconi enviar sua mensagem de demonstração, o equipamento em Londres recebeu outra mensagem: inicialmente, a palavra *rats* (ratos, em inglês) repetida várias vezes, e depois trechos de peças de Shakespeare (trata-se de um hack britânico, afinal de contas) modificados para insultar e provocar Marconi.

Pouco antes do horário marcado para o recebimento da transmissão de Marconi, o hacker encerrou sua transmissão e a demonstração programada ocorreu sem novos incidentes. Mas um dos principais pontos prometidos pela nova tecnologia, reforçado em entrevista do próprio Marconi ao jornal inglês St James's Gazette (fundado em 1880 e absorvido pelo Evening Standard em 1905) era justamente a privacidade das mensagens – algo que foi colocado em dúvida depois do hack. Poucos dias depois, o jornal londrino The Times (fundado em 1785) publicou uma carta do autor da travessura, Nevil Maskelyne.

Em seu livro *Wireless* (Sem fio), de 2001, Sungook Hong explica que Maskelyne, um mágico com particular interesse na comunicação sem fio (útil para seus truques), como tantos outros inventores, esbarrou nas patentes genéricas depositadas por Marconi que impediam que terceiros desenvolvessem a área. Desnecessário dizer que Maskelyne não era o maior fã de Marconi. Em sua carta ao The Times, justificou o hack como algo feito "pelo bem do público geral", visando revelar e corrigir as falhas na segurança desse tipo de comunicação – uma justificativa utilizada até hoje por hackers ao redor do mundo.

Figuras 134 e 135 – Guglielmo Marconi (1874-1937), inventor italiano e o também inventor e mágico profissional britânico Nevil Maskelyne (1863-1924).

Maskelyne havia sido contratado dois anos antes, no final de 1901, pela Eastern Telegraph Company – responsável pelos cabos submarinos que ligavam o Reino Unido à Indonésia, Índia, África, América do Sul e Austrália – e que poderia ver seu negócio simplesmente desaparecer com o advento da transmissão sem fio na qual Marconi estava trabalhando. De fato, o progresso científico pode impactar dramaticamente negócios bem estabelecidos, a exemplo do que ocorreu com a Blockbuster e com a Kodak.

Maskelyne estava longe de ser o único desafeto de Marconi. Para conseguir realizar a primeira transmissão transatlântica de rádio (ocorrida em 12 de dezembro de 1901, entre Poldhu e Signal Hill, em Newfoundland, Canadá), era necessário ampliar a potência dos transmissores em uso até então. Essa tarefa ficou a cargo de John Fleming (1849-1945), de quem falamos no Capítulo 17, que não recebeu nem o crédito por ter efetivamente criado o primeiro transmissor de rádio de grande porte e nem tampouco as 500 ações da companhia de Marconi que lhe foram prometidas.

A palavra hack – raiz da palavra hacker – possui alguns séculos de História antes de ser associada a invasões não autorizadas de sistemas de computação. Tanto em alemão (*hacke*) quanto em línguas nórdicas como o dinamarquês (*hakke*), a palavra inglesa hack estava associada, no século XIII, à ideia de cortar algo de forma pouco estruturada, grosseira, com múltiplos golpes de objetos afiados. No século XVIII, começou a ser utilizada como referência a alguma pessoa empregada para realizar tarefas rotineiras – um uso que os etimologistas acreditam ter origem nos cavalos criados na localidade de Hackney, em Middlesex, Reino Unido. No início do século XX a palavra começou a ser utilizada como sinônimo de "tentativa".

Já a palavra hacker estava associada a experimentos inocentes e movidos pela curiosidade que engenheiros realizavam com equipamentos de diversos tipos. A pri-

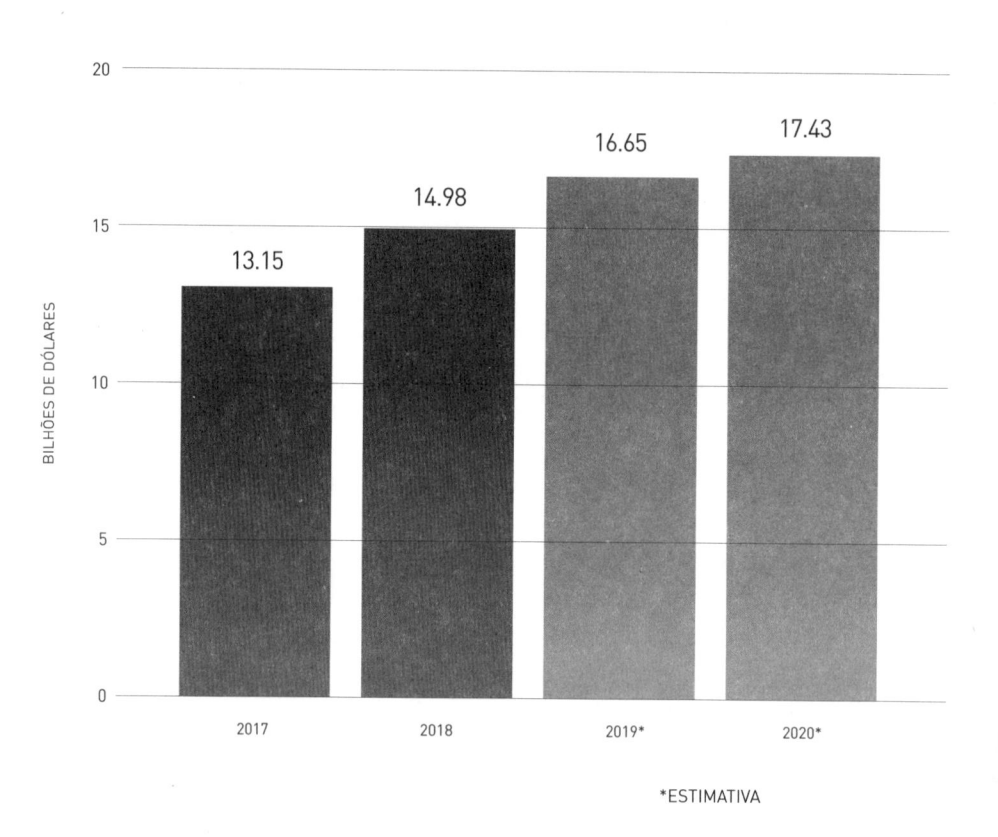

GOVERNO DOS EUA
ORÇAMENTO PARA CIBERSEGURANÇA

BILHÕES DE DÓLARES

20

17.43

16.65

15

14.98

13.15

10

5

0

2017 2018 2019* 2020*

*ESTIMATIVA

Figura 136

meira aparição do termo com esse significado foi feita por uma organização de estudantes do MIT, em abril de 1955, na ata da reunião do Clube Tecnológico dos Modelos de Ferrovias (o *Tech Model Railroad Club*, do qual também falamos no Capítulo 8): um certo Senhor Eccles solicitou que todos que estivessem trabalhando ou hackeando o sistema elétrico "deveriam desligar a chave geral para evitar a queima de um fusível". Com o tempo, a palavra ganhou uma injustificável reputação de estar associada a atividades com intenções negativas ou destrutivas – nesse caso, o termo correto listado em 1975 no *Jargon File* (Arquivo de Jargões, uma coletânea dos termos utilizados pelos pioneiros da informática moderna na ARPANET, Stanford, Carnegie Mellon, MIT e outros locais) não é hacker e, sim, *cracker*.

Independente do nome, a interconectividade entre dispositivos e sistemas no mundo todo aumentou exponencialmente os alvos disponíveis para potenciais invasões. O orçamento de governos e companhias dedicado à cibersegurança continua aumentando em função dos prejuízos materiais e financeiros gerados por um ataque bem-sucedido. O governo canadense deve reservar um bilhão de dólares para o assunto, enquanto o Reino Unido vai dobrar seus investimentos até atingir dois bilhões de libras (cerca de 2,8 bilhões de dólares) em 2020. Já os Estados Unidos investiram, em 2017, cerca de treze bilhões de dólares em segurança de dados.

Com o advento da Internet das Coisas – por sua vez uma consequência direta do barateamento de sensores e aumento da capacidade de comunicação entre dispositivos – qualquer elemento conectado a uma rede de computadores torna-se um alvo: carros, aviões, sistemas industriais, equipamentos de logística e de controle, serviços públicos como gás, água e energia, ambientes hospitalares ou até mesmo eletrodomésticos.

Profissionais ligados ao ramo de cibersegurança são altamente valorizados, sendo que os consultores mais renomados chegam a cobrar milhares de dólares por dia de trabalho. Aqueles que trabalham buscando detectar falhas de segurança e vulnerabilidades são chamados de *white hats*, e sua missão é simular ataques através de múltiplas técnicas para que seus empregadores possam melhorar as defesas dos sistemas. Possuem um arsenal amplo à sua disposição, empregando métodos como *backdoor* ("porta dos fundos"), DoS (*denial of service*, ou negação de serviço), *spoofing* (mascarando a própria identidade) ou *phishing* (buscando obter dados diretamente dos usuários autorizados).

O BIT DE SCHRÖDINGER

A criptografia, cuja raiz vem do grego *kryptos* (escondido) e de *graphia* (escrita), viabiliza o uso da Internet. É ela que permite que possamos trocar informações preservando nossa privacidade, de forma que apenas o destinatário correto seja capaz de decifrar seu conteúdo graças ao uso de operações matemáticas aplicadas sobre as mensagens. No Capítulo 12, discutimos como pares de chaves públicas e privadas desempenham esse papel: para enviar uma mensagem de A para B, a remetente A deve encriptar a mensagem com a chave pública de B, e para ler essa mensagem, o destinatário B usa sua chave privada. Analogamente, se B quer enviar uma mensagem para A, deve ser utilizada a chave pública de A, que só pode ser decifrada com a chave privada associada. Você pode imaginar que a chave pública faz o papel do cadeado, trancando a informação – e essa informação só pode ser liberada com o uso de uma chave específica (a chave privada).

Ainda não é possível garantir com absoluta certeza que é impossível obter-se a chave privada a partir da chave pública – com os processadores atuais, baseados em dois estados (zero e um), os algoritmos utilizados para tentar realizar essa tarefa são lentos demais. Mas existe uma tecnologia, por enquanto ainda emergente, que potencialmente pode modificar a dinâmica de troca de informações ao redor do mundo digital. Trata-se do computador quântico.

Em 1975, o físico polonês Roman Ingarden (1920-2011) escreveu (e no ano seguinte publicou) o artigo científico *Teoria da informação quântica*, expandindo para o território da mecânica quântica as bases da teoria da informação estabelecidas por Claude Shannon (1916-2001) em seu artigo histórico A *Mathematical Theory of Communication* (Uma Teoria Matemática da Comunicação), de 1948. A mecânica quântica, por sua vez, surgiu no início do século XX, motivada por inconsistências que a física clássica era incapaz de explicar. As conclusões que cientistas como Albert Einstein (1879-1955), Max Planck (1858-1947), Niels Bohr (1885-1962), Werner Heisenberg (1901-1976) e Erwin Schrödinger (1887-1961) chegaram a respeito da natureza dos fenômenos que ocorrem no universo das partículas atômicas e subatômicas não apenas mudaram nosso entendimento de como o Universo funciona, mas comprovaram cientificamente conceitos pouco intuitivos e que desafiam a lógica.

Foi em 1980 que o físico norte-americano Paul Benioff publicou um artigo no *Journal of Statistical Physics* comprovando que, teoricamente, computadores quânticos poderiam existir. No ano seguinte, Richard Feynman (1918-1988), em uma de suas famosas palestras, indicou que, com o uso de computadores clássicos, não é possível simular sistemas quânticos. Isso porque – em um dos conceitos pouco intuitivos e ilógicos que a mecânica quântica comprova – elementos de um sistema quântico podem existir em um estado de superposição: ao mesmo tempo em mais de um lugar, com sua localização descrita por funções probabilísticas. Em outras palavras, o ato de medir o elemento passa a defini-lo.

Para tentar explicar essa propriedade fundamental do mundo quântico, o físico austríaco Erwin Schrödinger escreveu, em 1935, sobre aquilo que ficou conhecido como *o gato de Schrödinger*: coloca-se um gato, um vidro com veneno e algum elemento radioativo dentro de um caixa fechada. Se for detectada radioatividade no interior da caixa, o vidro se quebra e o veneno é liberado. Segundo a mecânica quântica, enquanto a caixa não for aberta, o gato está – simultaneamente – vivo e morto. Quando a caixa for aberta e o gato for observado, a superposição termina e um dos estados (nesse caso, vivo ou morto) colapsa com a realidade (ou seja, a observação do elemento acaba por defini-lo).

Figura 137 – Claude Shannon, (1916-2001), autor do histórico artigo "Uma Teoria Matemática da Comunicação", fundamental para o avanço da tecnologia que move o mundo moderno.

Figura 138 - Roman Ingarden (1920-2011), autor do artigo "Teoria da informação quântica".

Computadores quânticos baseiam-se nessa propriedade, e sua aplicabilidade em áreas como criptografia, otimização e simulação de sistemas complexos é objeto de estudos (e investimentos) ao redor do mundo. Ao contrário dos computadores tradicionais, que utilizam bits (*binary digits*) com valor zero ou um, os computadores quânticos utilizam os qubits (*quantum bits*), que existem em uma superposição de estados.

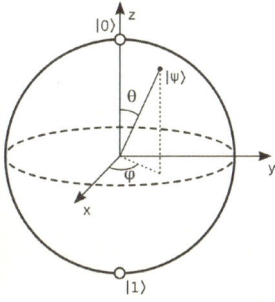

Figuras 139 e 140 – A representação de um qubit é usualmente feita utilizando-se a esfera de Bloch, em homenagem ao físico suíço-americano Felix Bloch (1905-1983). Bloch foi o primeiro diretor-geral do CERN (Organização Europeia para Pesquisa Nuclear), onde em 1989 o cientista de computação inglês Tim Berners Lee desenvolveu o protocolo HTTP, efetivamente criando a World Wide Web.

Vamos voltar à questão da obtenção de uma chave privada a partir de uma chave pública. Se isso for possível, então alguém de posse da mensagem interceptada e da chave pública utilizada para encriptá-la será capaz de lê-la. Por mais difícil que seja a forma de tentar reverter o processo (ou seja, obter a chave privada a partir da chave pública), sempre é possível realizar uma busca exaustiva, por tentativa e erro. O tempo que isso leva com os computadores atuais é longo demais para oferecer um risco real, porém a aplicação do algoritmo de Schor em computadores quânticos pode mudar isso.

O matemático norte-americano Peter Schor desenvolveu, durante seu trabalho nos Laboratórios Bell, um algoritmo especificamente criado para ser executado em computadores quânticos e descobrir quais os números primos que, quando multiplicados, geram um determinado valor. Conforme já vimos, o núcleo do algoritmo de criptografia RSA, utilizado globalmente nas comunicações via Internet, depende exatamente da impossibilidade (por enquanto) dessa fatoração ser executada dentro de um intervalo de tempo razoável.

Uma das alternativas para evitar que isso ocorra é buscar alterar os algoritmos utilizados na geração das chaves, utilizando uma função que não seja facilmente invertida por máquinas quânticas (como é o caso do RSA). Um exemplo é o sistema de chaves criado pelo matemático norte-americano Robert McEliece, cuja segurança independe de problemas que máquinas quânticas são capazes de resolver. Chamamos de *criptografia pós-quântica* as técnicas de criptografia que não sucumbam a ataques realizados por computadores quânticos que, caso venham a tornar-se viáveis economicamente, podem ameaçar a privacidade das comunicações online.

AMEAÇAS DIGITAIS, PREJUÍZOS REAIS

Vivemos em um mundo progressivamente mais conectado – pessoas, animais, objetos, meios de transporte, eletrodomésticos, máquinas industriais, equipamentos de uso individual. A expansão da Internet e o barateamento dos sensores permite que tudo e todos tenham seu endereço na rede. Se por um lado os benefícios potenciais dessa arquitetura são claros, com aumentos de eficiência, acesso à informação e praticidade, por outro os riscos de invasões a sistemas online nunca foi tão grande.

Já na década de 1980, sistemas de grandes empresas eram alvo de hackers como Ian Murphy. Para reduzir seus custos com a conta telefônica (naquela época, a única forma de se conectar a outros computadores era através de linhas telefônicas), ele penetrou no sistema da companhia norte-americana AT&T e alterou os programas de cobrança, igualando as tarifas praticadas durante o dia com aquelas mais baratas (que eram cobradas à noite). Há quem diga que um dos personagens do filme *Quebra de Sigilo* (*Sneakers*), dirigido por Phil Alden Robinson e lançado em 1992, foi inspirado nele.

Mas às vezes o ataque não é a uma corporação e, ainda, a punição aplicada é bem mais severa. Em junho de 1990, o norte-americano Kevin Poulsen tomou o controle das linhas telefônicas da estação KIIS-FM de Los Angeles, para garantir que ele seria o centésimo segundo ouvinte a ligar para estação e assim ganhar um Porsche 944. Ele foi preso pelo FBI (a Polícia Federal dos EUA), condenado a cinco anos de prisão e, após sua liberação, proibido de usar computadores por três anos. Em 2005, tornou-se editor na revista Wired, publicação online e offline focada nos impactos da tecnologia na sociedade.

Teoricamente, qualquer elemento conectado à Internet – de um caixa eletrônico a um carro, de um sensor de pressão a um sistema de gerenciamento de ordens de compras – está suscetível a um ataque, pois há um caminho digital que pode ser percorrido para que esse elemento seja atingido. No filme *Missão Impossível* (*Mission: Impossible*) de 1996 (baseado na série televisiva de mesmo nome que foi ao ar entre 1966 e 1973), o agente Ethan Hunt (interpretado por Tom Cruise) precisa invadir um prédio para chegar fisicamente a um computador que armazena uma informação tão sensível que, para evitar ataques digitais, está desconectado de qualquer rede. A criatividade e a sofisticação dos hackers é tamanha que, de fato, não há como garantir de forma absoluta a segurança de praticamente nada que esteja conectado – o que significa que estamos rodeados de vulnerabilidades o tempo todo.

Um estudo realizado em 2007 pela Escola de Engenharia da Universidade de Maryland, nos EUA, indicou que já naquela época a média dos ataques a computadores com acesso à Internet era de um a cada trinta e nove segundos – e ainda assim, considerando-se apenas os ataques que utilizavam a técnica de força bruta, onde nomes de usuários e senhas eram testados indiscriminadamente em milhares de computadores até que algum sistema fosse invadido. Usuários como *root*, *admin*, *adm* e senhas como *123456*, *password* ou a repetição do nome do usuário ainda são muito utilizadas e constituem um elevado risco de invasão.

Durante praticamente toda História da Civilização, um dos pré-requisitos para realizar um roubo era a presença dos malfeitores na cena do crime. O objeto a ser roubado era sempre parte do mundo físico – barras de ouro, papel-moeda, equipamentos, joias, veículos – e um valor objetivo era associado a ele. Os ladrões precisavam de um plano para acessar o objeto, retirá-lo de seu endereço original e transportá-lo para uma nova localização. De lá, iriam tentar modificar, revender, copiar ou gastar o conjunto de átomos do qual se apossaram ilegalmente.

Mas o mundo vem acelerando sua transformação de átomos para bits, conforme já discutimos. Os alvos dos crimes cibernéticos podem estar a milhares de quilômetros dos assaltantes, que não utilizam mais armas, carros de fuga ou explosivos. Especialistas em sistemas de computação, fluentes em técnicas que vão das mais simples até as mais sofisticadas, têm como objetivo acessar informações – para copiá-las, divulgá-las, modificá-las, destruí-las ou impedir que os donos legítimos obtenham acesso. Essas informações, armazenadas como bits, podem representar qualquer coisa: fotos, filmes, dinheiro, códigos de segurança, mapas, documentos, planilhas, apresentações, novos programas, novos jogos, códigos genéticos.

CIBERCRIMES IRÃO CUSTAR MAIS DE
US$ 2 TRILHÕES PARA EMPRESAS EM 2019,
O QUÁDRUPLO DO VALOR DE 2015.

(JUNIPER RESEARCH)

1 EM CADA 131 E-MAILS
CONTÉM ALGUM
TIPO DE *MALWARE*

(SYMANTEC, 2016)

EM 2016, HAVIA CERCA DE UM MILHÃO
DE VAGAS NÃO-PREENCHIDAS EM
CIBERSEGURANÇA. EM 2021, ESSE
NÚMERO DEVE CHEGAR A 3,5 MILHÕES.

(CYBERSECURITY VENTURES)

EM 2017,
MAIS DE 20% DOS CIBERATAQUES
FORAM ORIGINADOS NA CHINA,
11% NOS EUA E 6% NA RÚSSIA.

(SYMANTEC)

ESTIMATIVAS DO FBI SUGEREM MAIS DE
4.000 ATAQUES DE *RANSMOWARE* OCORREM
DIARIAMENTE AO REDOR DO MUNDO.

(FBI 2016)

ENTRE 2015 E 2016,
O PEDIDO DE RESGATE POR INFECÇÃO
DE *RANSOMWARE* SUBIU MAIS DE 250%.

(SYMANTEC)

DIARIAMENTE, MAIS DE DUZENTAS MIL AMOSTRAS DE *MALWARE* SÃO PRODUZIDAS
(PANDA SECURITY, 2015)

EM 2007, HACKERS REALIZARAM UM ATAQUE A CADA 39 SEGUNDOS
(CLARK SCHOOL, UNIVERSIDADE DE MARYLAND)

Figura 141

O roubo moderno frequentemente começa pela busca por vulnerabilidades. Isso ocorre quando o hacker (o termo correto, como já vimos, na verdade é *cracker*) utiliza ferramentas programadas para analisar o sistema que se deseja invadir em busca de portas de entrada que tenham sido esquecidas ou que estejam desprotegidas. Tentativas de descobrir as senhas de acesso também são comuns, seja por métodos de força bruta – na qual combinações de números, letras ou caracteres especiais são experimentadas exaustivamente em busca da resposta certa – ou utilizando técnicas mais sofisticadas, que monitoram o tráfego dos dados pela rede em busca de informações.

No Relatório Global de Riscos para 2018 (*Global Risks Report for 2018*), o Fórum Econômico Mundial listou os crimes cibernéticos como um dos riscos mais importantes a serem considerados em termos de probabilidade de ocorrência. Considerando a dependência crescente de indivíduos, governos e negócios em relação à tecnologia de forma geral, os prejuízos causados por esse tipo de evento podem ser devastadores – e, infelizmente, não faltam exemplos.

Durante as negociações para venda da provedora de serviços online Yahoo! para a gigante de telecomunicações Verizon (ambas empresas norte-americanas), em 2016, a Yahoo! revelou ter sofrido o maior vazamento de dados registrado até então: e-mails, nomes, datas de nascimento e senhas de nada menos que três bilhões de contas de usuários foram comprometidas em pelo menos dois ataques em 2013 e 2014. Após essa informação ter sido divulgada, cerca de 350 milhões de dólares foram deduzidos do preço final de venda.

Empresas de diversos setores também foram vítimas de invasões de grande porte ao longo dos últimos anos: alguns exemplos incluem o site de comércio eletrônico eBay (145 milhões de usuários afetados), a cadeia varejista Target (110 milhões), a companhia de compartilhamento de veículos Uber (57 milhões de usuários e 600 mil motoristas afetados), o banco JP Morgan Chase (76 milhões de famílias e 7 milhões de pequenos negócios) e a rede do Sony Playstation (77 milhões de usuários afetados e cerca de 170 milhões de dólares em prejuízos).

Vale ressaltar que esses são apenas alguns dos casos – a lista é bem mais extensa, sendo que algumas empresas optam por não divulgar que foram invadidas para evitar problemas reputacionais ou processos. Segundo o Instituto Ponemon, sediado em Michigan, nos Estados Unidos e que realiza pesquisas sobre segurança de dados desde 2002, apenas um terço dos mais de 650 profissionais entrevistados em 2017 acredita que suas organizações dedicam recursos adequados para gerenciar a segurança de suas informações.

Ainda de acordo com o Relatório Global de Riscos de 2018 publicado pelo Fórum Econômico Mundial, ataques cibernéticos contra negócios praticamente dobraram nos últimos anos, com significativo impacto financeiro. Uma das modalidades mais utilizadas de ataques é o *ransomware* (*ransom*, em inglês, significa resgate) – e os *ransomwares* utilizam, em geral, uma técnica de invasão chamada *cavalo de Troia*. O usuário recebe um e-mail, clica em um link falso e seus dados ficam indisponíveis. A liberação destes dados está condicionada ao pagamento de determinada quantia para o invasor, usualmente em criptomoedas para dificultar o rastreamento. Apenas em 2016 mais de 350 milhões novos de tipos de *malwares* (programas com objetivos nocivos aos usuários) foram detectados, e – pior ainda – um cavalo de Troia efetivo poderia ser comprado por cerca de quinhentos dólares.

O nome desse tipo de invasão tem sua origem nos relatos históricos, que falam sobre como os gregos implementaram uma estratégia única para finalmente dominar a cidade independente de Troia. Após cercar a cidade por uma década, visando resgatar Helena (esposa do Rei Menelau, de Esparta, sequestrada por Páris de Troia), os gregos construíam um cavalo de madeira gigante, e esconderam uma tropa de elite no seu interior. O restante do exército retirou-se por mar, levando os troianos a acreditarem que a guerra estava ganha e trazendo para o interior da cidade murada o imenso troféu. Durante a noite, o exército grego navegou de volta, enquanto os soldados escondidos no interior do cavalo abriram as portas da cidade, que foi destruída em 1180 a.C.

Mas a ameaça é ainda mais séria. Em maio de 2017 o mundo conheceu o *ransomware WannaCry* (quer chorar), que se propagou velozmente explorando uma vulnerabilidade do sistema Microsoft Windows que havia sido detectada e publicada alguns meses antes por outro grupo de hackers. A Microsoft disponibilizou as correções necessárias antes do surgimento do *WannaCry*, mas diversas empresas que não estavam com as atualizações em dia ou que estavam utilizando versões do sistema operacional que não estavam mais sendo suportadas foram infectadas. Poucos dias depois, a solução definitiva para o ataque (que foi originado na Coreia do Norte) foi disponibilizada – mas não antes de mais de duzentos mil computadores em cerca de 150 países serem infectados. Os setores impactados incluíram governos, infraestrutura, bancos, provedores de serviços de telecomunicações, fabricantes de carro e hospitais.

Isso significa que a própria infraestrutura das cidades – água, luz, esgoto, gás, ferrovias, aeroportos, rodovias, ruas – torna-se perigosamente vulnerável a ataques em uma sociedade conectada e supervisionada por sistemas artificiais. Tais ataques podem ter motivações políticas ou simplesmente pessoais, como no episódio protagonizado por Vitek Boden. Insatisfeito por não ter sido contratado pela companhia de esgotos de uma das regiões do estado de Queensland, na Austrália, Vitek invadiu o sistema da empresa no ano 2000 e fez com que oitocentos mil litros de esgoto fossem jogados em parques e rios do condado de Maroochy, a cerca de cem quilômetros de Brisbane.

O ciberterrorismo já é considerado uma ameaça real por governos ao redor do mundo, e muitos acreditam que as guerras do futuro serão travadas nessa arena. Com bilhões de pessoas e objetos conectados através da Internet das Coisas, torna-se imperativo que governos, empresas e indivíduos estejam cientes destas ameaças e capacitados a obter a proteção necessária.

(IN)SEGURANÇA DE DADOS

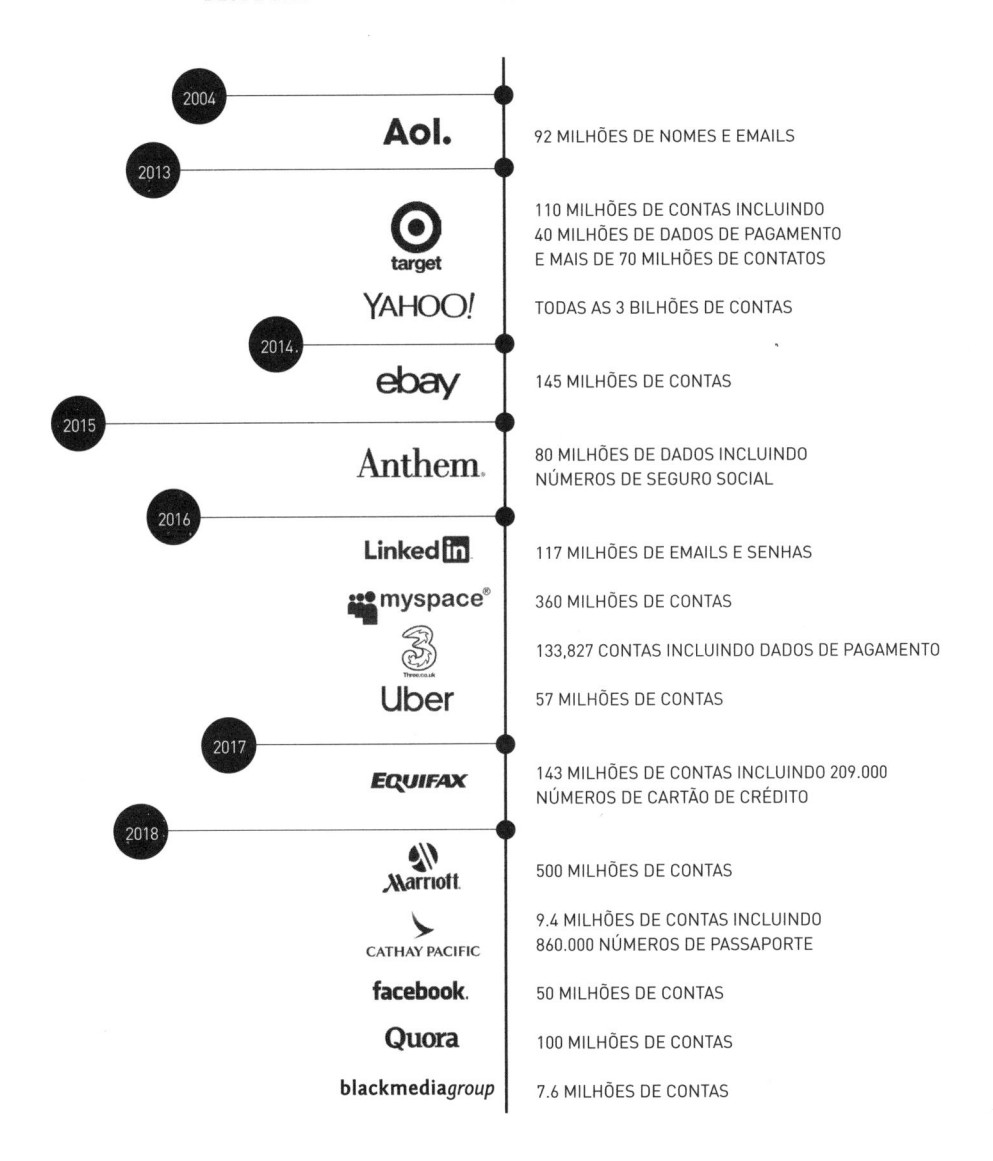

MAIS DE	NO PRIMEIRO SEMESTRE DE 2018 MAIS DE	NO MUNDO
14 BILHÕES	**3 BILHÕES**	**75**
DE DADOS PERDIDOS OU ROUBADOS DESDE 2013	DE DADOS FORAM COMPROMETIDOS	REGISTROS SÃO COMPROMETIDOS POR SEGUNDO

2004 — **Aol.** — 92 MILHÕES DE NOMES E EMAILS

2013 — **target** — 110 MILHÕES DE CONTAS INCLUINDO 40 MILHÕES DE DADOS DE PAGAMENTO E MAIS DE 70 MILHÕES DE CONTATOS

YAHOO! — TODAS AS 3 BILHÕES DE CONTAS

2014 — **ebay** — 145 MILHÕES DE CONTAS

2015 — **Anthem.** — 80 MILHÕES DE DADOS INCLUINDO NÚMEROS DE SEGURO SOCIAL

2016 — **Linked in** — 117 MILHÕES DE EMAILS E SENHAS

myspace® — 360 MILHÕES DE CONTAS

3 Three.co.uk — 133.827 CONTAS INCLUINDO DADOS DE PAGAMENTO

Uber — 57 MILHÕES DE CONTAS

2017 — **EQUIFAX** — 143 MILHÕES DE CONTAS INCLUINDO 209.000 NÚMEROS DE CARTÃO DE CRÉDITO

2018 — **Marriott** — 500 MILHÕES DE CONTAS

CATHAY PACIFIC — 9.4 MILHÕES DE CONTAS INCLUINDO 860.000 NÚMEROS DE PASSAPORTE

facebook. — 50 MILHÕES DE CONTAS

Quora — 100 MILHÕES DE CONTAS

blackmediagroup — 7.6 MILHÕES DE CONTAS

Figura 142

A firma de pesquisas Markets and Markets estima que o mercado de segurança da informação irá crescer pelo menos 11% ao ano até 2022, saindo dos 138 bilhões de dólares em 2017 até cerca de um quarto de trilhão de dólares em 2023. Com a expansão tanto do mercado quanto da tecnologia, uma das carreiras mais demandadas para o futuro será a de profissionais altamente especializados em segurança da informação, que já estão em falta: de acordo com a ISACA (*Information Systems Audit and Control Association*, ou Associação de Auditoria e Controle de Sistemas de Informação), que possui cerca de cem mil membros em 180 países, em 2019 o déficit de profissionais de cibersegurança será de pelo menos dois milhões ao redor do mundo. O CSO (*Chief Security Officer*, responsável pela área de cibersegurança das empresas) já se torna um dos cargos mais críticos na estrutura de qualquer organização. Ainda de acordo com a ISACA, cerca de 65% das grandes companhias norte-americanas possuem esse profissional em seus quadros, e até 2021 estima-se que a totalidade das grandes empresas terá designado seu próprio CSO.

Diversos aspectos da infraestrutura da Tecnologia da Informação são frequentemente terceirizados – empresas de telecomunicações e empresas provedores de serviços de armazenamento e processamento via Internet estão entre os parceiros mais frequentes para praticamente qualquer organização, não importa o tamanho. Os MSSPs (*Managed Security Service Providers*, Provedores de Serviços Gerenciados de Segurança) começam a figurar nessa lista, responsabilizando-se pelas operações de monitoramento e proteção do parque tecnológico de seus contratantes.

Em relatório sobre crimes cibernéticos publicado no final de 2017, a firma de pesquisa de mercado Cybersecurity Ventures (que possui escritórios nos Estados Unidos e em Israel) estima que os prejuízos causados por ataques dessa natureza irá subir de 3 trilhões de dólares em 2015 para 6 trilhões de dólares em 2021. Gastos com produtos e serviços de cibersegurança irão somar, no período 2017-2021, cerca de 1 trilhão de dólares globalmente.

Startups ao redor do mundo desenvolvem produtos para endereçar algum dos subsetores deste vasto campo: prevenção a fraudes, automação, gerenciamento de identidade, IIoT (Infraestrutura da Internet das Coisas), confidencialidade de dados, segurança de desenvolvimento e engenharia social são apenas alguns deles. Segundo o site norte-americano CB Insights, com foco nos mercados privados (*private equity* e *venture capital*), em 2017 mais de 7,5 bilhões de dólares foram investidos em *startups* de cibersegurança.

Os dois últimos subsetores listados acima merecem detalhamento um pouco maior. A segurança de desenvolvimento (DevSecOps – *development security operations*) nasceu em função dos ataques que ocorrem no mesmo dia em que vulnerabilidades no código de determinado sistema são encontradas (fenômeno conhecido como *zero-day exploit*). Para evitar esse tipo de invasão, times especializados em cibersegurança atuam em conjunto com os engenheiros de software durante o próprio desenvolvimento de um novo sistema.

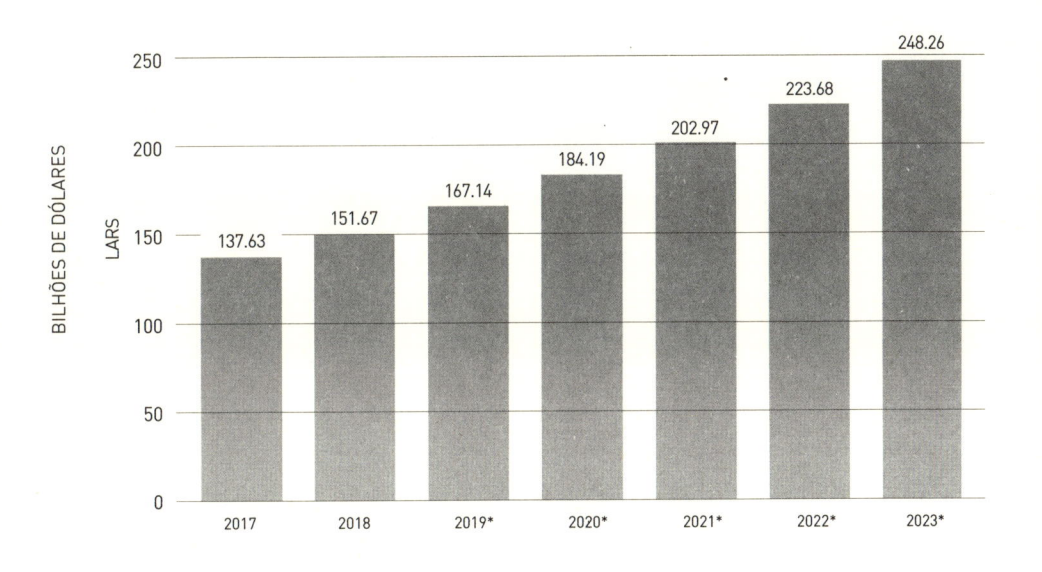

MERCADO GLOBAL DE CIBERSEGURANÇA
(EM BILHÕES DE DÓLARES)

BILHÕES DE DÓLARES · LARS

- 2017: 137.63
- 2018: 151.67
- 2019*: 167.14
- 2020*: 184.19
- 2021*: 202.97
- 2022*: 223.68
- 2023*: 248.26

*ESTIMATIVA

Figura 143

Já a engenharia social atua visando evitar que usuários informem suas senhas em esquemas conhecidos como *phishing*. Geralmente, esses esquemas são executados através do envio de e-mails falsos, nos quais os usuários acreditam estar interagindo com uma empresa legítima (como um banco, um e-commerce ou uma grande empresa de tecnologia), quando na verdade estão passando suas informações para hackers. De acordo com o *Microsoft Security Intelligence Report 2018* (Relatório de Inteligência de Segurança da Microsoft – 2018), analisando quase meio trilhão de e-mails foi possível identificar um aumento de 250% nos ataques de *phising* na comparação com o ano anterior.

Além de ser relativamente desconhecido do grande público – ao contrário dos vírus de computador – esse tipo de ataque concentra-se não em vulnerabilidades técnicas, mas sim na forma como nosso cérebro funciona: acreditando, a princípio, que o remetente da mensagem é legítimo. É comum ocorrer um aumento no *phishing* após tragédias de repercussão nacional ou internacional: e-mails falsos pedindo doações para as vítimas são distribuídos, com o objetivo de obter informações financeiras (como o número de cartão de crédito) para uso futuro.

FUTURO PASSADO

SEIS LIÇÕES

UMA DAS CARACTERÍSTICAS DO MUNDO PÓS-REVOLUÇÃO INDUSTRIAL, ilustrada de forma brilhante por Charles Chaplin (1889-1977) em seu filme *Tempos Modernos*, de 1936, é a linha de montagem. Antes da Primeira Revolução Industrial, ocorrida entre a segunda metade do século XVIII e a primeira metade do século XIX, praticamente todos os produtos eram feitos à mão. Inovações nos processos de manufatura, máquinas e a energia a vapor viabilizaram a criação de fábricas e a divisão do trabalho – cada operário cuidaria de uma das componentes do produto final, que seria montado à medida em que passasse por uma esteira ou trilhos.

Quase trezentos anos depois, ainda vivemos em um mundo onde a esmagadora maioria dos produtos que consumimos é produzido em larga escala. Tênis, bolsas, talheres, canetas, telefones, computadores, carros, relógios, brinquedos – praticamente tudo à nossa volta é apenas uma instância de um lote produzido em uma fábrica que ainda utiliza os mesmos princípios básicos da linha de montagem. As maiores diferenças entre as fábricas de hoje, quando comparadas com aquelas de antigamente, são a evolução tecnológica dos equipamentos, melhoria na qualidade do produto final e a automação dos processos, com uma presença bem maior de robôs e máquinas.

Gradualmente, isso parece não ser mais algo satisfatório para uma parcela do mercado consumidor, que busca diferenciação e customização naquilo que vai utilizar. Essa parcela exige que as marcas escolhidas para atendê-los sejam socialmente responsáveis e ofereçam produtos e serviços flexíveis e adaptáveis. Além disso, prefere seguir as opiniões de seus amigos ao invés de especialistas em diversos assuntos, modificando a dinâmica da relação entre provedores e tomadores.

O fenômeno *maker*, discutido no Capítulo 7, é consequência direta dessa mudança. A essência deste movimento é justamente a capacidade de criar, modificar, testar, customizar as características de um produto para que ele possa ter outros usos ou para que ele possa atender às necessidades específicas de um grupo de usuários. E poucos equipamentos são mais importantes para viabilizar essa revolução que as impressoras 3D.

Se inicialmente os objetos produzidos por impressoras 3D apresentavam relativamente pouca variabilidade em termos dos materiais utilizados, a rápida evolução tecnológica desses equipamentos já está modificando essa situação: além de serem capazes de imprimir utilizando materiais orgânicos (por si só, uma revolução extraordinária para as indústrias de alimentos e de saúde), as impressoras 3D já podem produzir objetos em materiais como porcelana, cerâmica, metais (alumínio, bronze, ouro, prata, platina, cobre, aço) e plástico, entre outros. Com a queda nos preços tanto das impressoras quanto dos insumos que são utilizados para produzir os objetos, o cenário no qual o usuário vai ser capaz de projetar, customizar, escolher os materiais, o tamanho e as cores de seu próximo sapato (ou bolsa, ou camisa, ou casaco) parece estar aberto.

A comodidade e os avanços que a tecnologia proporciona diariamente mudaram significativamente a forma como trabalhamos e nos relacionamos. Somos capazes de nos contactar instantaneamente com alguém do outro lado do mundo, com alta qualidade de imagem e som. Fazemos perguntas aos nossos dispositivos utilizando linguagem natural. Pagamentos podem ser realizados com uma digital ou olhando para um sensor biométrico. Exames podem antecipar e ajudar a prevenir doenças. Trabalhamos com ferramentas que nos permitem colaborar com pessoas situadas em outros continentes. Começamos a dominar o incrivelmente pequeno, desenvolvendo milhares de produtos e soluções baseadas em nanotecnologia. Com sensores colocados em seres vivos ou inanimados, somos capazes de antecipar, monitorar e otimizar indústrias e processos. O processamento de quantidades maciças de dados com algoritmos cuja eficiência gera a percepção de inteligência permite que possamos prever o tempo, antecipar o comportamento de um cliente, criar veículos autônomos, traduzir documentos em tempo real. Mas isso tudo tem seu preço, e é fundamental entendermos as potenciais consequências dessa fusão profunda entre o fluxo de nossas vidas e a tecnologia.

A capilaridade da tecnologia – que se alimenta de si mesma – reduziu o tempo entre lançamento e adoção de um produto ou serviço de décadas para dias. Para atingir cinquenta milhões de usuários, companhias aéreas levaram quase setenta anos, carros levaram pouco mais de sessenta, o telefone levou cinco décadas e a televisão precisou de vinte e dois anos. Já o Facebook atingiu essa marca em cerca de três anos, *WeChat* em um ano e o jogo de realidade aumentada *Pokemon Go* precisou de apenas 19 dias. Um testamento sobre o poder das redes e o valor da Lei de Metcalfe, discutidos no Capítulo 10.

A forma como consumimos entretenimento possui uma história que remete a diversos elementos importantes da nossa relação com a tecnologia. Os videocassetes começaram a se popularizar na década de 1980, com o formato VHS, criado pela JVC em 1976 (o formato Betamax, da Sony, apesar de ter sido criado um ano antes e de apresentar qualidade de imagem superior, acabou perdendo mercado por apresentar fitas com menor tempo de gravação e por não ter licenciado a tecnologia para outros fabricantes). Primeira lição: nem sempre a empresa que inventa um novo mercado acaba se tornando a força dominante.

O formato seguinte, com qualidade de imagem e som significativamente superior, surgiu no mercado pouco depois do videocassete, mas somente obteve alguma popularidade no mercado asiático: o *LaserDisc* (ou disco laser). A tecnologia de armazenamento óptico foi inventada em 1958 por David Gregg (1923-2001), e contribuições adicionais foram registradas por James Russell em 1965. Apesar da qualidade superior, o consumidor tinha que realizar a troca de lado do disco manualmente, pois cada um armazenava entre 30 e 60 minutos de conteúdo. Além disso, o preço dos aparelhos e dos filmes eram bem maiores. Segunda lição: é comum o consumidor escolher a comodidade e a economia antes da qualidade.

A base da tecnologia do *LaserDisc* gerou, em 1995, o *Digital Versatile Disc* (ou disco digital versátil), capaz de armazenar tanto filmes quanto software. O DVD tornou-se um grande sucesso, com preço acessível e com as mesmas dimensões de um CD (*compact disc*, utilizado na indústria fonográfica e lançado em 1982). O tamanho e o peso dos DVDs permitiu que a distribuição pelo correio fosse economicamente viável, ideia que foi utilizada no lançamento, em 1998, da primeira loja online de aluguel de DVDs: a Netflix. Além disso, como não há atrito algum sobre a superfície de um DVD durante sua leitura, a durabilidade era consideravelmente maior que uma fita VHS. O formato foi introduzido no Japão em 1996 e nos EUA em 1997, mas só começou a se popularizar de fato no início do século XXI. Em junho de 2003 o número de aluguéis de filmes em DVD superou o número de aluguéis de filmes em VHS, um mercado que era dominado pela Blockbuster (fundada em 1985 e encerrada em 2013).

Terceira, quarta e quinta lições: frequentemente a primeira versão de uma ideia (o *LaserDisc*) não é a melhor implementação da tecnologia criada; mesmo tecnologias com preço adequado e qualidade superior podem levar algum tempo para serem adotadas e, finalmente, modelos de negócios que não se adaptam às novidades escolhidas pelo público não costumam sobreviver.

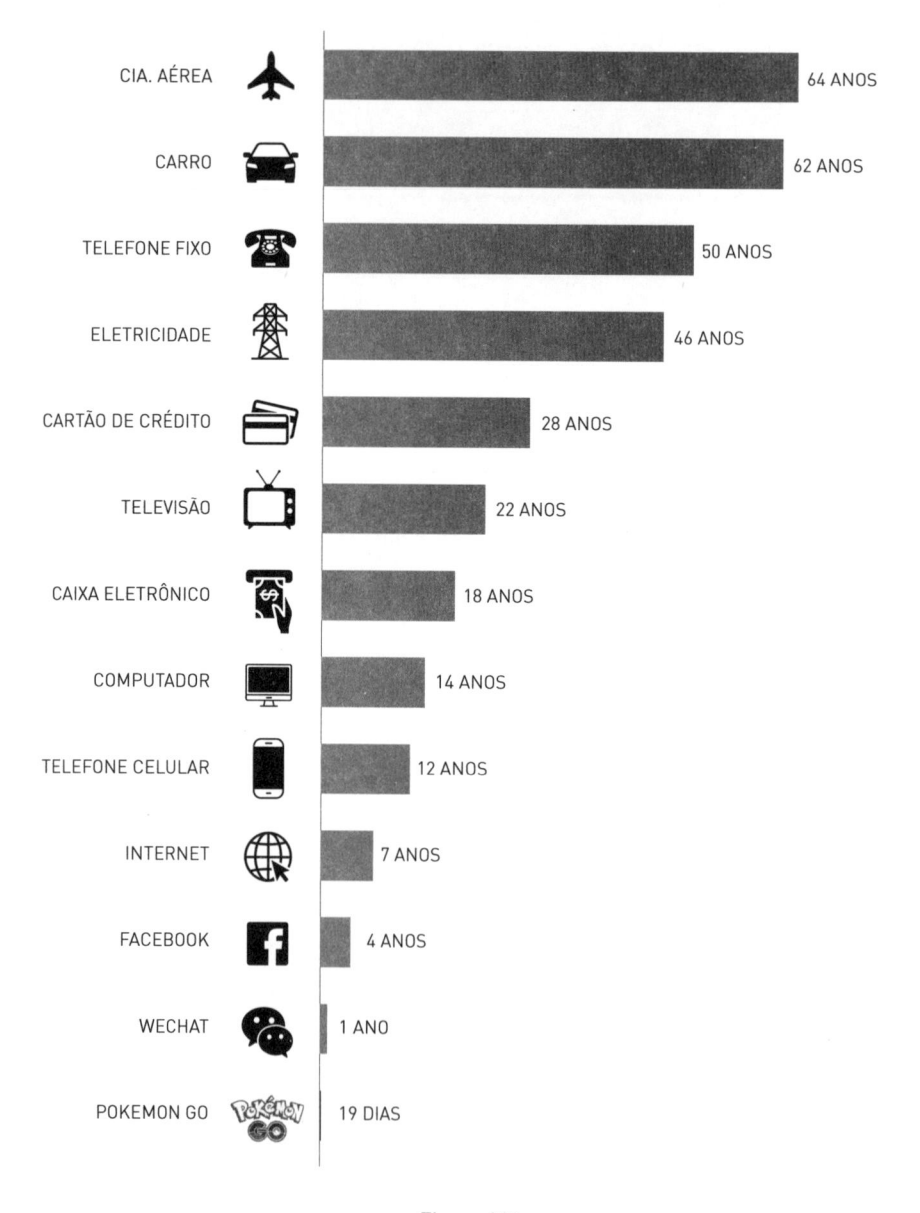

**TEMPO PARA ATINGIR
50 MILHÕES DE USUÁRIOS**

CIA. AÉREA		64 ANOS
CARRO		62 ANOS
TELEFONE FIXO		50 ANOS
ELETRICIDADE		46 ANOS
CARTÃO DE CRÉDITO		28 ANOS
TELEVISÃO		22 ANOS
CAIXA ELETRÔNICO		18 ANOS
COMPUTADOR		14 ANOS
TELEFONE CELULAR		12 ANOS
INTERNET		7 ANOS
FACEBOOK		4 ANOS
WECHAT		1 ANO
POKEMON GO		19 DIAS

Figura 144

A próxima geração de mídias para armazenamento que obteve uma posição dominante foi o Blu-ray, para televisões de alta definição. Entre 2006 e 2008, tivemos nova guerra de padrões liderada pela Sony de um lado (Blu-ray) contra a Toshiba de outro (HD DVD). Além de uma campanha de marketing agressiva, a Sony contou com a ampla base de consoles de videogame PlayStation 3, que permitia que filmes no formato Blu-Ray fossem assistidos sem a necessidade de aquisição de um novo aparelho.

Com a popularização dos serviços de *streaming* (como Netflix, Amazon Prime e Disney+) e a comodidade associada a eles, o uso de mídias físicas pode seguir em queda. Melhorias no padrão de de imagem e som (como o 4K para vídeo e o Dolby Atmos para áudio) exigem redes com mais velocidade (que também tornam-se gradualmente mais acessíveis), criando espaço para formatos como o Ultra HD Blu-ray e o Disco Holográfico Versátil (HVD, *Holographic Versatile Disc*). O que nos leva à sexta lição: a única constante no mundo da tecnologia é a mudança.

MÚSICA DE ELEVADOR

O *streaming* é um dos fenômenos mais presentes em nosso cotidiano, fazendo uso extensivo de uma infraestrutura de comunicações com elevada capilaridade, aumento na velocidade de transmissão e recepção dos dados, processadores mais poderosos, inclusão de sistemas operacionais em televisores e difusão de eletroeletrônicos portáteis. A história do *streaming* – o envio constante de conteúdo para o consumidor, sem a necessidade de download – começa na década de 1920, com o Major General George Squier (1865-1934).

Figura 145 – O inventor e PhD pela Universidade de Johns Hopkins, Major General George Squier.

Squier foi um oficial de carreira do exército dos Estados Unidos, e trabalhou extensivamente com ondas de rádio e eletricidade, obtendo a patente para um sistema capaz de distribuir sinais através da rede elétrica. Naquele momento, aparelhos de rádio ainda eram caros, o que gerou interesse na tecnologia. Após testes bem-sucedidos, no qual moradores de Staten Island, no estado de Nova York, conseguiram ouvir música recebida através dos fios elétricos, a antiga North American Company (uma *holding* que detinha o controle de diversas concessionárias de serviços públicos) adquiriu os direitos de exploração da patente e criou uma empresa chamada Wired Radio Inc, que cobrava o serviço de *streaming* de música na conta de eletricidade – décadas antes de algo remotamente parecido passar a fazer parte de nosso dia a dia.

Mas a evolução tecnológica é implacável, e em pouco mais de dez anos a popularidade do rádio explodiu, permitindo que seu preço despencasse. Squier mudou o foco dos negócios, deixando o cliente residencial de lado e priorizando clientes comerciais. Ele decidiu mudar o nome da empresa para Muzak em 1934, inspirado no nome Kodak (ambas iriam decretar falência, a primeira em 2009 e a outra em 2012). O termo acabou tornando-se sinônimo de "música de elevador", embora esse não tenha sido um mercado perseguido pela empresa.

A partir da segunda metade da década de 1990, diversas iniciativas começaram a explorar de forma prática o conceito de *streaming* pela Internet, uma vez que o *hardware* dos computadores pessoais começava a ser capaz de suportar o processamento necessário e, ao mesmo tempo, a velocidade das redes domésticas aumentava: o ActiveMovie da Microsoft (1995), QuickTime 4 da Apple (1999) e o Adobe Flash da Adobe (2002) foram alguns dos marcos na evolução dessa tecnologia, que tornou-se a pedra fundamental para negócios como Netflix, Spotify e YouTube.

A Netflix, conforme discutimos anteriormente, começou como um serviço online de aluguel de DVDs. Os discos eram enviados pelo correio, e entre 1998 e 2007 esse era seu modelo de negócios. Mas por ser uma nativa do mundo digital, a ideia de oferecer filmes online esteve presente por muito tempo na visão da empresa, que chegou a projetar um dispositivo que ficaria na casa dos assinantes e que realizaria o download dos filmes desejados, para exibição no dia seguinte. A ideia foi engavetada e o modelo baseado em *streaming* foi lançado em 2007, inicialmente para computadores e depois gradualmente para consoles de videogame, televisores conectados à Internet e dispositivos portáteis. No final de 2018, a empresa oferecia seus serviços em 190 países, com mais de 130 milhões de assinantes e valor de mercado superior a 100 bilhões de dólares.

O crescimento acelerado da Netflix – que ocorre em troca de investimentos maciços em conteúdo e dívidas bilionárias – gerou uma série de transações corporativas envolvendo nomes como Disney e Fox, AT&T e Time Warner, Comcast, Amazon,

Apple e Google: a preferência do público pela comodidade do *streaming*, acessibilidade, variedade e ubiquidade define a estratégia de distribuição de filmes, seriados, espetáculos e documentários nessa primeira metade do século XXI. Da mesma maneira, a mudança do hábito de ouvir música – inicialmente em vinil, depois em CD, seguido pelos arquivos MP3 e agora via *streaming* – também criou oportunidades para novos serviços e empresas: o declínio nas vendas de CDs veio acompanhado por um aumento de receita obtida pelas gravadoras e artistas com os *royalties* pagos pelos próprios serviços de *streaming*.

O importante, para o consumidor, é ser capaz de ver ou ouvir o que quiser, quando quiser, onde quiser e como quiser: segundo o Digital Entertainment Group, as vendas de DVDs e discos Blu-ray nos EUA caíram 6,1 bilhões de dólares em 2015 (uma queda de 12% em relação a 2014, que por sua vez caiu 11% em relação a 2013). Neste mesmo ano, as receitas obtidas digitalmente cresceram quase 20%. Em 2017 observou-se pela primeira vez (mas provavelmente não a última) a superação da receita obtida via *streaming* sobre a venda em formatos tradicionais. Serviços como Spotify, Apple Music e Amazon Music geraram 6,6 bilhões de dólares (uma alta de mais de 40% em relação a 2016), representando quase 40% do mercado global de música gravada, enquanto a venda de CDs respondeu por 30%.

Outro fenômeno global causado pela facilidade de obter conteúdo via *streaming* começou em fevereiro de 2005, quando três ex-funcionários da PayPal lançaram uma empresa de internet cujo único objetivo era criar uma forma simples e conveniente para compartilhar vídeos. Apenas 21 meses depois, em novembro de 2006, a Google adquiriu o negócio por 1,65 bilhões de dólares. O YouTube era, em maio de 2018, o segundo site mais popular do planeta, perdendo apenas para o site da própria Google.

O acervo disponível – sobre praticamente qualquer assunto, de música a religião, de esportes a desenhos, de tutoriais a entrevistas, de curiosidades a notícias – cresce a uma velocidade espantosa: em 2015 a empresa declarou receber cerca de 400 horas de vídeo a cada minuto, e é provável que esse número siga crescendo. Em 2017, em seu blog oficial, anunciaram que diariamente mais de um bilhão de horas de vídeo eram servidas ao redor do mundo (uma pessoa sozinha levaria mais de cem mil anos para assistir essa quantidade de material). E a televisão parece ser o mercado mais afetado: de acordo com uma pesquisa encomendada pela própria Google e realizada pela empresa de pesquisa de mercado Nielsen, em 2015, usuários de 18 a 49 anos aumentaram em mais de 70% o número de horas acessando o site, enquanto reduziram em cerca de 4% seu consumo de TV. De fato, com diversas opções de *streaming* de alta qualidade, o modelo tradicional da grade televisiva, com horários e conteúdo pré-definidos, não parece promissor.

RECEITA GLOBAL DA INDÚSTRIA
DE GRAVAÇÃO DE MÚSICAS

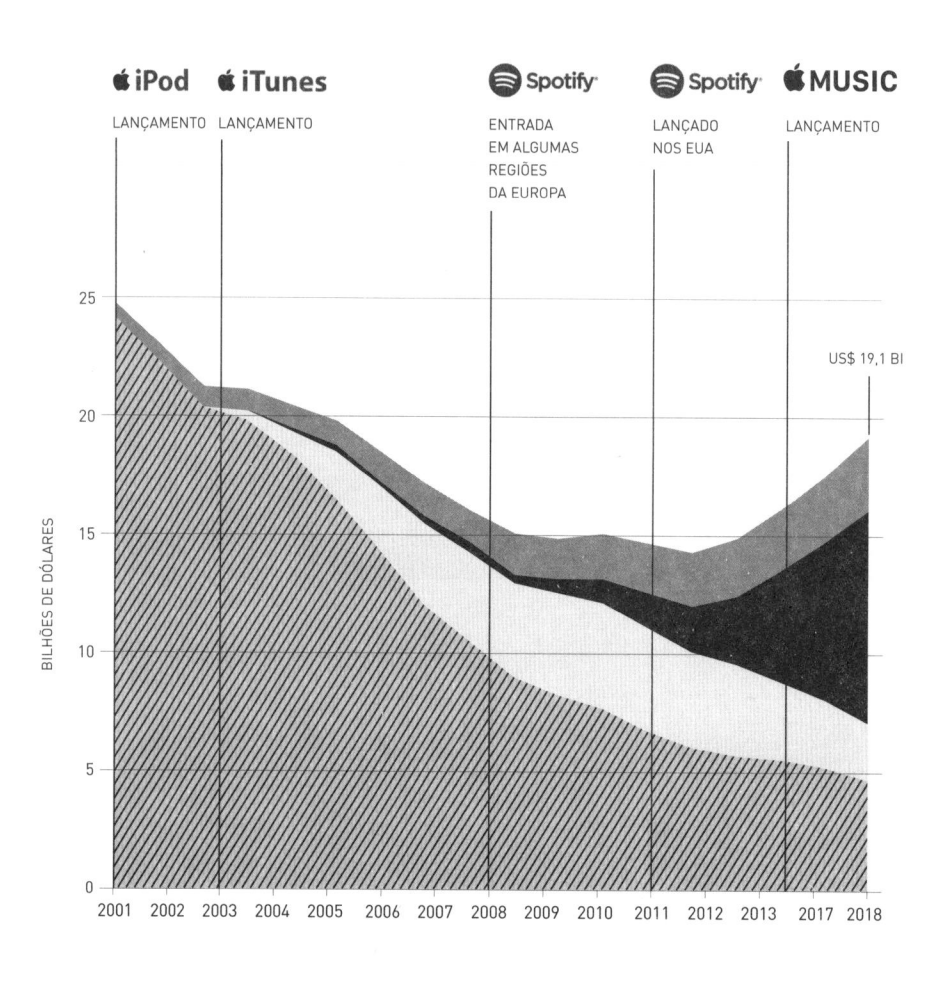

Figura 146

O RELÓGIO PISCANTE

Na maior parte do mundo, o acesso à informação nunca foi tão fácil. Temos à nossa disposição – via computadores, smartphones, tablets, TVs conectadas – o conhecimento acumulado ao longo de milhares de anos de civilização. Podemos aprender, pesquisar, ensinar, consultar, comparar, elaborar, raciocinar. Cursos de algumas das melhores universidades do mundo podem ser feitos à distância. Pessoas com interesses em comum podem formar comunidades para compartilhar suas opiniões, trocar ideias e organizar encontros. Livros estão disponíveis digitalmente, para consumo instantâneo com os olhos ou com os ouvidos.

Onde, então, estão os sinais da evolução da sociedade? Por que não parece que estamos caminhando na direção de uma sociedade plural, aberta, de base científica e filosófica, mas sim na direção de uma sociedade guiada por modismos, demagogia, respostas simplórias para problemas complexos, preconceito e discórdia?

Talvez a resposta seja justamente um dos efeitos colaterais gerados pela conveniência sem precedentes que nos cerca. Pela primeira vez na História vivemos conectados em tempo real a tudo e a todos; somos informados de eventos como terremotos, tiroteios, desabamentos, explosões ou fatalidades não importa onde ocorram. Acordamos consultando nossos smartphones em busca dos últimos acontecimentos no mundo e (principalmente) em nossas redes sociais. Vamos dormir apenas depois de dar uma espiada nas notícias, e entre esses dois momentos – despertar e ir dormir – em média consultamos nossas telas 52 vezes, de acordo com a edição de 2018 da *Global Mobile Consumer Survey* (Pesquisa Global do Consumidor Móvel), publicada pela Deloitte.

A dependência que criamos com essa conexão – com esse incessante fluxo de novidades, atualizações, informações – gera uma sensação de impotência com consequências importantes. Atualmente é necessário realizar um esforço deliberado para ficarmos desconectados, alheios ao bombardeio incessante de fatos. Se a eletricidade levou 46 anos para atingir 50 milhões de pessoas, a Internet fez a mesma coisa em apenas 7 – e rapidamente a segunda vem se tornando tão comum quanto a primeira. A eletrificação do mundo também repetiu vários dos temas que vimos ao longo dos últimos capítulos: inovação cercada de litígio, egos em conflito, disputas baseadas em marketing e não em tecnologia.

O inventor norte-americano Thomas Edison (1847-1931) é uma das personalidades mais vinculadas à expansão de sistemas elétricos no mundo moderno, efetivamente viabilizando a Segunda Revolução Industrial. Com mais de mil patentes associadas ao seu nome, Edison criou um método de trabalho que envolvia um grande número de pesquisadores e ajudantes. Sua patente mais famosa, para a primeira lâmpada incandescente comercialmente viável, acabou sendo questionada nos tribunais:

foi concedida em 1880, declarada inválida em 1883 em função do trabalho de William E. Sawyer (1850-1883), e novamente válida em 1886.

Figura 147 - O inventor norte-americano Thomas Edison (1847-1931).

Analogamente à batalha dos formatos Betamax contra VHS e Blu-ray contra HD DVD, o mundo assistiu à "guerra das correntes" durante o nascimento da sociedade eletrificada. De um lado, a corrente direta da Edison Electric Light Company (precursora da General Electric) e, do outro, a corrente alternada da Westinghouse Electric Corporation (que em 1995 adquiriu a rede de televisão e rádio CBS e em 1997 tornou-se a CBS Corporation), de George Westinghouse (1846-1914). Após uma batalha de marketing intensa, envolvendo desde a eletrocussão de animais (para demonstrar o perigo da corrente alternada) e a contratação de advogados caros para evitar que um condenado à cadeira elétrica fosse executado usando a tecnologia de Westinghouse, as vantagens práticas e econômicas da corrente alternada – inventada por Nikola Tesla (1856-1943) – acabou prevalecendo.

Mas quanto mais nos acostumamos com determinada tecnologia, mais dependentes nos tornamos da mesma. No último terço do século XX, caso ocorresse uma eventual falta de energia elétrica, o *display* de LEDs de sete segmentos dos equipamentos de gravação de vídeo (os VCRs, *videocassette recorders*) ficava piscando com *"12:00"*, pacientemente esperando que alguém ajustasse o horário perdido. O procedimento era relativamente simples, mas tipicamente exigia que alguém lesse o manual do equipamento. Algo que poucos tinham interesse, paciência ou tempo para fazer.

Alguns anos depois, o mundo experimentou a apreensão do que poderia acontecer quando o dia 31 de dezembro de 1999 acabasse. O chamado *bug do milênio*, abreviado como Y2K (y para palavra *year*, que significa "ano" em inglês, e 2K para representar o número 2000) mobilizou a mídia e levou alguns países a níveis de elevada preocupação (enquanto outros simplesmente ignoraram o problema). A questão basicamente se resumia à incerteza sobre como os programas em execução iriam interpretar a mudança de "99" para "00", uma vez que os programadores originais representaram a informação do ano com dois dígitos, e não quatro (essa economia de memória era justificável na época em que esses sistemas foram planejados e implementados). O ano 1999 acabou e o ano 2000 começou sem maiores problemas, mas o simples fato que não sabíamos o que poderia acontecer é extremamente relevante: a tecnologia já estava mais complexa e mais integrada ao cotidiano do que qualquer um de nós poderia entender. E o próximo potencial problema causado pela representação de datas em computadores já está na agenda: a madrugada do dia 19 de janeiro de 2038, mais precisamente às três horas, catorze minutos e sete segundos pelo horário de Greenwich.

A contagem do tempo em diversos sistemas – inclusive aqueles baseados no sistema operacional Unix, cujo desenvolvimento foi iniciado no Bell Labs (vide Capítulo 17) – é realizada considerando-se o número de segundos decorridos desde 1º de janeiro de 1970. O problema é que a estrutura de dados utilizada para isso possui 32 bits, de forma que o valor máximo que ela pode representar é de cerca de dois bilhões, cento e cinquenta milhões de segundos após essa data (precisamente, 2.147.483.647 segundos) – depois disso, o horário representado não fará sentido. Embora já estejam sendo tomadas medidas para contornar esse bug, a preocupação maior é com os sistemas embarcados (ou seja, um sistema incorporado para desempenhar uma função específica em uma estrutura maior e mais complexa) utilizados em ramos como transportes, telecomunicações, equipamentos médicos e eletroeletrônicos.

Nas últimas duas décadas, essa situação de complexidade se ampliou – em todos os segmentos, inclusive em nossas casas: a estrutura doméstica de internet possui roteadores, pontos de acesso wi-fi, modems. A solução para diversos problemas ligados a equipamentos eletrônicos resume-se a "desligar e ligar". Conforme discutido no livro *Overcomplicated* (2016), do autor norte-americano Samuel Arbesman, os avanços tecnológicos que tornaram nossa vida conveniente criaram uma infraestrutura incompreensível e imprevisível. Somos vítimas da complexidade que é necessária para tornar o uso das tecnologias o mais simples possível.

NOSSAS BUSCAS

"Só sei que nada sei" é uma das frases mais famosas (mas que provavelmente jamais foi proferida) atribuídas ao filósofo grego Sócrates (470-399 a.C.). Isso nunca foi tão verdadeiro, visto que agora a noção da profundidade e da amplitude que todo tema possui – basta realizar uma busca na web – é prontamente percebida mesmo pelo menos atento dos observadores. Qualquer ambição que possamos ter de obtenção de um conhecimento vasto e profundo sobre múltiplos assuntos esbarra na imediata percepção que isso simplesmente não é mais possível.

Nossa capacidade para compreender o mundo está diretamente relacionada às ferramentas que possuímos. À medida em que avançamos como espécie, ampliando nossa capacidade para ouvir, ver, deduzir, raciocinar, extrapolar e explicar, fomos ampliando os horizontes do que era possível e descortinando mistérios até então inexplicáveis. Fomos capazes de domesticar animais, de decifrar os ciclos naturais e criar plantações dos mais variados tipos. Criamos a linguagem oral e escrita, perpetuamos o conhecimento, entendemos as leis mais fundamentais que regem o Universo. Descobrimos o tamanho do Cosmos, os imensos espaços vazios que se interpõem entre as galáxias. Desmontamos e remontamos o átomo, manipulamos o código genético presente em todos os seres vivos. Mas estamos falhando justamente agora – quando o acesso às descobertas científicas e aos inventos mais poderosos da História chegam às nossas mãos – em tarefas críticas para nossa sobrevivência. Eliminar o desperdício. Controlar as mudanças climáticas. Diferenciar o humano do artificial. Separar a verdade da mentira.

Nosso sistema de tomada de decisão não é capaz de manipular muitas variáveis de uma só vez. Procurar uma vaga em um estacionamento lotado é uma tarefa desagradável, mas com solução simples: assim que um espaço vazio for localizado, basta estacionar. Dirija por um estacionamento com dezenas de vagas disponíveis, e a escolha fica bem mais difícil. Hesitamos diante de tantas possibilidades. Mas agora nosso mundo movido à tecnologia nos apresenta dezenas de vagas disponíveis o tempo todo. Somos bombardeados com informações e condicionados a acreditar em tudo que cruza a tela de nossos smartphones. Já se foi a era das notícias diárias, selecionadas e comprovadas a partir do trabalho de um pequeno número de entidades com elevado grau de credibilidade.

Como diferenciar uma notícia verdadeira de uma notícia falsa? Redes organizadas de desinformação poluem o espaço virtual com boatos, intrigas, teorias conspiratórias e até vídeos. Seu objetivo é instaurar o caos, o medo, a dúvida, a incerteza. Impedir que sejamos capazes de analisar os fatos, sua história, seus desdobramentos. Exatamente as mesmas ferramentas que nos informam nos desinformam; que nos apresentam os fatos, nos enganam com boatos. Precisaremos de mais tecnologia para resolver esse problema, e essa resolução será enfrentada com mais tecnologia para gerar desinformação, em um ciclo semelhante ao que se estabeleceu entre os invasores de sistemas e seus guardiães.

O excesso de dados gerados por tudo e todos possui, como era de se esperar, um aspecto negativo: é possível montar argumentos sobre praticamente qualquer tema e obter algum conjunto de dados que, à primeira vista, sustente sua tese. O fenômeno é tão complexo que até pesquisadores altamente qualificados acabam se tornando suas vítimas: em artigo de 2005 publicado na Public Library of Science Medicine (PLoS Medicine) pelo médico e pesquisador greco-americano John Ioannidis, intitulado *Why Most Published Research Findings Are False* (Por que a maioria dos resultados de pesquisas publicadas são falsas), o argumento apresentado menciona como testes estatísticos estão sendo utilizados para validar teses que deveriam ser consideradas, no mínimo, questionáveis.

O desafio de um mundo com potencial excesso de dados foi capturado pela criação do termo "Lei de Eroom", em contraposição à "Lei de Moore", que discutimos no Capítulo 4. "Eroom" é "Moore" ao contrário, e surgiu com a constatação que a descoberta de novos medicamentos está se tornando mais lenta e mais cara, apesar de avanços importantes em biotecnologia e computação. De acordo com artigo *Diagnosing the decline in pharmaceutical R&D efficiency* (Diagnosticando o declínio na eficiência farmacêutica de P&D) publicado em 2012 na *Nature Reviews Drug Discovery* por Jack Scannell, Alex Blanckley, Helen Boldon e Brian Warrington (todos ligados ao mundo de investimentos), isso ocorre por várias razões. A primeira seria que já há drogas que fazem bem o bastante o trabalho para o qual foram projetadas, inibindo o desenvolvimento de substitutas. A segunda, porque o órgão que aprova novos tratamentos (nos EUA, a *Food and Drug Administration*) estaria tornando-se gradualmente mais rigoroso. A terceira razão seria simplesmente o gasto excessivo com novos projetos e, finalmente, a quarta explicação segundo os autores seria o excesso de confiança em modelos que subestimam a complexidade de testes *in vivo* (ou seja, no organismo do paciente).

Um mundo regido por *Big Data* corre o risco de tornar-se um mundo sem explicações. Conforme vimos, essa tecnologia utiliza a correlação entre os dados – por menos intuitivos que esses vínculos possam parecer – para gerar respostas, sem necessariamente compreender o motivo por trás da solução encontrada. Em seu livro de 2018, *New Dark Age: Technology and the End of the Future* (A Nova Era das Trevas: a tecnologia e o fim do futuro), o escritor e artista inglês James Bridle articula diversos desses temas. Segundo ele, "a mentira do *Big Data* é o resultado lógico do reducionismo científico: a crença de que sistemas complexos podem ser entendidos desmontando-os em suas partes constituintes e estudando cada uma delas isoladamente".

Entre os imensos conjuntos de dados que produzimos estão as valiosas informações do que está sendo consumido online. Que vídeos são assistidos? Que músicas são ouvidas? Quem tem mais seguidores? Quais os sites mais visitados?

EFICIÊNCIA EM
PESQUISA & DESENVOLVIMENTO
DE NOVAS DROGAS
(AJUSTADO PELA INFLAÇÃO)

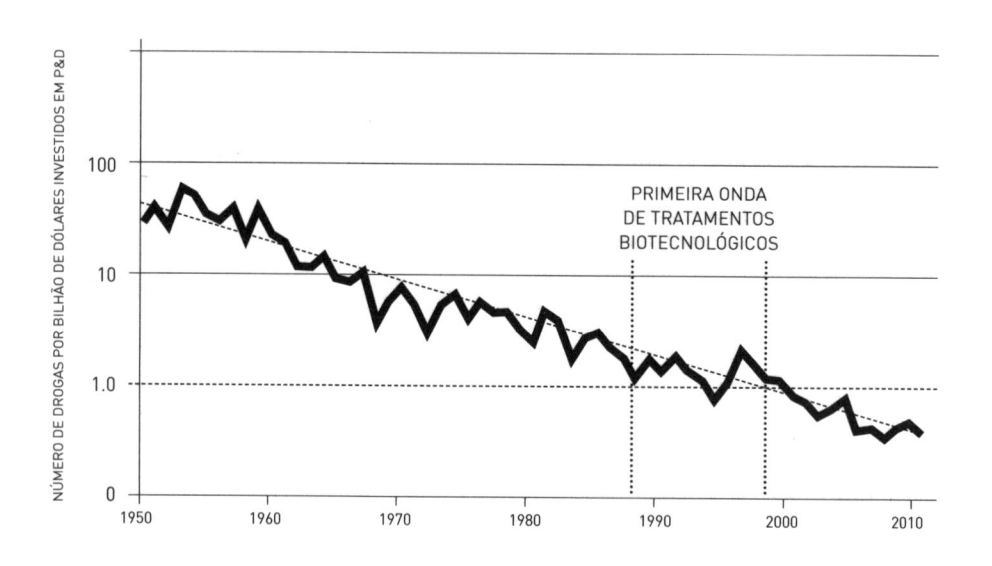

Figura 148

A importância de manter métricas precisas na Internet foi percebida logo – algo que não é surpreendente, levando-se em consideração a tendência que engenheiros têm para quantificar tudo que for possível. De fato, o engenheiro de computação Brewster Kahle fundou, com Bruce Gilliat, a Alexa Internet em 1996. A inspiração do nome *Alexa* veio da famosa biblioteca de Alexandria, provavelmente a mais importante da Antiguidade e que armazenava praticamente todo conhecimento acumulado pela Civilização até então. O objetivo da empresa era a análise do tráfego na Internet. Antes de fundar a Alexa, Kahle trabalhou no sistema WAIS (*Wide Area Information Server*), que funcionava de modo semelhante ao que se tornaria HTTP (*Hypertext Transfer Protocol*), que efetivamente é a linguagem utilizada por *websites* no mundo todo. Em 2001, lançou o site *Wayback Machine*, que foi desenvolvido para permitir o acesso a versões antigas de qualquer página na Internet, armazenados no Internet Archive, fundado em 1996.

Em 1999, a Amazon adquiriu a Alexa Internet, que passou a produzir o Alexa Rank, onde os sites da Internet são classificados com base em uma estimativa de sua popularidade. Essa estimativa utiliza dados como o número de visitantes diários e a quantidade de páginas visualizadas, permitindo termos uma ideia do que está sendo acessado na Web. Em janeiro de 2019, as dez primeiras posições do *ranking* eram ocupadas por Google, YouTube, Facebook, Baidu, Wikipedia (ótima notícia), Tencent QQ, Taobao, Tmall, Yahoo! e Amazon (seis companhias norte-americanas e quatro chinesas).

Observando os vídeos mais acessados no YouTube, veremos que em agosto de 2019, apenas três dos top 30 não eram vídeos de músicos profissionais. E de acordo com a firma de SEO (*search engine optimization*, otimização de ferramentas de busca) Ahrefs, excluindo-se marcas e palavras relacionadas à pornografia, as três palavras mais procuradas em maio de 2019 foram "weather" (previsão do tempo), "maps" (mapas) e "translate" (traduzir).

Em outras palavras: a ferramenta de uso geral mais complexa da história da civilização funciona basicamente como uma rede social para assistir a vídeos de músicas, compartilhar fotos, fazer compras, ver pornografia e realizar buscas que possuem como respostas outros sites (como Facebook, YouTube e Amazon) ou aplicativos já especificamente desenvolvidos para endereçá-las (como aplicativos para previsão do tempo, para orientação passo a passo em mapas e para tradução de vários idiomas).

FUTURO PASSADO

O escritor de ficção científica norte-americano Philip K. Dick (1928-1982) é um nome reconhecido em função das adaptações para o cinema realizadas sobre diversas de suas obras, como *Blade Runner* (1982, *O Caçador de Andróides*), baseado em *Do Androids Dream of Electric Sheep?* (1968, *Será que androides sonham com ovelhas elétricas?*), *Total Recall* (1990 e 2012, *O Vingador do Futuro*), baseado no conto *We Can Remember It for You Wholesale*, (1966, *Podemos lembrar de tudo para você*) e *Minority Report* (2002, *A Nova Lei*), baseado no conto *The Minority Report* (1956, *O Relatório da Minoria*). Entre seus temas favoritos estão questões como o que define o ser humano, a interferência de governos que tudo sabem e tudo veem sobre a vida de seus cidadãos e megacorporações com poderes sem limites.

Chegamos a um momento da nossa história onde esses três temas são absolutamente pertinentes na discussão da sociedade, valores e princípios. Ouvimos falar que o futuro distante e remoto não faz sentido – o futuro já faz parte do nosso presente. Conforme falamos no Capítulo 1, citando o também escritor de ficção científica William Gibson, o futuro está aqui, só que não está distribuído de forma homogênea.

Mudanças ocorrem o tempo todo, diante de nossos olhos. Somos incapazes de perceber o crescimento de nossos filhos, observando-os diariamente. Mas basta alguém que não os encontra regularmente dizer "como cresceram" que somos lembrados do fluxo inexorável do tempo, que carrega a tudo e a todos, sem distinção. Estamos vivendo um período onde o excesso de escolhas, de opções, de alternativas, pode nos deixar sem ação. A complexidade e a comodidade do mundo que se apresenta para grande parte da população trazem uma angústia e uma sensação de impotência que oprime a ambição, inibe a curiosidade e confunde as expectativas.

No livro de 1926, *The Sun Also Rises* (O Sol Também se Levanta), de Ernest Hemingway (1899-1961), é feita a pergunta "Como você foi à falência?". A resposta: "De duas maneiras. Gradualmente, e então repentinamente.". É exatamente assim que o futuro chega: gradualmente, e então repentinamente. Veículos autônomos, inteligência artificial, Internet das coisas, biotecnologia, impressão 3D, realidade virtual, robótica, nanotecnologia – todos já estão aqui. Distribuídos de forma heterogênea, sim. Mas já aqui.

Os desafios impostos pelo futuro presente exigem que sejamos capazes de nos posicionar, de não sucumbir à tentação das "curtidas" e dos seguidores. O mundo é redondo. Vacinas salvam vidas. O aquecimento global é real. Estas são verdades estabelecidas cientificamente, e não dependem de julgamento subjetivo ou de uma avaliação pessoal. São fatos que, em um retorno a um passado medieval, voltaram a ser debatidos sem que haja nenhum motivo racional para isso. Um posicionamento crítico, um olhar sobre os desdobramentos das mudanças exponenciais em curso – e que irão prosseguir sua caminhada acelerada, distribuindo de forma continuamente heterogênea o próprio futuro – são qualidades fundamentais para o ser humano que se vê cercado por sua própria obra, fruto de centenas de gerações de criadores, sonhadores e inventores.

O futuro não está apenas presente. Ele é um presente. Aproveite-o com sabedoria.

AGRADECIMENTOS

Gostaria de agradecer, em primeiro lugar, ao Francisco Mesquita Neto e ao João Caminoto, respectivamente Diretor-Presidente e Diretor de Jornalismo do Grupo Estado. Desde que iniciei minha coluna *O Futuro dos Negócios* no Portal do Estadão, em 2016, sempre pude contar com total liberdade de abordagem, temática e implementação. O livro que você tem em mãos é a significativa expansão das diversas colunas preparadas com todo cuidado para esse veículo de comunicação com quase cento e cinquenta anos de história.

A seguir, muito obrigado ao meu amigo de longa data Bruno Freire, que compartilhou um pouco de sua sabedoria e experiência no mundo editorial com um marinheiro de primeira viagem. Ao Claudio Anjos e Pedro Cunha da Fundação Iochpe, pela gentil apresentação à Companhia Editora Nacional, que prontamente abraçou o projeto, meus agradecimentos mais uma vez. E ao meu querido amigo Mario Bomfim – obrigado pela amizade de mais de trinta anos.

Para equipe da Editora – especialmente Soraia Reis – obrigado por simplificar ao máximo todas as etapas até chegarmos ao objetivo final: a publicação em formato tradicional e digital de uma obra que busca informar, preparar e provocar a cada página. Sua visão clara do que queríamos atingir foram essenciais para viabilizar todo processo. Ao Pedro Cappeletti, *designer* de talento excepcional – obrigado pela transformação de dados frios em visualizações interessantes e atraentes. Eventuais erros e omissões são de minha responsabilidade.

Para minha irmã Catherine e aos meus cunhados Paulo e Luiz Antônio, só posso agradecer por todo incentivo recebido ao longo dessa caminhada. Para minha esposa Michelle e meus filhos Dan e Ingrid, minhas desculpas pelas longas tardes (e noites, e madrugadas) organizando esse livro da melhor forma possível – e obrigado pela torcida para que tudo desse certo. Ao meu pai, Armand, que ainda espero que escreva seu próprio livro, todo meu carinho. Se existe um Paraíso, minha mãe está lá, e já leu o livro dezoito vezes seguidas.

Mas meu maior agradecimento fica para minha irmã caçula, Isabelle. Apoiadora incondicional do projeto desde o primeiro minuto, revisora de todas as minhas palavras, linhas e páginas, fazendo sugestões e comentários precisos, com incomparável atenção a detalhes. Seu entusiasmo com cada novo capítulo, gráfico ou tabela foi uma mola propulsora que me conduziu até aqui. Este livro jamais teria sido possível sem ela, e aqui fica meu muito, muito obrigado.

GUY PERELMUTER
Outubro 2019

LISTA DE PERSONAGENS

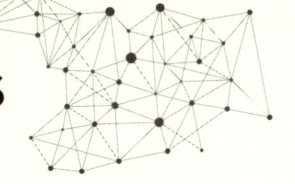

INTRODUÇÃO
Alan Kay (1940-)
Darryl Zanuck (1902-1979)
Henry Ford (1863-1947)
J. C. R. Licklider (1915-1990)
Robert Metcalfe (1946-)
Thomas Watson (1874-1956)
William Gibson (1948-)
William Thomson (Lorde Kelvin, 1824-1907)

1: O MUNDO MOVIDO À TECNOLOGIA
Ian Morris (1960-)
James Watt (1736-1819)
John Bardeen (1908-1991)
Muhammad Al-Khwarizmi (780-850)
Samuel Clemens (Mark Twain, 1835-1910)
Steven Sasson (1950-)
Thomas Newcomen (1664-1729)
Walter Brattain (1902-1987)
William Gibson (1948-)
William Shockley (1910-1989)

2: VEÍCULOS AUTÔNOMOS
Charles Kettering (1876-1958)
Elmer Sperry (1860-1930)
Eugen Langen (1833-1895)
Hammurabi (1810-1750 a.C.)
Henry Ford (1863-1947)
Herman Anschütz-Kaempfe (1872-1931)
John Barber (1734-1793)
Lawrence Sperry (1892-1923)
Nikolaus Otto (1832-1891)
Oliver Fritchle (1874-1951)
Thomas Edison (1847-1931)
William Morrison (1859-1927)

3: O FUTURO DO EMPREGO
Aristóteles (384-322 a.C.)
Charles Babbage (1791-1871)
Cícero (106-43 a.C.)
Jean-Baptiste Say (1767-1832)
Jeremy Rifkin (1945-)
Juan Luis Vives (1493-1540)
Karl Marx (1818-1883)
Larry Summers (1954-)
Robert Heilbroner (1919-2005)

Robert Malthus (1766-1834)
Ronald Coase (1910-2013)
Thomas More (1478-1535)

4: INTELIGÊNCIA ARTIFICIAL
Ada Lovelace (1815-1852)
Alan Turing (1912-1954)
Arthur Scherbius (1878-1929)
Claude Shannon (1916-2001)
Claude Shannon (1916-2001)
Fei-Fei Li (1976-)
Garry Kasparov (1963-)
Gordon Moore (1929-)
John McCarthy (1927-2011)
Larry Page (1973-)
Lee Sedol (1983-)
Lord Byron (1788-1824)
Marvin Minsky (1927-2016)
Mary Shelley (1797-1851)
Nathaniel Rochester (1919-2001)
Percy Bysshe Shelley (1792-1822)
René Descartes (1596-1650)
Sergey Brin (1973-)
Terry Winograd (1946-)

**5: INTERNET DAS COISAS E
CIDADES INTELIGENTES**
Carl Bosch (1874-1940)
Clara Immerwahr (1870-1915)
Eric Arthur Blair (George Orwell, 1903-1950)
Fritz Haber (1868-1934)
Markus Post (1957-)
Philip K. Dick (1928-1982)
Vaclav Smil (1943-)

6: BIOTECNOLOGIA
Charles Darwin (1809-1882)
Colin MacLeod (1909-1972)
Daniel Nathans (1928-1999)
Eric Steven Lander (1957-)
Francis Crick (1916-2004)
Gregor Johann Mendel (1822-1884)
Hamilton Smith (1931-)
Hans Winkler (1877-1945)
Har Gobind Khorana (1922-2011)
James Watson (1928-)

Johannes Friedrich Miescher (1844-1895)

John Randall (1905-1984)

Leonard Darwin (1850-1943)

Leonard Hayflick (1928-)

Maclyn MacCarty (1911-2005)

Maurice Wilkins (1916-2004)

Oswald Avery Jr. (1877-1955)

Raymond Gosling (1926-2015)

Ronald Fischer (1890-1962)

Rosalind Franklin (1920-1958)

Theodor Boveri (1862-1915)

Walter Fiers (1931-2019)

Walter Sutton (1877-1916)

Werner Arber (1929-)

Wilhelm Johannsen (1857-1927)

7: IMPRESSÃO 3D

Alain Le Méhauté (1947-)

Carl Deckard (1961-)

Chuck Hull (1939-)

Hideo Kodama

Hugh Herr (1964-)

Jean Claude André

Olivier de Witte

Scott Crump

8: REALIDADE VIRTUAL E JOGOS ELETRÔNICOS

Allan Alcorn (1948-)

Bill Gates (1955-)

Bill Heinemann

Charles Wheatstone (1802-1875)

Christopher Strachey (1916-1975)

Claude Shannon (1916-2001)

David Brewster (1781-1868)

Don Rawitsch

Edwin Link (1904-1981)

Ivan Sutherland (1938-)

Mark Zuckerberg (1984-)

Morton Heilig (1926-1997)

Nolan Bushnell (1943-)

Paul Allen (1953-2018)

Paul Dillenberger

Ralph Baer (1922-2014)

Samuel Taylor Coleridge (1772-1834)

Stanley Weinbaum (1902-1935)

Steve Jobs (1955-2011)

Steve Russell (1937-)

Steve Wozniak (1950-)

Ted Dabney (1937-2018)

Thomas Goldsmith (1910-2009)

William Higinbotham (1910-1994)

9: EDUCAÇÃO

Kofi Annan (1938-2018)

Nicholas Carr (1959-)

Salman Kahn (1976-)

10: REDES SOCIAIS

B.F. Skinner (1904-1990)

Charles Darwin (1809-1882)

Charles Ferster (1922-1981)

Charles Stack

David Crump

Douglas Ginsburg (1946-)

Jack Herriot (1916-2003)

James Harvey

Jeff Bezos (1964-)

Jeffrey Tarr

Joan Ball (1934-)

John Patterson (1945-1997)

Michael Aldrich (1941-2014)

Philip Fialer (1938-2013)

Robert Metcalfe (1946-)

Solomon Asch (1907–1996)

Ted Sutton

Tim Berners-Lee (1955-)

11: FINTECH E CRIPTOMOEDAS

Alíates (640-560 a.C.)

Aristóteles (384-322 a.C.)

Creso (595-546 a.C.)

Elon Musk (1971-)

Heródoto (484-425 a.C.)

Jack Dorsey (1976-)

Jim McKelvey (1965-)

Johan Palmstruch (1611-1671)

Marco Polo (1254-1324)

Niall Ferguson (1964-)

Peter Thiel (1967-)

12: CRIPTOGRAFIA E BLOCKCHAIN

Adi Shamir (1952-)

Clifford Cocks (1950-)

Leonard Adleman (1945-)

Ron Rivest (1947-)

13: ROBÓTICA

Abraham Karem (1937-)

Archibald Low (1888-1956)

Aristóteles (384-322 a.C.)
Benjamin Franklin (1706-1790)
Charles Rosen (1917-2002)
Ctesibius (285-222 a.C.)
Demis Hassabis (1976-)
Edward Sorensen
Elon Musk (1971-)
Fritz Lang (1890-1976)
George Devol (1912-2011)
Heron de Alexandria (10-70 d.C.)
Isaac Asimov (1920-1992)
Ismail al-Jazari (1136-1206)
Jacques de Vaucanson (1709-1782)
Jacques Mouret (1787-1837)
Johann Allgaier (1763-1823)
Johann Friedrich Kaufmann (1785-1865)
John F. Kennedy (1917-1963)
Josef Čapek (1887-1945)
Joseph Engelberger (1925-2015)
Joseph Kennedy Jr. (1915-1944)
Karel Čapek (1890-1938)
Kempelen Farkas (1734-1804)
Leonardo da Vinci (1452-1519)
Napoleão Bonaparte (1769-1821)
Nikola Tesla (1856-1943)
Norbert Wiener (1894-1964)
Reginald Denny (1891-1967)
Stephen Hawking (1942-2018)
Tanaka Hisashige (1799-1881)
Thea von Harbou (1888-1954)
Vasili Arkhipov (1926-1998)
Vitruvius (70-15 a.C.)
William Henry Richards (1868-1948)
William Lewis (1787-1870)

14: NANOTECNOLOGIA

Andre Geim (1958-)
Gerd Binnig (1947-)
Heinrich Rohrer (1933-2013)
Kim Eric Drexler (1955-)
Konstantin Novoselov (1974-)
Martin Weitzman (1942-)
Marvin Minsky (1927-2016)
Norio Taniguchi (1912-1999)
Richard Feynman (1918-1988)
William McLellan (1924-2011)
Woodrow Wilson (1856-1924)

15: AVIÕES, FOGUETES E SATÉLITES

Alan Shepard (1923-1998)

Aleksey Leonov (1934-)
Alexander Graham Bell (1847-1922)
Arthur Brown (1886-1948)
Arthur C. Clarke (1917-2008)
Burt Rutan (1943-)
Carl Sagan (1934-1996)
Charles Lindbergh (1902-1974)
Cosimo II (1590–1621)
David Raup (1933-2015)
Donald "Deke" Slayton (1924-1993)
Dwight Eisenhower (1890-1969)
Elon Musk (1971-)
Frank Drake (1930-)
Galileu Galilei (1564-1642)
Herman Potočnik (1892-1929)
Hermann Oberth (1894-1989)
Isaac Newton (1642-1727)
Jack Sepkoski (1948-1999)
Jeff Bezos (1964-)
Johannes Kepler (1571-1630)
John Alcock (1892-1919)
Jules Verne (1828-1905)
Lester Pearson (1897-1972)
Lutz Kayser (1939-2017)
Nicolau Copérnico (1473-1543)
Paul Allen (1953-2018)
Peter Diamandis (1961-)
Raymond Orteig (1870-1939)
Richard Branson (1950-)
Simon Marius (1573-1625)
Theodore von Kármán (1881-1963)
Tom Stafford (1930-)
Winston Churchill (1874-1965)
Yuri Gagarin (1934-1968)

16: ENERGIA

Akira Yoshino (1948-)
Al Gore (1948-)
Andrew Carnegie (1835-1919)
Barack Obama (1961-)
Daniel Schrag (1966-)
Elon Musk (1971-)
John Goodenough (1922-)
Stanley Whittingham (1941-)

17: NOVOS MATERIAIS

Alessandro Volta (1745-1827)
Aristarco de Samos (310-230 a.C.)
Bernard de Chartres (1070-1130)
Bi Sheng (990-1051)

Charles Fritts (1850-1903)
Charles Goodyear (1800-1860)
Charles Wheatstone (1802-1875)
Clemens Winkler (1838-1904)
Clifford Berry (1918-1963)
Edmond Becquerel (1820-1891)
François Fresneau (1703-1770)
George Heilmeier (1936-2014)
Hans Lippershey (1570-1619)
Harold Kroto (1939-2016)
Heike Kamerlingh Onnes (1853-1926)
Hennig Brand (1630-c.1710)
Henry Bessemer (1813-1898)
Henry Talbot (1800-1877)
Hermann von Helmholtz (1821-1894)
Humphry Davy (1778-1829)
Isaac Newton (1643-1727)
Jacob Berzelius (1779-1848)
James Clerk Maxwell (1831-1879)
Johannes Gutenberg (1400-1468)
John Atanasoff (1903-1995)
John Bardeen (1908-1991)
John von Neumann (1903-1957)
Joseph Priestley (1733-1804)
Joseph-Louis Gay-Lussac (1778-1850)
Louis Daguerre (1787-1851)
Louis-Jaques Thénard (1777-1857)
Luigi Galvani (1737-1798)
Michael Faraday (1791-1867)
Nicéphore Niépce (1765-1833)
Nicolau Copérnico (1473-1543)
Richard Smalley (1943-2005)
Robert Curl (1933-)
Robert Hooke (1635-1703)
Samuel Kistler (1900-1975)
Sumio Iijima (1939-)
Thomas Young (1773-1829)
Tommy Flowers (1905-1998)
Walter Brattain (1902-1987)
William Grylls Adams (1836-1915)
William Shockley (1910-1989)
Willoughby Smith (1828-1891)

18: *BIG DATA*
Elizabeth Lewisohn Eisenstein (1923-2016)
Kenneth Cukier (1968-)
Viktor Mayer-Schonberger (1966-)

19: CIBERSEGURANÇA E COMPUTAÇÃO QUÂNTICA
Albert Einstein (1879-1955)
Claude Shannon (1916-2001)
Erwin Schrödinger (1887-1961)
Guglielmo Marconi (1874-1937)
John Fleming (1849-1945)
Max Planck (1858-1947)
Nevil Maskelyne (1863-1924)
Niels Bohr (1885-1962)
Paul Benioff (1930-)
Peter Schor (1959-)
Richard Feynman (1918-1988)
Robert McEliece (1942-)
Roman Ingarden (1920-2011)
Werner Heisenberg (1901-1976)

20: FUTURO PASSADO
Brewster Kahle (1960-)
Bruce Gilliat (1959-)
Charles Chaplin (1889-1977)
David Gregg (1923-2001)
Ernest Hemingway (1899-1961)
George Westinghouse (1846-1914)
James Bridle (1980-)
James Russell (1931-)
Major General George Squier (1865-1934)
Nikola Tesla (1856-1943)
Philip K. Dick (1928-1982)
Sócrates (470-399 a.C.)
Thomas Edison (1847-1931)
William E. Sawyer (1850–1883)
William Gibson (1948-)

FONTES DAS ILUSTRAÇÕES

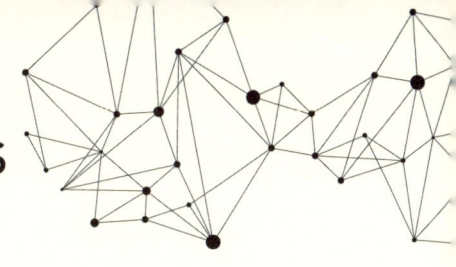

1: O MUNDO MOVIDO À TECNOLOGIA

1   https://4.bp.blogspot.com/ItepebotOXc/XL8nyWEb3XI/AAAAAAAAGEM/hwPcb8Pgbfgyt30aY8SW-Vjuhb4eG3QAVgCLcBGAs/s1600/thomas-newcomen-3.jpg

2   https://img.haikudeck.com/mi/6BCEE7A1-AC6E-4F4C-BB3E-F4DC0BE2BDAA.jpg

3   https://epochalnisvet.cz/wp-content/uploads/2017/09/1-Vyn%C3%A1lezce-parn%C3%ADho-s-troje-James-Watt.jpg

4   https://www.oldbookillustrations.com/wp-content/uploads/2015/05/watt-steam-engine.jpg

5   Ian Morris, Why the West Rules - for now e Andrew McAfee, TedXBoston 2012

6   https://static.businessinsider.sg/sites/2/2017/06/53beb3f7eab8eadf5440fa11.jpg

7   https://images.computerhistory.org/revonline/images/102677103p-03-01.jpg?w=600

8   ourworldindata.org/technology-adoption

2: VEÍCULOS AUTÔNOMOS

9   https://i0.wp.com/pic1.zhimg.com/v2-aeb58264b83f670ea87b2e86402ca410_r.jpg

10   https://unnatural.ru/wp-content/uploads/2017/07/r5.jpg

11   http://moralmachine.mit.edu/

3: O FUTURO DO EMPREGO

12   https://www.platformos.com/blog/post/blog/the-collaborative-economy-honeycomb-is-growing

13   https://upload.wikimedia.org/wikipedia/commons/thumb/7/73/Luddite.jpg/800px-Luddite.jpg

14 a 17   https://pt.wikipedia.org/wiki/Jean-Baptiste_Say
https://pt.wikipedia.org/wiki/Charles_Babbage
https://pt.wikipedia.org/wiki/Thomas_Malthus
https://pt.wikipedia.org/wiki/Karl_Marx

18   http://www.reddit.com/r/economy/comments/6dcr5d/basic_income_maslows_hierarchy_and_effect_on/

4: INTELIGÊNCIA ARTIFICIAL

19   en.wikipedia.org/wiki/Transistor_count e ourworldindata.org, Max Roser

20   International Labor Organization (Organização Mundial do Trabalho), maio 2018

21   https://www.creativeconstruction.de/wp-content/uploads/2015/12/IBMvsKasparov.jpg

22   https://fsmedia.imgix.net/53/6e/5c/3c/33ee/49ca/9bbc/2d26a12fca29/south-korean-professional-go-player-lee-sedol-watches-as-google-deepminds-lead-programmer-aja-huang.jpeg?auto=format%2Ccompress&w=650

23   https://miro.medium.com/max/600/0*gQmxIDtNZfdBDchW.png

24   https://commons.wikimedia.org/wiki/Category:Alan_Turing#/media/File:Alan-Turing.jpg

5: INTERNET DAS COISAS E CIDADES INTELIGENTES

25   https://ourworldindata.org/urbanization

26   ONU, Wikipedia
https://en.wikipedia.org/wiki/Megacity

6: BIOTECNOLOGIA

27   https://www.kcl.ac.uk/departmentalimages/library/oa/open-access-week-2018/photo-51-hi-res.x79b17b22.jpg
King's College London Archives

28   https://cdn.britannica.com/30/99730-050-E68F62FF.jpg
© Ann Ronan Picture Library—World History Archive

29   Shutterstock

30   https://upload.wikimedia.org/wikipedia/commons/7/7f/Maurice_H_F_Wilkins.jpg

31   https://cdn.britannica.com/26/154626-050-A99F9CF1.jpg
National Library of Medicine

32   https://upload.wikimedia.org/wikipedia/commons/d/d2/Francis_Crick.png

33   https://4.bp.blogspot.com/-KTzUx8azvos/V1SNoTup_ZI/AAAAAAAACGk/W0YB6DAWUdg-82c5LRBwyB9QqxEvkKRG7wCLcB/s320/WalterFiers.jpg

34   National Human Genome Research Institute
https://www.genome.gov/about-genomics/fact-sheets/DNA-Sequencing-Costs-Data

35   https://www.ncbi.nlm.nih.gov/genome/browse/#!/overview/

36   PopulationPyramid.net
https://www.populationpyramid.net/

37   https://www.who.int/gho/mortality_burden_disease/causes_death/top_10/en/

7: IMPRESSÃO 3D

38   http://patentimages.storage.googleapis.com/pages/US4575330-2.png

39   https://patentimages.storage.googleapis.com/pages/US5076869-2.png

40   https://3dprintingindustry.com/wp-content/uploads/2018/01/A-drawing-from-Scott-Crumps--patent-US5121329-1.-e1515604199692.png

41   Banco Mundial, Nações Unidas e OECD
https://data.worldbank.org/indicator/AG.PRD.FOOD.XD?view=chart

42   Banco Mundial, Nações Unidas e OECD
https://www.researchgate.net/figure/Manufacturing-share-of-GDP-current-national-currency--units-1970-to-2010_fig1_282104854

8: REALIDADE VIRTUAL E JOGOS ELETRÔNICOS

43 https://cdn.britannica.com/s:1500x700,q:85/27/68927-004-C64D1EDA.jpg
Hulton Archive/Getty Images

44 https://res.mdpi.com/materials/materials-09-00036/article_deploy/html/images/materials-09-00036-g001-1024.png

45 https://upload.wikimedia.org/wikipedia/commons/5/5a/David-Brewster.jpg

46 https://laizesong.files.wordpress.com/2014/09/index3.jpg

47 https://www.designbyccd.com/wp-content/uploads/2017/05/Edwin-Albert-Link.jpg

48 https://cdn.britannica.com/s:700x450/97/143697-004-7D63008A.jpg

49 https://2.bp.blogspot.com/-ROrsfzFNzck/WsqvFm-fQGI/AAAAAAAAHbo/hC2bftHz1RkegJTfaz-MRwsKvfHVlyGBagCK4BGAYYCw/s640/2.jpg

50 https://upload.wikimedia.org/wikipedia/commons/d/dc/Sensorama-morton-heilig-virtual-reality-headset.jpg

51 https://fas.org/wp-content/uploads/2015/05/Higinbotham-247x300.jpg

52 https://cdn.computerhoy.com/sites/navi.axelspringer.es/public/styles/1200_amp/public/media/image/2018/10/tennis-two-primer-videojuego-cumple-60-anos.jpg?itok=jcSjg8jl

53 https://hips.hearstapps.com/digitalspyuk.cdnds.net/14/49/showbiz-ralph-h-baer.jpg?resize=768:*

54 https://newzoo.com/wp-content/uploads/2019/06/Newzoo-2019-Global-Games-Market-per-Segment.png

55 https://newzoo.com/wp-content/uploads/2019/02/Newzoo_Esports_Revenue_Streams_Global_Feb2019.png

9: EDUCAÇÃO

56 https://ourworldindata.org/grapher/literate-and-illiterate-world-population

57 CB Insights

58 ourworldindata.org, Lee-Lee (2016); Barro-Lee (2018) e UNDP HDR (2018)

59 ourworldindata.org, International Institute for Applied Systems Analysis (IIASA), Lutz, Wolfgang, William P. Butz, and Samir (2014) World population and human capital in the twenty-first century. Oxford: Oxford University Press

60 CB insights
https://www.cbinsights.com/research/ed-tech-startup-market-map/

10: REDES SOCIAIS

61 https://cdn.cultofmac.com/wp-content/uploads/2015/01/TTT_online_shopping002-640x514.jpg

62 https://ourworldindata.org/internet#growth-of-the-internet

63 eMarketer
https://www.statista.com/statistics/379046/worldwide-retail-e-commerce-sales/

64 https://gs.statcounter.com/platform-market-share/desktop-mobile-tablet/worldwide/#monthly-200901-201907

65 Rosenfeld, Michael, and Reuben Thomas. 2012. "Searching for a mate: The rise of the Internet as a social intermediary." American Sociological Review, 77(4): 523–547

11: FINTECH E CRIPTOMOEDAS

66 https://turkcetarih.com/wp-content/uploads//uploads/wpbackup/lidyapara-jpg.jpg

67 http://cdn.hasshe.com/img/s/qzgFO8KrZRO1CwUa8jMcRgHaM8.jpg

68 https://selenammoon.files.wordpress.com/2019/07/kreditivsedel-1661.png?w=730

69 https://globalfindex.worldbank.org/sites/globalfindex/files/chapters/2017%20Findex%20full%20report_chapter2.pdf

12: CRIPTOGRAFIA E BLOCKCHAIN

70 https://pbs.twimg.com/media/Dkch3zXW0AAHQbb?format=jpg&name=900x900

71 https://alchetron.com/cdn/clifford-cocks-6c33c113-da37-4df9-8fd2-2cde0da9d2a-resize-750.jpeg

72 https://www.researchgate.net/figure/b-Asymmetric-Key-Cryptography_fig2_269098843

73 https://blockspoint.com/guides/ethereum/what-is-ether-mining

13: ROBÓTICA

74 https://en.wikipedia.org/wiki/Water_clock#/media/File:Clepsydra-Diagram-Fancy.jpeg

75 https://upload.wikimedia.org/wikipedia/commons/f/fa/ARAGO_Francois_Astronomie_Populaire_T1_page_0067_Fig16-17.jpg

76 https://www.neoteo.com/wp-content/uploads/2019/03/elefanteJazri-654x1024.jpg

77 https://upload.wikimedia.org/wikipedia/commons/4/45/Leonardo-Robot3.jpg

78 https://upload.wikimedia.org/wikipedia/commons/2/22/Da_Vinci_Vitruve_Luc_Viatour.jpg

79 https://kirutoku-ru.net/wp-content/uploads/2018/08/petit-bureau-ancien1581-meilleur-de-jacques-vaucanson-1709-1782-est-un-inventeur-et-mecanicien-of-petit-bureau-ancien1581.jpg

80 http://cyberneticzoo.com/wp-content/uploads/Kaufmann-trumpet_0001-x640.jpg

81 https://upload.wikimedia.org/wikipedia/commons/4/45/KarakuriBritishMuseum.jpg

82 https://static.lexpress.fr/medias_11854/w_640,c_fill,g_north/mechanical-turk_6069548.jpg

83 https://en.wikipedia.org/wiki/R.U.R:#/media/File:Capek_play.jpg

84 https://longstreet.typepad.com/.a/6a00d83542d51e69e20134811fa486970c-pi

85 https://upload.wikimedia.org/wikipedia/commons/c/c1/Bundesarchiv_Bild_102-09312%2C_Berlin%2C_Roboter_mit_seinem_Erfinder.jpg

86 https://i.kinja-img.com/gawker-media/image/upload/s--KvTqoBMi--/c_fit,f_auto,fl_progressive,q_80,w_636/18kz5qenoeoexjpg.jpg

87 http://cyberneticzoo.com/wp-content/uploads/shakey-umbilical-cord-x640.jpg

88 http://cyberneticzoo.com/wp-content/uploads/StanfordCart-005.png

89 https://imgrosetta.mynet.com/file/542634/640xauto.jpg

90 https://digitalsummitwb6.com/wp-content/uploads/Sophia-2-600x600.jpg

91 https://20kh6h3g46l33ivuea3rxuyu-wpengine.netdna-ssl.com/wp-content/uploads/2018/10/worldwide-supply.png

92 https://upload.wikimedia.org/wikipedia/commons/d/d4/N.Tesla.JPG

93 https://jaumesatorrahervera.files.wordpress.com/2017/12/imagen-barco-teleautomata-tesla_ediima20171211_0427_19.jpg

94 https://en.wikipedia.org/wiki/Marilyn_Monroe#/media/File:MarilynMonroe_-_YankArmyWeekly.jpg

14: NANOTECNOLOGIA

95 https://www.aps.org/publications/apsnews/201611/images/bestoftimes-type.jpg

96 https://www.particlesciences.com/images/tb/size-comparison.jpg

15: AVIÕES, FOGUETES E SATÉLITES

97 https://upload.wikimedia.org/wikipedia/commons/b/be/Sputnik_asm.jpg

98 https://dailystormer.name/wp-content/uploads/2016/09/PeC5zBM-618x807.jpg

99 https://upload.wikimedia.org/wikipedia/commons/thumb/0/0d/Neil_Armstrong_pose.jpg/819px-Neil_Armstrong_pose.jpg

100 https://commons.wikimedia.org/wiki/File:OSCAR_1_satellite-01.jpg

101 https://upload.wikimedia.org/wikipedia/commons/c/c1/Telstar.jpg

102 https://space.skyrocket.de/img_lau/otrag__f1__1.jpg

103 https://upload.wikimedia.org/wikipedia/commons/f/f0/Conestoga_I_prepared_for_launch.jpg

104 https://upload.wikimedia.org/wikipedia/commons/thumb/2/26/Pegasus_-_GPN-2003-00045.jpg/1272px-Pegasus_-_GPN-2003-00045.jpg

105 https://upload.wikimedia.org/wikipedia/commons/thumb/4/47/SpaceShipOne_Flight_15P_photo_D_Ramey_Logan.jpg/1280px-SpaceShipOne_Flight_15P_photo_D_Ramey_Logan.jpg

106 https://upload.wikimedia.org/wikipedia/commons/9/98/Space_Shuttle_Columbia_launching_cropped_2.jpg

https://upload.wikimedia.org/wikipedia/commons/e/e6/STS-69_launch.jpg

https://upload.wikimedia.org/wikipedia/commons/thumb/8/8c/New_Horizons_launch.jpg/667px-New_Horizons_launch.jpg

https://upload.wikimedia.org/wikipedia/commons/thumb/e/eb/Bangabandhu_Satellite-1_Mission_%2842025499722%29.jpg/1024px-Bangabandhu_Satellite-1_Mission_%2842025499722%29.jpg

https://upload.wikimedia.org/wikipedia/commons/thumb/5/59/Falcon_Heavy_Demo_Mission_%2840126461851%29.jpg/1024px-Falcon_Heavy_Demo_Mission_%2840126461851%29.jpg

107 https://esquerdaonline.com.br/wp-content/uploads/2019/06/galileu-261x300.jpg

108 https://upload.wikimedia.org/wikipedia/commons/f/f2/Nikolaus_Kopernikus.jpg

109 https://upload.wikimedia.org/wikipedia/commons/d/d4/Johannes_Kepler_1610.jpg

http://media3.s-nbcnews.com/i/newscms/2014_35/637321/140826-spacele_6adceca8954517e87ecad82a69bb3187.jpg

16: ENERGIA

110 BP Statistical Review of World Energy 2018 e International Energy Outlook 2017
https://www.bp.com/content/dam/bp/business-sites/en/global/corporate/pdfs/energy-econo-mics/statistical-review/bp-stats-review-2018-full-report.pdf

111 BP Statistical Review of World Energy 2018 e International Energy Outlook 2017
https://www.bp.com/content/dam/bp/business-sites/en/global/corporate/pdfs/energy-econo-mics/statistical-review/bp-stats-review-2018-full-report.pdf

112 OCDE, International Energy Agency
https://www.researchgate.net/figure/Global-electricity-supply-2010-2030_fig4_275653947

113 "On Global Electricity Usage of Communication Technology: Trends to 2030", por Anders S. G. Andrae e Tomas Edle

114 https://ourworldindata.org/grapher/temperature-anomaly

Hadley Centre for Climate Prediction and Research

115 EPA – Environmental Protection Agency - Inventory of U.S. Greenhouse Gas Emissions and Sinks
https://www.epa.gov/ghgemissions/sources-greenhouse-gas-emissions

116 Universidade de San Diego - Instituto de Oceanografia, Programa Scripps CO_2

https://ourworldindata.org/grapher/co2-concentration-long-term

17: NOVOS MATERIAIS

117 https://megatk.net/uploads/3/4/6/4/34644121/611738135_orig.jpg

118 https://en.wikipedia.org/wiki/Johannes_Gutenberg

119 https://images.interactives.dk/cdn-connect/e3632e838f344e66bebbab79c85087ed.jpg?auto=compress&ch=Width%2CDPR&ixjsv=2.2.4&w=960

120 https://pt.wikipedia.org/wiki/Michael_Faraday#/media/Ficheiro:Faraday-Millikan-Gale-1913.jpg

121 Imagem adquirida via Shutterstock

122 https://upload.wikimedia.org/wikipedia/commons/1/1c/Henry_Bessemer_1890s2.jpg

123 https://en.wikipedia.org/wiki/James_Clerk_Maxwell#/media/File:James_Clerk_Maxwell.png

124 https://en.wikipedia.org/wiki/Isaac_Newton#/media/File:GodfreyKneller-IsaacNewton-1689.jpg

125 https://www.biography.com/.image/t_share/MTE4MDAzNDEwNTU5MTQxMzkw/robert-hoo-ke-9343172-1-402.jpg

126 https://en.wikipedia.org/wiki/John_Ambrose_Fleming#/media/File:John_Ambrose_Fleming_1890.png

127 https://upload.wikimedia.org/wikipedia/commons/4/4d/Fleming_valves.jpg

128 https://raw.githubusercontent.com/bellcodo/fluffy-octo-guacamole/master/resources/images/MTI2NzY4NDY0NzgxMTY2NjAy.jpg

129 https://i2.wp.com/la-dopamine-du-geek.com/wp-content/uploads/2017/08/ordi.jpg?resize=780%2C521&ssl=1

130 https://allmycircuit.files.wordpress.com/2012/09/john-von-neumann.jpg

131 https://upload.wikimedia.org/wikipedia/commons/6/6c/ENIAC_Penn1.jpg

18: *BIG DATA*

132 Wikipedia e outros

133 Cisco Visual Networking Index: Forecast and Trends, 2017–2022

https://www.cisco.com/c/en/us/solutions/collateral/service-provider/visual-networking-index-vni/white-paper-c11-741490.html

19: CIBERSEGURANÇA E COMPUTAÇÃO QUÂNTICA

134 https://upload.wikimedia.org/wikipedia/commons/0/0d/Guglielmo_Marconi.jpg

135 https://en.wikipedia.org/wiki/Nevil_Maskelyne_(magician)#/media/File:Nevil_Maskelyne_circa_1903.jpg

136 US Congressional Budget Office
https://www.statista.com/statistics/675399/us-government-spending-cyber-security/

137 https://en.wikipedia.org/wiki/Claude_Shannon#/media/File:ClaudeShannon_MFO3807.jpg

138 https://upload.wikimedia.org/wikipedia/commons/4/47/Roman_Stanis%C5%82aw_Ingarden_Polish_physicist_1969.jpg

139 https://upload.wikimedia.org/wikipedia/commons/0/0b/Felix_Bloch%2C_Stanford_University.jpg

140 https://upload.wikimedia.org/wikipedia/commons/f/f4/Bloch_Sphere.svg

141 Varonis.com, outros

142 VisualCapitalist.com, outros

143 MaketsandMarkets
https://www.marketsandmarkets.com/Market-Reports/cyber-security-market-505.html

20: FUTURO PASSADO

144 Visual Capitalist, outros

145 https://upload.wikimedia.org/wikipedia/commons/0/0e/George_Owen_Squier.jpg

146 International Federation of the Phonographic Industry
https://www.ifpi.org/downloads/GMR2018.pdf

147 https://upload.wikimedia.org/wikipedia/commons/thumb/9/9d/Thomas_Edison2.jpg/800px-Thomas_Edison2.jpg

148 Jack W. Scannell, Alex Blanckley, Helen Boldon e Brian Warrington, no artigo "Diagnosing the decline in pharmaceutical R&D efficiency" ("Diagnosticando o declínio na eficiência da Pesquisa & Desenvolvimento da indústria farmacêutica"), publicado pela Nature Reviews Drug Discovery em 2012
https://pbs.twimg.com/media/DxnDwPhV4AAg6Dm.jpg

IMAGEM DE CAPA

© Shutterstock

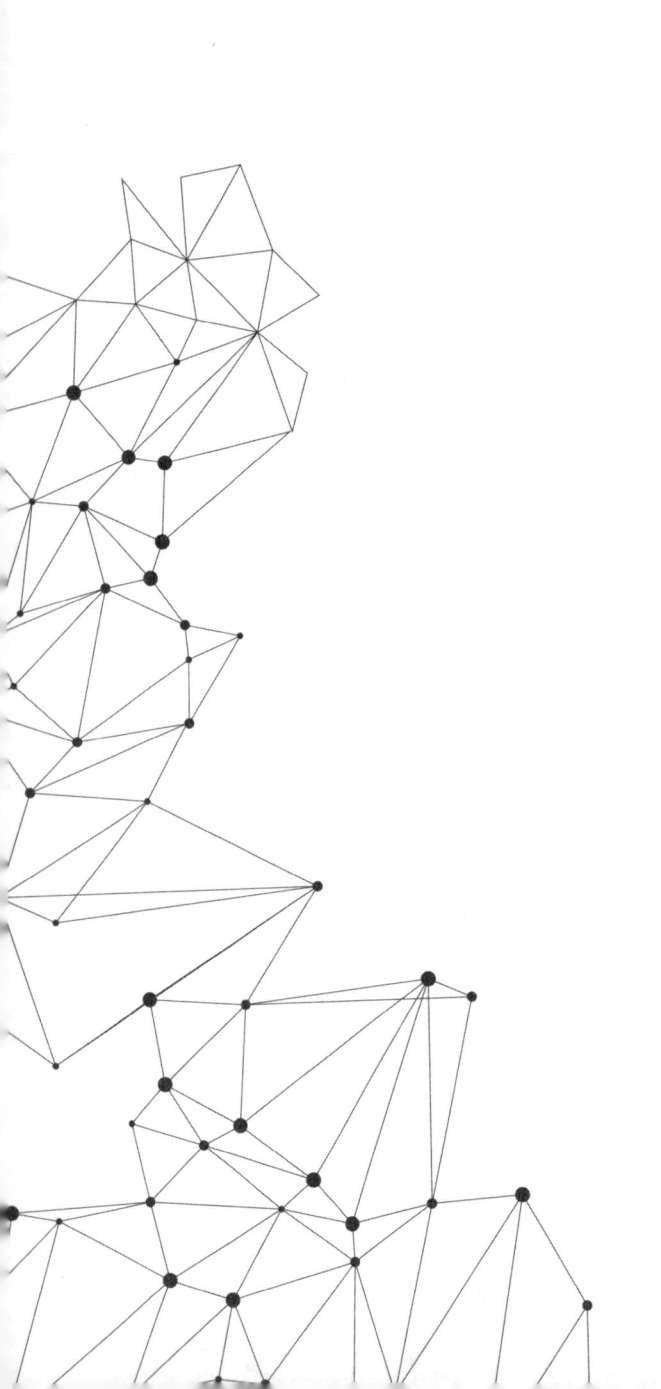

REFERÊNCIAS

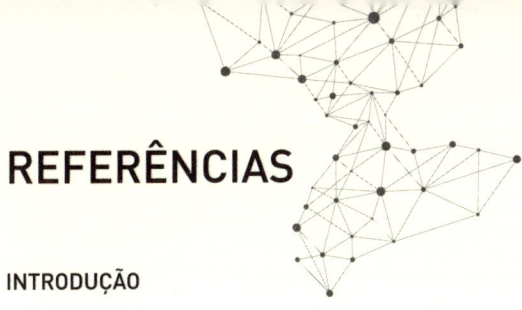

INTRODUÇÃO

BRACETTI, Alex. The 25 Craziest Things Ever Said by Tech CEOs. **Complex**. s/l. 14 jan. 2013. Disponível: ←https://www.complex.com/pop-culture/2013/01/the-25-craziest-things-ever-said-by-tech-ceos/→. Acesso em: 24 set. 2019.

GARSON. People Tend To Overestimate What Can Be Done In One Year And To Underestimate What Can Be Done In Five Or Ten Years. **Quote Investigator**. s/l. 3 jan. 2019. Disponível em: ←https://quoteinvestigator.com/2019/01/03/estimate/→. Acesso em: 24 set. 2019.

LICKLIDER, J.C.R. **Wikipedia**. s/l. s/d. Disponível em: ←https://en.wikipedia.org/wiki/J._C._R._Licklider→. Acesso em: 24 set. 2019.

MACMULLEN, W. John. Bob gets his just desserts.... **Ibiblio**. 11 abr. 1997. Disponível em: ←https://www.ibiblio.org/pjones/ils310/msg00259.html→. Acesso em: 24 set. 2019.

MARSHALL, Michael. 10 impossibilities conquered by science. **New Scientist**. s/l. 3 abr. 2008. Space. Disponível em: ←https://www.newscientist.com/article/dn13556-10-impossibilities-conquered-by-science/→. Acesso em 24 set. 2019.

MCKINLEY, Joe. 13 Predictions About the Future That Were Dead Wrong. **Reader's Digest**. s/l. s/d. Culture. Disponível: ←https://www.rd.com/culture/predictions-that-were-wrong/→. Acesso em: 24 set. 2019.

POGUE, David. Use It Better: The Worst Tech Predictions of All Time. **Scientific American**. s/l. 18 jan. 2012. Disponível em: ←https://www.scientificamerican.com/article/pogue-all-time-worst-tech-predictions/→. Acesso em: 24 set. 2019.

TORKINGTON, Simon. 10 predictions for the future that got it wildly wrong. **World Economic Forum**. s/l. 13 out. 2016. Formative Content. Disponível em: ←https://www.weforum.org/agenda/2016/10/10-predictions-for-the-future-that-got-it-wildly-wrong/→. Acesso em: 24 set. 2019.

Worst tech predictions of all time. **The Telegraph**. s/l. 29 jun. 2016. Disponível em: ←https://www.telegraph.co.uk/technology/0/worst-tech-predictions-of-all-time/→. Acesso em: 24 set. 2019.

1: O MUNDO MOVIDO À TECNOLOGIA

MORRIS, Ian. Why the West Rules - for Now: The Patterns of History, and What They Reveal About the Future. 2011. Picador

MORRIS, Ian. The Measure of Civilization: How Social Development Decides the Fate of Nations. 2014. Princeton University Press

SCHWAB, Klaus. The Fourth Industrial Revolution: what it means, how to respond. **World Economic Forum**. s/l. 14 jan. 2016. Disponível em: ←https://www.weforum.org/agenda/2016/01/the-fourth-industrial-revolution-what-it-means-and-how-to-respond→. Acesso em: 24 set. 2019.

2: VEÍCULOS AUTÔNOMOS

BARBER, Megan. Before Tesla: Why everyone wanted an electric car in 1905. **Curbed**. s/l. 22 set. 2017. Disponível em: ←https://www.curbed.com/2017/9/22/16346892/electric-car-history-fritchle→. Acesso em: 24 set. 2019.

of Hammurabi. Wikipedia. s/l. s/d. Disponível em: ←https://en.wikipedia.org/wiki/Code_of_Hammurabi→. Acesso em: 24 set. 2019.

DOMM, Patti. Electric vehicles: The little industry that could take a bite out of oil demand. **CNBC**. s/l. 28 fev. 2018. Disponível em: ←https://www.cnbc.com/2018/02/28/soon-electric-vehicles-could-cause-an-oil-crisis-.html→. Acesso em: 24 set. 2019.

George the autopilot. **Historic Wings**. s/l. 30 ago. 2012. Disponível em: ←http://fly.historicwings.com/2012/08/george-the-autopilot/→. Acesso em: 24 set. 2019.

Global Positioning System. **Wikipedia**. s/l. s/d. Disponível em: ←https://en.wikipedia.org/wiki/Global_Positioning_System→. Acesso em: 24 set. 2019.

How does GPS work? **Physics.org**. s/l. s/d. Disponível em: ←http://www.physics.org/article-questions.asp?id=55→. Acesso em: 24 set. 2019.

National Motor Vehicle Crash Causation Survey. **US Department of Transportation**. s/l. Jul. 2008. Disponível em: ←https://crashstats.nhtsa.dot.gov/Api/Public/ViewPublication/811059→. Acesso em: 24 set. 2019.

RANDALL, Tom. Here's How Electric Cars Will Cause the Next Oil Crisis. **Bloomberg**. s/l. 25 fev. 2016. Disponível em: ←http://www.bloomberg.com/features/2016-ev-oil-crisis/→. Acesso em: 24 set. 2019.

RICHARDSON, Jake. 38% Of American Cars Were Electric In 1900. **Clean Technica**. s/l. 25 fev. 2018. Disponível em: ←https://cleantechnica.com/2018/02/25/38-percent-american-cars-electric-1900/→. Acesso em: 24 set. 2019.

STROHL, Dan. Ford, Edison and the Cheap EV That Almost Was. **Wired**. s/l. 18 jun. 2010. Gear. Disponível em: ←https://www.wired.com/2010/06/henry-ford-thomas-edison-ev/→. Acesso em: 24 set. 2019.

3: O FUTURO DO EMPREGO

ALLEN, Katie. Technology has created more jobs than it has destroyed, says 140 years of data. **The Guardian**. s/l. 18 ago. 2015. Disponível em: ←https://www.theguardian.com/business/2015/aug/17/technology-created-more-jobs-than-destroyed-140-years-data-census?CMP=share_btn_twZ→. Acesso em: 24 set. 2019.

Basic income around the world. **Wikipedia**. s/l. s/d. Disponível em: ←https://en.wikipedia.org/wiki/Basic_income_around_the_world→. Acesso em: 24 set. 2019.

BRYNJOLFSSON, Erik; MCAFEE, Andrew, The Second Machine Age: Work, Progress, and Prosperity in a Time of Brilliant Technologies, 2016, W.W. Norton & Company

CONGER, Kate; SCHEIBER, Noam. California Bill Makes App-Based Companies Treat Workers as Employees. **The New York Times**. s/l. 11 set. 2019. Disponível em: ←https://www.nytimes.com/2019/09/11/technology/california-gig-economy-bill.html→.

FORD, Martin. Rise of the Robots: Technology and the Threat of a Jobless Future. 2016. Basic Books.

FREY, Carl Benedikt; OSBORNE, Michael A. The future of employment: how susceptible are jobs to computerisation? **University of Oxford**. s/l. 17 set. 2013. Disponível em: ←http://www.oxfordmartin.ox.ac.uk/downloads/academic/The_Future_of_Employment.pdf→. Acesso em: 24 set. 2019.

GRAETZ, Georg; MICHAELS, Guy. Robots at Work. **Centre for Economic Policy Research**. s/l. Março 2015. Disponível em: ←http://cepr.org/active/publications/discussion_papers/dp.php?dpno=10477→. Acesso em: 24 set. 2019.

HILSENRATH, Jon; DAVIS, Bob. America's Dazzling Tech Boom Has a Downside: Not Enough Jobs. **Wall Street Journal**. s/l. 12 out. 2016. Disponível em: ←http://www.wsj.com/articles/americas-dazzling-tech-boom-has-a-downside-not-enough-jobs-1476282355→. Acesso em: 24 set. 2019.

HAMARI, Juho; SJÖKLINT, Mimmi; UKKONEN, Antti. The Sharing Economy: Why People Participate in Collaborative Consumption. **Research Gate**. In: Journal of the Association for Information Science and Technology 67(9): 2047-2059. Setembro 2016. Disponível em: ←https://www.researchgate.net/publication/255698095_The_Sharing_Economy_Why_People_Participate_in_Collaborative_Consumption→. Acesso em: 24 set. 2019.

History of basic income. **Basic Income Earth Network**. s/l. s/d. Disponível em: ←http://basicincome.org/basic-income/history/.http://basicincome.org/basic-income/history/→. Acesso em: 24 set. 2019.

KONRAD, Alex. From Communism To Coding: How Daniel Dines Of $7 Billion UiPath Became The First Bot Billionaire. **Forbes**. s/l. 11 set. 2019. Disponível em: ← https://www.forbes.com/sites/alexkonrad/2019/09/11/from-communism-to-coding-how--daniel-dines-of-7-billion-uipath-became-the-first-bot-billionaire/#173fde00206e→. Acesso em: 24 set. 2019.

MURO, Mark; Andes Scott. Robots Seem to Be Improving Productivity, Not Costing Jobs. **Harvard Business Review**. s/l. 16 jun. 2015. Disponível em: ←https://hbr.org/2015/06/robots-seem-to-be-improving-productivity-not-costing-jobs→. Acesso em: 24 set. 2019.

ROTMAN, David. How Technology Is Destroying Jobs. **MIT Technology Review**. s/l. 12 jun. 2013. Business Impact. Disponível em: ←https://www.technologyreview.com/s/515926/how-technology-is-destroying-jobs/→. Acesso em: 24 set. 2019.

Technological unemployment. **Wikipedia**. s/l. s/d. Disponível em: ←https://en.wikipedia.org/wiki/Technological_unemployment→. Acesso em: 24 set. 2019.

THOMPSON, Derek. What Jobs Will the Robots Take? **The Atlantic**. s/l. 23 jan. 2014. Business. Disponível em: ←http://www.theatlantic.com/business/archive/2014/01/what-jobs-will-the-robots-take/283239/→. Acesso em: 24 set. 2019.

4: INTELIGÊNCIA ARTIFICIAL

Ada Lovelace. Wikipedia. s/l. s/d. Disponível em: ←https://en.wikipedia.org/wiki/Ada_Lovelace→. Acesso em: 24 set. 2019.

CALISKAN-ISLAM, Aylin; BRYSON, Joanna J; NARAYANAN, Arvind. Semantics derived automatically from laguage corpora necessarily contain human biases. **Random Walker**. s/l. 25 ago. 2016. Disponível em: ←http://randomwalker.info/publications/language-bias.pdf→. Acesso em: 24 set. 2019.

COPELAND, Jack. Alan Turing: The codebreaker who saved 'millions of lives'. **BBC**. s/l. 19 jun. 2012. Technology. Disponível em: ←https://www.bbc.com/news/technology-18419691→. Acesso em: 24 set. 2019.

DEBRULE, Sam. The Non-Technical Guide to Machine Learning & Artificial Intelligence. **Machine Learning**. s/l. 16 nov. 2016. Disponível em: ←https://machinelearnings.co/a-humans-guide-to-machine-learning-e-179f43b67a0→. Acesso em: 24 set. 2019.

DESCARTES, René. Discourse on Method. 2009 (original de 1637). SMK Books.

DIAKOPOULOS, Nicholas. Accountability in Algorithmic Decision Making. **Nick Diakopoulos**. s/l. Fev. 2016. Disponível em: ←http://www.nickdiakopoulos.com/wp-content/uploads/2016/03/Accountability-in-algorithmic-decision-making-Final.pdf→. Acesso em: 24 set. 2019.

GROSKOPF, Christopher. When computers learn human languages, they also learn human prejudices. **Quartz**. s/l. 29 ago. 2016. Disponível em: ←https://qz.com/768567/when-computers-learn-human-languages-they-also-learn-human-prejudices/→. Acesso em: 24 set. 2019.

History of artificial intelligence. **Wikipedia**. s/l. s/d. Disponível em: ←https://en.wikipedia.org/wiki/History_of_artificial_intelligence→. Acesso em: 24 set. 2019.

HODGES, Andrew. Alan Turing: The Enigma: The Book That Inspired the Film The Imitation Game. 2014 (original de 1983). Princeton University Press.

HOF, Robert D. Deep Learning. **MIT Technology Review**. s/l. 23 abr. 2013. Intelligent Machines. Disponível em: ←https://www.technologyreview.com/s/513696/deep-learning/→. Acesso em: 24 set. 2019.

Iliad. **Wikipedia**. s/l. s/d. Disponível em: ←https://en.wikipedia.org/wiki/Iliad→. Acesso em: 24 set. 2019.

International Labour Organization. ILOSTAT. Disponível em: ←https://ilostat.ilo.org/→. Acesso em: 24 set. 2019.

LEVESQUE, Hector J.; DAVIS, Ernest; MORGENSTERN, Leora. The Winograd Schema Challenge. **Proceedings of the Thirteenth International Conference on Principles of Knowledge Representation and Reasoning**, pp. 552-561, 2012. Disponível em: ←https://www.aaai.org/ocs/index.php/KR/KR12/paper/download/4492/4924→. Acesso em: 24 set. 2019

MANYIKA, James; LUND, Susan; CHUI, Michael; BUGHIN, Jacques; WOETZEL, Jonathan; BATRA, Parul; KO, Ryan; SANGHVI, Saurabh. Jobs Lost, Jobs Gained: Workforce Transitions in a Time of Automation. Dezembro de 2017. Disponível em: ←https://www.mckinsey.com/~/media/mckinsey/featured%20insights/future%20of%20organizations/what%20the%20future%20of%20work%20will%20mean%20for%20jobs%20skills%20and%20wages/mgi-jobs-lost-jobs-gained-report-december-6-2017.ashx→. Acesso em: 24 set. 2019

MCCARTHY, J; MINSKY, ML; ROCHESTER, N; SHANNON, CE. A proposal for the Darthmouth summer research project on artificial intelligence. **Stanford University**. s/l. 31 ago. 1955. Disponível em: ←http://www-formal.stanford.edu/jmc/history/dartmouth/dartmouth.html→. Acesso em: 24 set. 2019.

MCCORDUCK, Pamela. Machines Who Think: A Personal Inquiry into the History and Prospects of Artificial Intelligence. 2004. A K Peters/CRC Press

PRESS, Gil. Forrester Predicts Investment In Artificial Intelligence Will Grow 300% in 2017. **Forbes**. s/l. 1 nov. 2016. Disponível em ← https://www.forbes.com/sites/gilpress/2016/11/01/forrester-predicts-investment-in-artificial-intelligence-will-grow-300-in-2017/#67670ff55509→. Acesso em: 24 set. 2019

SHELLEY, Mary. Frankenstein. 1994 (original de 1818). Dover Publications.

Stuart J. Russell. Wikipedia. s/l. s/d. Disponível em: ←https://en.wikipedia.org/wiki/Stuart_J._Russell→. Acesso em: 24 set. 2019.

TARANTOLA, Andrew. How to build Turing's universal machine. **Gizmodo**. s/l. 15 mar. 2012. Disponível em: ←https://gizmodo.com/5891399/how-to-build-turings-universal-machine→. Acesso em: 24 set. 2019.

THE 2016 AI Recap: startups see record high in deals and funding. **CBINSIGHTS**. s/l. 19 jan. 2017. Disponível em: ←https://www.cbinsights.com/blog/artificial-intelligence-startup-funding/→. Acesso em: 24 set. 2019.

TURING, A.M. On Computable Numbers, with an Application to the Entscheidungsproblem. Proceedings of the London Mathematical Society, Volume s2-42, Issue 1, 1937, Páginas 230–265. Disponível em ←https://londmathsoc.onlinelibrary.wiley.com/doi/abs/10.1112/plms/s2-42.1.230→. Acesso em: 24 set. 2019.

ZILIS, Shivon; CHAM, James. The current state of machine intelligence 3.0. **Shivon Zilis**. s/l. s/d. Disponível em: ←http://www.shivonzilis.com/machineintelligence→. Acesso em: 24 set. 2019.

5: INTERNET DAS COISAS E CIDADES INTELIGENTES

BUNTZ, Brian. The world's 5 smartest cities. **IoT World Today**. s/l. 18 maio 2016. Disponível em: ←http://www.ioti.com/smart-cities/world-s-5-smartest-cities→. Acesso em: 24 set. 2019.

Department of Economic and Social Affairs, Population Division. World Urbanization Prospects – The 2018 Revision. **United Nations**. s/l. s/d. Disponível em: ←https://population.un.org/wup/Publications/Files/WUP2018-Report.pdf→. Acesso em: 24 set. 2019.

DUTCHER, Jennifer. Data size matters [infographic]. **Berkeley School of Information**. s/l. 06 nov. 2013. Disponível em: ←https://datascience.berkeley.edu/big-data-infographic/→. Acesso em: 24 set. 2019.

Ericsson Mobility Report on the Pulse of the Networked Society. **ERICSSON**. Novembro de 2016. Disponível em: ←https://www.ericsson.com/assets/local/mobility-report/documents/2016/ericsson-mobility-report-november-2016.pdf→. Acesso em: 24 set. 2019

EVANS, Dave. The Internet of Things. **Cisco**. s/l. Abr 2011. Disponível em: ←http://www.cisco.com/c/dam/en_us/about/ac79/docs/innov/IoT_IBSG_0411FINAL.pdf→. Acesso em: 24 set. 2019.

Global agriculture towards 2050. **Food and Agriculture Organisation of the United Nations**. Rome. 12-13 out. 2009. Disponível em: ←http://www.fao.org/fileadmin/templates/wsfs/docs/Issues_papers/HLEF2050_Global_Agriculture.pdf→. Acesso em: 24 set. 2019.

Global Health Expenditure Database. **World Health Organization**. Disponível em ←http://apps.who.int/nha/database→. Acesso em: 24 set. 2019.

IESE Cities in Motion Index 2018. **IESE Business School – University of Navarra**. Disponível em ← https://blog.iese.edu/cities-challenges-and-management/2018/05/23/iese-cities-in-motion-index-2018/→. Acesso em: 24 set. 2019.

JOHNSON, R. Colin. Roadmap to Trillion Sensors Forks. **EE Times**. s/l. 12 out. 2015. Internet of Things Design Line. Disponível em: ←http://www.eetimes.com/document.asp?doc_id=1328466→. Acesso em: 24 set. 2019.

Largest cities in the world. **City Mayours Statistics**. s/l. Mar. 2018. Disponível em: ←http://www.citymayors. com/statistics/largest-cities-population-125.html→. Acesso em: 24 set. 2019.

LEINER, Barry M; CERF, Vinton G; CLARK, David D; KAHN, Robert E; KLEINROCK, Leonard; LYNCH, Daniel C; POSTEL, Jon; ROBERTS, Larry G; WOLFF, Stephen. Brief history of the internet. **Internet Society**. s/l. 1997. Disponível em: ←http://www.internetsociety.org/internet/what-internet/history-internet/brief-history-internet→. Acesso em: 24 set. 2019.

LONTOH, Sonita. How much is the Internet of Things Worth to the global economy? **World Economic Forum**. s/l. 20 abr 2016. Disponível em: ←https://www.weforum.org/agenda/2016/04/how-much-is-the-internet--of-things-worth-to-the-global-economy/→. Acesso em: 24 set. 2019.

O'BRIEN, Kevin J. Talk to Me, One Machine Said to the Other. **The New York Times**. s/l. 29 jul.2012. Disponível em: ←http://www.nytimes.com/2012/07/30/technology/talk-to-me-one-machine-said-to-the-other. html→.

ORWELL, George. 1984. 1983. (original de 1949). Penguin Group.

Population Reference Bureau. Disponível em: ← https://www.prb.org/→. Acesso em: 24 set. 2019.

SIMON, Matt. Lab-Grown meat is coming, wheter you like it or not. **Wired**. s/l. 16 fev. 2018. Science. Disponível em: ←https://www.wired.com/story/lab-grown-meat/→. Acesso em: 24 set. 2019.

Singapore Name 'Global Smart City – 2016. **Juniper Research**. Disponível em ←https://www.juniperresearch. com/press/press-releases/singapore-named-global-smart-city-2016→. Acesso em: 24 set. 2019.

Smart Cities - Frost & Sullivan Value Propostion. **Frost & Sullivan**. Janeiro de 2019. Disponível em: ←https://ww2.frost.com/wp-content/uploads/2019/01/SmartCities.pdf→. Acesso em: 24 set. 2019.

The Top 50 Smart Cities in the world 2018. **CITI IO**. s/l. 27 jul. 2018. Disponível em: ←https://www.citi. io/2018/07/27/the-top-50-smart-cities-in-the-world-2018/→. Acesso em: 24 set. 2019.

The World Bank. World Bank Open Data. Disponível em: ←https://data.worldbank.org/→. Acesso em: 24 set. 2019.

U.S. MoneyTree Reporting – Explore the Data. **PwC e CB Insights**. Disponível em ←https://www.pwc.com/ us/en/industries/technology/moneytree/explorer.html#/→. Acesso em: 24 set. 2019.

WALT, Vivienne. Is this tiny european nation a preview of our tech future? **Fortune**. s/l. 7 abr. 2017. Tech Estonia. Disponível em: ←http://fortune.com/2017/04/27/estonia-digital-life-tech-startups/→. Acesso em: 24 set. 2019.

WATTS, Jake Maxwell; PURNELL, Newley. Singapore Is Taking the 'Smart City' to a Whole New Level. **Wall Street Journal**. s/l. 24 abr. 2016. Disponível em: ←https://www.wsj.com/articles/singapore-is-taking-the--smart-city-to-a-whole-new-level-1461550026→.

WIGMORE, Ivy. IPv6 addresses – how many is that in numbers? **IT Knowledge Exchange**. s/l. 14 jan. 2009. Disponível em: ←http://itknowledgeexchange.techtarget.com/whatis/ipv6-addresses-how-many-is-that--in-numbers/→. Acesso em: 24 set. 2019.

World population trends. **United Nations Population Fund**. s/l. s/d. Disponível em: ←http://www.unfpa.org/ world-population-trends→. Acesso em: 24 set. 2019.

6: BIOTECNOLOGIA

DEMETRIOU, Danielle. Japan's elderly overtake teenagers in the shoplifting stakes. **The Telegraph**. s/l. 9 jul. 2013. Disponível em: ←https://www.telegraph.co.uk/news/worldnews/asia/japan/10167901/Japans-elderly-overtake-teenagers-in-the-shoplifting-stakes.html→. Acesso em: 24 set. 2019.

DUFFY, Maureen. New Research from Google Labs: Using Machine Learning to Detect Diabetic Eye Disease. **VisionAware**. s/l. 9 dez. 2016. Disponível em: ←http://www.visionaware.org/blog/visionaware-blog/new--research-from-google-labs-using-machine-learning-to-detect-diabetic-eye-disease/12→. Acesso em: 24 set. 2019.

CAVE, Stephen. Immortality: The Quest to Live Forever and How It Drives Civilization. 2012. Crown

CUMBERS, John. Synthetic Biology Has Raised $12.4 Billion. Here Are Five Sectors It Will Soon Disrupt. **Forbes**. s/l. 9 set. 2019. Disponível em: ←https://www.forbes.com/sites/johncumbers/2019/09/04/synthetic-biology-has-raised-124-billion-here-are-five-sectors-it-will-soon-disrupt/→. Acesso em: 24 set. 2019.

EASTERBROOK, Gregg. What Happens When We All Live to 100? **The Atlantic**. s/l. Out. 2014. Disponível em: ←https://www.theatlantic.com/magazine/archive/2014/10/what-happens-when-we-all-live-to-100/379338/→. Acesso em: 24 set. 2019.

Focus on health spending – OECD Health Statistics 2015. **OECD**. s/l. Jul. 2015. Disponível em: ←https://www.oecd.org/health/health-systems/Focus-Health-Spending-2015.pdf→. Acesso em: 24 set. 2019.

Genome Information by Organism. **National Center for Biotechnology Information**. Disponível em: ←https://www.ncbi.nlm.nih.gov/genome/browse/#!/overview/→. Acesso em: 24.set.2019.

Global Health and Aging. **National Institute on Aging**. Jun. 2017. Disponível em ←https://www.nia.nih.gov/sites/default/files/2017-06/global_health_aging.pdf→. Acesso em 24 set. 2019

GULSHAN, Varun; PENG, Lily; CORAM, Marc; et al. Development and Validation of a Deep Learning Algorithm for Detection of Diabetic Retinopathy in Retinal Fundus Photographs. **Journal of the American Medical Association**. 2016. Vol. 316, Issue 22, pp. 2402-2410. Disponível em ←https://jamanetwork.com/journals/jama/fullarticle/2588763 →. Acesso em 24 set. 2019.

Har Gobind Khorana. **Wikipedia**. s/l. s/d. Disponível em: ←https://en.wikipedia.org/wiki/Har_Gobind_Khorana→. Acesso em: 24 set. 2019.

Hayflick limit. **Wikipedia**. s/l. s/d. Disponível em: ←https://en.wikipedia.org/wiki/Hayflick_limit→. Acesso em: 24 set. 2019.

Health care in the digital age. **Milken Institute**. s/l. s/d. Disponível em: ←http://assets1c.milkeninstitute.org/assets/Events/Conferences/GlobalConference/2015/Slide/MON-Beverly-Hills-Ballroom-1045-SK--Health-Care-in-the-Digital-Age.pdf→. Acesso em: 24 set. 2019.

Health Expenditures. **National Center for Health Statistics**. s/l. s/d. Disponível em: ←https://www.cdc.gov/nchs/fastats/health-expenditures.htm→. Acesso em: 24 set. 2019.

HENIG, Robin Marantz; The Monk in the Garden: The Lost and Found Genius of Gregor Mendel, the Father of Genetics. 2000. Mariner Books.

History of genetics. **Wikipedia**. s/l. s/d. Disponível em: ←https://en.wikipedia.org/wiki/History_of_genetics→. Acesso em: 24 set. 2019.

Human genome project FAQ. **National Human Genome Research Institute**. s/l. s/d. Disponível em: ←https://www.genome.gov/11006943/human-genome-project-completion-frequently-asked-questions/→. Acesso em: 24 set. 2019.

KOETTL, Johannes. Boundless life expectancy: The future of aging populations. s/l. 23 mar. 2016. **Brookings Institution**. Disponível em: ←https://www.brookings.edu/blog/future-development/2016/03/23/boundless--life-expectancy-the-future-of-aging-populations/→. Acesso em: 24 set. 2019.

LANDER, Eric S.; Brave New Genome. **The New England Journal of Medicine**. 3 Jun. 2015. Disponível em ←https://www.nejm.org/doi/full/10.1056/NEJMp1506446→.

LI, Xiao; DUNN, Jessilyn; SALINS, Denis, ZHOU, Gao et al. Digital Health: Tracking Physiomes and Activity Using Wearable Biosensors Reveals Useful Health-Related Information. **PLOS Biology**. s/l. 12 jan. 2017. Disponível em: ←http://journals.plos.org/plosbiology/article?id=10.1371/journal.pbio.2001402→. Acesso em: 24 set. 2019.

OEPPEN, Jim; VAUPEL, James W. Broken limits of life experience. **Science**. Vol. 296, Issue 5570, pp. 1029-1031. 10 maio 2002. Policy Forum. Disponível em: ←http://science.sciencemag.org/content/296/5570/1029→.

Organ printing. Wikipedia. s/l. s/d. Disponível em: ←https://en.wikipedia.org/wiki/Organ_printing→. Acesso em: 24 set. 2019.

PETERS, Adele. 3D Printing Living Organs, And Other World-Changing Ideas In Health. **Fast Company**. s/l. 12 abr. 2017. Disponível em: ←https://www.fastcompany.com/40404565/3-d-printing-living-organs-and-o-ther-world-changing-ideas-in-health→. Acesso em: 24 set. 2019.

World Population Prospects 2019. **United Nations**. s/l. s/d. Disponível em: ←https://esa.un.org/unpd/wpp/Graphs/DemographicProfiles/→. Acesso em: 24 set. 2019.

PRENTICE, Thomson. alth, history and hard choices: Health, history and hard choices: Funding dilemmas Funding dilemmas in a fast in a fast-changing world changing world. **World Health Organization**. Aug. 2006. Disponível em: ←http://www.who.int/global_health_histories/seminars/presentation07.pdf→. Acesso em: 24 set. 2019.

STEGER, Isabella. The next big innovation in Japan's aging economy is flushable adult diapers. **Quartz**. s/l. 28 jan. 2019. Disponível em: ←https://qz.com/1534975/the-next-big-innovation-in-aging-japan-flushable--adult-diapers/→. Acesso em: 24 set. 2019.

Synthetic biology. **Wikipedia**. s/l. s/d. Disponível em: ←https://en.wikipedia.org/wiki/Synthetic_biology→. Acesso em: 24 set. 2019.

The top 10 causes of death. **World Health Organization**. s/l. 24 maio 2018. Disponível em: ←http://www.who.int/mediacentre/factsheets/fs310/en/→. Acesso em: 24 set. 2019.

Why Health Care Is Ripe for Digital Disruption. **Knowledge@Wharton**. s/l. 03 fev. 2017. Opinion. Disponível em: ←http://knowledge.wharton.upenn.edu/article/why-health-care-is-ripe-for-digital-disruption/→. Acesso em: 24 set. 2019.

7: IMPRESSÃO 3D

3D Printing comes of age in US industrial manufacturing. **PWC**. s/l. Abr. 2016. Disponível em: ←https://www.pwc.com/us/en/industrial-products/publications/assets/pwc-next-manufacturing-3d-printing-comes-of-age.pdf→. Acesso em: 24 set. 2019.

A PRINTED smile. **The Economist**. s/l. 28 abr. 2016. Disponível em: ←http://www.economist.com/news/science-and-technology/21697802-3d-printing-coming-age-manufacturing-technique-printed-smile→.

Agricultural land (% of land area). **World Bank Open Data**. Disponível em: ←https://data.worldbank.org/→. Acesso em: 24 set. 2019.

ATKINSON, Robert D.; STEWART, Luke A.; ANDES, Scott M.; EZELL, Stephen J. Worse Than the Great Depression: What Experts Are Missing About American Manufacturing Decline. Março 2012. Disponível em ←http://www2.itif.org/2012-american-manufacturing-decline.pdf→. Acesso em: 24 set. 2019

ANDERSON, Chris. In the Next Industrial Revolution, Atoms Are the New Bits. **WIRED**. s/l. 25 jan. 2010. Disponível em ←https://www.wired.com/2010/01/ff_newrevolution/→. Acesso em: 24 set. 2019.

DORMEHL, Luke. The brief but building history of 3D printing. **Digital Trends**. s/l. 24 fev. 2019. Emerging Tech. Disponível em: ←https://www.digitaltrends.com/cool-tech/history-of-3d-printing-milestones/→. Acesso em: 24 set. 2019.

ESHEL, Gidon; SHEPON, Alon; MAKOV, Tamar; MILO, Ron. Land, irrigation water, greenhouse gas, and reactive nitrogen burdens of meat, eggs, and dairy production in the United States. **PNAS – Proceedings of the National Academy of Sciences of the United States of America**. s/l. 21 jul. 2014. Disponível em: ←http://www.pnas.org/content/111/33/11996→. Acesso em: 24 set. 2019.

FALLOWS, James. Why the Maker Movement Matters: Part 1, the Tools Revolution. **The Atlantic**. s/l. 5 jun. 2016. City Makers: american futures. Disponível em: ←https://www.theatlantic.com/business/archive/2016/06/why-the-maker-movement-matters-part-1-the-tools-revolution/485720/→. Acesso em: 24 set. 2019.

FALLOWS, James. Why the Maker Movement Matters: Part 2, Agility. **The Atlantic**. s/l. 9 jun. 2016. Business. Disponível em: ←https://www.theatlantic.com/business/archive/2016/06/why-the-maker-movement-matters-agility/486293/→. Acesso em: 24 set. 2019.

Investable sectors: an introduction. **Food Crunch**. s/l. s/d. Disponível em: ←http://www.foodcrunch.com/precision-agriculture/→. Acesso em: 24 set. 2019.

JACOBS, A.J. Dinner is printed. **The New York Times**. s/l. 21 set. 2013. Disponível em: ←http://www.nytimes.com/2013/09/22/opinion/sunday/dinner-is-printed.html→.

LEWIS, Robert. Calling all makers: visit NASA solve. **NASA**. s/l. 22 jun. 2016. Disponível em: ←https://www.nasa.gov/feature/calling-all-makers-visit-nasa-solve→. Acesso em: 24 set. 2019.

LIPSON, Hod; KURMAN, Melba. Fabricated: The New World of 3D Printing. 2013. Wiley.

LONJON, Capucine. The history of 3D printer: from rapid prototyping to additive fabrication. **Sculpteo**. s/l. 1 mar. 2017. Disponível em: ←https://www.sculpteo.com/blog/2017/03/01/whos-behind-the-three-main-3d-printing-technologies→. Acesso em: 24 set. 2019.

LOU, Nicole; PEEK, Katie. By The Numbers: The Rise Of The Makerspace. **Popular Science**. s/l. 23 fev. 2016. DIY. Disponível em: ←http://www.popsci.com/rise-makerspace-by-numbers→. Acesso em: 24 set. 2019.

PERRY, Mark J. Manufacturing's Declining Share of GDP is a Global Phenomenon, and It's Something to Celebrate. **US Chamber of Commerce Foundation**. s/l. 22 mar. 2012. Disponível em: ←https://www.uschamberfoundation.org/blog/post/manufacturing-s-declining-share-gdp-global-phenomenon-and-it-s-something-celebrate/34261→. Acesso em: 24 set. 2019.

Stereolitography. **Wikipedia**. s/l. s/d. Disponível em: ←https://en.wikipedia.org/wiki/Stereolithography→. Acesso em: 24 set. 2019.

The Free beginner's guide. **3D Printing Industry**. s/l. s/d. Disponível em: ←https://3dprintingindustry.com/3d-printing-basics-free-beginners-guide/history/→. Acesso em: 24 set. 2019.

THEWIHSEN, Frank; KAREVSKA, Stefana; CZOK, Alexandra; PATEMAN-JONES, Chris; KRAUSS, Daniel. If 3D printing has changed the industries of tomorrow, how can your organization get ready today? **Ernst & Young**. 2016. Disponível em ←https://www.ey.com/Publication/vwLUAssets/ey-3d-printing-report/$FILE/ey-3d-printing-report.pdf→

8: REALIDADE VIRTUAL E JOGOS ELETRÔNICOS

ARMSTRONG, Paul. Just How Big Is The Virtual Reality Market And Where Is It Going Next? **Forbes**. s/l. 6 abr. 2017. Disponível em ←https://www.forbes.com/sites/paularmstrongtech/2017/04/06/just-how-big-is-the-virtual-reality-market-and-where-is-it-going-next/#176a59b74834→. Acesso em: 25 set. 2019

Brookhaven National Laboratory. **Wikipedia**. s/l. s/d. Disponível em: ←https://en.wikipedia.org/wiki/Brookhaven_National_Laboratory→. Acesso em: 25 set. 2019.

BUFFUM, Jude. Bill Pitts, '68. **Stanford Magazine**. s/l. 30 abr. 2012. Disponível em: ←https://stanfordmag.org/contents/bill-pitts-68→. Acesso em: 25 set. 2019.

COLERIDGE, Samuel Taylor. Biographia Literaria. 1847 (original de 1817). Disponível em ←https://books.google.com.br/books/about/Biographia_Literaria.html?id=3z_YDz5PBL4C&printsec=frontcover&source=kp_read_button#v=onepage&q&f=false→

FLATOW, Ira. They All Laughed... From Light Bulbs to Lasers: The Fascinating Stories Behind the Great Inventions That Have Changed Our Lives. 1993. Harper Collins.

HAMARI, Juho; KOIVISTO, Jonna; SARSA, Harri. Does Gamification Work? — A Literature Review of Empirical Studies on Gamification. **Research gate**. s/l. Jan. 2014. Disponível em: ←https://www.researchgate.net/publication/256743509_Does_Gamification_Work_-_A_Literature_Review_of_Empirical_Studies_on_Gamification→.

History of virtual reality. **Virtual Reality Society**. s/l. s/d. Disponível em: ←https://www.vrs.org.uk/virtual-reality/history.html→. Acesso em: 25 set. 2019.

MACKNIK, Stephen L.; KING, Mac; RANDI, James; ROBBINS, Apollo; TELLER; THOMPSON, John; MARTINEZ-CONDE, Susana. Attention and awareness in stage magic: turning tricks into research. Nature Reviews Neuroscience. Vol. 9, pp. 871-879. 30 jul. 2008. Disponível em ←https://www.nature.com/articles/nrn2473→.

REFERÊNCIAS

LEHRER, Jonah. Magic and the Brain: Teller Reveals the Neuroscience of Illusion. **Wired**. s/l. 20 abr. 2009. Science. Disponível em: ←https://www.wired.com/2009/04/ff-neuroscienceofmagic/→. Acesso em: 25 set. 2019.

LIEBEROTH, Andreas. Shallow Gamification: Testing Psychological Effects of Framing an Activity as a Game. **Sage Journals**. s/l. 1 dez. 2014. Research Article. Disponível em: ←http://journals.sagepub.com/doi/abs/10.1177/1555412014559978→.

LOVECE, Frank. *The Honest-to-Goodness History of Home Video Games*. **Scribd**. s/l. Jun. 1983. Disponível em: ←https://www.scribd.com/document/146227082/The-Honest-to-Goodness-History-of-Home-Video-Games→.

MARKOFF, John. In a video game, tackling the complexities of protein folding. **The New York Times**. s/l. 4 ago. 2010. Science. Disponível em: ←http://www.nytimes.com/2010/08/05/science/05protein.html→.

MCNAMARA, Patrick. Virtual Reality and Dream Research. **Psychology today**. s/l. 22 jan. 2017. Disponível em: ←https://www.psychologytoday.com/blog/dream-catcher/201701/virtual-reality-and-dream-research→. Acesso em: 25 set. 2019.

MEREL, Tim. The reality of VR/AR growth. **Tech Crunch**. s/l. 11 jan. 2017. Disponível em: ←https://techcrunch.com/2017/01/11/the-reality-of-vrar-growth/→. Acesso em: 25 set. 2019.

MANN, Estle Ray. The Baer Essentials.**They create worlds**. s/l. s/d. Disponível em: ←https://videogamehistorian.wordpress.com/tag/estle-ray-mann/→. Acesso em: 25 set. 2019.

MAY-RAZ, Eran; LAZO, Daniel. Sight (curta-metragem). 2012. Disponível em ←https://vimeo.com/46304267→. Acesso em: 25 set. 2019

Online Etymology Dictionary. Disponível em ←https://www.etymonline.com/→. Acesso em: 25 set. 2019.

PARKIN, Simon. Postscript: Ralph Baer, a video game pioneer. **The New Yorker**. s/l. 8 dez. 2014. Annals of technology. Disponível em: ←https://www.newyorker.com/tech/annals-of-technology/postscript-ralph-baer-video-game-pioneer→. Acesso em: 25 set. 2019.

PITTS, Bill. A Nutty Idea. **They create worlds**. s/l. s/d. Disponível em: ←https://videogamehistorian.wordpress.com/tag/bill-pitts/→. Acesso em: 25 set. 2019.

ROVELL, Darren. 427 million people will be watching esports by 2019, reports Newzoo. **ESPN**. s/l. 11 maio 2016. Disponível em: ←http://www.espn.com/espnw/sports/article/15508214/427-million-people-watching-esports-2019-reports-newzoo→. Acesso em: 25 set. 2019.

SMITH, Ryan P. How the First Popular Video Game Kicked Off Generations of Virtual Adventure. **The Smithsonian Magazine**. s/l. 13 dez. 2018. Disponível em: ←https://www.smithsonianmag.com/smithsonian-institution/how-first-popular-video-game-kicked-off-generations-virtual-adventure-180971020/→. Acesso em: 25 set. 2019.

TAKAHASHI, Dean. Pokémon Go is the fastest mobile game to hit \$600 million in revenues. **Venture Beat**. s/l. 20 out. 2016. Disponível em: ←https://venturebeat.com/2016/10/20/pokemon-go-is-the-fastest-mobile-game-to-hit-600-million-in-revenues/→. Acesso em: 25 set. 2019.

THE LINK Flight trainer – a historic mechanical engineering landmark. **American Society of Mechanical Engineers**. New York. 10 jun. 2000. Disponível em: ←https://www.asme.org/wwwasmeorg/media/ResourceFiles/AboutASME/Who%20We%20Are/Engineering%20History/Landmarks/210-Link-C-3-Flight-Trainer.pdf→. Acesso em: 25 set. 2019.

The Theme Park of the Future Could Be in This Chinese Basement. **Bloomberg**. s/l. 03 abr 2017. Technology. Disponível em: ←https://www.bloomberg.com/news/articles/2017-04-03/this-could-be-the-most-fun-you-ll-have-in-an-empty-basement→.

Virtual reality sickness. **Wikipedia**. s/l. s/d. Disponível em: ←https://en.wikipedia.org/wiki/Virtual_reality_sickness→. Acesso em: 25 set. 2019.

WEINBAUM, Stanley. Pygmalion's Spectacles. 1935. Disponível em ←https://www.gutenberg.org/files/22893/22893-h/22893-h.htm→. Acessado em: 25 set. 2019

William Higinbotham. Wikipedia. s/l. s/d. Disponível em: ←https://en.wikipedia.org/wiki/William_Higinbotham→. Acesso em: 25 set. 2019.

WONG, Kevin. The Forgotten History of 'The Oregon Trail,' As Told By Its Creators. **Vice**. s/l. 15 fev. 2017. Motherboard Tech by Vice. Disponível em: ←https://motherboard.vice.com/en_us/article/qkx8vw/the-forgotten-history-of-the-oregon-trail-as-told-by-its-creators→. Acesso em: 25 set. 2019.

9: EDUCAÇÃO

CARR, Nicholas. The Shallows: What the Internet Is Doing to Our Brains. 2011. W. W. Norton & Company

EdTechXGlobal. Global report predicts EdTch spend to reach $252bn by 2020. **Cision PR Newswire**. s/l. 25 maio 2016. Disponível em: ←http://www.prnewswire.com/news-releases/.html→. Acesso em: 25 set. 2019.

HENKEL, Linda A. Point-and-Shoot Memories: The Influence of Taking Photos on Memory for a Museum Tour. Sage Journals. s/l. 5 dez. 2013. **Psychological Science**. Disponível em: ←http://journals.sagepub.com/doi/abs/10.1177/0956797613504438→.

LAM, Camila. 6 *startups* que investiram para mudar a educação. **Exame**. s/l. 13 set. 2016. Disponível em: ←http://exame.abril.com.br/pme/6-startups-que-investiram-para-mudar-a-educacao/→. Acesso em: 25 set. 2019.

Memory Loss Causes: Taking Pictures May Ruin What You Recall. **Huffpost**. s/l. 10 dez. 2013. Living. Disponível em: ←http://www.huffingtonpost.ca/2013/12/10/memory-loss-causes_n_4419560.html→. Acesso em: 25 set. 2019.

Nicholas Carr Interview. 'The Shallows': This Is Your Brain Online. **NPR**. s/l. 2 jun. 2010. Author interviews. Disponível em: ←http://www.npr.org/templates/story/story.php?storyId=127370598→. Acesso em: 25 set. 2019.

ROSER, Max; ORTIZ-OSPINA, Esteban. Terciary Education. **Our World in Data**. s/l. s/d. Disponível em: ←https://ourworldindata.org/tertiary-education→. Acesso em: 25 set. 2019.

SMALL, GW; MOODY, TD; SIDDARTH P; BOOKHEIMER, SY. Your brain on Google: patterns of cerebral activation during internet searching. The American Journal of Geriatric Psychiatry. Vol. 17, Issue 2, Fev. 2009, Pages 116-126. Disponível em ←https://www.ncbi.nlm.nih.gov/pubmed/19155745→. Acesso em: 25 set. 2019

UNESCO. Education: Expenditure on education as % of GDP (from government sources). **Unesco Institute for Statistics**. s/l. s/d. Disponível em: ←http://data.uis.unesco.org/?queryid=181→. Acesso em: 25 set. 2019.

UNESCO. Six ways to ensure higher education leaves no one behind.**Unesco documents**. s/l. 2017. Disponível em: ←http://unesdoc.unesco.org/images/0024/002478/247862E.pdf→. Acesso em: 25 set. 2019.

10: REDES SOCIAIS

BARAKAT, Zena; FARRELL, Sean Patrick. The dawn of computer love. **The New York Times**. s/l. Fev. 2013. Technology. Disponível em: ←https://www.nytimes.com/video/technology/100000002063332/the-dawn-of-computer-love.html→. Acesso em: 25 set. 2019.

Book Stacks Unlimited. **Wikipedia**. s/l. s/d. Disponível em: ←https://en.wikipedia.org/wiki/Book_Stacks_Unlimited→→. Acesso em: 25 set. 2019.

FERSTER, C.B.; SKINNER; B.F. Schedules of Reinforcement. 1997 (original de 1957). Copley Publishing Group.

Global Digital Report 2018. We Are Social. Disponível em ←https://digitalreport.wearesocial.com/→.

HVISTENDAHL, Mara. Inside China's Vast New Experiment in Social Ranking. **WIRED**. s/l. 14 dez. 2017. Disponível em: ← https://www.wired.com/story/age-of-social-credit/→. Acesso em: 25 set. 2019.

Internet growth statistics. **Internet World Stats**. s/l. s/d. Disponível em: ←https://www.internetworldstats.com/emarketing.htm→. Acesso em: 25 set. 2019.

KLEIN, Dustin S. Visionary in obscurity: Charles Stack. **Smart Business**. Cleveland. 22 jul. 2002. Disponível em: ←http://www.sbnonline.com/article/visionary-in-obscurity-charles-stack-operates-in-two-business-communities-151-cleveland-and-the-internet-151-and-isn-146-t-well-known-in-either-this-time-around-that-146-s-going-to-change-he-hopes/→. Acesso em: 25 set. 2019.

MARKOFF, John. What the Dormouse Said: How the Sixties Counterculture Shaped the Personal Computer Industry. 2006. Penguin Books.

MCMAHON, Ciarán. Why do we 'like' social media? **The Psychologist**. s/l. Set. 2015. Disponível em: ← https://thepsychologist.bps.org.uk/volume-28/september-2015/why-do-we-social-media→. Acesso em: 25 set. 2019.

Mental health. **World Health Organization**. s/l. s/d. Disponível em: ←https://www.who.int/mental_health/prevention/suicide/suicideprevent/en/→. Acesso em: 25 set. 2019.

METCALFE, Robert. Guest blogger Bob Metcalfe: Metcafe's Law recurses down the long tail of social networks. **VCMike's blog**. s/l. 18 aug. 2006. Disponível em: ←https://vcmike.wordpress.com/2006/08/18/metcalfe-social-networks/→. Acesso em: 25 set. 2019.

MICHAEL Aldrich. **Wikipedia**. s/l. s/d. Disponível em: ←https://en.wikipedia.org/wiki/Michael_Aldrich→. Acesso em: 25 set. 2019.

NATHANEN. Computer dating in the 1960s. **The computer boys take over**. s/l. 5 mar. 2014. Disponível em: ←http://thecomputerboys.com/?p=654→. Acesso em: 25 set. 2019.

ORTEGA, Josue; HERGOVICH, Philipp. The Strength of Absent Ties: Social Integration via Online Dating. **arXiv**. s/l. 29 set. 2017. Disponível em: ←https://arxiv.org/abs/1709.10478→.

PENNISI, Elizabeth. How humans became social. **Wired**. s/l. 09 nov. 2011. Science Now. Disponível em: ←https://www.wired.com/2011/11/humans-social/→. Acesso em: 25 set. 2019.

Philip Fialer. A life well-lived. **Legacy.com – San Francisco Chronicle.** 05 jan. 2014. Disponível em: ←https://www.legacy.com/obituaries/sfgate/obituary.aspx?n=philip-fialer&pid=168884439→. Acesso em: 25 set. 2019.

SHULTZ, Susanne; OPIE, Christopher; ATINKSON, Quentin, D. Stepwise evolution of stable sociality in primates. **Nature.** Vol. 479, pp. 219-222. 09 nov. 2011. Disponível em: ←https://www.nature.com/articles/nature10601→. Acesso em: 25 set. 2019.

SLATER, Dan. A Million First Dates. **The Atlantic**. s/l. Fev. 2013. Disponível em: ←https://www.theatlantic.com/magazine/archive/2013/01/a-million-first-dates/309195/→. Acesso em: 25 set. 2019.

Suicide prevention. **Centers for Disease Control and Prevention**. s/l. s/d. Disponível em: ←https://www.cdc.gov/violenceprevention/suicide/index.html→.

NORMAN, Jeremy. The First Computer Computer Matching Dating Service. s/l. s/d. Disponível em ←http://www.historyofinformation.com/detail.php?entryid=3970→. Acesso em: 25 set. 2019.

WINTERMAN, Denise; KELLY, Jon. Online shopping: The pensioner who pioneered a home shopping revolution. **BBC News Magazine**. s/l. 16 set. 2013. Disponível em: ←http://www.bbc.com/news/magazine-24091393→. Acesso em: 25 set. 2019.

ZHANG, Xing-Zhou; LIU, Jing-Jie; XU, Zhi-Wei. Tencent and Facebook Data Validate Metcalfe's Law. **Springer Link**. Journal of Computer Science and Technology. Volume 30, Issue 2, pp 246–251. 13 mar. 2015. Disponível em: ←https://link.springer.com/article/10.1007%2Fs11390-015-1518-1→. Acesso em: 25 set. 2019.

11: *FINTECH* E CRIPTOMOEDAS

FERGUSON, Niall. The Ascent of Money: A Financial History of the World. 2008. Penguin Group.

FIRST paper money. **Guinness World Records**. s/l. s/d. Disponível em: ←http://www.guinnessworldrecords.com/world-records/first-paper-money→. Acesso em: 26 set. 2019.

GOLDSBOROUGH, Reid**.** A Case for the World's Oldest Coin: Lydian Lion. s/l. 2013. Disponível em: ←http://rg.ancients.info/lion/article.html→. Acesso em: 26 set. 2019.

History of money. **Wikipedia**. s/l. s/d. Disponível em: ←https://en.wikipedia.org/wiki/History_of_money→. Acesso em: 26 set. 2019.

Lydians. **Wikipedia**. s/l. s/d. Disponível em: ←https://en.wikipedia.org/wiki/Lydians→. Acesso em: 26 set. 2019.

MAIA, Laura. LEWGOY, Júlia. Mercado de empréstimo online começa a atrair investidores no Brasil. **O Estado de S.Paulo**. São Paulo, 26 maio 2014. Economia e Negócios. Disponível em: ←http://economia. estadao.com.br/noticias/geral,mercado-de-emprestimo-online-comeca-a-atrair-investidores-no-brasil- -imp-,1694152→. Acesso em: 26 set. 2019.

The Global findex database 2017. **The World Bank**. s/l. s/d. Disponível em: ←https://globalfindex.worldbank. org/→. Acesso em: 26 set. 2019.

12:CRIPTOGRAFIA E BLOCKCHAIN

A penny here, a penny there. **The Economist**. s/l. 7 maio 2015. Special report. Disponível em: ←https:// www.economist.com/news/special-report/21650297-if-you-have-moneyand-even-if-you-dontyou-can- now-pay-your-purchases-myriad-ways→.

All cryptocurrencies. **CoinMarketCap**. s/l. s/d. Disponível em: ←https://coinmarketcap.com/all/views/ all/→. Acesso em: 26 set. 2019.

Blockchain Futures Lab. **Institute for the future**. s/l. s/d. Disponível em: ←http://www.iftf.org/*blockchain- futureslab*→. Acesso em: 26 set. 2019.

BROWNE, Ryan. Digital payments expected to hit 726 billion by 2020 — but cash isn't going anywhere yet. **CNBC**. s/l. 9 out. 2017. Disponível em: ←https://www.cnbc.com/2017/10/09/digital-payments-expected-to- -hit-726-billion-by-2020-study-finds.html→. Acesso em: 26 set. 2019.

CATALINI, Christian; GANS, Joshua S. Some Simple Economics of the Blockchain. **SSRN**. s/l. 27 nov. 2016. Disponível em: ←https://papers.ssrn.com/sol3/papers.cfm?abstract_id=2874598→.

Clifford Cocks. **Wikipedia**. s/l. s/d. Disponível em: ←https://en.wikipedia.org/wiki/Clifford_Cocks→. Aces- so em: 26 set. 2019.

SCHATSKY, David; PAWCZUK, Linda. Deloitte survey: Blockchain reaches beyond financial services with some industries moving faster . **Deloitte**. New York. 13 dez. 2016. Disponível em: ←https://www2.deloitte. com/us/en/pages/about-deloitte/articles/press-releases/deloitte-survey-*blockchain*-reaches-beyond-fi- nancial-services-with-some-industries-moving-faster.html→. Acesso em: 26 set. 2019.

HACKETT, Robert. Walmart and 9 Food Giants Team Up on IBM Blockchain Plans. **Fortune**. s/l. 22 ago. 2017. Disponível em: ←http://fortune.com/2017/08/22/walmart-*blockchain*-ibm-food-nestle-unilever-tyson-do- le/→. Acesso em: 26 set. 2019.

History of cryptography. **Wikipedia**. s/l. s/d. Disponível em: ←https://en.wikipedia.org/wiki/History_of_ cryptography→. Acesso em: 26 set. 2019.

Hyperledger Members. s/l. s/d. Disponível em: ←https://www.hyperledger.org/members→. Acesso em: 26 set. 2019.
Key Exchange. **Wikipedia**. s/l. s/d. Disponível em: ←https://en.wikipedia.org/wiki/Key_exchange→. Acesso em: 26 set. 2019.

MALMO, Christopher. A Single Bitcoin Transaction Takes Thousands of Times More Energy Than a Credit Card Swipe. **Vice**. s/l. 7 março 2017. Motherboard tech by Vice. Disponível em: ←https://motherboard.vice. com/en_us/article/ypkp3y/bitcoin-is-still-unsustainable→. Acesso em: 26 set. 2019.

ORCUTT, Mike. How secure is blockchain really? **MIT Technology review**. s/l. 25 abr. 2018. Disponível em: ←https://www.technologyreview.com/s/610836/how-secure-is-*blockchain*-really/→. Acesso em: 26 set. 2019.

ORCUTT, Mike. Once hailed as unhackable, blockchain are now getting hacked. **MIT Technology review.** s/l. 19 fev. 2019. Disponível em: ←https://www.technologyreview.com/s/612974/once-hailed-as-unhackable- *blockchain*-are-now-getting-hacked/→. Acesso em: 26 set. 2019.

RIZZO, Pete. World Economic Forum Survey Projects Blockchain 'Tipping Point' by 2023. **Coindesk**. 24 set. 2015. Disponível em ←https://www.coindesk.com/world-economic-forum-governments-blockchain→. Acesso em: 26 set. 2019.

ROBERTS, Jeff John. The Diamond Industry Is Obsessed With the Blockchain. **Fortune**. s/l. 12 set. 2017. Disponível em: ←http://fortune.com/2017/09/12/diamond-*blockchain*-everledger/→. Acesso em: 26 set. 2019.

RSA (cryptosystem). **Wikipedia**. s/l. s/d. Disponível em: ←https://en.wikipedia.org/wiki/RSA_(cryptosystem) →. Acesso em: 26 set. 2019.

13: ROBÓTICA

BACHMAN, Justin. The Lonely Future of Buying Stuff. **Bloomberg**. s/l. 13 set. 2017. Disponível em: ←https://www.bloomberg.com/features/2017-future-of-automation/→. Acesso em: 26 set. 2019.

Ctesibius. **Wikipedia**. s/l. s/d. Disponível em: ←https://en.wikipedia.org/wiki/Ctesibius→. Acesso em: 26 set. 2019.

DESJARDINS, Jeff. The Emergence of Commercial Drones. **Visual Capitalist**. s/l. 14 dez. 2016. Disponível em: ←http://www.visualcapitalist.com/emergence-commercial-drones/→. Acesso em: 26 set. 2019.

Friedrich Kaufmann**. History-Computer.com**. s/l. s/d. Disponível em: ←https://history-computer.com/Dreamers/Kaufmann.html→. Acesso em: 26 set. 2019.

Guest blogger. Computers gone wild: impact and implications of developments in artificial intelligence on society. **Future of Life Institute**. s/l. 6 maio 2016. Disponível em: ←https://futureoflife.org/2016/05/06/computers-gone-wild/→. Acesso em: 26 set. 2019.

History of the Robotics Institute. **Carnegie Mellon University**. s/l. s/d.Disponível em: ←https://www.ri.cmu.edu/about/ri-history/→. Acesso em: 26 set. 2019.

HOGGETT, Reuben. 1928 – Gatukentosku pneumatic writing robot – Makoto Nishimura (japanese). **CyberneticZoo**. s/l s/d. Disponível em: ←http://cyberneticzoo.com/robots/1928-gakutensoku-pneumatic-writing-robot-makoto-nishimura-japanese/→. Acesso em: 26 set. 2019.

HOGGETT, Reuben. 1937 – Elektro – Joseph M. Barnett (american). **CyberneticZoo**. s/l. s/d. Disponível em: ←http://cyberneticzoo.com/robots/1937-elektro-joseph-m-barnett-american/→. Acesso em: 26 set. 2019.

Ismail al-Jazari. **Wikipedia**. s/l. s/d. Disponível em: ←https://en.wikipedia.org/wiki/Ismail_al-Jazari→. Acesso em: 26 set. 2019.

LUMB, David. MIT researchers use drone fleets ro track warehouse inventory. **Engadget**. s/l. 25 ago. 2017. Disponível em: ←https://www.engadget.com/2017/08/25/mit-drone-fleets-track-warehouse-inventory/→. Acesso em: 26 set. 2019.

Norbert Wiener. **Wikipedia**. s/l. s/d. Disponível em: ←https://en.wikipedia.org/wiki/Norbert_Wiener→. Acesso em: 26 set. 2019.

PARSONS, Mark. Automation and robotics: The supply chain of the future. **Supply Chain Digital**. s/l. 3 maio 2017. Disponível em: ←http://www.supplychaindigital.com/technology/automation-and-robotics-supply-chain-future→. Acesso em: 26 set. 2019.

Richards Family Robot Archive. Who was he? s/l. 2018. Disponível em: ←http://www.richardsrobots.com/captain-wh-richards.html→. Acesso em: 26 set. 2019.

TESLA, Nikola. My Inventions: The Autobiography of Nikola Tesla. 1982 (original de 1921). Hart Brothers Pub.

The Curious Origin of the Word 'Robot'. **Interesting Literature**. s/l. 14 mar. 2016. Disponível em: ←https://interestingliterature.com/2016/03/14/the-curious-origin-of-the-word-robot/→. Acesso em: 26 set. 2019.

The Dronefather. **The Economist**. s/l. 1 dez. 2012. Disponível em: ←https://www.economist.com/news/technology-quarterly/21567205-abe-karem-created-robotic-plane-transformed-way-modern-warfare→.

The Turk. **Wikipedia**. s/l. s/d. Disponível em: ←https://en.wikipedia.org/wiki/The_Turk→. Acesso em: 26 set. 2019.

TURI, Jon. Tesla's boat: a drone before its time. **Engadget**. s/l. 19 jan. 2014. Disponível em: ←https://www.engadget.com/2014/01/19/nikola-teslas-remote-control-boat/→. Acesso em: 26 set. 2019.

VYAS, Kashyap. A brief history of drones: the remote controller unamanned aerial vehicles (UAVs). **Interesting Engineering**. s/l. 2 jan. 2018. Disponível em: ←https://interestingengineering.com/a-brief-history-of-drones-the-remote-controlled-unmanned-aerial-vehicles-uavs→. Acesso em: 26 set. 2019.

WAGER, I. Industrial robots – worldwide sales 2004-2018. **Statista**. s/l. 24 set. 2019. Disponível em: ←https://www.statista.com/statistics/264084/worldwide-sales-of-industrial-robots/→. Acesso em: 26 set. 2019.

WIENER, Norbert. The Human Use Of Human Beings. 1988 (original de 1950). Da Capo Press.

WILSON, Edward. Thank you Vasili Arkhipov, the man who stopped nuclear war. **The Guardian**. s/l. 27 out. 2012. Opinion. Disponível em: ←https://www.theguardian.com/commentisfree/2012/oct/27/vasili-arkhipov-stopped-nuclear-war→. Acesso em: 26 set. 2019.

World Trade Statistical Review 2016. **World Trade Organization**. s/l. 2016. Disponível em: ←https://www.wto.org/english/res_e/statis_e/wts2016_e/wts2016_e.pdf→. Acesso em: 26 set. 2019.

14: NANOTECNOLOGIA

FEYNMAN, Richard P. There's plenty of room at the bottom. **Caltech Library**. s/l. s/d. Disponível em: ←http://calteches.library.caltech.edu/47/2/1960Bottom.pdf→. Acesso em: 26 set. 2019.

KORNEI, Katherine. The Beginning of Nanotechnology at the 1959 APS Meeting. **APS News**. s/l. Nov. 2016. Disponível em: ←https://www.aps.org/publications/apsnews/201611/nanotechnology.cfm→. Acesso em: 26 set. 2019.

Laboratório Nacional de Nanotecnologia Aplicada ao Agronegócio (LNNA). **LNNA**. s/l. s/d. Disponível em: ←https://www.agropediabrasilis.cnptia.embrapa.br/web/agronano-rede/lnna→. Acesso em: 26 set. 2019.

LAVAN, DA; MCGUUIRE, T; LANGER, R. Small-scale systems for in vivo drug delivery. **US National Library of Medicine**. s/l. 21 out. 2003. Disponível em: ←https://www.ncbi.nlm.nih.gov/pubmed?uid=14520404&cmd=showdetailview→.

Nanomedicine. **Wikipedia**. s/l. s/d. Disponível em: ←https://en.wikipedia.org/wiki/Nanomedicine→. Acesso em: 26 set. 2019.

NNI Budget. **National Nanotechnology Initiative (NNI)**. s/l. s/d. Disponível em: ←https://www.nano.gov/about-nni/what/funding→. Acesso em: 26 set. 2019.

Nanotechnology Products Database. c. 2019. Disponível em: ←https://product.statnano.com/→. Acesso em: 26 set. 2019.

Norio Taniguchi. **Wikipedia**. s/l. s/d. Disponível em: ←https://en.wikipedia.org/wiki/Norio_Taniguchi→. Acesso em: 26 set. 2019.

StatNano. c. 2019. Disponível em: ←http://statnano.com/→. Acesso em: 26 set. 2019.

UNESCO science report towards 2030. Nanotechnology is a growing research priority. **UNESCO**. s/l. 12 jul. 2016. Natural Sciences Sector. Disponível em: ←http://www.unesco.org/new/en/natural-sciences/science-technology/single-view-sc-policy/news/nanotechnology_is_a_growing_research_priority/→.

VANCE, Marina E.; KUIKEN, Todd; VEJERANO, Eric P.; MCGINNIS, Sean P.; HOCHELLA JR., Michael F.; REJESKI, David; HULL, Michael S. Nanotechnology in the real world: Redeveloping the nanomaterial consumer products inventory. s/l. 21 ago. 2015. **Beilstein Journal of Nanothechnology**. Disponível em: ←https://www.beilstein-journals.org/bjnano/articles/6/181→. Acesso em: 26 set. 2019.

15: AVIÕES, FOGUETES E SATÉLITES

Balance of terror. **Wikipedia**. s/l. s/d. Disponível em: ←https://en.wikipedia.org/wiki/Balance_of_terror→. Acesso em: 27 set. 2019.

Center for Near Earth Object Studies. **NASA**. c. 2019. Disponível em: ←https://cneos.jpl.nasa.gov/→. Acesso em: 27 set. 2019.

DAVENPORT, Christian. The inside story of how billionaires are racing to take you to outer space. **The

Washington Post. s/l. 19 ago. 2016. Business. Disponível em: ←https://www.washingtonpost.com/business/economy/the-billionaire-space-barons-and-the-next-giant-leap/2016/08/19/795a4012-6307-11e-6-8b27-bb8ba39497a2_story.html?noredirect=on&utm_term=.6e078b20f006→. Acesso em: 27 set. 2019.

Drake equation. **Wikipedia**. s/l. s/d. Disponível em: ←https://en.wikipedia.org/wiki/Drake_equation→. Acesso em: 27 set. 2019.

GODWIN, Matthew. The Cold War and the early space race. **History in Focus**. s/l. s/d. Disponível em: ←https://www.history.ac.uk/ihr/Focus/cold/articles/godwin.html→. Acesso em: 27 set. 2019.

GRADY, Monica. A handshake in space changed US-Russia relations: how long will it last? **The Conversation**. s/l. 17 jul. 2015. Disponível em: ← https://theconversation.com/a-handshake-in-space-changed-us--russia-relations-how-long-will-it-last-44846→. Acesso em: 27 set. 2019.

GRUSH, Loren. Why defining the boundary of space may be crucial for the future of spaceflight. **The Verge**. s/l. 13 dez. 2018. Science. Disponível em: ←https://www.theverge.com/2018/12/13/18130973/space-karman-line-definition-boundary-atmosphere-astronauts→. Acesso em: 27 set. 2019.

KOVITCH. Fly to New York in 20 minutes: transatlantic travel 1920-2020. **DialaFlight**. s/l. 28 set. 2012. Disponível em: ←https://www.dialaflight.com/flights-to-new-york/→. Acesso em: 27 set. 2019.

OSCAR I and Amateur Radio *Satellites*: Celebrating 50 Years. **The national association for amateur radio (ARRL)**. s/l. 05 nov. 2011. Disponível em: ←http://www.arrl.org/news/oscar-i-and-amateur-radio-satellites-celebrating-50-years→. Acesso em: 27 set. 2019.

Timeline of private spaceflight. **Wikipedia**. s/l. s/d. Disponível em: ←https://en.wikipedia.org/wiki/Timeline_of_private_spaceflight→. Acesso em: 27 set. 2019.

Union of Concerned Scientists. c. 2019. Disponível em: ←https://www.ucsusa.org/→. Acesso em: 27 set. 2019.

United Nations Register of Objects Launched into Outer Space. **United Nations Office for Outer Space Affairs**. c. 2019. Disponível em ←http://www.unoosa.org/oosa/en/spaceobjectregister/index.html→. Acesso em: 27 set. 2019.

VERNE, Jules. The Begum's Fortune. 2003 (original de 1879). Wildside Press.

XPRIZE. c. 2019. Disponível em: ←https://www.xprize.org/→. Acesso em: 27 set. 2019.

16: ENERGIA

ANDRAE, Anders S.G.; EDLER, Tomas. On Global Electricity Usage of Communication Technology: Trends to 2030. **MDPI**. s/l. 27 fev. 2015. Disponível em: ←https://www.mdpi.com/2078-1547/6/1/117/htm→. Acesso em: 27 set. 2019.

BP Statistical Review of World Energy – 67th edition. **BP**. s/l. Jun. 2018. Disponível em: ←https://www.bp.com/content/dam/bp/en/corporate/pdf/energy-economics/statistical-review/bp-stats-review-2018-full--report.pdf→. Acesso em: 26 set. 2019.

Global Energy Statistical Yearbook 2019. **Enerdata**. c. 2019. Disponível em: ←https://yearbook.enerdata.net/→. Acesso em: 27 set. 2019.

CHANDLER, David L. Vast amounts of solar energy radiate to the Earth, but tapping it cost-effectively remains a challenge. **Phys**. s/l. 26 out. 2011. Disponível em: ←https://phys.org/news/2011-10-vast-amounts-solar-energy-earth.html→. Acesso em: 27 set. 2019.

CALDEIRA, Ken; JAIN, Atul K; HOFFERT, Martin I. Climate Sensitivity Uncertainty and the Need for Energy Without CO_2 Emission. **Science**. Vol. 299, Issue 5615, pp. 2052-2054. 28 mar. 2003. Disponível em: ←https://science.sciencemag.org/content/299/5615/2052→. Acesso em: 27 set. 2019.

Clicking Clean Report 2017. **GreenPeace**. Disponível em: ←http://www.greenpeace.org/usa/global-warming/click-clean→. Acesso em: 27 set. 2019.

Climate Change Performance Index. GermanWatch. s/l. s/d. Disponível em: ←https://www.climate-change-performance-index.org/→. Acesso em: 27 set. 2019.

Digitalization & Energy. International Energy Agency (IEA). **IEA**. s/l. s/d. Disponível em: ←https://www.iea.org/publications/freepublications/publication/DigitalizationandEnergy3.pdf→. Acesso em: 27 set. 2019.

Energy Statistics Pocketbook 2018. Department of Economic and Social Affairs. **United Nations**. 2018. Disponível em: ←https://unstats.un.org/unsd/energy/pocket/2018/2018pb-web.pdf→. Acesso em: 27 set. 2019.

FGV Energia. Por que falar de Recursos Energéticos Distribuídos (RED) no Brasil. **FGV**. s/l. 15 jun. 2016. Disponível em: ←https://fgvenergia.fgv.br/sites/fgvenergia.fgv.br/files/arquivos/contextualizacao_red.pdf→. Acesso em: 27 set. 2019.

GAMBLE, Chris; GAO, Jim. Safety-first AI for autonomous data centre cooling and industrial control. **DeepMind**. s/l. 17 ago. 2018. Disponível em: ←https://deepmind.com/blog/safety-first-ai-autonomous-data-centre-cooling-and-industrial-control/→. Acesso em: 27 set. 2019.

JONES, Nicola. How to stop data centres from gobbling up the world's electricity. Nature. s/l. 12 set. 2018. **News Feature**. Disponível em: ←https://www.nature.com/articles/d41586-018-06610-y→. Acesso em: 27 set. 2019.

LEUVEN, KU. Generating power from polluted air. **PHYS**. s/l. 8 maio 2017. Disponível em: ←https://phys.org/news/2017-05-power-polluted-air.html→. Acesso em: 27 set. 2019.

LINDEMAN, Todd. 1.3 billion Are Living In The Dark. **The Washington Post**. s/l. 6 nov. 2015. Disponível em: ←https://www.washingtonpost.com/graphics/world/world-without-power/?noredirect=on→. Acesso em: 27 set. 2019.

List of countries by electricity consumption. **Wikipedia**. s/l. s/d. Disponível em: ←https://en.wikipedia.org/wiki/List_of_countries_by_electricity_consumption→. Acesso em: 27 set. 2019.

RINCON, Paul. Nobel chemistry prize: Lithium-ion battery scientists honoured. **BBC News**. s/l. 9 out. 2019. Disponível em: ←https://www.bbc.com/news/science-environment-49962133→. Acesso em: 11 out. 2019

ROSS, Andrew. A perfect storm: the environment impact of data centres. **Information Age**. s/l. 17 set. 2018. Disponível em: ←https://www.information-age.com/a-perfect-storm-the-environmental-impact-of-data-centres-123474834/→. Acesso em: 27 set. 2019.

SALISBURY, David. Device could use your motion to charge phone. **Futurity**. s/l. 24 jul. 2017. Disponível em: ←http://www.futurity.org/device-energy-human-motion-1492932/→. Acesso em: 27 set. 2019.

SHEHABI, Arman et al. United States Data Center Energy Usage Report. **Ernest Orlando Lawrence Berkeley National Laboratory**. Junho 2016. Disponível em ←http://eta-publications.lbl.gov/sites/default/files/lbnl-1005775_v2.pdf→. Acesso em: 27 set. 2019.

Sources of greenhouse gas emissions. **United States Environmental Protection Agency (EPA)**. s/l. s/d. Disponível em: ←https://www.epa.gov/ghgemissions/sources-greenhouse-gas-emissions→. Acesso em: 27 set. 2019.

Special Report on Global Warming of 1.5 ºC. **Wikipedia**. s/l. s/d. Disponível em: ←https://en.wikipedia.org/wiki/Special_Report_on_Global_Warming_of_1.5_%C2%B0C→. Acesso em: 27 set. 2019.

TEMPLE, James. At this rate, it's goingto take nearly 400 years to transform the energy system. **MIT Technology Review**. s/l. 14 mar. 2018. Disponível em: ←https://www.technologyreview.com/s/610457/at-this-rate-its-going-to-take-nearly-400-years-to-transform-the-energy-system/→. Acesso em 27 set. 2019.

The Intergovernmental Panel on Climate Change. **IPCC**. c. 2019. Disponível em: ←https://www.ipcc.ch/→. Acesso em: 27 set. 2019.

TITCOMB, James. Elon Musk says he will fix South Australia's power in 100 days – or do it for free. **The Telegraph**. s/l. 10 mar. 2017. Technology Science. Disponível em: ←http://www.telegraph.co.uk/technology/2017/03/10/elon-musk-makes-audacious-twitter-bet-fix-south-australias-power/→. Acesso em: 27 set. 2019.

TOLLEFSON, Jeff. IPCC says limiting global warming to 1.5C° require drastic action. **Nature**. s/l. 8 out. 2018. Disponível em: ←https://www.nature.com/articles/d41586-018-06876-2→. Acesso em: 27 set. 2019.

Total surface área required to fuel the world with solar. **Land Art Generator**. s/l. 13 aug. 2009. Disponível em: ←https://landartgenerator.org/blagi/archives/127→. Acesso em: 27 set. 2019.

WANG, T. Global electricity conumption 1980-2016. **Statista**. s/l. 27 jun. 2016. Disponível em: ←https://www.statista.com/statistics/280704/world-power-consumption/→. Acesso em: 27 set. 2019.

WEISER, Matt. The hydropower paradox: is this energy as clean as it seems? **The Guardian**. s/l. 6 nov. 2016. Disponível em: ←https://www.theguardian.com/sustainable-business/2016/nov/06/hydropower-hydro-electricity-methane-clean-climate-change-study→. Acesso em: 27 set. 2019.

World energy consumption. **Wikipedia**. s/l. s/d. Disponível em: ←https://en.wikipedia.org/wiki/World_energy_consumption→. Acesso em: 27 set. 2019.

World Energy Investment 2017. **IEA**. s/l. s/d. Disponível em: ←https://www.iea.org/publications/wei2017/→. Acesso em: 27 set. 2019.

World Energy Model. **Shell**. s/l. s/d. Disponível em ←**https://www.shell.com/energy-and-innovation/the-energy-future/scenarios/shell-scenarios-energy-models/world-energy-model.html**→. Acesso em 27 set. 2019.

World Energy Outlook 2018. Introduction. **IEA**. c.2018. Disponível em: ←https://www.iea.org/weo2018/electricity/→. Acesso em: 27 set. 2019.

17: NOVOS MATERIAIS

Aristarchus de Samos. **Wikipedia**. s/l. s/d. Disponível em: ←https://en.wikipedia.org/wiki/Aristarchus_of_Samos→. Acesso em: 27 set. 2019.

Atanasoff Berry Computer. **Iowa State University**. s/l. c. 2011. Disponível em: ←http://jva.cs.iastate.edu/operation.php→. Acesso em: 27 set. 2019.

BATES, Mary. How does a battery work? **MIT – School of Engineering**. s/l. 1 maio 2012. Disponível em: ←https://engineering.mit.edu/engage/ask-an-engineer/how-does-a-battery-work/→. Acesso em: 27 set. 2019.

BERNSTEIN, Peter. The Top Bell Labs Innovations - Part I: The Game-Changers. **TMCnet**. s/l. 29 ago. 2011. Disponível em: ←http://blog.tmcnet.com/next-generation-communications/2011/08/the-top-bell-labs-innovations---part-i-the-game-changers.html→. Acesso em: 27 set. 2019.

Bi Sheng. **Wikipedia**. s/l. s/d. Disponível em: ←https://en.wikipedia.org/wiki/Bi_Sheng→. Acesso em: 27 set. 2019.

Birth of electrochemistry. **The Electrochemical Society**. s/l. s/d. Disponível em: ←https://www.electrochem.org/birth-of-electrochemistry→. Acesso em: 27 set. 2019.

Borracha. Origem da Palavra – edição 95. Origem da Palavra. s/l. s/d. Disponível em: ←http://origemdapalavra.com.br/artigo/borracha/→. Acesso em: 27 set. 2019.

Colossus computer of Max Newman and Tommy Flowers. **History-Computer.com**. s/l. s/d. Disponível em: ←https://history-computer.com/ModernComputer/Electronic/Colossus.html→. Acesso em: 27 set. 2019.

ENIAC. **History-Computer.com**. s/l. s/d. Disponível em: ←https://history-computer.com/ModernComputer/Electronic/ENIAC.html→. Acesso em: 27 set. 2019.

François Fresneau. **Bouncing Balls**. s/l. s/d. Disponível em: ←http://www.bouncing-balls.com/timeline/people/nr_fresneau.htm→. Acesso em: 27 set. 2019.

HARRIS, James; WEBB, David. Achieving Optimum LED Performance With Quantum Dots. **Photonics Media**. s/l. s/d. Disponível em: ←https://www.photonics.com/a60882/Achieving_Optimum_LED_Performance_With_Quantum→. Acesso em: 27 set. 2019.

Johannes Gutenberg. **Wikipedia**. s/l. s/d. Disponível em: ←https://en.wikipedia.org/wiki/Johannes_Gutenberg→. Acesso em: 27 set. 2019.

MAXWLL, James. Experiments on Colour. **Jim Worthey Lighting and Color Research**. 1855. Disponível em ←http://www.jimworthey.com/archive/Maxwell_1855_OCRtext.pdf→. Acesso em: 27 set. 2019.

Oldest tool use and meat-eating revealed. **National History Museum (Web Archive)**. c.2010. Disponível em: ←https://web.archive.org/web/20100818123718/http://www.nhm.ac.uk/about-us/news/2010/august/oldest-tool-use-and-meat-eating-revealed75831.html→. Acesso em: 27 set. 2019.

Point-contact transistor. **Wikipedia**. s/l. s/d. Disponível em: ←https://en.wikipedia.org/wiki/Point-contact_transistor→. Acesso em: 27 set. 2019.

Polytetrafluoroethylene. **Wikipedia**. s/l. s/d. Disponível em: ←https://en.wikipedia.org/wiki/Polytetrafluoroethylene→. Acesso em: 27 set. 2019.

QUINLAN, Heather. Aerogel history. **How stuff works?** s/l. s/d. Science. Disponível em: ←https://science.howstuffworks.com/aerogel1.htm→. Acesso em: 27 set. 2019.

SOMMA, Ann Marie. Charles Goodyear and the Vulcanization of Rubber. **Connecticut History**. s/l. 29 dez. 2014. Disponível em: ←https://connecticuthistory.org/charles-goodyear-and-the-vulcanization-of-rubber/→. Acesso em: 27 set. 2019.

The ABC of John Atanasoff and Clifford Berry. **History-Computer.com**. s/l. s/d. Disponível em: ←https://history-computer.com/ModernComputer/Electronic/Atanasoff.html→. Acesso em: 27 set. 2019.

The element Germanium. **Jefferson Lab**. s/l. s/d. Disponível em: ←https://education.jlab.org/itselemental/ele032.html→. Acesso em: 27 set. 2019.

The element Selenium. **Jaefferson Lab**. s/l. s/d. Disponível em: ←https://education.jlab.org/itselemental/ele034.html→. Acesso em: 27 set. 2019.

The man who "changed the world forever". **King's College London**. 1 Jun. 2017. Disponível em ←https://www.kcl.ac.uk/news/spotlight-article?id=360468c1-1909-45ea-9a2d-4c7e1e9c809b→. Acesso em 27 set. 2019.

Transistor. **Wikipedia**. s/l. s/d. Disponível em: ←https://en.wikipedia.org/wiki/Transistor→. Acesso em: 27 set. 2019.

YARDLEY, William. George H. Heilmeier, and inventor of LCDs, dies at 77. **The New York Times**. s/l. 6 maio 2014. Disponível em: ←https://www.nytimes.com/2014/05/06/technology/george-h-heilmeier-an-inventor-of-lcds-dies-at-77.html→.

18: *BIG DATA*

Cisco Visual Networking Index: Forecast and Trends, 2017-2022. **CISCO**. s/l. c.2017. Disponível em: ←https://www.cisco.com/c/en/us/solutions/collateral/service-provider/visual-networking-index-vni/white-paper-c11-741490.pdf→. Acesso em: 27 set. 2019.

Cisco Visual Networking Index: Global Mobile Data Traffic Forecast Update, 2017–2022 White Paper. **CISCO**. s/l. 18 fev. 2019. Disponível em: ←https://www.cisco.com/c/en/us/solutions/collateral/service-provider/visual-networking-index-vni/mobile-white-paper-c11-520862.html→. Acesso em: 27 set. 2019.

DESJARDINS, Jeff. This is what happens in a minute on the internet. **World Economic Forum**. s/l. 15 mar. 2019. Disponível em: ←https://www.weforum.org/agenda/2019/03/what-happens-in-an-internet-minute-in-2019/→. Acesso em: 27 set. 2019.

DUHIGG, Charles. The Power of Habit. 2012. Random House.

EISENSTEIN, Elizabeth L. The printing press as an agent of change. 1979. Cambridge University Pres

General Conference on Weights and Measures. **Wikipedia**. s/l. s/d. Disponível em: ←https://en.wikipedia.org/wiki/General_Conference_on_Weights_and_Measures→. Acesso em: 27 set. 2019.

GINSBERG, Jeremy; MOHEBBI, Matthew H; PATEL, Rajan S; BRAMMER, Lynnette; SMOLINSKI, Mark S; BRILIANT, Larry. Detecting influenza epidemics using search engine query data. **Nature**. Vol. 457, pp. 1012–1014. 1 fev. 2019. Disponível em: ←https://www.nature.com/articles/nature07634→. Acesso em: 27 set. 2019.

JAIN, Anil. The 5 V's of big data. **IBM**. s/l. 7 set. 2016. Disponível em: ←https://www.ibm.com/blogs/watson-health/the-5-vs-of-big-data/→. Acesso em: 27 set. 2019.

LOHR, Steve. The origins of 'Big Data': an etymological detective story. **The New York Times.** s/l. 1 fev. 2013. Disponível em: ←https://bits.blogs.nytimes.com/2013/02/01/the-origins-of-big-data-an-etymological-detective-story/→.

MAYER-SCHONBERGER, Viktor; CUKIER, Kenneth. Big Data: The Essential Guide to Work, Life and Learning in the Age of Insight. 2013. Houghton Mifflin Harcourt.

NEAL, David T; WOOD, Wendy; QUINN, Jeffrey. Habits – A Repeat Performance. **Duke University**. s/l. c. 2006. Disponível em: ←https://dornsife.usc.edu/assets/sites/545/docs/Wendy_Wood_Research_Articles/Habits/Neal.Wood.Quinn.2006_Habits_a_repeat_performance.pdf→. Acesso em: 27 set. 2019.

RUDIN, Cynthia. Algorithms and Justice: Scrapping the 'Black Box'. **The Crime Report**. s/l. 26 jan. 2018. Disponível em: ←https://thecrimereport.org/2018/01/26/algorithms-and-justice-scrapping-the-black-box/→. Acesso em: 27 set. 2019.

SIEGEL, Eric. Predictive Analytics: The Power to Predict Who Will Click, Buy, Lie, or Die. 2016 (original de 2013). Wiley.

VIGEN, Tyler. Spurious Correlations. 2015. Hachette Books.

VNI Global fixed and mobile interent traffic forecasts. **CISCO**. s/l. c.2017. Disponível em: ←https://www.cisco.com/c/en/us/solutions/collateral/service-provider/visual-networking-index-vni/vni-hyperconnectivity-wp.html→. Acesso em: 27 set. 2019.

19: CIBERSEGURANÇA E COMPUTAÇÃO QUÂNTICA

ARMERDING, Taylor. The 18 biggest data breaches of the 21st century. **CSO**. s/l. 20 dez. 2018. Disponível em: ←https://www.csoonline.com/article/2130877/data-breach/the-biggest-data-breaches-of-the-21st-century.html→. Acesso em: 30 set. 2019.

BENIOFF, Paul. The computer as a physical system: A microscopic quantum mechanical Hamiltonian model of computers as represented by Turing machines. Journal of Statistical Physics. Maio 1980, Volume 22, Issue 5, pp 563–591. Disponível em ←https://link.springer.com/article/10.1007/BF01011339→.

Centre for Cybersecurity. World Economic Forum. c. 2019. Disponível em ←https://www.weforum.org/centre-for-cybersecurity/→. Acesso em: 30 set. 2019.

CUKIER, Michel. Study: Hackers Attack Every 39 Seconds. **University of Maryland**. s/l. 9 fev. 2007. Disponível em: ←https://eng.umd.edu/news/story/study-hackers-attack-every-39-seconds→. Acesso em: 30 set. 2019.

Cyber crime costs global economy $445 billion a year: report. Disponível em: ←https://www.reuters.com/article/us-cybersecurity-mcafee-csis/cyber-crime-costs-global-economy-445-billion-a-year-report-idUSKBN0EK0SV20140609→. Acesso em: 30 set. 2019.

FERNANDEZ, Joseph John. Richard Feynman and the birth of quantum computing. **Medium**. s/l. 4 jan. 2018. Disponível em: ←https://medium.com/quantum1net/richard-feynman-and-the-birth-of-quantum-computing-6fe4a0f5fcc7→. Acesso em: 30 set. 2019.

Global Information Security Survey. **Ernst & Young**. c. 2019. Disponível em ←https://www.ey.com/en_gl/giss→. Acesso em: 30 set. 2019.

Guglielmo Marconi – Biographical. **The Nobel Prize**. Sat. 28 Set 2019. Disponível em: ←https://www.nobelprize.org/prizes/physics/1909/marconi/biographical/→. Acesso em: 30 set. 2019.

Hack. **Online etymology dictionary**. s/l. s/d. Disponível em: ←https://www.etymonline.com/word/hack→. Acesso em: 30 set. 2019.

HONG, Sungook. Wireless. 2010 (original de 2001). The MIT Press.

MARKS, Paul. Dot-dash-diss: The gentleman hacker's 1903 lulz. **NewScientist**. s/l. 20 dez. 2011 Disponível em: ←https://www.newscientist.com/article/mg21228440-700-dot-dash-diss-the-gentleman-hackers-1903-lulz/→. Acesso em: 30 set. 2019.

McEliece cryptosystem. **Wikipedia**. s/l. s/d. Disponível em: ←https://en.wikipedia.org/wiki/McEliece_cryptosystem→. Acesso em: 30 set. 2019.

Nasdaq. Cybersecurity: Industry Report & Investment Case. **NASDAQ**. s/l. 18 jan. 2017. Disponível em: ←http://business.nasdaq.com/marketinsite/2017/Cybersecurity-Industry-Report-Investment-Case.html→. Acesso em: 30 set. 2019.

Post-quantum cryptography. **Wikipedia**. s/l. s/d. Disponível em: ←https://en.wikipedia.org/wiki/Post-quantum_cryptography. Acesso em: 30 set. 2019.

PRESS, Gil. Cybersecurity By The Numbers: Market Estimates, Forecasts, And Surveys. **Forbes**. s/l. 15 mar. 2018. Disponível em ←https://www.forbes.com/sites/gilpress/2018/03/15/cybersecurity-by-the--numbers-market-estimates-forecasts-and-surveys/#7ce70ea612c4→. Acesso em: 30 set. 2019.

Quantum mechanics. **Wikipedia**. s/l. s/d. Disponível em: ←https://en.wikipedia.org/wiki/Quantum_mechanics→. Acesso em: 30 set. 2019.

QUANTUM superposition. **Wikipedia**. s/l. s/d. Disponível em: ←https://en.wikipedia.org/wiki/Quantum_superposition→. Acesso em: 30 set. 2019.

SHANNON, C.E. A Mathematical Theory of Communication. The Bell System Technical Journal, Vol. 27, pp. 379–423, 623–656, Julho, Outubro, 1948. Disponível em ←http://www.math.harvard.edu/~ctm/home/text/others/shannon/entropy/entropy.pdf→. Acesso em: 30 set. 2019.

SMITH, Tony. Hacker jailed for revenge sewage attacks. **The Register**. s/l. 31 out. 2001. Disponível em: ←https://www.theregister.co.uk/2001/10/31/hacker_jailed_for_revenge_sewage→. Acesso em: 30 set. 2019.

Tech Model Railroad Club. **Wikipedia**. s/l. s/d. Disponível em: ←https://en.wikipedia.org/wiki/Tech_Model_Railroad_Club→. Acesso em: 30 set. 2019.

Timeline of quantum computing. **Wikipedia**. s/l. s/d. Disponível em: ←https://en.wikipedia.org/wiki/Timeline_of_quantum_computing→. Acesso em: 30 set. 2019.

YAGODA, Ben. A short story of "hack". **The New Yorker**. s/l. 6 mar. 2014. Disponível em: ←https://www.newyorker.com/tech/elements/a-short-history-of-hack→. Acesso em: 30 set. 2019.

20: FUTURO PASSADO

ARBESMAN, Samuel. Overcomplicated: Technology at the Limits of Comprehension. 2017. Portfolio.

BRIDLE, James. New Dark Age: Technology and the End of the Future. 2018. Verso.

DESJARDINS, Jeff. How long does it take to hit 50 millions users? **VisualCapitalist**. s/l. 8 jun. 2018. Char of the week. Disponível em: ←https://www.visualcapitalist.com/how-long-does-it-take-to-hit-50-million-users/→. Acesso em: 30 set. 2019.

EROOM'S LAW. **Wikipedia**. s/l. s/d. Disponível em: ←https://en.wikipedia.org/wiki/Eroom%27s_law→. Acesso em: 30 set. 2019.

FREEDMAN, David H. Lies, damned lies, and medical science. **The Atlantic**. s/l. Nov. 2010. Technology. Disponível em: ←https://www.theatlantic.com/magazine/archive/2010/11/lies-damned-lies-and-medical--science/308269/→. Acesso em: 30 set. 2019.

GEEKDOWN. The history of home movie entertainment. **ReelRundown**. s/l. 13 jan. 2014. Disponível em: ← https://reelrundown.com/film-industry/The-History-Of-Home-Movie-Entertainment→. Acesso em: 30 set. 2019.

GEORGE Owen Squier. **Wikipedia**. s/l. s/d. Disponível em: ←https://en.wikipedia.org/wiki/George_Owen_Squier→. Acesso em: 27 set. 2019.

IOANNIDIS, John P.A. Why most published research findings are false. **PLOS Medicine**. Ago. 2005. Disponível em: ←http://robotics.cs.tamu.edu/RSS2015NegativeResults/pmed.0020124.pdf→. Acesso em: 30 set. 2019.

REFERÊNCIAS

List of the most popular websites. **Wikipedia**. s/l. s/d. Disponível em: ←https://en.wikipedia.org/wiki/List_of_most_popular_websites→. Acesso em: 30 set. 2019.

LOVE, Dylan. Laserdisc sucked: the evolution of watching stuff at home. **Business insider**. s/l. 21 set. 2011. Disponível em: ←https://www.businessinsider.com/evolution-home-video-2011-9→. Acesso em: 30 set. 2019.

MORRIS, Chris. Blu-Ray struggles in the streaming age. **Fortune**. s/l. 8 jan. 2016. Tech. Disponível em: ←http://fortune.com/2016/01/08/blu-ray-struggles-in-the-streaming-age/→. Acesso em: 30 set. 2019.

Muzak. **Wikipedia**. s/l. s/d. Disponível em: ←https://en.wikipedia.org/wiki/Muzak→. Acesso em: 30 set. 2019.

Philip K. Dick. **Wikipedia**. s/l. s/d. Disponível em: ←https://en.wikipedia.org/wiki/Philip_K._Dick→. Acesso em: 30 set. 2019.

ROBERTSON, Adi. James Bridle on why technology is creating a new dark age. **The Verge**. s/l. 16 jul. 2018. Disponível em: ←https://www.theverge.com/2018/7/16/17564174/james-bridle-new-dark-age-book-computational-thinking-interview→. Acesso em: 30 set. 2019.

SCANNELL, Jack W; BLANCKLEY, Alex; BOLDON, Helen; WARRINGTON, Brian. Diagnosing the decline in pharmaceutical R&D efficiency. **Nature Reviews Drug Discovery**. Vol. 11, pp 191-200. Disponível em: ←https://www.nature.com/articles/nrd3681→. Acesso em: 30 set. 2019.

SOULO, Tim. Top Google searches (as for July 2019]. **AHREFS BLOG**. s/l. 1 jul. 2019. Disponível em: ←https://ahrefs.com/blog/top-google-searches/→. Acesso em: 30 set. 2019.

The rise of elevator Muzak began with this Michigan inventor. **Michigan Radio.** 13 set. 2017. Disponível em: ←http://www.michiganradio.org/post/rise-elevator-muzak-began-michigan-inventor→. Acesso em: 30 set. 2019.

War of the currents. **Wikipedia**. s/l. s/d. Disponível em: ←https://en.wikipedia.org/wiki/War_of_the_currents→. Acesso em: 30 set. 2019.

Year 2038 problem. **Wikipedia**. s/l. s/d. Disponível em: ←https://en.wikipedia.org/wiki/Year_2038_problem→. Acesso em: 30 set. 2019.

ESTE LIVRO FOI PUBLICADO EM DEZEMBRO DE 2019 PELA
EDITORA NACIONAL E IMPRESSO PELA GRÁFICA IMPRESS.